U0381207

"十三五"国家重点图书
经典化学高等教育译丛

环境物理学原理

（原著第四版）

Principles of Environmental Physics

Plants，Animals and the Atmosphere

（Fourth Edition）

［英］John L. Monteith，［美］Mike H. Unsworth　著

袁　威　唐子腾　汪华林　译

华东理工大学出版社
EAST CHINA UNIVERSITY OF SCIENCE AND TECHNOLOGY PRESS
·上海·

图书在版编目(CIP)数据

环境物理学原理：原著第四版/（英）约翰·蒙特斯（John L. Monteith），（美）迈克尔·昂斯沃思（Mike H. Unsworth）著；袁威，唐子腾，汪华林译. —上海：华东理工大学出版社，2019.8
（经典化学高等教育译丛）
书名原文：Principles of Environmental Physics (Fourth Edition)

ISBN 978 - 7 - 5628 - 5717 - 4

Ⅰ. ①环… Ⅱ. ①约… ②迈… ③袁… ④唐… ⑤汪… Ⅲ. ①环境物理学 Ⅳ. ①X12

中国版本图书馆 CIP 数据核字（2019）第 175958 号

著作权合同登记号：图字 09 - 2018 - 500 号

项目统筹 / 周永斌
责任编辑 / 李佳慧
装帧设计 / 方 雷 徐 蓉
出版发行 / 华东理工大学出版社有限公司
        地址：上海市梅陇路 130 号,200237
        电话：021 - 64250306
        网址：www.ecustpress.cn
        邮箱：zongbianban@ecustpress.cn
印   刷 / 北京虎彩文化传播有限公司
开   本 / 710 mm×1000 mm 1/16
印   张 / 23.5
字   数 / 468 千字
版   次 / 2019 年 8 月第 1 版
印   次 / 2019 年 8 月第 1 次
定   价 / 168.00 元

Principles of Environmental Physics: Plants, Animals, and the Atmosphere, fourth edition

John L. Monteith, Mike H. Unsworth

ISBN: 9780123869104

《环境物理学原理》(原著第四版)(袁威,唐子腾,汪华林 译)

ISBN: 9787562857174

译者前言

    环境物理学是以物理学为基础发展起来的一门新兴学科,是环境科学的重要组成部分。它以物理学的基本原理为基础,探讨声、光、热、电磁等物理性因素在环境中的迁移和变化规律,及其与环境中的动植物等生命体的相互反应机制。环境物理学包括环境声学、环境光学、环境热学、环境电磁学和环境空气动力学等分支学科。虽然各分支学科的研究历史悠久,但直至 20 世纪 50 年代工业化与现代化带来的物理性污染日益严重,对人类造成越来越严重的危害,才促使各个分支学科加快研究,并取得一系列的成果,从而使环境物理学逐渐形成一个独立的科学领域。到目前为止,它仍是一个正在形成发展中的学科。

    我们的时代是人与机械共存的时代,人们利用物理学的基本原理,创造了各种现代化机械为人类服务,物质文明得以不断提高。有人认为,物理学原理的应用与我们的环境质量的明显退化有显著的正相关关系,例如,如果我们对热和热力学一无所知,就不会制造出内燃机,空气污染也就不会如今日这般严重。但这种观点只看到了问题的一个片面,问题的另一个更重要的方面是——我们是否能够最大限度地应用物理学的原理来消除污染并改善环境?

    通过对环境物理学原理的研究,一方面将有助于我们理解所处的环境中物理性污染的普遍规律;另一方面,以物理学的视角研究环境问题,也将有助于对环境污染问题中的物理现象及其本质的深入理解,从而为更广泛地应用物理学原理来解决环境污染问题提供可靠的理论指导。

    诺丁汉大学(University of Nottingham)的 John L. Monteith 教授和俄勒冈州立大学(Oregon State University)的 Mike H. Unsworth 是教授所著的《*Principles of Environmental Physics*》一书,力图把有关植物和动物对于环境变化的复杂反应以定性论证为主的论述改用为定量模型描述,从热能、物质和动量的传递到辐射环境,从稳态、非稳态热平衡到微气象学,把环境物理学理论的主题整合在了一个连贯的体系中,从而使环境物理学原理的逻辑进一步条理化,为分析和阐明生物体与物理环境之间的相互作用提供理论基础。尽管这些定量模型在应用于实际的物理环境分析中还存在着某些偏差,但是对于阐释环境物理学的本质、揭示生物体与其存在的自然环境之间的复杂物理反应机制具有重要意义。

本书可作为物理学、生物学、环境科学专业的本科生和研究生教材,也可供从事环境科学与物理学交叉学科研究的研究者参考。

本书由袁威、唐子腾、汪华林三人共同翻译,全书由汪华林教授汇总统筹。感谢杨雪晶老师在本书翻译、出版过程中给予的大力支持。感谢华东理工大学出版社编辑对译稿的悉心校核和指导。本书的顺利出版离不开他们严谨认真、一丝不苟的工作态度和所付出的艰辛努力。由于本书涉及内容范围很广,既涉及传统的物理学领域,又有生物学、气象学、微气象学等领域内容,而译者对这些领域的理论未必都十分熟悉,书中难免出现翻译不确切甚至错误之处,恳请读者不吝指正。

2019 年 1 月

第四版前言

不幸的是，我的同事、导师和朋友——John Monteith 于 2017 年 7 月此版书籍出版之前就已去世。五十多年以来，他率先将物理学应用于生物过程的研究和分析。他在 Rothamsted 实验室的物理系开始了他的职业生涯，在那里他与 Howard Penman 合作构建了 Penman - Monteith 方程，这个方程在生理学和水文学方面对蒸腾和蒸发意义重大。在 Rothamsted 实验室，他还同 Geza Szeicz 等合作设计和建造了第一批环境物理仪器，其中包括早期版本的管道测量仪和孔径计，这些仪器已经成为研究树冠和叶片环境的普及工具。他也是第一批使用红外气体分析仪进行作物冠层二氧化碳交换微气象测量的人。

1967 年，他搬到了诺丁汉农学院，建立了第一个专注于环境物理的学术部门。本书第一版在 1973 年源于他为高年级本科生开的课程，其中涵盖了植物和动物与环境的相互作用。该书迅速成为全球环境物理学领域的研究人员的必读材料，并被翻译成多种语言。当我作为第二版（1990）的共同作者加入 John 时，我们增加了几个章节以更新此书，并增加了关于非稳态热平衡和颗粒及污染气体转移的新内容，以彰显新兴学科"生物地球化学"的诞生。

在出版第三版（2008）时，由于全球二氧化碳浓度上升和气候变化，环境物理学得到迅速发展。特别是关于森林和自然植被的碳和水的估算的研究越来越多。用于气体测量的新型快速响应仪器的实用性使之前性测量的微气象方法的广泛应用成为可能。因此，我们添加了更多关于涡度协方差的内容，并在森林科学中涵盖了更多的应用实例。我们也回应了需求，添加了更多的实际示例和习题集供学生使用。第三版的前言转载于下文，它反映了 John 对环境物理学发展的诸多见解，并揭示了本书的结构和我们选择采用的示例背后的一些思想。

第四版提供了我这样一个机会来对改进的内容进行介绍,我更新了此书的核心章节,并概括了过去十年在环境物理方面出版的大量文献的一些亮点。与标题保持一致,我们选择注重"原理";鼓励那些寻求更深入论文的读者去探索参考书目中提到的一些文本。在从已发表的研究中选择实例时,我们继续把重点放在提供新见解和应用原理上,随着环境物理学的发展,这变得越来越具有挑战性,所以我们收录了许多新的参考文献,旨在帮助读者跟进新兴课题。一直以来,我们的目标是将本书的数学保持在读者熟悉的代数水平层次上,并不一定要熟悉微积分。我们也回应了学生和其他读者的建议,扩充了许多代数推导以显示中间步骤,我们把一些更复杂的数学放在一般读者可以省略的文本框中,例如 Penman - Monteith 方程及其应用,还有关于植物与大气耦合的更多内容。我们增加了涡度协方差性的材料,修改了微气象学中梯度方法的表达式,这样就能绕开关于非中性稳定性的大部分讨论。我们感谢学生们和同事们给我们提供了关于此书的使用反馈,并提供了许多本书中提到的研究范例。对此版本的评论(无论正面或负面),欢迎发送到 pepcomments @gmail. com。

Mike Unsworth,2013

第三版前言

　　自从 1973 年第一版《环境物理学原理》出版以来，这个学科已经有了很大的发展。实际上，本书第一版和第二版的许多读者对第三版做出了许多贡献，这使得第三版的范围比第一版更为广泛。从一开始，此书就面向两个群体：一是本科生和研究生，本书可以帮助其学习如何将物理学原理应用于植物、动物及其环境之间相互作用的研究中；二是科研人员，特别是涉及多学科环境研究的。几十年来，环境物理学在很多方面越来越融入环境研究当中。例如，在生态学和水文学中，生物体与大气之间气体和能量交换以及其中影响交换的阻力（或导度）的概念都得以广泛应用。而在大气科学中，土壤-植被-大气传输模型（SVATS）是大气环流、中尺度气候模型中一个不可或缺的组成部分。这种学科之间的"观念的交叉"使得本书第三版的范围和内容规模都很难掌控。因此，我们始终围绕着标题中的"原理"一词，像之前的版本一样，着重描述能量、质量和动量转移的关键原理，并选用各种经典著作和当今著作中的一些例子来阐述它们的应用。

　　之前两个版本中的几个主题也经过了打磨和精简。第一版出版时，作物气象学是环境物理学的一个主要应用，最初是用以量化作物的用水量和灌溉需求，然后随着新型仪器的应用，它扩展到通过分析二氧化碳的交换来确定影响作物产率的环境因素。在过去的十几年间，作物气象学方面鲜有新作。然而在 20 世纪 70—80 年代，环境物理学在人工林、天然林以及其他生态系统研究中的应用越来越多，这也一定程度解释了目前相较于农业应用，环境物理学综述出版物占了较大比例的现象。同样，在 20 世纪 70—80 年代，人们对空气质量（特别是酸雨和臭氧）愈发关注，这促使了学者应用环境物理学来研究作物和森林中污染气体、酸性颗粒和酸雾通量。另外，卫星遥感技术在这一时段也进行了飞速的发展。

针对这些变化,1990 年出版的第二版《环境物理学原理》增加了粒子传递一章,给辐射传输一章补充了内容,并扩展了微气象方法这一节。由于一些科研人员开始使用环境物理学术语进行家畜和野生动物之间热平衡的研究,本书第二版还扩展了对动物及其环境的环境物理学描述。从而建立了与环境物理学中的植物科学并行的研究。关于 1985 年对南极洲上空臭氧洞及其对地表紫外线辐射的影响的测定,在第二版中有简短的描述,但是关于含氮气体在植被中沉降的新兴研究却未提及;而第三版中更详细地介绍了这两个主题。

从 20 世纪 80 年代直到现在,大气中二氧化碳与其他温室气体浓度的升高以及随之而来对气候的影响成为人们关注的焦点。这导致了利用环境物理学原理的测量技术和建模技术的飞速发展,也在本书中得以体现。这里有两点尤为重要:一是运用了微气象学中的涡度协方差技术的改良仪器,它可用来研究在季节和多年份的气候中二氧化碳、水蒸气和其他污染气体的交换;二是理论上的进步,使植物大气交换模型从叶片尺度扩展到园林尺度、地区尺度甚至全球尺度,这使得本书中描述的有机体层次和树冠层次的环境物理学原理与地区和全球模型之间建立了联系,这对解决气候变化的问题是很有必要的。此版本中两个关于微气象学的章节进行了大幅修订,其中扩展了涡度协方差法的运用,其中包含几个新的研究案例,以说明微气象方法在森林和自然景观中的应用。我们还补充了有关太阳辐射和地面辐射的内容,并对具有辐射活性的温室气体和气溶胶的作用进行了新的讨论。

虽然涡度协方差法已成为许多情况下微气象学的首选方法,但我们仍保留可用于推导通量的廓线(相似度分析)技术的部分,因为理解相似度分析法对于大型模型是必不可少的,也是因为在完成学生项目或资源有限的情况下使用的仪器较简单,此时适合使用廓线法。

此版本中的其他一些修订是根据我们自己的经验和使用本书作为教材的教师的反馈来进行的:扩展了在早期版本中特别紧凑的几节,使其更为明了;并且为了使条理清晰,将其中几节重新排列;增加了更多的实例;在文本框中增加了一些专业材料(例如辐射物理学和与气溶胶相互作用的辐射),如果读者仅需要大概了解这个学科可以跳过这部分;并在每章末尾添加了比教材中常见题目范围更为广泛的数值计算题。多年来,我们收到了一些来自教师的反馈,他们想探究这个学科的实际应用,也在这次修订中得以体现;我们在诺丁汉大学和俄勒冈州立大学的本科和研究生教学中也发现了许多问题,感谢许多学生的反馈和改进建议。

在规划这第三版时，我们讨论了是否将通量方程中"阻力"改为"导度"，以及是否用"摩尔"作为单位而不是用"m-kg-s"作为单位。生物学家越来越多地在他们的分析中使用"导度"和"摩尔"，并且有一些理论上的和教学上的参数能证明这一点。但总的来说，我们还是更想保留早期版本中使用的"阻力"这一术语和"s·m^{-1}"这一单位：与欧姆定律相比，这阐明了本书中许多分析的基本物理特性，在能量平衡和水文学应用中对于热量和质量传递计算，将"s·m^{-1}"作为阻力单位会更为直观。尽管如此，我们意识到许多读者会更为熟悉"导度"这一概念和"摩尔"这一单位，所以我们在文中的几个适当的位置讨论了单位的转换。环境物理学家在这一点上很有优势，因为他们在这两种单位的体系中尽力做到游刃有余，以促进学科之间的交流。

我们打算将本书用于物理学、生物学、环境科学专业的本科生和研究生的教材。数学处理方面较少使用到微积分，使其尽可能简单；生物学方面也是有一定局限的，主要由助于理解物理应用的内容组成。如有必要，读者可自行阅读参考书目来获取更详细的内容。对于我们的另一类读者——科研人员，我们继续采用以前版本的方法，纳入了大量的参考文献，都是经典的和具有突破性的研究应用的同行评议文献；自1990年以来，该版本中已有30多篇参考文献发表。

在第二版的前言中，我们希望本书能鼓励更多的大学物理系让学生接触环境物理学。然而这一切进展较为缓慢。这当然不是因为环境物理学缺少职业机遇，当前的环境问题为环境物理学家在大气科学、水文学、生态学和生物学中提供了许多大展身手的机会，特别是如果他们乐于接受多学科工作的挑战。这也不是因为物理系学生对环境学科缺乏兴趣。这难免是因为繁杂的物理课程为环境物理学等选修课程留下了的空间太小。在本书第四版面世时，我们很乐意于见到环境物理学在物理系能和天文学或气象学一样，成为一门普遍的选修课程。

John Monteith and Mike Unsworth，2006

致　谢

我们对以下出版社及作者允许我们使用相关图表、照片及原始数据表示感谢：

R. Keeling 博士与 P. Tans 博士，以及美国能源部的二氧化碳信息分析中心（图 2.2）；G. Kopp 博士为图 5.1 提供的原始数据；S. T. Henderson 博士与 Adam Hilger 出版社（图 5.2）；J. A. Coakley 博士（图 5.3）；英国南极调查队（图 5.4）；太阳能研究所为图 5.5 构建的计算模型；M. D. Steven 博士及皇家气象学会《皇家气象学会季刊》（图 5.6）；F. Vignola 博士提供图 5.8 所用的数据；J. V. Lake 博士提供图 5.9 所用的数据；F. E. Lumb 及皇家气象学会《皇家气象学会季刊》（图 5.10）；R. von Fleischer 博士，德国气象服务（图 5.15）；R. Nakamura 博士提供图 5.17 所用的数据；K. Bible 博士提供图 5.18 所用的数据；E. L. Deacon 博士和 Elsevier 出版公司（图 6.1 和图 15.7）；S. A. Bowers 博士及 Lippincott Williams and Wilkins 出版公司《土壤科学》（图 6.3）；K. J. McCree 博士及 Elsevier 出版公司《农业气象学》（图 6.4）；G. Stanhill 博士，Pergamon 出版社《太阳能》（图 6.6）；L. E. Mount 教授和 Edward Arnold 教授（图 6.7、图 14.3、图 14.4）；J. C. D. Hutchinson 博士，Pergamon 出版社《比较生化学和生理学》（图 6.8）；W. Porter 博士提供图 6.9 所用的数据；C. R. Underwood 博士，Taylor and Francis 出版公司《人体工程学》（图 7.5）；G. S. Campbell 博士，诺丁汉大学出版社（图 8.3）；K. Cena 博士，伦敦皇家学会《英国皇家学会会报》（图 8.6）；J. Grace 博士，牛津大学出版社《实验植物学》（图 9.3）；《英国皇家气象学会季刊》（图 9.4、图 9.5、图 13.6、图 13.7、图 13.8、图 13.9、图 15.3、图 17.13 及图 17.14）；W. C. Hinds 博士及 John Wiley & Sons 出版公司（图 9.6、图 12.7、图 12.8、图 12.9 及图 12.10）；D. Aylor 博士，美国植物生理学家协会《植物生理学》（图 9.7）；Stokes 博士，

剑桥大学出版社(图 9.8);C. J. Wood 博士,R. Belcher 博士,D. ReIDel 出版公司《边界层气象学》(图 9.10);J. A. Clark 博士,D. ReIDel 出版公司《边界层气象学》(图 10.3);B. J. Bailey 博士,国际园艺学会《园艺学报》(图 10.4);S. Vogel 博士,Clarendon 出版社(图 10.5);A. J. McArthur 博士,伦敦皇家学会《英国皇家学会学报》(图 10.7 及图 10.8);R. P. Clark 博士,剑桥大学出版社《柳叶刀》(图 10.9 及图 10.11)及《生理学》(图 10.8);P. F. Scholander 博士和海洋生物实验室(图 10.12);I. Impens 博士允许我们使用图 11.1 中未公开的测量值;T. Haseba 博士及日本农业气象学会《农业气象》(图 11.3);H. G. Jones 博士和剑桥大学出版社(图 11.7);D. Aylor 博士和 Pergamon 出版社《大气环境》(图 12.5);N. A. Fuchs 教授和 Pergamon 出版社(图 12.1);A. C. Chamberlain 博士与学术出版社(图 12.3)及 D. ReIDel 出版公司《边界层气象学》(图 17.1);D. Fowler 博士,Springer 出版社《水、空气和土壤污染》(图 12.6);K. Raschke 博士,Springer 出版社《植物》(图 13.5);R. Milstein(图 13.10);Elsevier 出版公司《水文学报》(图 13.11 及图 13.12)以及《农业和森林气象学》(图 17.11);A. M. Hemmingsen 博士(图 14.2);D. M. Gates 博士及 Springer - Verlag 出版社(图 15.2);van Eimern 博士及德国气象服务(图 15.5);W. R. van Wijk 博士及北荷兰出版公司(图 15.6);D. Vickers 和 L. Mahrt 博士(图 16.3);J. Finnigan 博士,D. Reidel 出版公司《边界层气象学》(图 16.4 及图 17.16、图 17.17);R. H. Shaw 博士,Elsevier 出版公司《农业气象》(图 16.8);学术出版社(图 16.9 及图 16.10);M. R. Raupach 博士,Annual Reviews 公司《流体力学年度评述》(图 16.11);T. A. Black 博士,Blackwell 科学公司《全球变化生物学》(图 17.9 及图 17.10);D. Baldocchi 博士,D. Reidel 出版公司《边界层气象学》(图 17.7);M. Sutton 博士,英国皇家学会《皇家学会议事录》(图 17.15)。

符　号

在此列出本书中所使用的主要符号,其中包含每个参数的简要定义。有的符号已经被统一定义并广泛应用(如 R 及 g),而有的符号的选择原因是因其在环境物理学的文献广泛使用(如 r_s, z_0 及 K_M),其他符号是为了一致性而统一设定的。特别地,符号 S 和 L 用以表示短波和长波辐射的通量密度,用下标来识别通量的几何特征,例如 S_d 表示源于天空的漫射短波辐射的通量密度。

动量、热量和质量的通量密度的符号在全书中以加粗形式表示(如 τ, C, E),水的蒸发潜热 λ 也是如此,有一部分原因是将其与波长的符号 λ 区分开来,另一部分原因是它常常与 E 有关。大写的下标用于表示动量、热量、蒸汽及二氧化碳等,例如 r_V, K_M;其余大多数的下标均为小写,例如 c_p 表示恒压下空气的比热。

完整的符号集是一致性、清晰性和熟悉性之间的最佳折中。主要符号说明如下。

罗马字母

A 　　　面积;相对于南方的方位角

A_b 　　固体物体在水平面的投影面积

A_p 　　固体物体在垂直于太阳光的平面上的投影面积

$A(z)$ 　深度 z 的土壤温度波振幅

$\boldsymbol{B}$ 　　　全辐射体或黑体单位面积发射的总能量

B 　　　干湿球温差

$B(\lambda)$ 　全辐射体或黑体光谱中的单位波长能量

c 　　　CO_2 的体积分数(例如 vpm);云覆盖天空分数;光速;气体分子的平均速度

c_d 　　形状阻力与表面摩擦组合的阻力系数

c_f 　　形状阻力的阻力系数

c_p 　　恒压空气比热;颗粒撞击效率

c_s 　　土壤固体分数的比热(同样地,下标 l 和 g 分别指液体和气体组分)

c_v 定容比热

c' 土壤体积比热

C   空气对流对单位面积热量（通量密度）的影响

E 单位面积有机体的热容量

d 零平面位移

D 饱和蒸汽压差；空气中气体的扩散系数（水蒸气下标为 V；CO_2 下标为 C）；阻尼深度 $=(2\kappa'/\omega)^{1/2}$

e 空气中的水蒸气分压

$e_s(T)$ 温度 T 下水蒸气饱和蒸气压

δe 饱和亏缺，即 $e_s(T)-e$

E_q 单量子能

E   单位面积水汽通量

E_r   动物呼吸蒸发率

E_s   皮肤蒸发速率

E_t   植被蒸发速率

F   广义稳定因子 $(\varphi_v\,\varphi_m)^{-1}$

F 颗粒上的阻力；滞留系数

F   单位面积气体的质量流量；辐射能通量

g 重力加速度（9.81 m·s^{-2}）

G   单位面积热传导通量

h 普朗克常数（6.63×10^{-34} J·s）；空气的相对湿度；圆柱体、植被的高度等

H   显热和潜热单位面积总通量

i 湍流强度，即均方根速度/平均速度

I   辐射强度（单位立体角通量）

J   单位面积蓄热量变化率

k 冯卡曼常数（0.41）；空气的热导率；衰减系数；玻耳兹曼常数（1.38×10^{-23} J·K^{-1}）

k' 衰减系数；固体的热导率

K 空气中湍流传递的扩散系数（其中下标 H 表示热量，M 表示动量，V 表示水蒸气，C 表示二氧化碳，S 表示一般标量实体）

$\mathscr{K}$ 冠层衰减系数

l   混合长度；停止距离；气流方向板的长度

L 叶面积指数；莫奥长度

L   单位面积长波辐射通量（其中下标 u 表示向上；d 表示向下；e 表示由环境产生；b 表示由物体产生）

m 分子或粒子的质量；空气质量数

M 体表单位面积代谢产热量率

M 摩尔质量(其中下标 a 表示干空气,v 表示水蒸气)

n 在数个方程中表示一个数或无量纲经验常数

N 阿伏伽德罗常数(6.02×10^{23});光照的小时数

N 辐射(单位立体角单位面积的辐射通量)

P 单位面积出汗率的潜热当量

p 总空气压力;毛发中的截留概率

q 空气的比湿(单位质量湿空气中的水蒸气质量)

Q 传质速率

r 半径;传递阻力(其中下标 H 表示热量,M 表示动量,V 表示水蒸气,C 表示二氧化碳),通常适用于边界层传递;大气混合比(单位质量的干空气中物质的质量)

r_a 大气中的传递阻力(下标意义同上)

r_b 冠层中附加边界层的传质阻力研究

r_c 冠层阻力

r_d 人体热阻

r_f 毛发、衣服的热阻;无顶式空间的强制通风阻力

r_h 大孔(单侧)的传质阻力

r_i 无顶式空间的侵入阻力

r_p 孔的传质阻力

r_s 一组气孔的阻力

r_t 单个气孔的总阻力

r_H 对流传热的阻力,即显热

r_R 辐射传热阻力($\rho c p / 4 \sigma T^3$)

r_{HR} 同步显热及辐射热交换的阻力,即 r_H 和 r_R 并行

r_V 水蒸气传递阻力

R 气体常数($8.31 \text{ J} \cdot \text{mol}^{-1} \cdot \text{K}^{-1}$)

R_n 净辐射通量密度

R_{ni} 等温净辐射,即在环境空气温度下由表面吸收的净辐射

s 单位质量空气中的实体量

S 气体浓度

S_d 水平面上的漫射太阳辐照度

S_e 物体由于环境反射而受单位面积的太阳辐射

S_p 太阳直射表面上的直接太阳辐照度

S_b 水平面上的直接太阳辐照度

S_t 水平面上(通常)的太阳总辐射

t 扩散路径长度

T	温度
T_a	空气温度
T_b	物体温度
T_c	云底温度
T_d	露点温度
T_e	空气等效温度 $[T+(e/\gamma)]$
T_e^*	空气表观当量温度 $[T+(e/\gamma^*)]$
T_f	环境空气有效温度
T_s, T_o	表面热损失温度
T_v	虚拟温度
T'	热力学湿球温度
T^*	蒸汽压力规格的标准温度
u	大气中水蒸气的光学路径长度
$u(z)$	地球表面高度 z 处的空气水平速度
u^*	摩擦速度
v	分子速度
v_d	沉积速度
v_s	沉降速度
V_m	标准状况下(22.4 L)的摩尔体积
V	体积
$\dot{V}$	每分钟体积
w	空气的垂直速度;可降水量的深度
W	动物体重
x	体积分数(其中下标 s 表示土壤;l 表示液体;g 表示气体);圆柱体长径比
z	距离;距地球表面高度
z_0	粗糙长度
Z	平衡边界层高度

希腊字母

α	吸收系数(其中下标 p 表示光合活性;T 表示总辐射;r 表示红色;i 表示红外线)
$\alpha(\lambda)$	λ 波长的吸收率
β	太阳高度角;努塞尔特数观测值与光滑平板的努塞尔特数的比值
γ	干湿球常数($=c_p p/\lambda\varepsilon$)
γ^*	干湿球常数的表观值($=\gamma r_V/r_H$)
Γ	干绝热直减率,缩写为 DALR(9.8×10^{-3} K·m^{-1})

δ	边界层深度
Δ	饱和蒸气压随温度变化的速率,即 $\partial e_s(T)\partial T$
ε	水蒸气和空气分子量之比(0.622)
ε_a	大气表观放射性
$\varepsilon(\lambda)$	λ 波长的放射性
θ	与太阳光束的夹角;位温
κ	静止空气的热扩散率
κ'	固体的热扩散率,例如土壤
λ	电磁辐射波长
$\boldsymbol{\lambda}$	水的汽化潜热
μ	空气的动力黏度系数
ν	空气运动黏度系数;电磁辐射频率
ρ	反射系数,反照率(下标 p 表示光合活性;c 表示冠层;s 表示土壤;r 表示红色;i 表示红外线;T 表示总辐射);气体的密度,例如含水蒸气成分的空气
ρ_a	干空气的密度
ρ_c	二氧化碳的密度
ρ_1	液体的密度
ρ_s	含土壤组分的固体的密度
ρ'	土壤容重
$\rho(\lambda)$	λ 波长的表面反射率
σ	斯特凡-玻尔兹曼常数 $(5.67 \times 10^{-8}\ \mathrm{W \cdot m^{-2} \cdot K^{-4}})$
Σ	级数的和
$\boldsymbol{\tau}$	单位面积动量通量;剪切应力
τ	入射辐射分数,例如叶子;弛豫时间,时间常数,浊度系数
ϕ	二氧化碳的质量浓度,如 $\mathrm{g \cdot m^{-3}}$;平板与气流之间的夹角
Φ	辐射通量密度
χ	空气绝对湿度
$\chi_s(T)$	温度 T 时的饱和绝对湿度
ψ	入射角
ω	角频率;立体角

无量纲组

Le	路易斯数 (κ/D)
Gr	格拉晓夫数
Nu	努塞尔数
Pr	普朗特数 (υ/κ)

Re_* 糙率雷诺数（$u_* z_o / v$）

Re 雷诺数

Ri 理查德森数

Sc 施密特数（v/D）

Sh 舍伍德数

Stk 斯坦顿数

对数

ln   以常数 e 为底数的对数

lg   以 10 为底数的对数

目 录

第 1 章
环境物理学的范围

我们一直用物理学来研究自然环境,在早期,我们称之为"自然哲学"。在我们的定义下,环境物理学是一门可以测量与分析生物及其环境之间相互作用的科学。

生物要生长和繁殖,就必须适应环境。一些微生物能在 $-6 \sim 120℃$ 条件下生长,甚至在干燥条件下能在 $-272℃$ 下存活。另一方面,更高级的生命形式通过对外部物理刺激做出迅速的生理应激反应,来适应相对更有限的环境。当环境变化时,例如由于自然变化或是人类活动导致的变化,生物适者生存,不适者淘汰。

植物与动物生存的物理环境由五个部分组成,这决定着它们是否能够生存。

(1)环境是辐射能的来源,辐射能被叶绿体通过光合作用以碳水化合物、蛋白质与脂肪的形式储存。而这些物质又是陆地、海洋中各种形式生命代谢能的主要来源。

(2)环境是形成活细胞组分所需的水、碳、氮、其他矿物质以及微量元素的来源。

(3)诸如温度、日照等因素。它们决定着植物生长发育的速度,动物对食物的需求以及植物和动物的繁殖周期。

(4)环境刺激。能被动植物所感知,从而为其时间和空间提供了参考,特别是光和重力。这些刺激对于生物钟的重置和平衡感是至关重要的。

(5)环境决定了病原体和寄生虫的分布和生存能力,以及生物体的易感性。

要了解和探索生物与环境之间的关系,生物学家应该熟悉环境科学的主要概念。一方面,他们需要寻找生理学、生物化学和分子生物学之间的联系,另一方面还需要寻求大气科学、土壤科学和水文学之间的联系。其中一个环节是环境物理学。生物体的存在会改变其所处的环境,因此生物从环境中获得的物理刺激在一定程度上决定了其对环境的生理反应。

当一个生物与其环境相互作用时,所涉及的物理过程十分复杂,其生理机制往往很难完全了解。幸运的是,物理学家在因果关系方面解释自然现象时,

---

① 边栏方框内页码为原版图书页码。

他们学会了使用奥卡姆剃刀原理[①]：即观察一个系统的行为，然后寻求最简单的方式就其控制变量来描述这个系统。波义耳定律和牛顿定律是这种方法的典型例子。在这个原则下，很多复杂的关系被忽略掉，直到实验证据表明它们是至关重要的。本书中讨论的许多方程是对实际情况的近似，这有助于建立方程和探索构思。环境物理学的艺术性，正在于其在保证了质量、动量和能量守恒的前提下，选取了合理的近似。

这种近似通常称为模型。这些模型可能是理论上的或是实验上的，这两种类型都在本书中得以阐述（我们没有考虑基于计算机模拟的植物或动物系统模型）。物理学家使用"模型"这个词，从某种意义上来说，是很难经过考验的，这是因为在它们的推导中存在着许多变量和假设。因此，尽管它们可以用于确定系统对环境变量的敏感度，但它们并不有助于我们理解环境物理学的原理。

本书中用几章来阐述环境物理学的所有相关原则，又因为并不能断言这是完全全面的，因此省略了书名中的定冠词。然而，它涵盖的主题是这个学科的核心：生物与其环境之间的辐射、热量、质量和动量的交换。在这些主题中，类似的分析可以应用于植物、动物和人类生态学中的一些密切相关的问题。本书末尾简短的参考书目可为特定的处理提供参考，例如土壤中的水、热量和溶质的转移等。

缺乏共同语言通常是跨学科进步的障碍。没有经过生物学培训的物理学家或大气科学家很难与厌烦公式的生理学家或生态学家沟通。在这本书中，我们用简单的电子模型来描述生物与其环境之间的转移和交换速率，并且已尽可能少地使用微积分。电阻（及其倒数——电导率）的概念多年来一直为植物生理学家所熟知，这主要表现在描述控制蒸腾和光合作用速率的物理因素，动物生理学家也用这一术语来描述由布料、壳体或空气层形成的隔离层。在微气象学中，通过适当的梯度方面的知识，湍流传递系数衍生的气动阻力可用于计算通量，并且控制植被水分损失的气动阻力现在已被纳入包括地球表面的大气模型。因此，欧姆定律成为环境物理学的重要统一原则，也是生物学家和物理学家的共同语言的基础。

单位的选择由国际标准确定为厘米。例如，叶的尺寸单位为 mm 和 cm。当通常需要使用 10 的幂次方项时，要严格使用米或毫米的长度单位，以避免多个零，这有时会给出不够精确的印象。由于环境物理学中的大多数测量精度为 $\pm1\% \sim \pm10\%$，因此应引用至少两个或最多三个有效数字，最好是选定量为 10^{-1} 至 10^{3} 的单位。因此，叶片面积用 23.5 cm^2 表示，而不是 2.35×10^{-3} m^2 或 2 350 mm^2。

---

① 奥卡姆剃刀原理：如无必要，勿增实体。

第 2 章
气体和液体的性质

气体的物理性质影响着生物与其环境之间很多物质的交换过程。因此，空气的相关方程是研究环境物理的一个突破口，这也为讨论水蒸气的性质提供了依据。尽管水蒸气在大气中相对浓度较小，但它在气象学、水文学和生态学中仍具意义。由于土壤、植物和动物的水分蒸发也是环境物理学中的一个重要过程，本章回顾了描述生物和土壤中所含水的状态的原理，以及其中气液两相之间交换的原理。

2.1 气体与水蒸气

2.1.1 压力、容积、温度

气体的表观性质，例如温度和压力，可以通过基于牛顿运动定律的气体动力学理论与其构成分子的质量和速度联系起来。牛顿提出过这样一个定理：当力施加到物体上时，该物体的动量，即质量和速度的乘积，以与力的大小成比例的速率变化。相对应的，国际单位制中，力的单位是牛顿，压强的单位（单位面积的力量）是帕斯卡（帕斯卡是另一位著名自然哲学家的名字）。

气体作用在液体或固体表面上的压力 p 是衡量动量通过分子的撞击和回弹转移到表面的速率的量度。假设在密闭空间中所有分子的动能是恒定的，并且进一步假设理想气体的性质，就可以在每单位体积的压力和动能之间建立简单的关系。当气体的密度为 ρ，均方分子速度为 $\overline{v^2}$ 时，每单位体积的动能为 $p\,\overline{v^2}/2$，

$$p = \rho\overline{v^2}/3 \qquad (2.1)$$

这表示压强是每单位体积气体分子平均动能的三分之二。

虽然式(2.1)是气体动力学理论的核心，但它几乎没有实际价值。我们可以从 Boyle 和 Charles 的观点中得出一些一致但更有用的结论，他们的气体定律可以结合起来表示为

$$pV \propto T \qquad (2.2)$$

其中 V 是绝对温度 $T(K)$ 下的气体体积。为得到一个比例常数，定义标准压

力和温度(STP,即 101. 325 kPa 和 273. 15 k)下 1 mol 气体的体积为 V_m,其值为 0. 022 4 m³(22. 4 L)。而

$$pV_m = RT \tag{2.3}$$

式中,$R = 8. 314$ J·mol⁻¹·k⁻¹,为摩尔气体常数,是联系各个热力学函数的一个物理常数。

由于气体施加的压强是其每单位体积动能的量度,所以 pV_m 与一摩尔气体的动能成比例。一摩尔的任何物质含有 N 个分子,其中 $N = 6. 02 \times 10^{23}$,为阿伏伽德罗常数。因此,每个分子的平均能量成比例

$$pV_m/N = (R/N)T = kT \tag{2.4}$$

式中,k 为玻耳兹曼常数。

式(2.3)为理想气体方程的一种表达方式,也常表示为

$$p = \rho RT/M \tag{2.5}$$

式中,气体密度表示为该气体摩尔质量除以其摩尔体积,即

$$\rho = M/V_m \tag{2.6}$$

对于单位质量的任何气体的体积 V,有 $\rho = 1/V$,因此式(2.5)可写为

$$pV = RT/M \tag{2.7}$$

式(2.7)为研究单位质量的气体的压力、体积和温度之间关系奠定了一般基础,在以下四种情况下特别有用:

(1) 恒容——p 与 T 成正比;

(2) 恒压(等压)——V 与 T 成正比;

(3) 恒温(等温)——V 与 p 成反比;

(4) 恒定能量(绝热)——p、V 和 T 都可能改变。

当气体的相对分子质量已知时,其在 STP 下的密度可以由式(2.6)得出,其在任何其他温度和压力下的密度可以由式(2.6)得出。表 2.1 包含干空气主要成分 STP 的相对分子质量和密度。将每个密度乘以适当的体积分数,得到每个组分的质量浓度,这各组分质量浓度的总和就是干燥空气的密度。由干空气密度 1. 292 kg·m⁻³ 和式(2.5)可得到其有效分子质量(单位为 g)在为 28.96 或 29,误差在 0.1% 以内。

由于空气是气体的混合物,它也遵守道尔顿定律。道尔顿定律指出,不互相反应的气体混合物的总压力即是分压总和。分压是气体在它单独占据原混合物所占据体积的时候,并与混合物处于相同的温度下的压强。

表 2.1 干空气组分

气 体	相对分子质量/ g	标况下密度/ $(kg \cdot m^{-3})$	体积分数	质量浓度/ $(kg \cdot m^{-3})$
氮气	28.01	1.250	78.09	0.975
氧气	32.00	1.429	20.95	0.300
氩气	38.98	1.783	0.93	0.016
二氧化碳	44.01	1.977	0.03	0.001
空气	29.00	1.292	100	1.292

2.1.2 流体静力学方程

虽然气体通常是运动的,但由于高度增加而减小的压强所形成的作用在空气层上的向上的力,通常会被向下的重力所平衡。如果在厚度为 dz 上压强的降低是 $-\mathrm{d}p$ (单位面积的力),那么

$$-\mathrm{d}p = g\rho\mathrm{d}z$$

或

$$\frac{\mathrm{d}p}{\mathrm{d}z} = -g\rho \tag{2.8}$$

式中,ρ 为空气密度;g 为重力加速度。式(2.8)即流体静力学方程,描述了压强随高度增加而降低。

2.1.3 热力学第一定律与比热

热力学第一定律指出,如果考虑到热量,系统中的能量是守恒的。当单位质量气体被加热但不膨胀时,每单位温度升高对应的总内能的增加被称为恒定体积的比热,通常用符号 c_v 表示。相反,如果允许气体以其压力保持恒定的方式膨胀,则需要额外的能量,这使得恒定压力下的比热 c_p 大于 c_v。

为了比较 c_p 和 c_v 之间的差异,可以通过考虑横截面为 A 的气缸的特殊情况来计算膨胀所做的功。该气缸具有对气体施加压强 p 的活塞,从而施加力为 pA。 如果气体被加热并膨胀从而推动活塞距离为 x,所做的功是力 pA 和距离 x 的乘积 pAx,也是压力和体积 Ax 变化的乘积。对于其中气体在恒定压力下膨胀的任何系统,都有相同的规律。

通过微分方程式可求得在恒定压力 p 下单位质量气体的微元膨胀体积 dV 所做的功,如式(2.7)所示,即

$$p\mathrm{d}V = (R/M)\mathrm{d}T \tag{2.9}$$

由于两个比热之间的差异是每单位温度升高所做的功,即

$$c_p - c_v = p\,dV/dT = R/M \qquad (2.10)$$

气体的 c_p 与 c_v 的比取决于与其分子的振动和旋转相关的能量,因此也取决于形成分子的原子数。对于作为空气主要成分的双原子分子如氮和氧,c_p/c_v 的理论值为 7/5,与实验结果基本一致。因为 $c_p - c_v = R/M$,因此 $c_p = (7/2)R/M$,$c_v = (5/2)R/M$。 在自然环境中,涉及空气中热交换的大多数过程发生在与环境物理学相关的地表附近恒定的压力(大气压)下。由于空气的相对分子质量为 28.96,$c_p = (7/2) \times (8.314/28.96) = 1.01\,\text{J} \cdot \text{g}^{-1} \cdot \text{K}^{-1}$。

2.1.4　潜热

在保持物体温度不变的情况下,能向其供应的热量,即为潜热。物质的内部能量的增加与相的变化有关,包括分子构型的变化。例如,水的蒸发和冷凝是环境物理学中的常见现象。若要将单位质量的水从液体转化为蒸气而保持温度不变时,必须提供蒸发潜热 λ。 对于标准状态下的水,λ 为 $2\,501\,\text{J} \cdot \text{g}^{-1}$(附录 A,表 A.3);冷凝潜热与蒸发潜热相等。λ 值随温度而变化,如表 A.3 所示。类似地,如果在标准状态下向冰提供热量,并使温度保持在 0℃,直到所有的冰融化为止。熔化潜热为 $334\,\text{J} \cdot \text{g}^{-1}$,也等于凝固潜热。

2.1.5　递减率

气象学家将大气中的热力学原理应用到空气中,假设离散的无穷小的空气"单元"通过风和湍流的作用垂直或水平地传输。从而可以推断出温度、压力和高度之间的关系。

(1) 单元内的过程是绝热的,即单元既不能获得能量,其环境(例如通过加热)也不会损失能量;

(2) 单元总是与周围空气处于相同的压强下,假设处于流体静力学状态;

(3) 单元运动足够缓慢,其动能可忽略不计。

假设一个包含单位质量空气的单元上升一微元高度,使其随外部压强下降 dp 而膨胀。如果没有外界提供热量,那么其膨胀的能量必须来自单元的温度的下降 dT。 可较为简便地将其分为两个阶段:

(1) 单元在恒定的压强和体积下上升并使温度降低,提供了能量 $c_v dT$。

(2) 单元在外界压强 p 下膨胀,需要能量 $p\,dV$。

对于绝热过程,这些量的总和必须为零,即

$$c_v dT + p\,dV = 0 \qquad (2.11)$$

将式(2.7)微分,并令 $R/M = c_p - c_v$,得

$$V\,dP + p\,dV = (c_p - c_v)dT \qquad (2.12)$$

从式(2.11)及式(2.12)中消去 $p\,dV$,得到

$$c_{\mathrm{p}}\mathrm{d}T = V\mathrm{d}P \tag{2.13}$$

将 $V = RT/Mp$ 代入式(2.7),得到

$$\frac{\mathrm{d}T}{T} = \left(\frac{R}{Mc_{\mathrm{p}}}\right)\frac{\mathrm{d}p}{p} \tag{2.14}$$

可以从式(2.14)得出两个重要的结论。首先,整理流体静力学方程[式(2.8)],并将 ρ 代入式(2.5),可得

$$\frac{\mathrm{d}p}{p} = -\left(\frac{gM}{RT}\right)\mathrm{d}z \tag{2.15}$$

将式(2.15)代入式(2.14),得

$$-\frac{\mathrm{d}T}{\mathrm{d}z} = \frac{g}{c_{\mathrm{p}}} \tag{2.16}$$

式(2.16)表明,当一单元的空气升高时(假设为前提),其温度随高度的增加而以恒定的速度下降。其值 g/c_{p} 被称为干绝热递减率(DALR),通常用符号 Γ 表示。当 g 和 c_{p} 两者都用国际标准单位表示时,DALR 为

$$\Gamma = \frac{9.8(\mathrm{m \cdot s^{-2}})}{1.01 \times 10^{3}(\mathrm{J \cdot kg^{-1} \cdot K^{-1}})} = 9.8\ \mathrm{K \cdot km^{-1}} \approx 1\ \mathrm{K/100\ m}$$

在这种情况下,"干"意味着单元内不会发生冷凝或蒸发。云端中的绝热递减率被称为饱和绝热递减率,并且由于空气中的冷凝释放潜热,该递减速率小于干绝热递减率。与干绝热递减率不同,饱和绝热递减率主要取决于压力和温度。

实际(可观测)的空气递减率与 DALR 之间的差异可用来衡量大气的垂直稳定性。白天,离地至少 1 km 的地方递减率通常大于干绝热递减率,并且在干燥的阳光照射面上呈倍数上升。因此,上升的单元(温度下降下的干绝热递减率)的温度迅速升高,并且随浮力加速上升,从而湍流混合,因此变得不稳定。相反,在无云的夜晚,单元表面附近的温度随着高度的增加而逐渐增加,使得单元随上升温度比环境低,进一步上升受到浮力的阻碍,湍流度得以抑制,从而变得稳定。

2.1.6　位势温度

第二个能从式(2.14)推导得出的变量,称为位势温度。式(2.14)表明,发生绝热膨胀或收缩的空气单元的温度是压力的一元函数。这使得可以将绝热条件下达到标准压强 p_0(通常取为 100 kPa)的温度来"标记"在任意压强下的一个空气单元,这就是空气单元的位势温度 θ。如果空气单元在大气中移动时只处于绝热过程,那么其位势温度保持不变。在这种变换期间仍保持恒定

的量称为守恒量。

为了导出压力、温度和标准压强 p_0 关于 θ 的表达式,式(2.14)可以从 p_0 向上积分到 p(其中 $T=\theta$),得出

$$\frac{Mc_p}{R}\int_\theta^T \frac{\mathrm{d}T}{T} = \int_{p_0}^p \frac{\mathrm{d}p}{p} \tag{2.17}$$

或

$$\frac{Mc_p}{R}\ln\frac{T}{\theta} = \ln\frac{p}{p_0}$$

也可写成

$$\theta = T\left(\frac{p_0}{p}\right)^{R/Mc_p} \tag{2.18}$$

其中干空气对应的 $R/(Mc_p)=(c_p-c_v)/c_p=0.29$。 环境物理学中的大多数问题仅涉及大气中离地面几十米内,所以 p_0/p 的值在 1% 或 2% 的范围内。因此,在计算温度梯度时,很少需要使用位势温度[式(2.18)],但它是宏观大气物理学中的一个重要概念。

在 θ 不随高度的变化而变化的条件下,任何 z 处的温度 $T(z)$ 都是通过绝热过程上升或下降到 100 kPa 时的值 θ。 因此

$$T(z) = \theta - \Gamma z \tag{2.19}$$

此时,大气处于绝热(或对流)平衡的状态,也称为中性稳定性。

2.1.7 水蒸气及其规范

蒸发的潜热相对于空气的比热来说很大,因此,地球表面的水蒸发在大气中形成水蒸气是一个重要的物理和生物过程。通过冷凝 1 g 水蒸气释放的热量足以使 1 kg 空气的温度升高 2.5 K。由于其在全球热量运输中的作用,水蒸气被称为大气热机的"工质"。任何时刻空气中的水蒸气总量仅足够全世界一周的降水量,因此蒸发过程必须非常高效地补充大气层。在更微观的层面上,人和许多其他哺乳动物通过汗水的蒸发移除潜热,从而得以在炎热的气候中生存。下面几节描述了几种测定空气样品中蒸气量的不同方式,以及它们之间的关系的物理意义。

1. 水蒸气及其规范

当空气和液态水都存在于一个密闭的容器中时,水分子不断地从水的表面逃逸到空气中以形成水蒸气,但同时水的表面上也存在水分子的重新凝结。如果空气最初是干燥的,则认为是"蒸发"的水分子净损失,但随着蒸气的分压(e)增加,蒸发速率降低,当蒸发和凝结速率逐渐平衡,水分子净损失也达到

0。此时，气体被称为饱和蒸气，分压是水的饱和蒸气压(SVP)，由于它主要与温度有关，因此通常写为 $e_s(T)$。当一个平面的温度比其上方的空气的温度低时，水分子被捕获的速度比蒸发的速度更快，此时为水分子的净增加的情况，我们称之为"冷凝"。

根据热力学第二定律，我们可以推导出一个液体上方饱和蒸气压力随温度变化速率的方程，即克劳修斯-克拉佩龙方程

$$\frac{\mathrm{d}e_s}{\mathrm{d}T} = \frac{L}{T(\alpha_2 - \alpha_1)} \tag{2.20}$$

式中，α_1 和 α_2 分别是在温度 T 下液体和蒸气的比体积(物质体积与其质量的比)。

通过整理克劳修斯-克拉佩龙方程，可得 $e_s(T)$ 与 T 关系的严格表达式。但是由于过程烦琐，所以在这里将使用更简单的方法，其优点在于它考虑到了涉及潜热和自由能的蒸气压。

假设单位质量的水的蒸发可等效为在假想的一个较大的压力 e_0 下的蒸气等温膨胀成在较小的压力 (e_s) 下、更大体积的饱和水蒸气。在这个假设中，水蒸气被等效于理想的气体。如果将膨胀过程所做的功假定为蒸发热 λ，V 是膨胀过程中某一时刻的气体体积，则

$$\lambda = \int_{e_0}^{e_s(T)} e\,\mathrm{d}V \tag{2.21}$$

对于一个恒温系统，将式(2.7)微分，并令 $p = e$，则

$$e\,\mathrm{d}V + V\,\mathrm{d}e = 0$$

所以，式(2.7)可变形为

$$e\,\mathrm{d}V = -(R/M_w)T\,\mathrm{d}e/e$$

式中，M_w 是水的相对分子质量。

代入式(2.21)，则

$$\lambda = -\frac{RT}{M_w}\int_{e_0}^{e_s(T)} \frac{\mathrm{d}e}{e} = \frac{RT}{M_w}\ln[e_0/e_s(T)] \tag{2.22}$$

将表 A.4 中 T 与 $e_s(T)$ 的数值代入，整理式(2.22)可计算得初始压强 e_0 为

$$e_0 = e_s(T)\exp(\lambda M_w/RT) \tag{2.23}$$

代入常数 $\lambda = 2.48\ \mathrm{kJ \cdot g^{-1}}$ (10℃)，e_0 值随温度变化很小：0℃ 时，为 $2.076 \times 10^5\ \mathrm{MPa}$；20℃ 时，为 $2.077 \times 10^5\ \mathrm{MPa}$ (事实上，λ 的值随温度升高而减小速率约为 $2.4\ \mathrm{J \cdot g^{-1}}$，当其纳入考虑范围时，$e_0$ 也随温度升高而减小)。

因此,式(2.23)简化地表达了 $e_s(T)$ 与 T 的关系:

$$e_s(T) = e_0 \exp(-\lambda M_w / RT) \tag{2.24}$$

式中,e_0 在一个限定的温度范围内,可认为是常量。然而,通过归一化方程来表示 $e_s(T)$,将其作为在某一标准温度 T^* 下饱和蒸气压的,能更简易地消去 e_0:

$$e_s(T^*) = e_0 \exp(-\lambda M_w / RT^*) \tag{2.25}$$

将式(2.24)除以式(2.25)可得到:

$$e_s(T) = e_s(T^*) \exp\{A(T - T^*)/T\} \tag{2.26}$$

式中,$A = \lambda M_w / RT^*$。

当 $T^* = 273\,K(0℃)$,$\lambda = 2\,470\,J \cdot g^{-1} \cdot K^{-1}$ 时,$A = 19.59$;但 T^* 当 $273\sim293\,K$ 内时,通过赋予 A 一个任意值 19.65(参见表 A.4)可得到 $e_s(T)$ 更为精确的一个值(精确到 $1\,Pa$)。类似地,当 $T^* = 293\,K$ 时,A 的计算值为 18.3,但 $A = 18.00$ 时能得到 $e_s(T)$ 为 $293\sim313\,K$ 内的值[对 A 值的调整需要考虑到温度对 e_0 的轻微影响,同时也要考虑到 $e_s(T)$ 对 A 值的敏感性]。

由 Tetens(1930)提出的经验方程与式(2.26)几乎相同,并且在更大的温度范围内更精确。正如 Murray(1967)所提供的方程:

$$e_s(T) = e_s(T^*) \exp[A(T - T^*)/(T - T')] \tag{2.27}$$

式中,$A = 17.27$,$T^* = 273\,K[e_s(T^*) = 0.611\,kPa]$,$T' = 36\,K$。

Tetens 公式中的饱和蒸气压值可查询附录 A.4,温度上限为 $35℃$,其精确度在 $1\,Pa$ 以内。

$e_s(T)$ 随温度的增长率是微气象学中的一个重要参数(第 11 章),通常以符号 Δ 或 s 表示。在 $0\sim30℃$ 时,鉴于任何理想气体的不饱和蒸气压力每摄氏度仅增加 $0.4\%(1/273)$,$e_s(T)$ 每摄氏度增加约 6.5%。将式(2.24)相对于 T 进行微分可以得出:

$$\Delta = \lambda M_w e_s(T)/(RT^2) \tag{2.28}$$

并且,当温度上限提高到 $40℃$ 时,对于任何实际情况,式(2.28)都足够精确。

2. 露点温度

蒸气压为 e 的空气样品的露点温度 T_d 是其冷却至饱和的温度,由等式 $e = e_s(T_d)$ 定义。当蒸气压力已知时,露点温度可以从 SVP 表格近似得到,或者通过反推公式[式(2.26)]来得到一个关于蒸气压的露点温度的函数,即

$$T_d = \frac{T^*}{1 - A^{-1} \ln[e/e_s(T^*)]} \tag{2.29}$$

露点的定义在表面温度低于环境空气的露点温度时发生凝结最为实用。

3. 饱和蒸气压力亏缺

空气样品的饱和蒸气压力亏缺(有时称为"蒸气压力亏缺,vpd",又简称"饱和度")仅是饱和蒸气压与实际蒸气压之间的差值,即 $e_s(T) - e$。 在生态问题上,vpd 通常被认为是衡量空气"干燥力"的一个衡量标准,因为它在确定植物生长和蒸腾作用之间的相对速率方面起重要作用。在微气象学中,饱和蒸气压力亏缺的垂直梯度是湿表面与通过其上的空气之间缺乏平衡的度量(第 13.4.5 节)。

4. 掺混比

空气中水蒸气的掺混比(w)定义为一定体积的空气中水蒸气质量与干燥空气质量之比。在大气中,w 的大小通常在中纬度地区为每千克几克,但在潮湿的环境中可能达到 $20\,g \cdot kg^{-1}$。当既不发生蒸发也不发生冷凝时,掺混比是个守恒量。

5. 比湿度与绝对湿度

比湿度(q)是每单位质量湿空气中的水蒸气质量,并且在低温大气中的蒸气运输问题中是有用的,因为它与温度无关(第 16.3.1 节)。它与绝对湿度(χ)密切相关,绝对湿度也称蒸气密度,即每单位体积湿空气的水蒸气质量。如果潮湿空气的密度为 ρ,则 $\chi = \rho q$。 饱和蒸气压力,绝对湿度和温度之间的关系如图 2.1 所示。

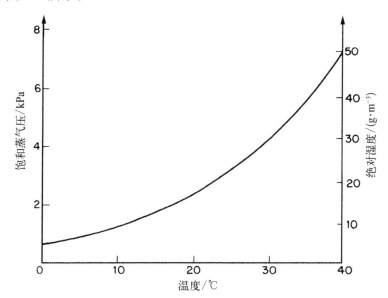

图 2.1　饱和蒸气压、绝对湿度和温度之间的关系

绝对湿度和比湿度都可以表示为总空气压力 p 和蒸气压力 e 的函数。对于仅是蒸气成分的,式(2.3)可以写为

$$e = \chi (R/M_w) T$$

又 $M_w = 18 \ \text{g} \cdot \text{mol}^{-1}$，因此

$$\chi(\text{g} \cdot \text{m}^{-3}) = \frac{M_w e}{RT} = \frac{2\,165 \, e(\text{kPa})}{T(\text{K})} \tag{2.30}$$

同理，对于干空气成分，压强为 $(p-e)$，因此密度为

$$\rho_A = \frac{M_A (p-e)}{RT}$$

式中，空气的相对分子质量为 $M_A = 29 \ \text{g} \cdot \text{mol}^{-1}$。

湿空气的密度是其各组分密度之和，即

$$\rho = [M_w e + M_A (p-e)]/RT \tag{2.31}$$

因此，比湿度为

$$q = \chi/\rho = \frac{\varepsilon e}{(p-e) + \varepsilon e} \approx \frac{\varepsilon e}{p} \tag{2.32}$$

式中，$e = M_w/M_A = 0.622$。由于 e 比 p 小两个数量级，故此近似值仅在微气象学问题中有效。

6. 虚温

与湿空气同样温度和压强下的干空气密度为

$$\rho' = p M_A/RT \tag{2.33}$$

将其代入式(2.31)，可得湿空气的密度为

$$\rho = \rho'[1 - e(1-\varepsilon)/p] \tag{2.34}$$

因此，潮湿空气在相同温度下比干燥空气的密度小，并且浮升力相对较大。在涉及由于浮升力而导致的热量传递的问题（第 11 章）中，用"虚温"来表示水蒸气的密度差异是一种便捷的方法，干空气处于"虚温"时的密度与湿空气处于实际温度 T 时的密度相同。联立式(2.31)和式(2.33)可得虚温为

$$T_V = T/[1 - (1-\varepsilon)e/p] \approx T[1 + (1-\varepsilon)e/p] \tag{2.35}$$

其中，当 e 比 p 小得多的时候，此近似值才足够精确。

7. 相对湿度

潮湿空气的相对湿度 (h) 定义为在相同温度下其实际蒸气压与饱和蒸气压之比，即 $h = e/e_s(T)$。虽然这个参数在气候统计中也经常引用，且被广泛认为是测量空气的干燥能力（如饱和度），但其根本意义在于是衡量液态水和水蒸气之间的热力学平衡的规范，这将在第 2.2.2 节中进行讨论。

8. 湿球温度

如果用于蒸发的所有能量都通过冷却空气获得,则含有少量液态水的不饱和空气可以在绝热条件下达到饱和。能达到这种理想过程中的最低温度称为热力学湿球温度,因为它与覆盖有湿套筒的温度计的观测温度密切相关。湿球温度的推导和其环境意义的讨论在第 13 章中会提到。

9. 水蒸气量测定方法总结

为了回顾测定指定空气中水蒸气含量的几种方法,图 2.2 给出了一个温度 T 和蒸气压力 e 条件下的空气样品的点 X。 饱和蒸气压随温度变化由指数曲线 SS' 确定。露点温度 T_d 由曲线与恒定蒸气压力线穿过 X 相交的点 Z 确定,饱和蒸气压力 $e_s(T)$ 由曲线与过 X 的垂线确定,垂线与温度轴相交于 W。 饱和蒸气压力缺陷 $e_s(T)-e$ 即为 $YW-XW=YX$,相对湿度为 XW/YW。

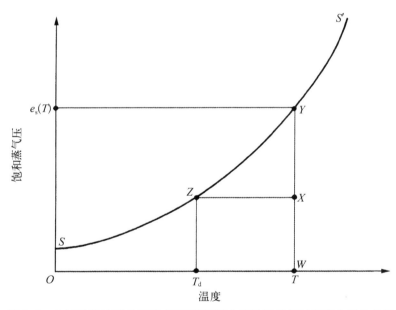

图 2.2 空气样品的露点温度、饱和蒸气压力亏缺以及相对湿度之间的关系

2.1.8 其他气体

虽然水蒸气在维持能量平衡和生物体的生存中起主要作用,但大气中的几种微量气体也能与生物和土壤相互作用。许多此类气体的浓度由于人类活动而增加,而在过去几十年来,几种微量气体的研究已经取得了突出的进展:与硫和氮等生物地球化学循环相关的气体,它们导致酸性沉积和气溶胶形成;对流层臭氧,它影响植物生长、人类健康、可见度和气候;二氧化碳,其在碳循环中的作用,也是引起气候变化的温室气体中的一种;以及其他温室气体,如甲烷和一氧化二氮,因为它们可能导致了全球变暖。遥感技术的发展现在可

以从卫星测量大气中的许多微量气体的浓度(Burrows et al.，2011)。

酸性沉积主要是由于二氧化硫(SO_2)和氮氧化物(NO_x)的排放引起的。这些气体通过沉积到表面或转化为气溶胶，从而从大气中相对快速地减量(寿命为数小时至数天)。因此，酸性沉积往往是一个区域问题(Colls，1997)。对流层臭氧(O_3)是机动车排放与其他排放物与太阳光结合的复杂化学反应期间在大气中形成的另一种短期光化学污染物。二氧化碳(CO_2)、甲烷(CH_4)和一氧化二氮(N_2O)产生的重要人为因素分别是化石燃料的燃烧、粮食和动物的生产以及肥料的使用。

同时使用重量单位(例如 $g \cdot m^{-3}$)和体积单位(例如，按体积算的十亿分之一，ppb[①])来描述微量气体浓度。两种单位之间的转化如以下描述。例如，二氧化碳(CO_2)的相对分子质量为 44 $g \cdot mol^{-1}$。在 STP 条件下 1 mol CO_2 体积为 0.022 4 m^3，STP 中纯二氧化碳的密度为 $44/0.022\ 4 = 1\ 965\ g \cdot m^{-3}$。因此，根据定义，纯气体的体积浓度为 10^6 ppm[②]，

$$1\ ppm\ CO_2 = 1.97\ mg \cdot m^{-3} \tag{2.36}$$

在其他压强和温度情况下，重量单位描述的浓度可用式(2.7)的以下形式来得出：

$$\frac{P_1 V_1}{T_1} = \frac{P_2 V_2}{T_2}$$

表 2.2 概述了过去和现在一些重要的温室气体的浓度信息。该表还展示了由于工业化前时期天然气的增加而增加的辐射强迫(地球能量平衡的扰动，见第 5 章)。从图 2.3 可看出自 1958 年以来在偏远地区(夏威夷莫纳罗亚山)，二氧化碳大气浓度的增加。到目前为止，第 4 版《环境物理原理》出版时，莫纳罗亚山的二氧化碳月平均浓度可能会超过 400 ppm，自 1973 年第一版出版时以来，增加了 70 ppm 以上。

二氧化碳浓度的平均增长率(图 2.4)主要取决于控制土地和海洋二氧化

表 2.2　一些重要温室气体的浓度(2005 年)、变化趋势(1995—2005 年，%)和辐射强迫($W \cdot m^{-2}$)

种　类	分子式	浓度(2005 年)	变化趋势(1995—2005 年，%/年)	辐射强迫($W \cdot m^{-2}$)
二氧化碳	CO_2	379 ppm	+1.9	1.7
甲烷	CH_4	1 774 ppb	下降	0.48
一氧化二氮	N_2O	319 ppb	+0.3	0.16

注：表中数据来自政府间气候变化专门委员会(IPCC)，2007 年。

---

① 1 ppb=10^{-9}。
② 1 ppm=10^{-6}=1 $\mu g/g$=1 $\mu L/L$。

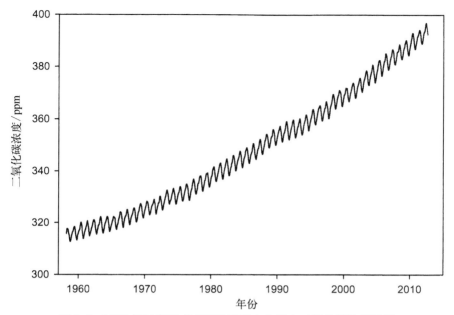

18

图 2.3　1958 年以来夏威夷莫纳罗亚山大气中二氧化碳浓度增长

注：数据是干燥空气中二氧化碳的摩尔分数（数据来自美国二氧化碳信息分析中心的 Pieter Tans 博士，美国国家海洋和大气局/美国环境系统研究所的 Ralph Keeling 博士，以及斯克里普斯海洋学研究所）

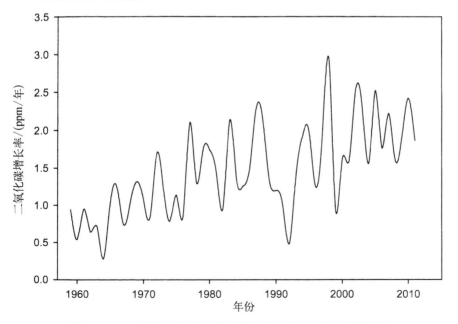

19

图 2.4　1958 年以来夏威夷莫纳罗亚山大气中 CO_2 年增长率

注：数据来自美国二氧化碳信息分析中心的 Pieter Tans 博士，美国国家海洋和大气局/美国环境系统研究所的 Ralph Keeling 博士，以及斯克里普斯海洋学研究所。

碳源和汇强度的因素,例如火山爆发和厄尔尼诺现象。按目前的增长速度,
21世纪末之前,其浓度将超过工业化前浓度的两倍(约280 ppm)。其他温室
气体的浓度也在持续增长。人们普遍认为,这是人类活动的结果,也是过去
250年来观察到的全球变暖的主要原因(IPCC,2007)。

2.2　液体

2.2.1　含水量和水势

在环境物理学中,动植物组织以及土壤表面的水蒸发速率对于能量的平
衡和生物体的生理反应是至关重要的。本节介绍了决定生物和土壤中液态水
状态的变量,以及液相水与气相水之间的物理原理。Campbell 和 Norman
(1998)给出了更为完整的处理方法。

存在两个变量用于定义系统中水的状态:含水量和水势。含水量可以表
示为物质中的水的体积与其总体积的比(体积含水量 θ),或者表示为物质的
质量与物质的干质量的比(质量含水量 w)。

水势是一个关于活体组织或土壤中的水可能与物质结合,也可能被溶质
稀释或处于压力或张力状态下的概念。因此,其能量状态可能与纯水不同。
水势是每单位(即每摩尔,千克等)水的潜在能量。纯水的水势定义为零。水
势梯度是生物系统中液体运动的驱动力。

最基本的水势表达单位为 $J \cdot kg^{-1}$,即每单位质量的水势。然而,由于水
在环境物理学中的压力下,几乎不可压缩,因此其密度与水势无关。因此,每
单位质量的水势与每单位体积的水势之间成正比。后一种单位的表达形式是
压强,即 $J \cdot m^{-3}$ 或 $N \cdot m^{-2}$,国际单位制 SI 确定名称为帕斯卡。历史上,生物
系统中的水势已经在压强单位中有所体现。数值上,水的密度为 $10^3 kg \cdot m^{-3}$,水
势的单位即为 $1 J \cdot kg^{-1} = 1 J \cdot (10^{-3} m^3)^{-1} = 10^3 J \cdot m^{-3} = 1 kPa$ 。

物质中的总水势 ψ 可以表示为几个部分的总和

$$\psi = \psi_g + \psi_m + \psi_p + \psi_o \tag{2.37}$$

式中,下标 g、m、p 和 o 分别代表重力势、基质势、压力势和渗透势。重力势是
由于其位置决定的水的势能,例如,

$$\psi_g = gh \tag{2.38}$$

式中, h 是高于或低于参照高度(正高于水平面)的高度。例如,一棵高大树顶
部的组织中的水将具有比表面上的水更大的重力势。

基质势是水与土壤颗粒、纤维素和蛋白质等材料结合的结果,也有水在毛
细管或其他细孔中的封闭作用产生的影响。这两种机制都将潜在的能量降低

到自由水的能量以下。对于简单的孔,如毛细管,势能的减少与孔径成反比。物质中的基质势与含水量之间的关系称为水分特性,并且通常可以通过经验方程的形式来描述

$$\psi_m = aw^{-b} \tag{2.39}$$

式中,a、b 为经验参数;w 为含水量。基质势通常为负或者零。

压力势可能源自流体静压,如植物细胞的膨压或动物的血压。压力势可以为正或负。

渗透势发生在溶质溶解在水中并受到半透膜限制的时候。例如在植物或动物细胞中。对于完美的半透膜,ψ_0 值由下式决定

$$\psi_0 = -C\phi\upsilon RT \tag{2.40}$$

式中,C 为溶质浓度,$mol \cdot kg^{-1}$;φ 为渗透系数(理想溶质的单位,通常在生物系统及其环境中的溶液的 10% 以内);υ 为每摩尔的离子数(例如氯化钠为 2,蔗糖为 1);R 为气体摩尔常数,8.314;T 为温度,K。

当土壤用纯水达到饱和时,其总水势接近零,但是由于重力会迅速降低到 $-30 \sim -10$ kPa 的水势,此时达到的含水量称为田间持水量。由于植物吸收和蒸发造成的土壤水分损失,土壤水势降低到根不能吸收更深的水(即根系水势不能降低到土壤水势以下)。通常,这样的情况发生在 $\psi \approx 1\,500$ kPa 的时候;相应的含水量称为永久萎蔫点。

植物叶片细胞的渗透势通常为 $-7\,000 \sim -500$ kPa,大部分中生植物的渗透势为 $-2\,000 \sim -1\,000$ kPa。白天,如果植物快速蒸腾,叶细胞中的压力势(膨压)接近零,此时式(2.37)表明叶片水势约等于接近渗透势。在晚上,当蒸腾速率非常慢时,叶片的水势接近土壤的水势,如果土壤湿润,则接近零。作为对比,哺乳动物血液和其他体液的渗透势通常为 $-700 \sim -200$ kPa。

2.2.2 气液界面

对于纯水的液平面,当其上方的空气饱和时达到平衡,这使得界面处的空气的相对湿度达到 1(100%)。但当水含有溶解的盐(如在植物细胞中)或由多孔介质(如土壤)中的毛细管和吸附作用保持时,水势为负,液平面上的平衡相对湿度小于 1。

举一个常见的例子,达到水平衡且相对湿度为 h 的蛋糕或玉米片的样品。如果一个样品暴露于 h 值较高的空气中,它会吸收水分,反之会散发水分到 h 值较低的空气中。因为玉米片具有比蛋糕小得多的孔,它们的平衡相对湿度较低。大多数厨房空气的相对湿度介于玉米片和蛋糕的平衡值之间,因此留在开口盒子中的玉米片通常会吸收水分,变得柔软,而蛋糕则会变得酥脆。

在土壤和其他多孔材料中的干湿过程依赖于样品中水的水势或称为"自由

能",这可以等效为将单位质量的水从其特定环境移动到在大气压和相同温度条件下的纯水池中。而水势和相对湿度之间的关系比这个抽象的定义更有用。为了解决问题,考虑下面一种情况,盐水在封闭的等温容器中处于平衡状态,其中蒸气压为 $e < e_s(T)$。通过式(2.22)计算,从初始压强 e_0 膨胀到 $e_s(T)$ 所需的将单位质量的水从液态改变为饱和蒸气态所需的能量仅仅是蒸发的潜热。由于系统是封闭的(这是一个关键因素),我们需要进一步将蒸气从其在 $e_s(T)$ 时的体积扩大到其在 e 时较大体积。通过再次使用式(2.22),计算得所需能量为

$$E = (RT/M_w)\ln[e_s(T)/e] \tag{2.41}$$

这个表达式能用于计算所需的功,即还需要将液态水从与 $e_s(T)$ 所处的空气平衡的状态改变为压力 e 所处的蒸气,其中 $e/e_s(T)$ 即是相对湿度 h。换句话说,这个过程就好像水具有负的水势一样。

$$-E = (RT/M_w)\ln h \tag{2.42}$$

表 2.3 说明了许多溶液和常见物质的水势和平衡相对湿度的范围。

表 2.3　常见溶液与物质的相对湿度(20℃)和水势

	相对湿度/%	自由能/MPa
植物细胞液	98~100	0~3
海水	98	−3
新鲜的香肠	80	−30
饱和氯化钠	75	−39
脆玉米片	20	−218
饱和一水氯化锂	11	−299

式(2.42)中使用的论点确定了 E 作为 h 的函数在纯水蒸发到不饱和空气的开放系统中是无效的,因为系统的所有部分都暴露于相同的压强——大气压下。在开放系统中蒸发单位质量的水所需的能量只是蒸发的潜热,并不是生理学家多年来所认为的术语"气体膨胀"那样(Monteith,1972)。同理,水蒸发的速率取决于适当温度下的饱和蒸气压与在水面上移动空气的蒸气压之间的差异。这个速率不是自由能相应差异的直接函数(Monteith 和 Campbell,1980)。

2.3　稳定同位素

许多元素以原子质量不同的形式出现,因为它们在核中具有额外的中子,但它们具有几乎相同的化学活性。不会发生放射性衰变的同位素被称为稳定

同位素。碳、氢和氧的稳定同位素为追踪环境中水汽和二氧化碳的过去历史提供了重要的途径,并确定了这些气体的源和汇。表 2.4 显示了碳、氢和氧的每个同位素的百分比丰度。

表 2.4　碳、氧和氢的稳定同位素丰度(%)

碳	氧	氢
^{13}C 98.89	^{16}O 99.763	H 99.984 4
^{13}C 1.11	^{17}O 0.037 5	D 0.015 6
	^{18}O 0.199 5	

注:碳的参考标准是碳酸盐岩,$(^{13}C/^{12}C)$比为 0.011 24。

由于较重型和较轻型稳定同位素的比例(丰度比)非常小,同位素组分通常表示为在标准中以丰度比例的千分之一(‰)为单位的偏差(δ)。例如,对于^{13}C,偏差如下式

$$\delta^{13}C‰ = \{[(^{13}C/^{12}C)_{sample}/(^{13}C/^{12}C)_{standard}] - 1\} \times 1\,000 \qquad (2.43)$$

取决于分子的动能(如扩散)和生物化学反应(如光合作用)的反应能区分较重的同位素,这导致稳定同位素浓度相对于区分过程中元素的标准同位素存在着的微小差异。例如,大气中大多数水蒸气的源是热带海洋。水分子中含有稳定的氢同位素(氕,D)和氧(^{18}O)。水中较重的同位素的蒸发慢于较轻的同位素,因此大气中的水蒸气中的δ^{18}O 和δD 相对于海水(标准)为负数。当水蒸气冷却时,例如移动到更高的纬度或上升,冷凝形成雨或雪。冷凝过程有利于区分较重的同位素,使较轻的同位素留在蒸气中。因此,随着水蒸气被输送到较冷的区域,一些较重的同位素就被沉淀优先去除,其同位素特征变得稳定;因此降水中的δ^{18}O 和δD 与环境空气温度之间存在良好的相关性。这种相关性已经用于从冰芯中δ^{18}O 和δD 的分析推断空气过去的温度(IPCC,2007)。同样地,冬季降水比夏季降雨具有负值更大的δD。由于冬季降雨主要是在半干旱环境下补充地下水,因此可以通过测量蒸发水中的δD 来确定植物是否吸收深层地下水或近期降雨(Dawson,1993)。Waring 及 Running(1998)给出了水和碳循环中同位素的区分的进一步实例。

2.4　习题

1. 使用式(2.8)绘制一个图表,显示大气压力如何随着地球表面的高度从 0 到 5 公里的变化而减小。

2. 使用式(2.16),绘制一个中性稳定气氛中大气温度的图表,以地球表面以上高度为变量,高度为地表至 1 公里。那么在现实世界中,什么因素会使

这个图表改变?

3. 为什么同一温度下一系列气体的饱和蒸气压力随着分子量的增加而降低? 以图形方式说明这种关系。

4. 使用式(2.26)或式(2.27),绘图显示:

(1) 温度为0~40℃时,饱和蒸气压如何变化;

(2) 当蒸气压固定在1.0 kPa、1.5 kPa或2.0 kPa时,相对湿度在10~30℃内如何变化。

5. 使用式(2.26)或式(2.27)绘制露点温度与相对湿度之间的关系,范围为10%~100%。

6. 在化学成分方面,在一个与地球具有相同大气的星球上,对于分子量仅为10 g·mol^{-1}的分子,其干绝热递减率为多少?

第 3 章
热量、质量与动量的传递

上一章主要关注能用来指定大气状况如压力、温度和气体浓度等特性的方法。为了继续介绍环境物理学所依赖的一些主要概念和原则,我们现在考虑如何将无论是土壤、植被、动物皮毛,还是昆虫或种子的外皮上的热量、质量和动量等的传递由大气状态和相关的表面状态来决定。

3.1　一般传递方程

可以通过"载体"(可以是传输热、水蒸气或一种气体等载物 P 的分子、颗粒或涡流)来导出在气体内运输的简单的一般性方程。即使当载体随机移动时,如果 P 的浓度随着该方向减小,则可以在任何方向上进行净运输。然后,载体可以在该值小于起始点处"卸下"其多余的 P。

为了评估 P 在一个维度上的净流量,可以想象单位体积的具有水平横截面的气体,并假设垂直高度 l 为载体卸下载物的平均距离(图 3.1)。在定义该

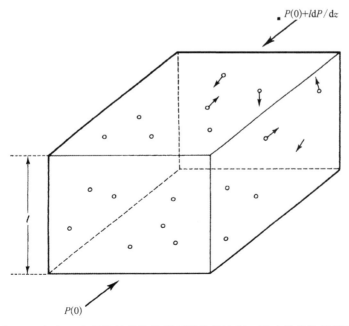

$P(0)+l\,\mathrm{d}P/\mathrm{d}z$

$P(0)$

图 3.1　包含 n 个载体的单位体积以随机的速度 v 运动的单位横截面且高度为 l 的空气单元(见正文)

气体体积的底平面上，P 具有均匀的值 $P(0)$，如果 P 的垂直梯度（随高度变化）为 dP/dz，则高度 l 处的值将为 $P(0)+l\,dP/dz$。因此，起始于高度 l 的载体将具有对应 $P(0)+l\,dP/dz$ 的载物，并且如果它们垂直向下移动距离为 l 到标准载荷对应于 $P(0)$ 的平面，则它们将是能够卸下过剩的 $l\,dP/dz$。

为了求得这个过剩的运输速率，假设 n 个单位体积的载体以随机的均方根速度 v 移动，使得在任何时刻向立方体的一个面移动的载体数量为每单位面积的 $nv/6$。因此，P 的向下通量（单位面积和单位时间的量）为 $(nvl/6)dP/dz$。然而，在卸下 $[P(0)-l\,dP/dz]$ 的负载之后，载体流从下方到达相同平面会产生相应的向上通量。在数学上，向上通量的减少相当于向下通量的增多，所以 P 的净向下流动是

$$\mathbf{F}=(nvl/3)\,dP/dz \tag{3.1}$$

对于通过分子运动进行的传输，运用式(3.1)，z 方向的平均速度 w 通常与分子均方根速度 v 有关，其中假设在任何时刻，系统三分之一的分子在 z 方向上移动，使得 $w=v/3$。

另一方面，研究涡轮涡旋转移的微气象学家关注的是式(3.1)的这种形式，其中 P 被每单位质量的空气（指定浓度 q）而不是每单位体积的空气（因为后者取决于温度）的量代替；这两个量关系为 $nP=\rho q$，其中 ρ 为空气密度。于是，通量方程可变形为

$$\mathbf{F}=-\overline{\rho wl}\,(d\bar{q}/dz) \tag{3.2}$$

如果 q 向上增加，则负号表示通量向下；平均值符号表示 w 和 q 由于湍流的影响在一个较大的时间范围内波动。在这种情况下，量 l 被称为用于湍流运输的"混合长度"。

也可以将 q 和 w 的瞬时值作为平均值 q 或 w 的和，以及对应的平均值 q' 与 w' 的偏差。接下来通过平面的净通量变为

$$\overline{(\rho\bar{w}+\rho w')(\bar{q}+q')}=\overline{\rho w'q'} \tag{3.3}$$

其中根据定义 $\overline{q'}$ 和 $\overline{w'}$ 为零，且当与最大涡流寿命(10 min)相比进行平均时，$\bar{w}$ 在地面附近的值也假设为零。

3.2 分子传递过程

根据式(2.1)，理想气体中分子运动的平均速度为 $\overline{v^2}=3p/\rho$。将标准状态下空气的性质 $p=10^5\,\mathrm{N\cdot m^{-2}}$ 和 $\rho=1.29\,\mathrm{kg\cdot m^{-3}}$ 代入，得出均方根速度为 $(\overline{v^2})^{1/2}=480\,\mathrm{m\cdot s^{-1}}$，并且气体的动力学理论可用于求出平均自由程（分子碰撞的平均距离）为 63 nm。因此，在已知的自然界的整个温度范围内，空气中的

分子运动非常迅速,碰撞频繁。这种运动是一些基本的气象学过程产生的原因:运动的空气中的动量转移引起黏度现象;通过传导来传递热量;通过水蒸气、二氧化碳和其他气体的扩散来传质。因为所有这三种形式的传递都是诱发分子扰动的直接结果,所以它们可以通过类似的关系来描述,这些关系就是仅在一个维度上扩散的最简单的情况。

3.2.1　动量与黏度

当空气在固体表面上流动时,其速度随离表面的距离的增加而增加。关于黏度简单的一点,速度梯度 du/dz 假定是线性的,如图 3.2 所示(第 7 章将考虑更与现实相近的速度分布)。如果空气是等温的,诱发分子扰动的速度在表面上所有地方都是相同的,但 x 方向上的牵连速度的水平分量会随着垂直距离 z 的增加而增加。作为诱发分子扰动的直接结果,在相邻水平层之间存在恒定的分子交换,并具有相应的水平动量在垂直方向上的交换。

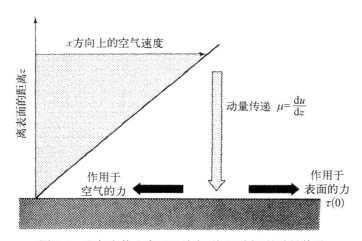

图 3.2　空气向静止表面运动中(从左到右)的动量传递

注:图中已标明相关的力

分子的水平动量应归因于气体与随机运动不同的牵连运动,值为 mu,所以从式(3.1)可以求得动量传递的速度,也称为剪切应力,即

$$\tau = (n\upsilon l/3)d(mu)/dz = (\upsilon l/3)d(\rho u)/dz \tag{3.4}$$

因为气体的密度为 $\rho = mn$。 这与定义气体运动黏度 υ 的经验方程相同,即

$$\tau = \upsilon d(\rho u)/dz \tag{3.5}$$

这表明 υ 是分子速度和平均自由程的函数。当 ρ 随距离变化小的时候,写成下面形式更为简便

$$\tau = \mu du/dz \tag{3.6}$$

式中，μ 为动态黏度系数，$\mu = \bar{\rho}\nu$，$\bar{\rho}$ 为平均密度。按照惯例，当指向一个表面时，动量通量被视为正，因此与速度梯度具有相同的符号(图 3.2)。

通过气体逐层转移的动量最终会被表面吸收，因此表面会存在沿流动方向作用的摩擦力。根据牛顿第三定律，这种力会导致表面产生与气体流动方向相反的摩擦阻力。

3.2.2　热量与热传导性

静止空气中的热传导类似于动量的转移。图 3.3 表示的是暖空气与较冷的表面接触。因此，分子的速度随其与表面的距离增加而增加，并且相邻空气层之间的分子交换解释了分子能量和热的净转移。热传递速率与每单位体积空气的热含量梯度成比例，因此可以写成

$$\mathbf{C} = -\kappa d(\rho c_p T)/dz \tag{3.7}$$

式中，κ 为空气的热扩散系数，具有与运动黏度相同的量纲($L^2 \cdot T^{-1}$)，ρc_p 是每单位体积空气的热量。在动量的处理中，假定 ρ 在所考虑的距离上具有恒定的 $\bar{\rho}$ 值，并且将热导率定义为 $k = \bar{\rho}c_p\kappa$，则有

$$\mathbf{C} = -k dT/dz \tag{3.8}$$

与固体中的热传导方程相同。

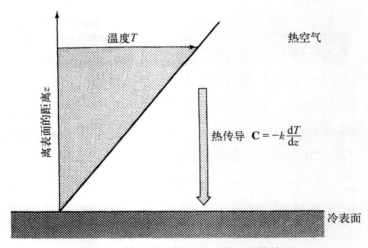

图 3.3　静止热空气向冷的表面的热传递

与常规动量相比，当热通量远离表面时，$\mathbf{C}$ 通常取为正，在这种情况下，dT/dz 为负。因此，方程式包含一个负号。

3.2.3　传质与扩散

在存在气体浓度梯度的情况下,诱发分子扰动是造成质量传递的原因,通常称之为"扩散",这个词也可用于动量和热量。在图 3.4 中,含有水蒸气的静止空气层与吸收水分的吸湿表面接触。每单位体积的蒸气分子数随其与表面的距离的增加而增加,并且相邻层之间的分子交换产生朝表面的净运动。表示为每单位面积($\mathbf{E}$)的质量通量的分子转移与浓度梯度成比例,且与式(3.6)和式(3.8)类似的运输方程是

$$\mathbf{E}=-D\mathrm{d}\chi/\mathrm{d}z=-D\mathrm{d}(\rho q)/\mathrm{d}z=-\bar{\rho}D\mathrm{d}q/\mathrm{d}z \tag{3.9}$$

式中,$\bar{\rho}$ 为平均密度;D 为水蒸气的分子扩散系数,$\mathrm{L}^2 \cdot \mathrm{T}^{-1}$;$q$ 为比湿度。该方程式中的符号的规定与热量相同。

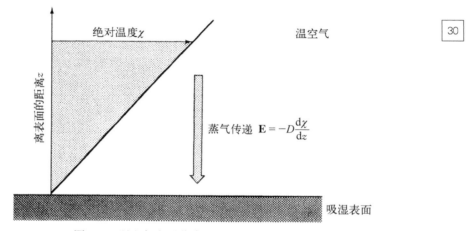

图 3.4　湿空气向吸收表面运动中的蒸气传递

3.3　扩散系数

因为同样的诱发分子扰动过程能解释所有这三种类型的传递,所以动量、热量、水蒸气和其他气体的扩散系数在量纲和在温度特性上都是相似的。根据 Chapman - Eskog 动力学气体理论计算的不同温度下的系数值与测量结果相吻合,见附录 A.3。扩散系数的温度和压力特性通常由幂律表示,例如,

$$D(T)/D(0)=[T/T(0)]^n[P(0)/P] \tag{3.10}$$

式中,$D(0)$ 为初始温度和压强 $T(0)$(K) 和 $P(0)$ 的系数;n 为常数,取值 1.5~2.0。在与环境物理学相关的有限温度范围内,如 -10~50℃,简单地取温度系数为 0.007,足以用于实际情况的分析,即

$$D(T)/D(0) = \kappa(T)/\kappa(0) = \upsilon(T)/\upsilon(0) = (1+0.007T)$$

式中，T 为温度，℃。单位为 $m^2 \cdot s^{-1}$ 的系数如下：

$$\upsilon(0) = 13.3 \times 10^{-6}（动量）$$
$$\kappa(0) = 18.9 \times 10^{-6}（热量）$$
$$D(0) = 21.2 \times 10^{-6}（水蒸气）$$
$$= 12.9 \times 10^{-6}（二氧化碳）$$

格雷厄姆定律指出，因为密度与分子量成比例，气体的扩散系数与其密度的平方根成反比，即 $D \propto (M)^{-0.5}$。因此，可以使用关系式 $D_x = D_y(M_y/M_x)^{0.5}$，根据已知气体 (D_y, M_y) 的值来估计分子量 M_x 的未知气体的扩散系数 D_x。

3.3.1 传递阻力

式(3.5)～(3.7)具有相同的形式

通量＝扩散系数×梯度

这是菲克扩散定律的一般表达形式。这个定律可以应用于一维、二维或三维扩散过程的问题，但是这里只会考虑到多维情况。因为某一点处量的梯度通常难以准确估计，所以菲克定律通常以积分的形式进行应用。在（一维）通量可以在坐标 z 所指定的方向上被视为常数的情况下，积分非常简单，比如说与表面成直角的情况。例如，对式(3.9)进行积分可得

$$E = -\frac{\int_{z_1}^{z_2} d(\rho q)}{\int_{z_1}^{z_2} dz/D} = \frac{\rho q(z_1) - \rho q(z_2)}{\int_{z_1}^{z_2} dz/D} \tag{3.11}$$

其中 $\rho q(z_1)$ 和 $\rho q(z_2)$ 是距表面的距离 z_1 和 z_2 处的水蒸气浓度，且该表面以速率 E 吸收或释放水蒸气。通常将 $\rho q(z_1)$ 作为表面处的水蒸气浓度，使得 $z_1 = 0$。

式(3.11)和对式(3.6)和式(3.8)进行积分得到的相似方程与电路中的欧姆定律类似，即

通过电阻的电流＝$\dfrac{电阻两端电压}{电阻}$

扩散的等效表达式可写为

传递速率＝$\dfrac{势差}{阻力}$

即

$$动量传递速率\ \boldsymbol{\tau} = \rho u / \int \mathrm{d}z / \upsilon \qquad (3.12\text{a})$$

$$热量传递速率\ \mathbf{C} = -\rho c_p T / \int \mathrm{d}z / \kappa \qquad (3.12\text{b})$$

$$质量传递速率\ \mathbf{E} = -\rho q / \int \mathrm{d}z / D \qquad (3.12\text{c})$$

因此,传质阻力 r 可定义为

$$r = \int \mathrm{d}z / D \qquad (3.13)$$

类似的方程可定义热量和动量传递的阻力。

扩散系数量纲为(长度)^2×(时间),因此相应的阻力量纲为(时间)/(长度)或 1/(速度)。在扩散速率完全由分子过程控制的系统中,通常可以假定系数与 z 无关,使得例如 $\int_{z_1}^{z_2} \mathrm{d}z / D$ 可以简单地写成 $(z_2 - z_1)/D$ 或(扩散路径长度)/(扩散系数)。

示例 3.1 在 20℃和 101.3 kPa 时,诱发分子扰动对扩散路径长度为 1 mm 的空气水蒸气扩散的阻力是多少?

解: 规定温度和压力下空气中水蒸气的分子扩散系数见附录 A.3,该条件下为 24.9×10^{-6} m^2·s^{-1}。因此,长度为 1 mm(1×10^{-3} m)的传递阻力为 $1 \times 10^{-3} / 24.9 \times 10^{-6} = 40$ s·m^{-1}。

在传递阻力方面,在层状边界层(仅通过分子运动传递的层)中处理扩散过程通常是比较简便的,在本书的其余部分中使用以下符号:

r_M——物体表面动量传递阻力;

r_H——对流传热阻力;

r_V——水蒸气传递阻力;

r_C——二氧化碳传递阻力。

阻力的概念不限于分子扩散,而是适用于其中通量仅与梯度相关的任何系统。在大气中,湍流是扩散的主要机制,扩散系数比相应的分子值大几个数量级,并且随着离地面高度的增加而增加(第 16 章)。大气中的动量、热量、水蒸气和二氧化碳的扩散阻力将通过符号 r_{aM}、r_{aH}、r_{aV} 和 r_{aC} 来区别;这些阻力的定义和测量在第 16 章和第 17 章中进行了讨论。阻力的概念最初是应用在一份关于大气传输的报告中,其中数据来源于加利福尼亚大学戴维斯分校(Monteith, 1963a)。

在研究放射性物质和污染气体从大气沉积到表面过程时,传输速率有时表示为沉积速度,其是扩散阻力的倒数。在这种情况下,通常将表面浓度设为零,并且通过将材料的沉积速率除以任意高度的浓度来求得沉积速度。

植物生理学家还经常使用阻力的倒数(在这种情况下称为导度)来描述叶片和大气之间的传递,认为通量和导度之间的正比例关系相较于通量和阻力之间的反比例关系更为直观。在本书中,我们通常更偏向阻力公式,因为对于物理学家来说更为熟悉,特别是当必须计算并联和串联组合的阻力时。

用于阻力的单位 m^{-1} 和用于导度的单位 $m \cdot s^{-1}$ 是将质量通量表示为质量通量密度(例如,$kg \cdot m^{-2} \cdot s^{-1}$)和将驱动势表示为浓度(例如 $kg \cdot m^{-3}$)的结果。动量、热量和质量传递方程的形式(3.12)确保了这些变量的阻力单位也是 m^{-1}。这一惯例的缺陷是,当电阻被定义为(扩散路径长度)/(扩散系数)时,r 与压力 P 成比例,并且与 T^2 成反比[式(3.10)]。因此,分析高度对通量的影响可能会令人困惑。有时使用对温度和压力较不敏感的阻力单位的定义来替代,特别是如下所述植物生理学家的使用情况。

由于生物化学反应涉及反应分子数量,而不是物质的质量,因此通常以摩尔通量密度 J ($mol \cdot m^{-2} \cdot s^{-1}$)来表达通量。类似地,物质的量可以表示为摩尔分数 x,即物质的摩尔数占混合物中总摩尔数的分数($mol \cdot mol^{-1}$)。使用气体定律,很容易得出,质量浓度 χ ($kg \cdot m^{-3}$)或其等效的 ρq 与 x 相关

$$\chi = \rho q = xP/RT$$

所以式(3.9)可以写成

$$J = \frac{x(z_1) - x(z_2)}{\dfrac{RT}{P} \int dz/D}$$

或者,由于 $x = p/P$,其中 p 是分压,因此

$$J = \frac{p(z_1) - p(z_2)}{RT \int dz/D}$$

摩尔阻力 r_m ($m^2 \cdot s \cdot mol^{-1}$)定义为

$$r_m = \frac{RT}{p} \int \frac{dz}{D} = \frac{RT}{P} r \tag{3.14}$$

这表明 r_m 与压力不相关,并且与 r 相比,与温度的关系较小。Cowan (1977)指出,使用分压或摩尔分数描述非等温系统由于驱动扩散产生的势是十分重要的。

在 20℃、101.3 kPa 的条件下,阻力单位之间的近似可转换为

$$r_m(m^2 \cdot s \cdot mol^{-1}) = 0.024r(s \cdot m^{-1}) \tag{3.15}$$

3.4　颗粒扩散(布朗运动)

悬浮在液体或气体中的颗粒的随机运动这一现象首先由英国植物学家布朗在 1827 年观察到,这比爱因斯坦运用气体动力学理论早了将近 80 年,它表明分子的运动是与周围分子发生多次碰撞的结果。他发现,在时间 t 中粒子的均方位移 $\overline{x^2}$ 能由下式表示

$$\overline{x^2} = 2Dt \tag{3.16}$$

式中,D 为颗粒的扩散系数,$L^2 \cdot T^{-1}$,类似于气体分子的系数。D 取决于分子轰击的强度(绝对温度的函数)和流体的黏度,具体如下文所述。

假设单个质量为 m (kg)的颗粒分散在容器中,它们既不黏附到壁上也不凝结在一起。衍生自动力学理论的玻耳兹曼统计学对浓度的描述要求为:由于地球重力场的作用,颗粒浓度 n 应随着高度 z(m)的变化,如下式呈指数递减

$$n = n(0)\exp(-mgz/kT) \tag{3.17}$$

式中,$z = 0$ 时,$n = n(0)$;g 为重力加速度,$m \cdot s^{-2}$;T 为绝对温度,K;k 为波耳兹曼常数,$J \cdot K^{-1}$。

在容器内高度为 z 的水平面上,由式(3.17)可得,通过扩散向上的颗粒通量(参见气体的扩散)为

$$F_1 = -D\frac{dn}{dz} = n\frac{Dmg}{kT} \tag{3.18}$$

因为所有的颗粒由于重力都倾向于向下移动,所以必须存在向下的通量,即

$$F_2 = nV_s$$

式中,V_s 为沉淀速度(第 12 章)。

由于系统处于平衡状态,因此 $F_1 = F_2$,则

$$D = kTV_s/mg \tag{3.19}$$

对于半径为 r 的球形颗粒,根据斯托克斯定律,由重力引起的向下的力 mg 由拖曳力 $6\pi\rho_g \nu r V_s$ 平衡,其中 ρ_g 为气体密度,ν 为运动黏度(第 9 章)。所以

$$D = kT/6\pi\rho_g \nu r V_s \tag{3.20}$$

因此，D 与粒子半径（附录，表 A.6）成反比；其温度特性主要取决于运动黏度 ν 的温度特性。

式（3.16）和式（3.17）表明，布朗运动的粒子的均方根位移与 $T^{0.5}$ 和 $r^{-0.5}$ 成比例。令人惊讶的是，通过实验证实的推断，$\bar{x}^2$ 与粒子质量并不相关。

3.5 习题

35

1. 计算 20℃、101 kPa 时，空气中二氧化碳在空气中扩散的阻力（s·m^{-1}）。假设压力降至 70 kPa（保持温度恒定），再计算阻力。使用摩尔单位重复进行上述计算。

2. 使用附录表 A.6 中的数据来探究颗粒扩散系数与温度的关系。

第 4 章
辐射能的传递

4.1 辐射的起源和性质

电磁辐射是由振荡的磁场和静电场产生的一种能量形式,它能够以 $c = 3.0 \times 10^8$ m/s 的速度在真空中传播。振荡频率 ν 与波长相关,它们之间的关系体现为标准波方程 $c = \lambda\nu$ 中,波数 $1/\lambda = \nu/c$ 有时用作频率的指标。

发射和吸收辐射的能力是固体、液体和气体的固有特性,并且始终与原子和分子的能态变化相关。电子能态的变化与给定频率或给定一系列频率的线状谱有关。在分子中,辐射的能量源自分子结构内各原子的振动和旋转。能量守恒是辐射来源的基础。单个原子或分子发射的辐射能量的量等于其势能减少的量。

4.1.1 辐射的发射与吸收

所有分子都具有一定量的"内部"能量(即与其在大气中的运动无关)。大部分能量与围绕核的轨道运动的电子相关联,而其他的则与分子结构中原子的运动以及分子的转动相关。量子物理学认为,对于特定分子,其电子轨道、振动频率和旋转速率都是确定的,并且轨道、振动和旋转中任意两个的组合对应着与这三者相关的特定的能量。分子可以通过分别吸收或发射电磁辐射来跃迁到更高或更低的能级。量子理论只允许能级之间的变化是离散的,且无论能量是被吸收还是发射都是相同的。由于光子的能量为 $E = hc/\lambda$,即与其波长有关,其中 h 是普朗克常数,因此分子仅与某些波长的辐射相互作用。因此,分子吸收和发射辐射是以线状谱形式进行的,线状谱由有限数量的线条组成,分子能吸收或发射线条对应波长的辐射,线条间隔中所对应波长的辐射则不能为分子所吸收或发射。

与轨道变化相关的大多数吸收线在 X 射线、紫外线和可见光谱中。振动变化与红外波长的吸收有关,旋转变化对应于微波波长甚至更长波长的线。诸如 CO_2、H_2O 和 O_3 的分子具有同时允许振动转变为旋转的结构,并且它们对应于红外区域中间隔非常紧密的线的簇。如 O_2 的分子则不会以这种方式相互作用,所以只有少量的吸收线。

当气体中存在大量分子时,通过随机分子运动的增宽(多普勒增宽,取决于绝对温度的平方根)和碰撞期间的相互作用(碰撞谱线增宽,其吸收和发射线的宽度取决于与气体压力成比例的碰撞频率)来大大增宽吸收线与发射线。

碰撞谱线增宽对于离地面大约 30 公里以下的大气分子是至关重要的,并且导致与 CO_2 和 H_2O 中的振动-旋转转变相关联的簇中的线产生重叠,从而在这些气体的红外线中产生吸收带。由于压力随着高度的增加而降低,所以分布在下层大气中的气体的吸收率和发射率与恒定的混合比随着高度而变化,从而使辐射传输的计算复杂化。

4.1.2 全(黑体)辐射

基尔霍夫研究了物质吸收和发射辐射之间的关系。他将一个表面的吸收率 $\alpha(\lambda)$ 定义为在特定波长 λ 处吸收的入射辐射的百分数。其发射率 $\varepsilon(\lambda)$ 定义为在波长 λ 发射的实际辐射与辐射通量 $B(\lambda)$ 的假设量的比。通过考虑室内物体在均匀温度下的热平衡,他认为 $\alpha(\lambda)$ 恒等于 $\varepsilon(\lambda)$。 对于完全吸收波长 λ 的辐射的物体,其 $\alpha(\lambda)=1$,$\varepsilon(\lambda)=1$,发射的辐射为 $B(\lambda)$。 在所有波长处都具有 $\varepsilon=1$ 的物体的特例中,发射辐射的光谱被称为全光谱或黑体光谱。在地球表面的温度范围内,完全辐射体发射的几乎所有的辐射都被限制在 $3\sim100\ \mu m$ 的波段,大多数天然物体(如土壤、植被、水体表面)的辐射在这个限定光谱中(但不在可见光谱中)都类似完全辐射体。即使是新鲜的雪,自然界中表面最白的物体之一,也会像完全辐射体一样发射 $3\sim100\ \mu m$ 波段的辐射。因此,"雪是黑体"是指由雪面发射的辐射,而不是由雪反射的太阳辐射。通过参考"全辐射"和"完全辐射体"可以避免术语"黑体"中固有的语义混乱。

基尔霍夫的研究在 1859 年发表之后,一些实验和理论物理学家也研究了物体发出的辐射。通过将光谱仪与敏感热电堆结合,确定了完全辐射体的辐射光谱分布类似于图 4.1 中的曲线,其中所选择的 6 000 K 和 300 K 的温度大致对应于太阳和地表的平均全辐射温度。直到普朗克量子假说的出现(4.1.5 节)物理学家们才给出了关于这个分布的理论解释。

4.1.3 维恩定律

维恩从热力学原理推断,每单位波长发射的能量 $E(\lambda)$ 应该是绝对温度 T 和 λ 的函数,即

$$E(\lambda)=\frac{f(\lambda T)}{\lambda^5} \tag{4.1}$$

由此关系可推断出:

1. 当比较来自不同温度的完全辐射体的光谱时,使 $E(\lambda)$ 达到最大值的波长 λ_m 应与 T 成反比,使得对于所有的 T,$\lambda_m T$ 的值都是相同的。该常数的值为 2 897 $\mu m \cdot K$,在图 4.1 中,太阳光谱($T=6\ 000$ K)的 $\lambda_m=0.48\ \mu m$,地面光谱($T=300$ K)为 9.7 μm。

2. 在波长为 λ_m 时的 $E(\lambda)$ 的值与 λ_m^{-5} 成比例,又由于 $\lambda_m \propto 1/T$,因此

也与 T^5 成比例关系。因此太阳和地球辐射的 $E(\lambda_m)$ 为 $(6\,000/300)^5 = 3.2 \times 10^6$，如图 4.1 的左右两垂直轴所示。

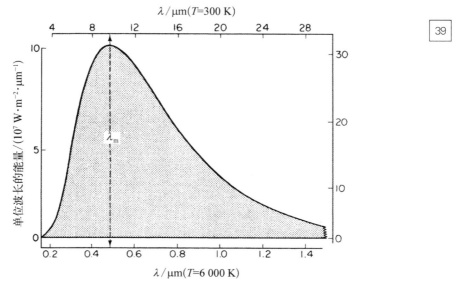

图 4.1 黑体在一定温度下的辐射能谱分布

4.1.4 斯蒂芬定律

斯蒂芬和玻耳兹曼表明，在所有波长下的完全辐射体的能量发射速率与其绝对温度的四次方成正比，即

$$\mathbf{B} = \sigma T^4 \tag{4.2}$$

式中，$\mathbf{B}(W \cdot m^{-2})$ 为单位面积的平面发射到围绕它的一个假想半球的辐射通量。斯蒂芬-玻耳兹曼常数 σ 是从量子理论推导出的基本常数，其值为 $5.67 \times 10^{-8} W \cdot m^{-2} \cdot K^{-4}$。该通量的空间分布见 4.2 节。

式(4.2)的一般形式，发射率为 $\varepsilon(<1)$ 的任何单位面积的平面发射的辐射可以写成

$$\Phi = \varepsilon \sigma T^n$$

式中，n 为数值指数。对于发射率与波长无关的"灰体"表面，$n=4$。当辐射主要以小于 λ_m 的波长发射时，$n>4$。相反，当大部分发射辐射出现在 λ_m 以上的波段中时，$n<4$。

4.1.5 普朗克定律

关于建立黑体光谱的长期尝试[例如式(4.1)中的 $f(\lambda T)$ 函数]，最终在

德国理论物理学家马克斯·普朗克(Max Planck)提出的理论达到了顶峰,他提出了量子假设,这也为大部分现代物理学奠定了基础。普朗克发现无法从经典力学中预测光谱,因为经典力学对分子可以发射的辐射能量没有限制。他假设能量是以离散形式发出的,他称之为"量子",单个量子的能量 E_q 与辐射的频率成比例,即

$$E_q = h\upsilon = hc/\lambda \qquad (4.3)$$

式中, $h = 6.63 \times 10^{-34}$ J,为普朗克常数。

在这个假设的基础上,普朗克推导得出

$$E(\lambda) = \frac{2\pi hc^2 \lambda^{-5}}{\exp[hc/(k\lambda T)] - 1} \qquad (4.4)$$

式中, k 为玻耳兹曼常数(见式 2.4); T 为绝对温度。式(4.4)中,当常数与变量取适当的值时, E 为单位波长范围内,单位面积的发射面在单位时间内向单位立体角发射的能量,其单位为 W·m^{-2}·nm^{-1}·sr^{-1}。式(4.4)的另一种形式则适用于从表面到全半球的辐射,这可以用于计算图 4.1 中曲线的数据。对式(4.4)关于 λ 进行微分能得出维恩定律的常数,对其关于 λ 积分能由 $(2\pi^5/15)k^4 c^{-2} h^{-3}$ 得出斯蒂芬-玻耳兹曼常数。

4.1.6　单位量子

式(4.3)表明,红光光子 ($\lambda = 660$ nm) 中的能量约为 3×10^{-19} J,蓝光光子 (400 nm) 的能量约为 5×10^{-19} J(光的量子也称为光子)。由于单个量子中的能量很小,光化学家通常以一摩尔量子(即阿伏伽德罗常数 $N = 6.02 \times 10^{23}$)来计算能量。这个量子的单位最初被称为爱因斯坦,以表彰爱因斯坦对光化学理论基础的贡献。现在通常称为摩尔(虽然摩尔被正式定义为"一定量的物质",但在这方面的应用表明,它应被简单地定义为"一个数字,即 0.012 kg^{12}C 中的分子数")。光化学反应中化合物中每个分子都需要一个量子,因此每摩尔化合物需要 1 摩尔量子。

4.1.7　小温差下的辐射交换

尽管完全辐射体发射的总辐射量与 T^4 成正比,但是在温度为 T_1 和 T_2 且温差较小时,完全辐射体之间的能量交换与 $(T_2 - T_1)$ 成正比,这在自然环境中是常见的情况。

令 $(T_2 - T_1) = \delta T$,两个温度下的全辐射差是

$$\begin{aligned}
\boldsymbol{R} &= \sigma[(T_1 + \delta T)^4 - T_1^4] \\
&= \sigma[4T_1^3 \delta T + 6T_1^2 \delta T^2 + \cdots] \\
&\approx 4\sigma T_1^3 \delta T (1 + 6\delta T/4T_1)
\end{aligned} \qquad (4.5)$$

其中忽略含有 δT^3 和 δT^4 的项。因此，$\mathbf{R}$ 的值可以取为 $4\sigma T_1^3 \delta T$，误差由 $-1.5\delta T/T_1$ 给出。在 $T_1 = 298$ K（25℃）时，误差仅为每摄氏度温差的 0.005 或 0.5%，且 $4\sigma T_1^3$ 的值为 6.0 W·m^{-2}·K^{-1}，这是一种合理的等效，用于估计温度相近的完全辐射体之间的辐射交换。

类推气体中的热量传递导出的方程式，可导出对辐射传递 r_R 的理论阻力

$$\mathbf{R} = \rho c_p \delta T/r_R \tag{4.6}$$

其中引入体积比热使 r_R 具有与动量、热量和质量传递的阻力相同的量纲。从式（4.5）和式（4.6）可得

$$r_R \approx \rho c_p/(4\sigma T^3) \tag{4.7}$$

其在 298 K 条件下恰好约等于 300 s·m^{-1}。

4.2　空间关系

42

单位时间发射、传输或接收的辐射能的量被称为辐射通量，而在环境物理学的大多数问题中，瓦特是一个合适的通量单位。术语"辐射通量密度"是指单位面积的通量，通常以瓦特每平方米为单位。辐照度是入射在一个面上的辐射通量密度，发射度（或辐射出射度）是由一个面发射的辐射通量密度。

对于平行辐射束，其辐射通量密度以与光束成直角的平面来定义，但是需要几个附加术语来描述从点源或辐射表面在所有方向上的辐射的空间关系。

图 4.2(a) 表示从点源发射到立体角 $d\omega$ 的通量 dF，其中 dF 和 $d\omega$ 都是非常小的量。辐射强度 $\mathbf{I}$ 被定义为每单位立体角的通量或 $\mathbf{I} = dF/d\omega$。此变量可以以瓦特每球面度表示。

图 4.2(b) 说明了与其密切相关的辐射度的定义。具有面积 dS 的单元表面以相对于法线的角度 ψ 指定的方向发射辐射通量为 dF。当单元与辐射的方向成直角投影时，其投影面积是从角度 ψ 看去的有效面积的 $dS\cos\psi$。单元在该方向上的辐射度是沿每单位立体角或 dF/ω 方向发射的通量除以投影面积 $dS\cos\psi$。换句话说，辐射度等于在特定方向上观察到的辐射通量的强度除以相同方向的有效面积。此变量可以用 W·m^{-2}·sr^{-1} 表示。

术语"强度"通常看作是通量密度的同义词，易与辐射度混淆。

4.2.1　发射与吸收中的余弦定理

辐射概念与描述具有均匀表面温度 T 的完全辐射体发射的辐射的空间分布的重要定律相关联。该温度决定了表面发射的能量的总通量（σT^4），并且可以通过用辐射计测量其表面的辐射度来估计。

由于完全辐射体的表面必须具有相同的温度，无论从哪个角度 ψ 看，从表

43

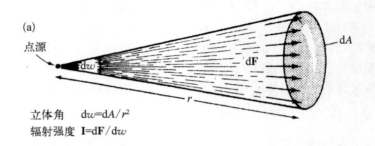

立体角　　$dw = dA/r^2$

辐射强度　$\mathbf{I} = d\mathbf{F}/dw$

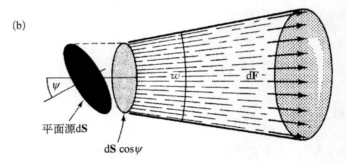

辐射强度　$d\mathbf{I} = d\mathbf{F}/w$

辐射亮度　$= (d\mathbf{F}/w)/d\mathbf{S}\cos\psi$

　　　　　$= d\mathbf{I}/(d\mathbf{S}\cos\psi)$

图 4.2　点源与表面源发射辐射的几何形状

(a) 点源发射的辐射的几何形状；(b) 表面源发射的辐射的几何形状

注：在这两个图中，球面的一部分接收垂直入射的辐射，但是当发射源与接收面之间的距离较
大时，可以将其视为平面

面上的任意一点发射的辐射强度和表面的辐射亮度都必须与 ψ 无关。另一方面，每单位立体角的通量除以表面的真实面积必须与 $\cos\psi$ 成正比。

图 4.3 以图解的形式描述了这点。垂直安装在扩展水平面 XY 上的辐射计 R "监控" 着面积为 dA 的一个区域，并能测量与 dA 成比例关系的通量。当表面倾斜角度为 ψ 时，辐射计对着的是一个更大的表面 $dA/\cos\psi$，但是如果表面的温度保持不变，其辐射度将保持不变，辐射计记录的通量也将保持不变。因此，以 ψ 为单位的单位面积（表面的发射率）发射的通量必须与 $\cos\psi$ 成比例，使得发射率（$\propto \cos\psi$）与发射到辐射计的面积的乘积（$\propto 1/\cos\psi$）对于所有的 ψ 值保持不变。

这个论证是兰伯特余弦定律的基础，它指出当整个辐射体以一个角度 ψ 发射辐射时，单位面积、单位立体角的面发射的通量与 $\cos\psi$ 成比例。作为兰伯特定律的推论，可以通过简单的几何来表明，当全辐射体以一定角度 ψ 到达正常辐射能量束时，吸收辐射的磁通密度与 $\cos\psi$ 成比例。在遥感测量中，通常需要指定辐射入射和反射的方向，而后反射率被定义为是 "双向" 的。

44

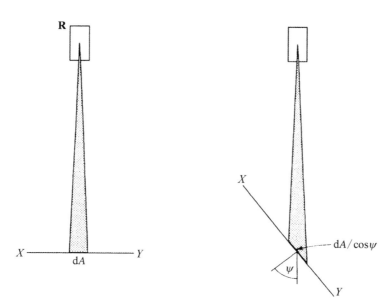

图 4.3 辐射计从 XY 表面接收的辐射量与发射角度无关,但单位
面积发射的通量与 $\cos\psi$ 成正比

4.2.2 反射

表面 $\rho(\lambda)$ 的反射率被定义为在相同波长条件下的入射通量与反射通量的比。这可以区分两种临界情况。对于表现出镜面或镜面反射的表面,以角度 ψ 与法线入射的辐射束以互补角($-\psi$)反射。另一方面,由完全漫反射体(也称为朗伯表面)散射的辐射根据余弦定律分布在所有方向上,即散射辐射的强度与反射角无关,但散射的通量特定面积与 $\cos\psi$ 成正比。

从物体表面反射的性质取决于其电性能和表面结构的复杂方式。通常,随着入射角增加,镜面反射越来越重要,作为镜面反射体的表面吸收的辐射比由相同材料制成的漫反射体的辐射少。

当 ψ 小于 $60°$ 或 $70°$ 时,大多数天然表面都是漫反射体,但是当 ψ 接近 $90°$ 时,称为切入射的状态,露天水面、蜡质叶片和其他光滑表面的反射成为主要的镜面反射使相应的反射率增加。在日出和日落时,通常在宽阔的水面、草坪或抽穗的麦田中可以看到这种效果。

当通过遥感技术观察表面时,辐射计接收的辐射方向是重要的,需要其他几个物理量来描述。

45

(1)双向反射率(sr^{-1})是在特定方向上反射的辐射与沿该方向入射的辐射的比例。

(2)表面的双向反射系数(BRF)是从特定视角方向反射的辐射与从相同位置的完全漫射表面观察到的辐射度的比值。本书中的大多数例子都涉及平坦表面低于均匀的半球辐射源(例如阴天)。有时提及从这种表面反射的入射辐射的分数,称为双半球反射率或简单的称之为反射系数。太阳辐射反射系数通常称为反照率。

4.2.3　辐射与辐射强度

当平面表面被均匀的辐射能源包围时,表面辐照度(单位面积入射的光通量)与光源之间存在简单的关系。图 4.4 表示了由辐射半球形壳体围绕的单位面积的表面,使得表面可以被视为位于半球中心的点。阴影区域 dS 是辐射表面的一小部分,从 dS 到达半球中心的辐射与平面垂直为一角度 β。 由于辐射方向上单位面积的投影为 $1 \times \cos\beta$,所以 dS 处的区域对角的立体角为 $\omega = \cos\beta/r^2$。 如果表面元 dS 具有辐射度 **N**,则 dS 在平面方向上的辐射必定为 $\mathbf{N} \times \mathrm{d}S \times \omega = \mathbf{N}\mathrm{d}S\cos\beta/r^2$。 为了得到平面的总辐照度,该值必须在整个半球上积分,但如果辐射是均匀的,由于 $\mathrm{d}S\cos\beta$ 是 dS 在赤道平面上的投影,此时可免于使用常规微积分。因此,$\int\mathrm{d}S\cos\beta$ 是整个平面的面积或 πr^2,使得平面中心处的总辐照度变为

$$(\mathbf{N}/r^2)\int\cos\beta\mathrm{d}S = \pi\mathbf{N} \tag{4.8}$$

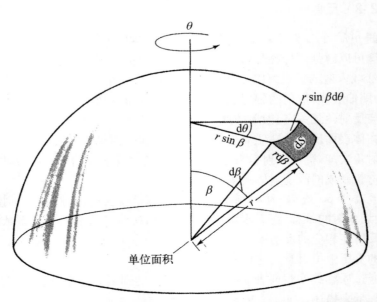

图 4.4　以角度 β 到垂直轴的表面 dS 计算赤道平面中心的辐照度的方法

因此,以 W・m^{-2} 为单位表示的辐照度是通过以 W・m^{-2}・sr^{-1} 为单位表示的辐射率乘以 π 得到的。

如果辐射度取决于 dS 相对于表面接收辐射的位置,则这需要更严格的处

理。需要将 dS 视为矩形,其边为 $r\mathrm{d}\beta$ 和 $r\sin\beta\mathrm{d}\theta$,其中 θ 为相对于半球的轴的半径 r 的方位角。给定 $\mathrm{d}S=r\sin\beta\mathrm{d}\beta\mathrm{d}\theta$,积分变为

$$\int_{\theta=0}^{2\pi}\int_{\beta=0}^{\pi/2}N(\beta,\theta)\left(\frac{\cos\beta}{r^2}\right)r^2\sin\beta\mathrm{d}\beta\mathrm{d}\theta \tag{4.9}$$

如果 N 与方位角无关(即只是 β 的函数),则等式(4.9)简化为

$$=2\pi\int_{\beta=0}^{\pi/2}N(\beta)\sin\beta\cos\beta\mathrm{d}\beta$$

$$=\pi\int_{\beta=0}^{\pi/2}N(\beta)\sin2\beta\mathrm{d}\beta \tag{4.10}$$

4.2.4　平行光束的衰减

当由平行辐射线组成的辐射束通过气体或液体时,量子会遇到介质的分子或悬浮液中的颗粒。在与分子或颗粒相互作用之后,量子可能遭受两种命运:它可被吸收,从而增加吸收分子或颗粒的能量;或者它可被散射,即从其先前的过程中向前(在光束的 90°内)或向后转移,类似于来自固体的反射。通过介质传输后,光束被吸收和散射所造成的损耗称为"衰减"。

在环境物理学中频繁引用的"朗伯比尔定律"描述了一种非常简单的系统中的衰减,其中单个波长的辐射在其通过均匀介质时被吸收而不被散射。假设在介质的某一距离 x 处,辐射的通量密度为 $\Phi(x)$(图 4.5)。

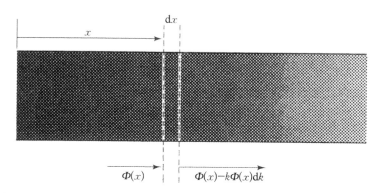

图 4.5　单色辐射的平行光束在吸收系数 k 的均匀介质中的吸收情况
　　$\Phi(0)$ 是入射光通量,$\Phi(x)$ 是深度 x 处的通量,$k\Phi(0)\mathrm{d}x$ 是吸收在
　　薄层 $\mathrm{d}x$ 中的通量

假设一个薄层 $\mathrm{d}x$ 的吸收辐射,与 $\mathrm{d}x$、$\Phi(x)$ 成比例,可写为

$$\mathrm{d}\Phi=-k\Phi(x)\mathrm{d}x \tag{4.11}$$

其中描述为"衰减系数"的比例常数 k 是在小距离 $\mathrm{d}x$ 内截取量子的概率。

联立得

$$\Phi(x) = \Phi(0)\exp(-kx) \tag{4.12}$$

式中，$\Phi(0)$ 为 $x=0$ 处的通量密度。

朗伯比尔定律也可以应用于 k 恒定的波段中的辐射；或散射中心的浓度很小以至于量子不太可能相互作用的系统（"单一散射"）。

由于两个主要原因，多重散射的处理要复杂得多：(1) 后向散射的光束中的辐射必须与向前光束一样考虑；(2) 如果 k 取决于光束方向，则必须考虑散射角分布。对于 k 独立于波束方向的最简单的情况，由 Kubelka 和 Munk 开发的类型的方程是有效的。它们允许衰减系数表示为反射系数 ρ 的函数，反射系数 ρ 是相互作用的量子向后反射的概率，τ 是前向散射的概率，这意味着吸收的概率为 $\alpha = 1 - \rho - \tau$。

在具有多重散射的系统中，有必要区分两束辐射。一个移动到介质中，并且在距离边界的距离 x 处具有通量密度 $\Phi_+(x)$。另一个，通过散射产生，以磁通密度 $\Phi_-(x)$ 离开介质。向内的通量被吸收和反射耗尽，但是通过向外流的一部分的反射而增加。因此，在深度 x 和距离 $\mathrm{d}x$ 处的向内通量的净损失是

$$\mathrm{d}\Phi_+(x) = [-(\alpha+\rho)\Phi_+(x) + \rho\Phi_-(x)]\mathrm{d}x \tag{4.13}$$

式中，$(\alpha+\rho)$ 为截取的概率。

向外的流还通过吸收和反射而减弱，但是通过向内流的反射增加以产生净值向外的通量

$$\mathrm{d}\Phi_-(x) = -[(\alpha+\rho)\Phi_-(x) - \rho\Phi_+(x)]\mathrm{d}x \tag{4.14}$$

式中，括号前面的减号指明了向外的通量相对于 x 轴在负方向上移动。对于所有方向均匀散射（各向同性散射）的特殊情况，$\rho = \tau = \alpha/2$。然后可以表示出体积反射系数 ρ' 为

$$\rho' = (1 - \alpha^{0.5})/(1 + \alpha^{0.5}) \tag{4.15}$$

体积衰减系数 k' 由下式表示

$$k' = \alpha^{0.5} \tag{4.16}$$

（这些方程与朗伯比尔定律适用的极限情况 $\alpha = 1$ 无关。）

当向前光束完全衰减之前，其前端射入边界时，可能会反映出一个分数 ρ_b。介质中的向前和向后的辐射通量可以表示为 ρ_b、ρ、τ，以及介质浓度的函数。

当条件 (2) 不满足时，即当 k 是散射方向的函数时，必须通过复数数值方法以获得通量 (Chandrasekhar, 1960)。第 5 章包含了朗伯比尔定律在大气中的应用实例（其中单次散射的假设通常是有效的）。在第 6 章中，参考作物冠

层和动物皮毛讨论了 Kubelka - Munk 方程的应用。

4.3　习题

1. 在地球大气顶部入射的波段 280～320 nm 的紫外辐射在正常入射时，提供约 20 W·m^{-2} 的辐射能。假设平均波长为 300 nm，计算正态入射光子通量。

2. 在 3 800 K 下燃烧的氧乙炔焊枪发射的峰值波长是多少？

第 5 章
辐射环境

几乎所有地球表面的物理和生物过程中的能量都来自太阳,大部分环境物理学中的能量都以热、机械或化学形式传播。本章节将对地表接收到的太阳(短波)辐射以及地表和大气之间陆地(长波)辐射的交换进行讨论。

5.1 太阳辐射

5.1.1 太阳常数

太阳到地球的平均距离 R 约为 1.50×10^8 km,大气层外垂直于太阳光线的单位面积每秒钟接受的太阳辐射被称为"太阳常数"。这个名称其实有一点误导意味,因为这个已知的量会随着太阳内部的改变而发生几周至几年的周期改变。因此,描述平均地球-太阳距离辐射度更为合适的术语应为"总太阳辐射度",简称 TSI。

随着精确定位技术的发展,从山顶、气球、火箭飞行器到 20 世纪 70 年代后期的航天卫星,测量的精度也逐步在提高。卫星的监测结果向我们清晰演示了以 11 年为周期的太阳活动,其年平均 TSI 在最大值和最小值之间变化,幅度约为 1.6 W $\cdot$ m^{-2}(图 5.1)(Frohlich、Lean,1998;Kopp、Lean, 2011)。

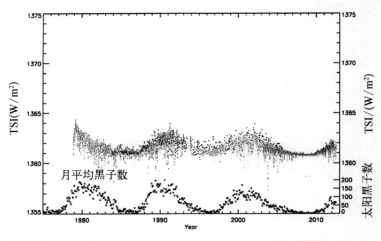

图 5.1 总太阳辐照度的复合记录,TSI("太阳常数")

注:此记录由 1975—2012 年多轨道卫星辐射测量得到的结果编辑而成,已成为标准参考范围。图中还包括月平均黑子数,该图显示了黑子数与 TSI 之间有很强的相关性。

尽管卫星辐射测定仪器精度很高,但其绝对精度还远远不够。Kopp 和 Lean (2011)使用改良过的卫星辐射测定仪器测量出太阳最小活动的 TSI 最接近的绝对值为 $1\,361\pm0.5\,\text{W}\cdot\text{m}^{-2}$,比 2000 年测量值低大约 $5\,\text{W}\cdot\text{m}^{-2}$。这里值的下调是因为测量精度的提高,而不是因为太阳活动的变化。随 TSI 变化的间接现象(例如太阳黑子数)表明太阳总辐照度(太阳常数)从 1750 年开始增加约 $0.3\,\text{W}\cdot\text{m}^{-2}$,成为全球变暖的一个较小的原因,但这个评估的可靠性不是很高(IPCC,2007)。太阳的辐射光谱就像一个完全辐射体(黑体),并且等价的完全辐射体的温度能够比较容易地通过下述 TSI 相关知识估算出来。

　　假设太阳光均匀地朝各个方向发射,当太阳光线穿过以太阳为中心、以地球到太阳的平均距离 R(149.6×10^9 m)为半径的虚构球体表面时,只有一小部分光线能量被地球拦截下来。所以可以由 TSI 乘以该球体表面积计算出太阳辐射出的能量,即

$$E = 4\pi R^2 \times 1\,361 = 3.83\times10^{26}\,\text{W}$$

太阳的半径 $r = 6.96\times10^8$ m。 因此,假定这个表面为完全辐射体,那么通过下式就可以得到它的有效温度 T

$$\sigma T^4 = 3.83\times10^{26}/(4\pi r^2)，T\ \text{的(圆整)值为}\ 5\,771\ \text{K}。$$

5.1.2　太阳-地球几何结构

　　地球表面的主要特性由地球自转和公转决定。地球旋转的极轴固定在一个与地球轨道平面呈平均角 66.5°(称为交角)的空间(指向北极星),但是伴有一点顶部的偏摆(轴的旋进)。由于偏摆的存在会有一点偏差,轨道平面与地球赤道平面的夹角因此在仲夏时最大值 23.5°(90°−66.5°)与仲冬时达到最小值−23.5°。这个角被称作太阳赤纬(δ),其每年每个日期的值都可以在天文表中找到。

　　地球轨道的形状(偏心率),交角以及旋进数千年才发生一次变化,这样循环往复大约从 23 000 年到 100 000 年。俄罗斯天文学家 Milutin Milankovitch 在 20 世纪 30 年代提出这些轨道变化正是引起地球气候长期周期性变化的原因。现代对深海沉积层的研究证实了 Milankovitch 的理论,解释了过去几十万年间气候变化的部分原因,但这并不是全部的原因。

51

　　近年,地球轨道的偏心率变得相对小了。地球在 1 月份离太阳的距离比 7 月份近了 3%,所以 1 月份大气顶端的辐照度要大出几乎 7%(辐照度与太阳-地球半径的平方反比成比例)。在地球表面的任一点,太阳的方向和垂直轴之间的夹角都取决于该地纬度、时间 t(小时),其中太阳到达其天顶角的时间是最方便表征的。太阳的时角 θ(弧度)是当地太阳正午后 2π 的一部分,即 $\theta = 2\pi t/24$。 由于 $2\pi = 360°$,每小时相当于旋转 15°。

　　通过三维几何能看出,纬度为 φ 时太阳天顶角 ψ 可以通过下式得到

$$\cos\psi = \sin\varphi\,\sin\delta + \cos\varphi\,\cos\delta\,\cos\theta \tag{5.1}$$

通过下式可以得到太阳的朝南方位角 A 为

$$\sin A = -\cos\delta\,\sin\theta/\sin\psi \tag{5.2}$$

将 $\theta = 0$ 代入式(5.1)可得到当地太阳正午的最小太阳天顶角

$$\begin{aligned}\cos\psi_n &= \sin\varphi\,\sin\delta + \cos\varphi\,\cos\delta\\ &= \cos(\varphi-\delta)\end{aligned}$$

因此

$$\psi_n = \varphi - \delta \tag{5.3}$$

为了得到昼长，即太阳在地平线以上的时间，要先将 $\psi = \pi/2$ 代入得到日落时的时角 θ_s

$$\cos\theta_s = -\frac{\sin\varphi}{\cos\varphi}\frac{\sin\delta}{\cos\delta} = -\tan\varphi\,\tan\delta \tag{5.4}$$

$$\theta_s = 2\pi t/24 = \cos^{-1}(-\tan\varphi\,\tan\delta) \tag{5.5}$$

其中昼长 $2t$（单位为小时）为

$$2t = (24/\pi)\theta_s = (24/\pi)\cos^{-1}(-\tan\varphi\,\tan\delta) \tag{5.6}$$

一些植物的发育过程和动物的活动，发生在日落后日出前的薄暮这一辐射较弱的时间段。因此根据式(5.6)，通过民用曙暮光时间（经过折射修正，太阳下降到地平线下 6°，即 $\psi=96°$ 或 1.68 弧度）或天文学曙暮光（下降到地平线下 18°，$\psi=108°$ 或 1.89 弧度）计算，在某种程度上生物学一天的长度要超过昼长。民用和天文学曙暮光的起始时间可以通过将这些 φ 值代入式(5.1)计算得到。在赤道上，一整年民用曙暮光和日出之间的间隔都是接近 22 min，而纬度 50°地区该时间间隔从春秋分的 32 min 到仲夏的 45 min 之间变化。

通过式(5.1)～(5.6)的应用，δ 的值可以在天文表（即 1966 版的列表）中找到，或者是通过下面这个根据经验得出的表达式来计算

$$\sin\delta = a\sin[b + cJ + d\sin(e + cJ)] \tag{5.7}$$

式中，J 为日历日，1 月 1 日时 $J=1$；常量 $a=0.397\,85$，$b=278.97$，$c=0.985\,6$，$d=1.916\,5$，$e=356.6$(Campbell、Norman，1998)。

示例 5.1　计算苏格兰爱丁堡(55.0°N)6 月 21 日(日历日第 172 天)的昼长和当地太阳正午时的太阳天顶角。

解　利用天文表或式(5.7)，6 月 21 日的太阳赤纬 δ 为 23.5°。可以用式(5.1)来计算太阳天顶角 ψ，但是因为时间是太阳正午，$\theta=0$，ψ 可以用

式(5.3)计算,即

$$\psi = \varphi - \delta = 55.0 - 23.5 = 31.5°$$

通过式(5.6)可以得到昼长,即

$$2t = (24/\pi)\cos^{-1}(-\tan\varphi\tan\delta),$$
$$= (24/\pi)\cos^{-1}(-\tan 55.0 \tan 23.5),$$
$$= (24/\pi)\cos^{-1}(-0.621) = 24 \times 2.24/\pi = 17.1 \text{ h}$$

[其中 $\cos^{-1}(-0.621)$ 为 2.24 弧度]。

5.1.3 光谱质量

对于生物学来讲,太阳光线的光谱可以分成三个主要波段,表 5.1 给出了其范围及相应占 TSI 的比例。地面占太阳能量最多的两个波段是可见光波段和近红外波段,并且它们占比几乎相等。

表 5.1 太阳发射光谱能量分布

波段/nm	能量/%
0～200	0.7
200～280(UV‐C)	0.5
280～320(UV‐B)	1.5
320～400(UV‐A)	6.3
400～700(可见光/PAR)	39.8
700～1 500(近红外)	38.8
1 500～∞	12.4

紫外线中含有巨大的能量,每一个量子都能破坏活细胞。紫外线光谱可分为以下 3 段:UVA,320～400 nm,它会晒黑皮肤;UVB,280～320 nm,它可以促进维生素 D 的合成但也可能导致皮肤癌;UVC,200～280 nm,它是潜在危害最大的波段,但几乎都被平流层的分子态氧吸收了。人类皮肤对 UVB 波段的敏感程度约为 UVA 的 1 000 倍。

人类和多数陆生动物肉眼能感知到的波段从蓝(400 nm),到绿(550 nm)再到红(700 nm),其中在 500 nm 附近的灵敏度是最高的。水生哺乳动物在波长稍短的波段最灵敏,大约为 488 nm,这也许是因为海洋栖息地本身是"蓝色"导致的结果(Mcfarland、Munz,1975)。鱼类的眼睛有着相似的高灵敏度。

光合作用是通过和人类视力可感知的相同波段刺激进行的,这个波段称为光合有效辐射(Photosynthetically Active Radiation，PAR)，这也是一个不恰当的名称，因为起作用的是绿细胞，而不是辐射。最初，PAR 这个术语应用于测量辐射单位能量，即辐射通量密度(W·m^{-2})，但是有两个原因使得其更适合表示为量子通量密度(mol·m^{-2}·s^{-1})，即：(1)当比较不同光线(如从太阳或灯具发出的)的光合作用比例时，它们与辐射中量子容量的相关性要大于与内能的相关性(Jones，1992)；(2)光合作用代谢的二氧化碳摩尔数与PAR 波段吸收的光子摩尔数是紧密相关的。在地球外太阳光谱中，PAR 部分占总能量大约 0.40(表 5.1)，但对于地球表面的太阳辐射它已接近 0.50(5.3.4节)，因为大气层几乎吸收了所有的紫外线波长以及相当数量的太阳红外光谱。

对于绿色植物，许多发育过程都依赖存在着两种可互相转换状态的光敏色素，它们主要吸收波长为 660 nm(红光——Pr 形式)和 730 nm(远红光——Pfr 形式)的辐射。植物组织中这两种状态下光敏色素的比值反映了这些波长的辐照度，比如说红光∶远红外光(R∶FR)，所以说光敏色素是辐射的一种有效探测器，例如探测其他植物产生的遮蔽效果。避免被遮蔽是植物发育过程中一个最重要的竞争战略。它由一系列植物生理和发育上的反应组成，当在其他植物的阴影下生长时能为其带来有竞争力的、胜于其他物种的优势，例如生长在作物地里的野草或森林中的林下植被，这种反应可能会影响发芽、茎的生长、叶的发育、开花以及繁殖。避免被遮蔽反应都是有一个单一环境信号引起的，红光(R)与远红外光(FR)辐射比值(R∶FR)的减少会导致产生一个密集的植物群体(Smith、Whitelam，1997)。

5.2　大气层中太阳辐射的衰减

随着太阳光束穿过地球大气层，其数量、质量以及方向都由于散射和吸收发生了改变，如图 5.2 所示。

散射主要有两种形式。第一种，独立的量子撞击到大气中的任何气体后朝各个方向转向，一个以英国物理学家命名为瑞利散射的过程从理论上向我们展示了分子散射的效率与波长的逆四次方成正比。

蓝光($\lambda = 400$ nm)的散射因此要超出红光(700 nm)$(7/4)^4$(大约 9)倍。这就是为什么从地面看天空是蓝色的、从太空看地球有一层蓝雾环绕的物理学解释。太阳在接近日出或日落的时候太阳圆面的红光进一步证明了蓝光优先从光束中消失。瑞利同时向我们展示了散射后辐射的空间分布与$(1 + \cos^2\theta)$是成比例的，式中，θ 为辐射的初始方向和散射后方向的夹角。因此发生前向和后向散射的可能性是呈 90°角的两倍。

瑞利散射是有局限条件的，即要满足散射体的直径(d)要远小于辐射波长 λ。这个条件不适用于大气中的尘埃粒子、烟尘、花粉等气溶胶颗粒，通常它们的直径 d 为 $0.1\lambda < d < 25\lambda$。由 Mie 研究的理论预言到气溶胶颗粒散射

54

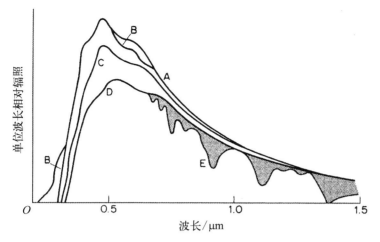

图 5.2 太阳光在穿过大气层的时候连续地衰减

A—地球外辐射;B—臭氧吸收后;C—分子散射之后;D—气溶胶散射之后;

E—水蒸气和氧气吸收后

(数据来源:Henderson,1977)

的波长应该是一个关于 d/λ 的函数,并且对于一些比例的值来说较长波长的要比较短波长的散射更高效——这与瑞利散射是相反的。这种情况比较少见,但是如果遇到了大小比较合适的粒子组成的烟,例如在森林火灾中,就有可能出现在地球看太阳和月亮是蓝色的现象!

通常,气溶胶包含了一个范围很广的粒子分布,其中的一些散射取决于 λ 的程度就不那么高。Angstrom(1929)提出其相关性通常可以用逆幂律来表达,即 $\propto \lambda^{-\alpha}$,式中 α 平均值为 1.3,许多的研究者已经证实了这一逆幂律相关性。举个例子,英国中部地区的测量数据就可以用 $1.3 \sim 2.0$ 的 α (McCartney、Unsworth,1978)。当多重散射中气溶胶颗粒较大且足够密集时,例如在夏季的雾天,散射与波长无关且散射光显示为白色。气溶胶散射主要是"向前的",也就是说它的散射光集中在以入射辐射方向为中心的一个很窄的圆锥内。

55

气溶胶的来源和辐射属性

气溶胶是长期保持悬浮在大气层中的足够小的固体或液体粒子。由于气溶胶能对阳光和大气中的长波进行散射和吸收,它们对于射向地表的辐射有着直接的影响。气溶胶还能通过增加云层中液滴数和改变生成沉淀的有效性影响云层反射率和持续时间,因此间接对辐射产生影响(IPCC,2007)。这些间接的影响很难彻底从大气中去除,但 Coakley 等(1987)演示了从太空中观察可以看到它们的"轨迹"(图 5.3)。当海上层云有一层薄薄的膜,从船舶烟囱里冒出的气溶胶就会增加船后云层的密度。

图 5.3　在 2.1 μm 波段,旧金山附近加利福尼亚海岸的反射太阳辐射卫星云图

注:① 船舶排烟使海洋层云中形成了大量的小液滴,从而使其较旁边的未污染的云层具有更高
的反射率。因此船的轨迹在云图中很清晰。② 由 J. A. Coakley 博士提供。

　　大气层较低地方的气溶胶在被降水和湍流冲走之前的存在时间相对
较短(第 12 章)。平流层中的气溶胶,例如爆炸性的火山喷发产生的,就有
着明显较长的存在时间,并且会飘散到世界各地,对地球气候有着较为明
显的影响(Hansen 等,2011)。

　　气溶胶的粒径分布对它们的辐射效果影响很大。单位质量亚微米颗
粒(第 12 章)(即直径为 0.1~1.0 μm)相比较大的粒子散射更多的光,并且
在大气中有着更长的存在时间,所以在影响地表辐照度的因素中是尤其重
要的。一些气溶胶是吸湿性的,即它们根据大气湿度来吸收水分,并因此
改变了气溶胶的粒径分布,比如海盐和硫酸铵。

　　表层的一次气溶胶是由于一些自然过程和人类活动产生的。沙漠风
暴产生的气溶胶可以飘散到大西洋和太平洋彼岸(Kaufman 等,2002)。木
材的无效燃烧和化石燃料会释放出有机的黑炭气溶胶。大气中的二次气
溶胶是由化学反应产生的。一个很普遍的例子就是硫酸铵,它由氨气、二
氧化硫和二甲基硫醚反应而成,这些物质既来自大自然(火山、海洋浮游生
物),也来自人类(化石燃料、畜牧生产)。其他的二次气溶胶则是光化学烟
雾产生的。

气溶胶对辐射的吸收能力是非常多变的。例如,沙漠的尘土可以吸收一小部分,而野火和人类活动产生的黑炭气溶胶对辐射的吸收能力要强得多(Hansen等,2004)。当黑炭粒子被并入到气溶胶行列里,极大提升了二次气溶胶的吸收能力。由于一些原因,气溶胶的辐射效果一般要比大气中气体更难评估:气溶胶分布不均匀,它可以在大气中形成也可以转换;一些气溶胶类型(如尘土和海盐)是由具有影响散射和吸收的物理特性的宽范围粒子组成;并且不同种类的气溶胶混合后形成的粒子所具有与原先不同的光学特性。IPCC(2007)对了解气溶胶对于地球能量平衡影响的进展有一个比较好的综述。

衰减的第二阶段就是大气气体和气溶胶的吸收。吸收太阳辐射最主要的气体就是臭氧和氧气(尤其是对紫外线光谱),以及水蒸气和二氧化碳(红外光谱中很强的波段)。气溶胶对辐射的吸收非常多变,它取决于气溶胶的构成。

和仅能改变辐射的方向的散射相比,气溶胶能从光束中吸收能量,所以气溶胶及其所在的大气的温度会升高。在紫外线当中,氧气和臭氧在所有的UVC和大部分UVB到达地表之前在平流层就将它们吸收,从而使平流层温度升高。然而剩余的UVB和UVA辐射极大部分被散射,因此当处在少云的天空下甚至都没有直接暴露在阳光下时也可能被严重晒伤。

在可见光光谱区域中,对于决定地表太阳能光谱分布,大气气体吸收远没有分子散射重要。然而在红外光谱中,吸收却远比散射作用大,因为一些大气成分吸收能力很强,尤其是吸收带在$0.9\sim3$ m的水蒸气。因此大气中水蒸气的存在增加了相对于红外辐射的可见光辐射数量。

大气中吸收和散射的规模部分取决于太阳光束的路径长度,还有一部分取决于路径中衰减成分的数量。路径长度通常依据一个"大气质量数m"来规定,即相对于大气层垂直深度路径的长度。因此大气质量数取决于海拔(由大气柱上方施加的压力表示)和天顶角ψ。当天顶角$\psi<80°$,在某地大气压力为p时,大气质量数$m=(p/p_0)\sec\psi$,其中p_0为海平面标准大气压(101.3 kPa),但对于$80°\sim90°$的天顶角,m要比$\sec\psi$小,这是因为地球曲率的原因。经过折射修正的值,可以查表获得(如List,1966)。

大气中吸收最多变的气体就是水蒸气,其数量可由"大气可降水量u"来表示,解释为所有水蒸气压缩后形成水的深度(在大多数地方u通常在$5\sim50$ mm)。如果降水为u,水蒸气的路径长度即为um。同样的大气中臭氧的总量定义为一个标准大气压下(101.3 kPa)纯净气体的等价深度。在中纬度地区,臭氧柱一般为3 mm并且几乎不随季节变化。然而在部分南极地区,多达60%的臭氧柱会在南极春天期间($9\sim10$月)消失。这个现象由英国南极调查队的Joe Farman首次报道,他分析了在UVB波段辐照度的表面观测结果

(Farman 等,1985),大气化学家也无法解释这个现象,此前卫星也从未检测到。回顾过去,发现原来是一个电脑程序导致卫星观测到的南极春天出现的异常数据被忽略了,化学家对臭氧急速减少的原因进行追溯,发现是南极平流层中出现硝酸的冰粒冷冻大气粒子对破坏臭氧的反应起了催化作用。图 5.4 展示了从 20 世纪 50 年代中期开始南极春天的臭氧柱厚度的降低。这种极端寒冷的平流层条件对破坏臭氧来说是必要条件的机制在北极却并不常见,并且值得庆幸的是,地球大多数地区(那里有着植物和动物群落——如果臭氧减少,多余的 UVB 辐射将到达地表从而伤及它们)也不存在这种现象。

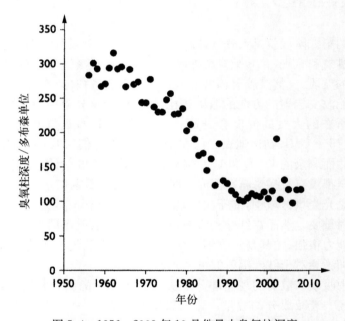

图 5.4   1956—2009 年 10 月份最小臭氧柱深度

注:来自英国南极郝利湾考察研究工作站 Halley Bay,数据由英国南极考察队提供。一个多布森单位相当于 STP 下一层 10 μm 厚度的气态臭氧。

比起臭氧减少的主要区域性影响,地球大气中稳步增长的二氧化碳对辐射吸收的影响正如第 2 章讨论的那样明显,并且在 IPCC(2007)的评估报告中被频繁地提及。

由水液滴或冰晶组成的云,能够将辐射向前或向后散射,但当云层很厚时,后向散射就占主导位置,厚云层可以将多达 70% 的入射辐射反射,当有飞机从其上方飞过时,会呈现雪白色。大约有 20% 的辐射会被吸收,只剩下 10% 可以透射,所以这样的一朵云看起来就是灰色的。然而在积云的边缘,液滴的浓度很小,前向散射很强,因此云的边缘会发出白光。在一片薄的卷云下,辐射强度的削弱会低于 30%,见图 5.10。

5.3　地表太阳辐射

由于衰减作用，当辐射到达地表的时候，它有两个不同的方向特性。从太阳圆面来的直接辐射包括一小部分直接向前的散射。漫射辐射一词描述的是所有其他从蓝天、云层散射的辐射，也包括反射或透射的辐射。直接辐射和漫射辐射的能量通量密度总和被称作总辐射，在气候学上它是在水平面测量得到的。符号 $\mathbf{S}_b$、$\mathbf{S}_d$ 和 $\mathbf{S}_t$ 分别表示的是水平面直接辐照度、漫射辐照度以及总辐照度，$\mathbf{S}_p$ 表示的是在与太阳光束呈直角测量的直接辐照度。

5.3.1　直接辐射

59

在海平面上，直接辐射度 $\mathbf{S}_p$ 很少能超过太阳常数的 75%，即大约 1 000 W·m^{-2}。25% 的最小损失是由于分子散射和吸收，它们各自所占的比例基本相同，并且由于空气是通透洁净的，所以此时气溶胶对辐射损失的影响可以忽略。几个表达式可以描述受分子和气溶胶成分影响的大气透射率。一个简单的关联式为

$$\mathbf{S}_p = \mathbf{S}^* T^m \tag{5.8}$$

式中，$\mathbf{S}^*$ 为太阳常数（TSI）；T 为大气透射率；m 是大气质量数。Liu 和 Jordan（1960）发现无云的时候 T 为 $0.45 \sim 0.75$，这意味着上述所说的气溶胶的衰减和晴朗无云的天空关系不大。

为了更加直接地说明气溶胶和分子对衰减的综合影响，我们通过比尔定律能得到

$$\mathbf{S}_p(\tau) = \mathbf{S}^* \exp(-\tau m) \tag{5.9}$$

式中，τ 为消光系数或光学厚度；m 为大气质量数。τ 值为分子消光（τ_m）和气溶胶消光（τ_a）的总和，式（5.9）可以写为

$$\mathbf{S}_p(\tau) = \mathbf{S}^* \exp(-\tau_m m)\exp(-\tau_a m) = \mathbf{S}_p(0)\exp(-\tau_a m) \tag{5.10}$$

式中，$\mathbf{S}_p(0)$ 为无气溶胶时大气下直射光束的辐照度。将式（5.8）、（5.9）和（5.10）联立得到

$$T = \exp(-\tau) = \exp[-(\tau_m + \tau_a)] \tag{5.11}$$

式中，根据 Liu 和 Jordan 的测量，τ_m 约为 0.3（假定当 $T = 0.75$ 时，$\tau_a = 0$），根据他们的记录，烟雾最重的时候 τ_a 约为 0.5。

一个地点的 τ_a 值可以通过式（5.10）得到，首先需要测量出 $m = (\sec\psi)$ 的函数 $\mathbf{S}_p(\tau)$，而后需要根据包含适量气体与水蒸气的洁净的大气的性质计算出 $\mathbf{S}_p(0)$（也是 m 的一个函数）。例如，在英国的一系列测量数据中给出的 τ_a

值范围在空气非常清洁的北极是从 0.05 开始的,对于英国处于停滞的反气旋的中部地区非常污浊的空气 τ_a 值就达到了 0.6(Unsworth、Monteith,1972)。相应的,当 $\psi = 30$ 时,$\exp(-\tau_a m)$ 的值为 0.92 和 0.50,表明直射太阳光束中高达 50% 的辐射能损耗是由于气溶胶散射和吸收造成的。

当仅有标准辐射计可用时,使用由测量太阳辐射的宽波段得出的气溶胶光学厚度 τ_a 是很便捷的。然而,从更复杂的窄波段的光谱观测中得到的气溶胶光学厚度值更为普遍,例如在中等可见光谱中的 0.55 μm 附近的波段(IPCC,2007)。这样的值与 τ_a 更相符,在量级上也相近,因为太阳光谱的峰值就在 0.5 μm 附近。

直接辐射的光谱很大程度上取决于光束路径长度,因此也取决于太阳天顶角。科罗拉多州戈尔登市的太阳能研究所给出了一份计算直接光谱辐照度和漫射光谱辐照度[基于 Bird 和 Riordan(1986)的研究]的电子数据表模型(http://rredc.nrel.gov/solar/models/spectral/)。图 5.5 展示了在海平面使用该模型计算的结果,表明太阳光束光谱辐照度几乎稳定在 500~700 nm,然而在相应的大气上界太阳光谱,辐照度随着波长 λ_m 增加超过 500 nm 而显著下降(图 5.2)。主要的不同之处是瑞利散射减弱了光束的能量,它随着波长的减小而增加;与臭氧吸收也有关系。随着天顶角增加,通过散射的衰减变得非常显著,并且当太阳在地平线上小于 20°的时候,最大直射太阳辐照度的波长移到了红外波段中。

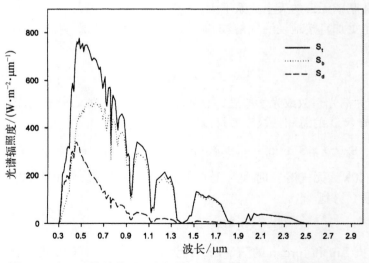

图 5.5　由一个简单的无云大气模型计算得出的直接辐射,漫射辐射以及太阳总辐射的光谱分布

注:① 数据由太阳能研究所提供;见 Bird 和 Riordan,1984。
　　② 太阳天顶角是 60°($m = 2$),可降水量为 20 mm,臭氧厚度 3 mm,气溶胶光学厚度是 0.2。注意漫射通量在 0.46 μm 时每单位波长有最大能量值。

由 Unsworth 和 Monteith(1972)测量的结果同样显示对于 $40°\sim60°$ 的天顶角,直射太阳光束中可见光占所有波长的辐射的比例,从在洁净空气中的最大值 0.5 下降到非常污浊空气中的 0.4。其最大比例超过了地外辐射的值 0.4(表 5.1),因为通过散射的可见光辐射的损耗比通过水蒸气和臭氧吸收的红外辐射损耗要多(图 5.2)。McCartney(1978)发现直接辐射的量子含量随着污浊度从洁净空气中总辐射最小值 $2.7\ \mu mol \cdot J^{-1}$ 上升到污浊空气中的 $2.8\ \mu mol \cdot J^{-1}$。可以用上述提到的光谱辐照度模型来计算理论值(当直接辐射中量子含量值和总辐射的值放在一起比较的时候可能会有些混乱,下文会进行讲述)。

61

5.3.2　漫射辐射

在一个洁净的、无云的大气环境中,当 $\psi < 50°$ 时,漫射辐照度 S_d 达到一个小于 $200\ W \cdot m^{-2}$ 的最大值,继而漫射辐照度占总辐射辐照度的比例下降到 $0.1\sim0.15$。随着污浊度增加,S_d/S_t 也会增加,并且当 $\psi < 60°$ 时,在英国中部地区的观测结果就符合此关系

$$S_d/S_t = 0.68\tau_a + 0.10 \tag{5.12}$$

对于 $\psi > 60°$ 时,S_d/S_t 同样是 ψ 的一个函数,并且要比等式(5.12)预测的要大。

同样随着云层数量的增加,S_d/S_t 也会增加,并且在太阳被浓密的云层遮盖时达到一致;但当云层覆盖率接近 50% 的时候 S_d 的绝对水平是最大的。漫射辐射的光谱组成也受云层强烈影响。在一个无云的天空环境下,在可见光谱里面漫射辐射是最主要的(图 5.4)。但随着云层增加,可见光辐射占所有波长辐射的比例正朝着总辐射特征值 0.5 下降。

5.3.3　漫射辐射的角分布

在阴天环境下,地表接收到的太阳辐射通量几乎都被漫射了。如果所有的太阳辐射完全被漫射,从地表观测到云底的辐射将会是均匀的,等价于式(4.8)中的 S_d/π。能带来这种分布的来源被称作均匀阴天(Uniform Overcast Sky, UOS)。

实际上,在浓云密布的阴天,天顶角的平均辐射是比地平线处的要大 2 到 3 倍(因为多重散射辐射会由其感知方向被大气质量衰减,所以在地平线附近地区会出现相对显著的削弱)。为了符合这种变化,雄心勃勃的建筑师和迂腐的专家将阴天的辐射分布描述为一个关于天顶角的函数,如下

$$N(\psi) = N(0)(1 + b\cos\psi)/(1 + b) \tag{5.13}$$

这个分布定义了标准阴天。测量结果表明天顶辐射与地平线辐射的比值

(1+b)通常在 2.1~2.4(Steven、Unsworth，1979)，能够证明该值的理论分析(Goudriaan，1977)同时也展示了与表面反射率的联系。通用值 $(1+b)=3$，是基于光度学研究的，显然高估了表面的漫射辐照度。

在无云的天空环境下，自然光的角分布取决于太阳位置，且无法通过任何简单的关系来描述。一般来说，靠近太阳的天空要比其他地方更加明亮，因为具有前向散射的优势，但从太阳起约 $90'$ 处的天空有一个扇形区，其下的自然光强度要低于半球平均值(图 5.6)。通常，一个蓝天环境下的地平线处漫射辐射倾向于比天顶角处的更强。随着大气变得更污浊，太阳周边区域的辐射削弱了，并且由于地平线附近区域辐射的削弱，天空上部区域的相对辐射得以增强。因而随着大气污浊度增加，辐射的角分布变得更均匀。

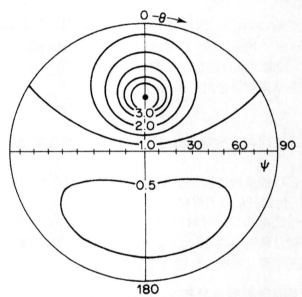

图 5.6　天顶角为 35°时的标准天空辐射分布 $\pi N/S_d$

注：① 其中 N 是某一点的天空辐射值，πN 是整个天空均匀亮度时表面能接收到的漫射通量。(见 4.2.3 节)
　　② 数据来自 Steven，1977。

5.3.4　总辐射

水平面的总辐射由下式可求得

$$S_t = S_p \cos\psi + S_d$$
$$= S_b + S_d \tag{5.14}$$

其中 $S_b = S_p \cos\psi$ 是直射光束的作用。

图 5.7 包含一个使用 S_t、S_d 和 S_b 的测量值作为英国萨顿·博宁顿地区的

太阳天顶角函数的例子,图 5.8 展示了更靠南部的一个地区俄勒冈州尤金市相似的数据(加入了 S_p)。

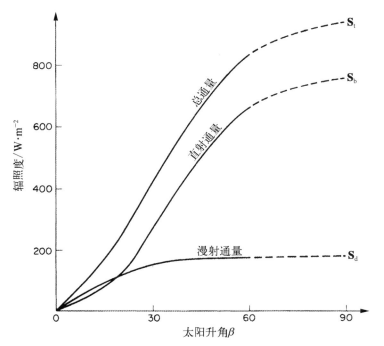

图 5.7　萨顿地区(53°N, 1°W)无云天气的太阳辐照度

注:S_t 为总通量;S_d 与 S_b 分别水平面上的漫射通量与直射通量。

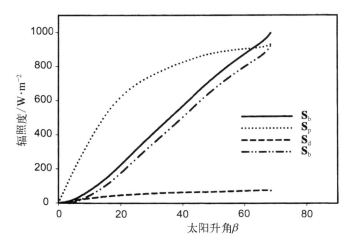

图 5.8　俄勒冈州尤金市一个无云天气(2002 年 6 月 12 日)的太阳辐照度

注:S_t 为总通量;S_p 为正常入射下的直射通量;S_d 为漫射通量;S_b 为水平面上的直射通量。

64

无云天空下辐照度的估算

根据 Bird 和 Hulstrom(1981)的研究以及科罗拉多州戈尔登市太阳能研究所的数据(http://rredc.nrel.gov/solar/models/clearsky/),在给定水蒸气、臭氧以及气溶胶光学厚度值情况下,可以用一个简单的数据表模型来计算任何地点和日期的无云天空下的 S_p、S_d 和 S_t。下面一个更简单的关于直射辐射和漫射辐射的式子,给出了符合生物学计算精度的估算。利用式(5.10),可得

$$S_p = S^* \exp(-\tau_m m) \exp(-\tau_a m) \tag{5.15}$$

太阳常数 S^* 为 $1\,361\,\text{W} \cdot \text{m}^{-2}$(第5.1.1节),分子衰减的光学厚度 τ_m 通常约为 0.3(但是会随着大气中水蒸气和其他吸收气体的数量而变化),气溶胶光学厚度 τ_a 通常为 0.05~0.50。给定这些参数合适的值以及大气质量数 m,S_p 就可计算得到[其中 m 与太阳天顶角 ψ 的关系由式子 $m = (p/p_0)\sec\psi$(第5.2节)得出]。

在无云的天空环境下,S_d 近似值关于 m 的函数可以用一个由 Liu 与 Jordan(1960)测量数据得到的经验公式估算,即

$$S_d = 0.3S^* \{1 - \exp[-(\tau_m + \tau_a)m]\}\cos\psi \tag{5.16}$$

然后可以用下式得到总辐照度

$$S_t = S_p\cos\psi + S_d$$

65

在无云天气,如图 5.9 所示,S_t 随时间的变化近似正弦曲线,在一天的中间,记录的数值波动往往要比早晚的大,显示出在具有一定灰尘的低压大气中幅照度白天的变化,夏季和秋季的情况是基本如此。这个变化曲线会因为云

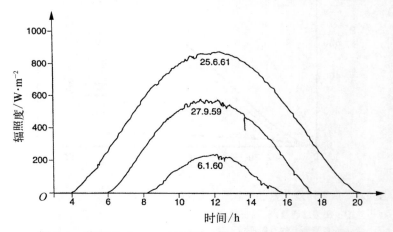

图 5.9　英国 Rothamsted(52°N, 0°W)三个无云天的太阳辐射

层的关系而发生偏差,但在很多气候条件下,在超过一个月期的平均云层覆盖程度,在一天当中几乎是恒定的,所以月平均辐照度变化同样是正弦曲线。在这两种情况下,日出后 t 小时的辐照度可以表示为

$$\mathbf{S}_t = \mathbf{S}_{tm} \sin(\pi t/n) \tag{5.17}$$

式中,$\mathbf{S}_{tm}$ 为太阳正午时最大辐照度;n 为以小时为单位的昼长。

这个等式可以积分得出一个最大辐照度和日辐照度的积分(日射量)的近似关系

$$\int_0^n \mathbf{S}_t dt \approx 2\mathbf{S}_{tm} \int_0^{\frac{n}{2}} \sin(\pi t/n) dt = (2n/\pi) \mathbf{S}_{tm} \tag{5.18}$$

例如,夏季的英国南部,在一个洁净无云的天空环境下,当 $n = 16\,h = 58 \times 10^3\,s$,$\mathbf{S}_{tm}$ 可以达到 $900\,W \cdot m^{-2}$,通过式(5.18)计算出的日射量为 $33\,MJ \cdot m^{-2}$,而测量最大值为 $30\,MJ \cdot m^{-2}$。在以色列,夏天的昼长有 $14\,h$,$\mathbf{S}_{tm}$ 能达到 $1\,050\,W \cdot m^{-2}$,根据式(5.18)算出的日射量为 $34\,MJ \cdot m^{-2}$,测量最大值为 $32\,MJ \cdot m^{-2}$。

高纬度地区的夏季、黎明和黄昏会延长,一个完整的正弦曲线要比式(5.18)更契合。如果 $\mathbf{S}_t$ 由下式决定

$$\mathbf{S}_t \approx \mathbf{S}_{tm}(1 - \cos 2\pi t/n) = \mathbf{S}_{tm} \sin^2(\pi t/n) \tag{5.19}$$

将其积分可得

$$\int_0^n \mathbf{S}_t dt = \mathbf{S}_{tm} n/2 \tag{5.20}$$

Gloyne(1972)通过式(5.18)和式(5.20)得出的平均值是对阿伯丁地区(57°N)的辐射情况最好的描述。

在多数气候条件下,一年当中至少有一段时间太阳总辐射的日接收量会因为云层的影响而极大地减少。图 5.10 向我们展示了持续多云天气下太阳总辐照度与云层类型和太阳高度角 $\beta (= \pi/2 - \psi)$ 的关系。实线代表地外辐射部分,虚线之间通过插值法可得到相应的辐照度。

在晴天,少量云团的形成总是会引起漫射通量的增加,但直接辐射所占比例仍然保持不变,前提是无论太阳圆面还是太阳光晕都不会被遮挡。当有少量独立的积云时,总辐照度会因此超过在无云天气总辐照度 5%～10%。在一个有碎云的天空环境下(图 5.11),辐射在时间上的分布明显呈现出双峰分布:当太阳被完全遮挡的时候辐照度很弱,当太阳完全未被遮挡的时候辐照度很强。在遮挡之前和之后很短的一段时间内,温带地区的辐照度通常能达到 $1\,000\,W \cdot m^{-2}$,热带地区甚至能超过太阳常数。这种情况是由云层边缘低浓度水滴的强烈前向散射引起的。

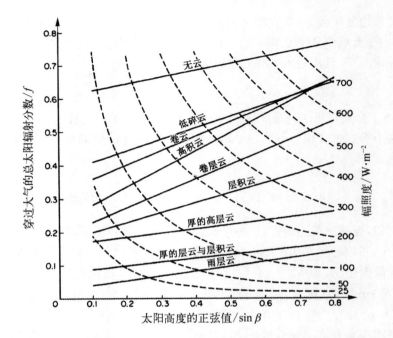

图 5.10　北大西洋地区(52°N，20°W)测量的太阳辐射和不同云层类型太阳角之间的根据经验得出的关系

注：曲线为辐照度等值线(来自于 Lumb，1964)。Sc，层积云；St，层云；Cu，积云；Cb，积雨云。

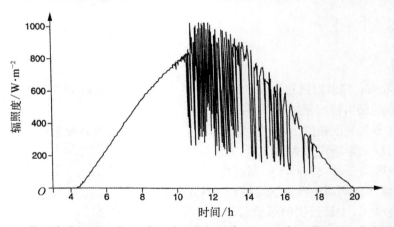

图 5.11　英国洛桑地区(52°N，0°W)碎云天气环境下(1969 年 6 月 11 日)的太阳辐射

注：注意当云遮住太阳之前和之后瞬间达到非常高的辐照度值，以及当太阳被完全遮住后出现有规律的连续最小值。

有云的天气情况下，欧洲大部分地区夏季平均日射量在 15～25 MJ·m^{-2}，这是无云天气时的 50%～80%。相较而言，美国地区的夏季平均日射量从五大湖附近的 23 MJ·m^{-2} 到几乎无云的萨克拉曼多和圣华金山谷的 31 MJ·m^{-2}。在冬季，欧洲大部分地区的平均日射量为 1～5 MJ·m^{-2}，而美国为北部的 6 MJ・m^{-2} 到南部的 12 MJ・m^{-2}。澳大利亚地区的平均日射量范围和美国相似。

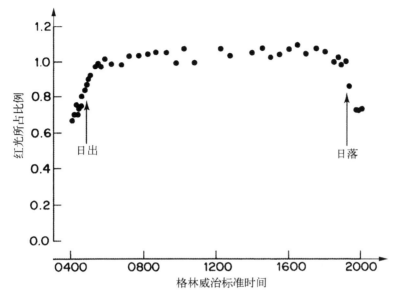

图 5.12 英国中部莱斯特地区附近阴天时(1980 年 8 月 25 日)
660 nm(红)占 730 nm(远红)光谱辐照度的比值

(数据来自 Smith 和 Morgan,1981)

光伏太阳能板的能量效率定义为面板产生的电功率与照到面板上的辐射功率之比。商用光伏太阳能板通常最大效率值为 20% 左右。也就是说,当 1 m^2 面板的入射功率为 1 kW 时,最大输出功率为 200 W。

尽管在有云和无云这两种不同的条件下,辐照度会大约相差一个数量级,植物所受到的辐射却处于一个更广的范围。在 PAR 波段中,每平方米以微摩尔为单位的光子,完整夏季光照大约为 2 200,森林地表为 20,暮光为 1,月光为 3×10^{-4},且阴天无月夜晚的辐射约为 10^{-7}(Smith、Morgan,1981)。

在任何地方,日射量的年变化都由复杂的因素决定——大气中水蒸气和气溶胶含量的季节变化以及云层随季节的变化。表 5.2 展示了在伦敦西部 10 英里[①](16 km)的皇家天文台所在地四季各辐射成分的衰减情况。该数据是 20 世纪 50 年代左右的,当时伦敦受煤炭不完全燃烧产生的烟雾污染,污浊程度远高于现在,所以冬季烟尘造成的辐射损耗相对较大。对于这几年平均数值来说,大致三分之一的地外辐射被散射回太空,三分之一被吸收,还有三分之一从表面透射。表面的通量要比在完全洁净大气中要少 20%~25%。因为皇家天文台的气候相对多云,全年中漫射所占比例要比直射大。

---

① 1 英里=1.609 3 千米。

表 5.2 1956—1960 年 Kew 天文台表面和大气短波辐射平衡
（用地外辐射通量百分比表示）

	冬季 （11～1 月）	春季 （2～4 月）	夏季 （5～7 月）	秋季 （8～10 月）	年
地球外辐射（ET）					
季节总量/MJ・m^{-2}	800	2 050	3 720	2 340	8 910
日平均/MJ・（m^{-2}・day^{-1}）	8.7	22.3	40.4	25.4	24.4
大气损耗（%ET）					
（a）吸收					
水蒸气	15	12	13	15	13
云	8	9	9	9	9
烟尘	15	10	5	8	8
总和	38%	31%	27%	32%	30%
（b）散射（离开表面）	37%	35%	33%	34%	34%
表面辐射（%ET）					
直接辐射	8	14	18	14	15
漫射	17	20	22	20	21
总和	25%	34%	40%	34%	36%
	100%	100%	100%	100%	100%
总计 MJ・m^{-2}・day^{-1}	2.2	7.6	16.2	8.7	8.8

太阳总辐射光谱

地球太阳总辐射光谱原则上取决于太阳天顶角、云层以及污浊度，这三个因素的互相作用限制了其普遍适用性。当天顶角增加到超过 60°，散射辐射的比例也随之增加，因此可见光占所有波长辐射的比例同样增加。在一个英国剑桥地区的数据记录中，该比值从 $\psi = 60°$ 时的 0.49 增加到 $\psi = 10°$ 时的 0.52（Szeicz，1974）。云会吸收远红外光谱中的辐射，所以随着云层的增加，可见光辐射的比值也应增加。同样是剑桥地区的数据，该值范围处于夏季的 0.48 到冬季的 0.50 之间。最后，随着污浊度的增加，较短波长的辐射被优先散射，减少了直射但增加了漫射通量，所以总辐射的变化相对小。在离剑桥地区很近的另一个测量地点，可见光与所有波长辐射的比值从 $\tau_a = 0.1$ 时的 0.53 下降到 $\tau_a = 0.6$ 时的 0.48（McCartney，1978）。在别的测量地点，由 Howell 等（1983）报道的加利福尼亚地区的该比值更小，为 1.44，并且随季节的变化也非常小。在热带，Stigter 与 Musabilha（1982）发现该比值从洁净天空环境的 0.51 到阴天的 0.63 之间。这些数据之间的差异很可能是由于仪器或技术上的误差导致，而非大气本身。

在一个已知区域，量子含量和能量之间的关系看起来并不是很明确。McCartney（1978）得出英国中部地区的该比值为 $4.56 \pm 0.05 \, \mu mol・J^{-1}$（PAR）。这相当于 $2.3 \, \mu mol・J^{-1}$ 总辐射，但 Howell 等（1983）得出的该比值从加利福

尼亚的 $2.1~\mu mol \cdot J^{-1}$ 到得克萨斯的 $2.9~\mu mol \cdot J^{-1}$。在一个无云天气漫射辐射的 PAR 波段中量子含量与能量的比值，要比总辐射约 $4.25~\mu mol \cdot J^{-1}$ PAR 的比值小，因为较短波长中的量子携带了比较长波长中更多的能量。

红光和远红光波段中单位波长能量的比例也是恒定的，并且当太阳高度角超过 $10°$（图 5.11）时，其值在 1.1 左右。因此，植物中红光光敏色素与远红外光光敏色素的比值全天都是恒定的，除非被其他植被遮挡（第 5.3.1 节）。随着太阳到达地平线，由于只有一小部分前向散射的光到达地表，而红光要比远红光散射得多，所以该比值减小。一些证据表明，当太阳圆面降到地平线以下时，该比值开始增加并回增到比 1 大的值，这大概是因为自然光中存在着大量短波长光。

5.4　地面辐射

在与太阳辐射相关的波长中，地球大气中具有辐射活性的气体以及地球表面发射的辐射是可以忽略不计的，所以前文中只考虑了吸收和散射。与之相反，地面辐射的波长（即地球大气和表面的长波辐射），不管是吸收还是发射都很重要，这将在本节中进行讨论。

多数地球的自然表面可以被看作"完全"辐射体，它们可以发射长波辐射，这与太阳发出的短波太阳辐射不同。当表面温度为 288 K 的时候，地面辐射最大辐射波长为 2 897/288 或 10 μm，并且通常设定长波辐射光谱为 3～100 μm。图 5.13 展示了从一个表面温度为 288 K 的完全辐射体发出到大气的辐射光谱。

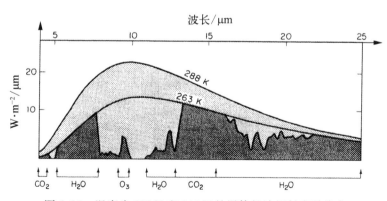

图 5.13　温度为 288 K 和 263 K 的黑体长波辐射光谱分布

注：深灰色区域表示的是 263 K 温度下的大气气体发射。浅灰色区域代表的是从温度为 288 K 的表面到温度为 263 K 的无云大气的净辐射损失（Gates, 1980）。

在无云的天气情况下，多数由地球表面发射的辐射都会被大气中特定波长的辐射活性气体吸收，主要是水蒸气和二氧化碳。还有一小部分辐射主要是通过 8~12 μm 的大气窗口逃逸到太空。被大气气体吸收的能量通过再辐射(发射)而去往各个方向。大气气体不像完全辐射体那样发射:它们有一个发射光谱,这和它们的吸收光谱很像(基尔霍夫原理)。图 5.13 展示了大气辐射向下通量的近似光谱分布,它将被无云天气下温度为 263 K 的地球表面吸收。实际上,许多到达地球表面的大气辐射来源于接近表面的气体,并且因此和表面温度接近:损耗的大气辐射主要由更高处对流层的较低温气体发射导致的。因此被发射到太空的辐射一部分是地球表面发射的,它们从大气窗口逃逸,还有一部分是从更高处对流层和平流层的大气发射的。

地球作为一个行星,为了满足热力学第一定律,假定地球处于平衡状态,到太空的长波辐射年均损失须平衡掉太阳辐射的年均净获得值。如果 r_E 为地球的半径,$\mathbf{S}^*$ 为太阳常数,ρ_E 为行星反射率(来自云层和表面的散射到太空的太阳辐射部分),$\mathbf{L}$ 为被发射到太空的辐射通量密度(发射率),这个平衡关系可通过下式表达

$$(1-\rho_E)\mathbf{S}^*\pi r_E^2 = 4\pi r_E^2\mathbf{L} \qquad (5.21)$$

或

$$\mathbf{L} = (1-\rho_E)\mathbf{S}^*/4$$

取 $\rho_E = 0.30$,$\mathbf{S}^* = 1\,361\,\mathrm{W \cdot m^{-2}}$ 可得 $\mathbf{L} = 238\,\mathrm{W \cdot m^{-2}}$,利用斯蒂芬玻耳兹曼定律[式(4.2)],这对应了一个从温度为 254 K(-19℃)的太空观察地球的等效黑体温度。与地表平均温度(约为 288 K,15℃)相比较低的值表示是大气气体和云层创造了一个有利于地球生命存活的气候。该现象被称作温室效应,尽管这个名称不太准确,因为真正的温室是通过风和对流减少热量而升温而不是主要因为辐射影响。事实上,对地球辐射平衡的假设是不正确的:相对于工业时代前,由于人类活动影响以及温室气体的大量排放(IPCC,2007)的结果,目前地球存在着约为 1.6 W·m^{-2} 的辐射强迫(即对辐射的吸收),这就是全球变暖的原因。如果人类对大气的破坏能够停止,最终地球会在一个新的更高的温度稳定下来,并且满足式(5.21)。

对长波辐射穿过大气时交换和传输的分析是物理气象学中一个主要的问题,但微气象学家主要关注于测量或估算表面通量这样较为简单的问题。地表的向上辐射通量 $\mathbf{L}_u$ 可以通过辐射计测量或者是根据该表面温度和发射率获得。大气的向下辐射通量 $\mathbf{L}_d$ 同样可以用辐射计测量,或根据温度以及大气中水蒸气分布得到,或者是从经验公式中估算。

5.4.1　无云天空环境的地面辐射

无云天空环境下,长波光谱中(或有效辐射温度下的)辐射在天顶角处是最小的,在地平线附近是最大的。这种变化是水蒸气和二氧化碳等主要发射

辐射的气体的路径长度增加的直接结果。一般来说,地表所接收的来自一个无云的大气环境的辐射通量超过一半是来自离地表 100 m 的大气,大约 90% 来自离地表 1 000 m 的大气。因此表面接收到的通量数量级很大程度上取决于地表附近的温度梯度。

比较方便的是定义大气的表观发射率 ε_a 为向下的辐射通量密度除以温度 T_a 的地表附近的全辐射,即

$$\mathbf{L}_d = \varepsilon_a \sigma T_a^4 \tag{5.22}$$

类似地,天顶角 ψ 或 $\varepsilon_a(\psi)$ 处的发射率可以通过 ψ 处向下辐射通量密度除以 σT_a^4 得到。许多测量数据表明短期内 $\varepsilon_a(\psi)$ 与 ψ 的关系可以表示为

$$\varepsilon_a(\psi) = a + b\ln(u\sec\psi) \tag{5.23}$$

式中,u 为可降水量;a、b 为经验常数,随温度垂直梯度和气溶胶分布改变而改变(Unsworth、Monteith,1975)。综合整理式(4.9)可以得到有效(半球)发射率为

$$\varepsilon_a = a + b(\ln u + 0.5) \tag{5.24}$$

比较式(5.23)和式(5.24)可知半球发射率与在某一特定天顶角 ψ' 处的发射率是一样的,即

$$\ln(u\sec\psi') = \ln u + \ln\sec\psi' = \ln u + 0.5$$

于是消掉了 a 和 b,$\ln\sec\psi' = 0.5$,得 $\psi' = 52.5°$。因此一个记录了天顶角 52.5° 处辐射的辐射计可以用来检测无云天 ε_a 的值,$\mathbf{L}_d$ 可以通过式(5.22)得到。

Prata(1996)和 Niemela(2001)等对 ε_a 的估值公式进行了检验,并得出了更契合的公式

72

$$\varepsilon_a = 1 - (1 + a\omega)\exp - \left[(b + c\omega)^{0.5}\right]$$

式中,ω 为大气可降水量,$kg \cdot m^{-2}$;经验常数 $a = 0.10\ kg^{-1} \cdot m^{-2}$,$b = 1.2$,$c = 0.30\ kg^{-1} \cdot m^2$。可得 ω 的近似值为

$$\omega = 4.65 e_a / T_a$$

式中,e_a 为靠近地表的水蒸气压力,Pa;T_a 为空气温度,K。

Unsworth 和 Monteith(1975)得出了一个估算 $\mathbf{L}_d$ 的更为简单的公式,即

$$\mathbf{L}_d = c + d\sigma T_a^4 \tag{5.25}$$

为了测量英国中部地区的数据(温度范围为 $-6\sim26°C$),经验常数 $c = -119 \pm 16\ W \cdot m^{-2}$,$d = 1.06 \pm 0.04$。单次估计值 $\mathbf{L}_d$ 的偏差为 $\pm 30\ W \cdot m^{-2}$。澳大利亚的测量数据(Swinbank,1963)得出了相似的 c 和 d 值,但是少了很

多散射。L_d 与式(5.25)中湿度的关系并不明显,这可能是因为对于大部分辐射发射,较低大气层中的空气温度和湿度通常具有很强的关联性。

利用线性近似法来看全辐射与在 283 K 之上的温度的相关性,式(5.25)可写成

$$\mathbf{L}_d = 213 + 5.5T'_a \qquad\qquad (5.26)$$

式中,T'_a 为空气温度,℃。假定向外的长波辐射为 $\sigma T'^4_a$(即 $\varepsilon = 1$),可以得到一个近似值

$$\mathbf{L}_u = 320 + 5.2T'_a \qquad\qquad (5.27)$$

因此长波辐射的净损失为

$$\mathbf{L}_u - \mathbf{L}_d = 107 - 0.3T'_a \qquad\qquad (5.28)$$

这意味着洁净的天空环境下的净损失平均约为 100 W·m^{-2}(图 5.14)。

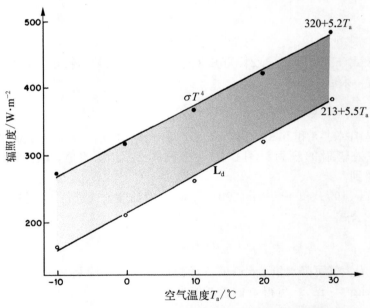

图 5.14　从式(5.25)得到的 T_a(实心圆)处的黑体辐射和洁净天空环境(空心圆)的长波辐射

注:根据式(5.26)和式(5.27)分别得到近似直线。

如果将无云大气简化为一个完全辐射体(尽管这种简化不正确,但广泛应用在气候学课本中),可以得到大气有效辐射温度 T'_b 的一个表达式,即

$$\mathbf{L}_d = 320 + 5.2T'_b = 213 + 5.5T'_a$$

由此

$$T'_b = (5.5T'_a - 107)/5.2 = (T'_a - 21) + 0.06T'_a$$

图 5.14 向我们展示了在 0～20℃时,洁净天空环境的平均有效辐射温度通常要比地表附近平均温度低 19～21℃。

一般来说,气候学中对 $\mathbf{L}_d$ 的估值还需考虑到湿度和可降水量,而这并不优于上述的简化公式,因为主要不确定因素在云,这在下一节会详细说明。

5.4.2 多云天环境的地面辐射

密度足以在地面上形成阴影的云在其能形成水滴或冰晶的云底温度下会像完全辐射体一样发射长波辐射。云的存在增加了表面接收大气辐射通量,云层辐射补充了较低大气层中水蒸气和二氧化碳的辐射波段中缺少的部分,尤其是 8～13 μm 波段(图 5.12)。因为到达地表的大气辐射中多数来源于云层底部,向下通量的气体成分可以看作是一个表观发射率为 ε_a 的无云天空。根据基尔霍夫原理,从云穿过云底之下的空气层的辐射透射率是 $1 - \varepsilon_a$,并且如果云底温度是 T_c,一个完全阴天环境下地表接收到的向下辐射为

$$\mathbf{L}_d = \varepsilon_a \sigma T_a^4 + (1 - \varepsilon_a) \sigma T_c^4 \qquad (5.29)$$

利用线性近似法,令式(4.5)中 $\delta T = T_a - T_c$,并且忽略 δT 的二阶项,可以估算出 T_c

$$\sigma T_c^4 = \sigma(T_a - \delta T)^4$$
$$\approx \sigma T_a^4 - 4\sigma T_a^3 \delta T = \sigma T_a^4 (1 - 4\delta T/T_a)$$

因式(5.29)可以写成

$$\mathbf{L}_d = \sigma T_a^4 [1 - 4(1 - \varepsilon_a)\delta T/T_a] \qquad (5.30)$$

所以发射率

$$\varepsilon_a = \mathbf{L}_d / \sigma T_a^4 = 1 - 4(1 - \varepsilon_a)\delta T/T_a$$

英国牛津地区附近的一系列测量分析(Unsworth、Monteith,1975)给出了 δT 的年平均值为 11 K,季节修正量为 ±2 K,数据与平均云底高度约 1 km 的情形相符,夏季要比冬季高。将 283 K 作为 T_a 的一个平均值代入得出 $4\delta T/T_a = 0.16$,所以该地区全阴天的发射率为

$$\varepsilon_a(1) = \mathbf{L}_d / \sigma T_a^4 = 1 - 0.16(1 - \varepsilon_a) = 0.84 + 0.16\varepsilon_a \qquad (5.31)$$

对于云覆盖比例为 c 的天空,插值得

$$\varepsilon_a(c) = c\varepsilon_a(1) + (1 - c)\varepsilon_a$$
$$= (1 - 0.84c)\varepsilon_a + 0.84c \qquad (5.32)$$

该公式主要的限制是对于云层温度以及 δT 的取值是否合适,这些取决于

云底高度其实也就是云层类型。

要注意的是本节出现的公式是辐射通量与特定地点的天气变量的统计相关性，并不用来描述直接的函数关系，这点非常重要。当用于预测时，当空气温度不随表面附近的高度迅速上升或下降，以及空气没有异常干燥和潮湿时，这些公式是最准确的。因此它们适合辐射平衡的气候学研究，但用于几个小时内的微气候学分析时通常不够准确。特别地，这些简化等式不能用于 L_d 的白天变化的探究。在多数地区，L_d 在无云天气的变化幅度要远小于 L_u 的，因为大气温度的变化取决并遵循于地表温度的变化。

5.5　净辐射

在白天时，所有的地表都在接收短波辐射并与大气持续交换长波辐射。地表接收长短波长辐射的净比例称为净辐射平衡，或净辐射（平衡一词意思同银行存款余额一样，它可能是正的、负的或 0，这取决于收入还是支出）。因此水平面单位区域接收到的净辐射和反射系数 ρ 通过下式定义

$$\mathbf{R}_n = (1 - \rho)\mathbf{S}_t + \mathbf{L}_d - \mathbf{L}_u \tag{5.33}$$

净辐射平衡的概念还可以用于整个地球范围，地球净辐射平衡随季节变化的地图和动画可通过此网址找到：http://earthobservatory. nasa. gov/GlobalMaps/view. php? d1=CERES_NETFLUX_M。

式（5.33）的微气候学应用将在第 8 章进行讨论。在这里，本章讨论的是一个标准水平面的辐射净吸收量，尽管净辐射并非一个严格的微气候学逻辑变量：它取决于温度、发射率以及表面的反射率。净辐射只能在一小部分气候研究站才能进行定期的测量，因为标准水平面的获取是个问题，同时在过去仪器的维护也很困难。现今，几个制造商（例如来自 Kipp 和 Zonen B. V.，荷兰代尔夫特）已研制出了更先进的仪器，它们有四个独立传感器用于研究 $\mathbf{R}_n$ 组成，这使得在气候变化的地点观测和解释 $\mathbf{R}_n$ 更为可行。以年为周期与以日为周期测量的实例如下。

图 5.15 展示了 1954 年 2 月到 1955 年 1 月德国汉堡地区（54°N，10°E）的矮草表面的净辐射平衡组成的年周期变化。曲线图的每一个条目代表一个24 小时周期内的辐射损失或增益。

辐射平衡中最大的一项是 $\mathbf{L}_u$，矮草表面发射的长波辐射发射，范围从冬天到夏天为 $23 \sim 37\ \mathrm{MJ \cdot m^{-2} \cdot day^{-1}}$。等价的平均辐射通量密度通过除以一天的秒数（86 400）得到，即 $270 \sim 430\ \mathrm{W \cdot m^{-2}}$。向下大气辐射 L_d 的最小值（大约 $230\ \mathrm{W \cdot m^{-2}}$）出现在春天，大概是因为在无云反气旋条件下形成了很多干燥的冷空气气团；最大值（$\approx 380\ \mathrm{W \cdot m^{-2}}$）出现在秋天温暖、潮湿的天气。长波辐射的平均净损失大约为 $60\ \mathrm{W \cdot m^{-2}}$（参考第 5.4.1 节无云天气时的

100 W・m⁻²），并且在秋冬季节的一小部分大雾天气几乎为 0。

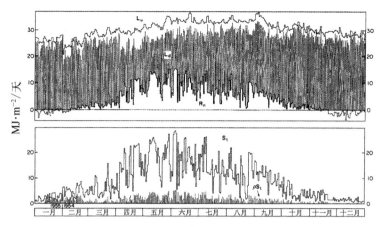

图 5.15　1954—1955 年德国汉堡年辐射平衡

注：S_t，太阳总辐射；ρS_t，反射太阳辐射；L_u，向上长波辐射；L_d，向下长波辐射；R_n，净辐射（Fleischer，1955）。

在图表的下半部分，短波辐射的增益形成了曼哈顿天际线一样的图案，它有着更大的日变化以及比长波辐射更大的季节变化。S_t 的最大值约为 28 MJ・m⁻²・day⁻¹（320 W・m⁻²），并且在每一年的每一天 S_t 都要比 L_d 小。除了在一月和二月个别的几天，当雪将反射系数增加到 0.6~0.8 时，反射辐射约为 $0.25S_t$。

图表上半部分展示出了通过 $(1-\rho)S_t+L_d-L_u$ 得出的净辐射 R_n。 在夏季的北方（54°N），白天的 R_n/S_t 比值几乎是恒定的，约为 0.57，但该比值在秋天的时候就开始下降，到了 11 月则达到 0。从 11 月开始直到 2 月初，白天的 R_n 多数时候都是负的。在夏季，净辐射和平均空气温度与阳光正相关。在冬季，随着太阳在天空中的位置下降，白天变短，相关性变为负的：晴朗无云的天气时，净辐射达最小值，此时空气平均温度低于平均值。

阜尔根大学的研究人员保留了许多年的短波和长波入射辐射记录，通过利用空气温度为 L_u 时的黑体辐射，并视情况采用了一个 0.2（草）或 0.7（雪）的反射系数解决了建立标准水平面的困难[适用于空气温度下表面的净辐射的装置也可以在微气候学中方便使用（见第 13.3 节）]，并且值得更广泛地应用。图 5.16 中的阴影部分代表 L_d 和 L_u 通量的差，即长波辐射的净损失；粗线为 R_n。 在无云的天气，这两个长波在白天的变化要比几乎遵循正弦曲线的短波辐射变化小得多。因此净辐射的曲线在白天几乎与 S_t 曲线平行，在刚入夜的时候减小到最小值，并且随后在夜里缓慢增长（因为较低的大气通过与地球表面辐射交换后被冷却）。在夏季，R_n 是正值的时候通常要比 S_t 是负值的时候短 2 或 3 个小时。比较晴朗的春天和冬天的曲线[图 5.16(a)和(b)]可看出图

5.14 中强调的 R_n/S_t 的季节变化：(1) 在冬天时昼长更短，(2) 在冬天，S_t 最大值小得多，与在净长波辐射损失中的等效降低不匹配。

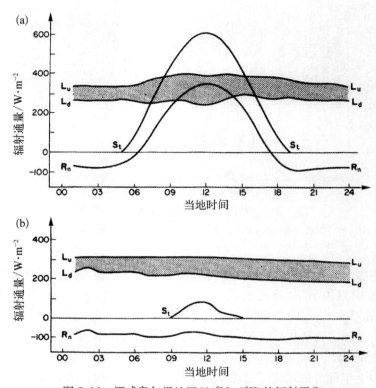

图 5.16　挪威卑尔根地区(60°N，5°E)的辐射平衡

(a) 于 1968 年 4 月 13 日　(b) 于 1968 年 1 月 11 日

注：灰色区域表示长波净损失，R_n 线是净辐射。注意净辐射是从测量的短波和长波辐射通量计算的，假定表面的反射率在 4 月份为 0.20(例如植被)，在 1 月份为 0.70(例如雪)。表面的辐射温度假定等于测量的空气温度。

图 5.17 和图 5.18 展示了在无云的天气中，矮草表面(俄勒冈州科瓦利斯地区)与美国太平洋西北一个古老的花旗松/西部铁杉林(华盛顿州温德河地区)的净辐射平衡。白天时太阳辐射是影响辐射平衡的主要因素。太阳辐射的反射系数在草地约为 0.23，在森林约为 0.07，这是植物和植冠结构的光学特性导致的(见第 6 章和第 8 章)。向上长波辐射在森林中的变化要小于在草地上的变化，因为在白天，森林的温度保持在和空气接近的程度，而草地温度会更高。夜晚时，这两个表面的净辐射在日落后很短的时间内达到一个很大的负值，这时候植物冠层的温度要比晚些时候温度要高，并且因此要比无云天气损失掉更多的辐射。通常，所有冠层植物的晚间净辐射数量级上都是相似的。更具代表性的是，如果吹过草地和吹过森林的风速相近时，土地中储存的热量会向上传输使草地冠层保持比森林冠层更高的温度。这可能是因为夏季

的干燥土壤不能有效传导热导致的。图 5.17 和图 5.18 说明 R_n 和 S_t 之间有良好的相关性,这可以用来估算太阳总辐射中的 R_n 值,这是一种已经被广泛使用的方法(如 Kaminsky、Dubayah,1997)。无论如何,本章节总结出的原理展示了这样一种方法,不仅与地点有关,还与地表情形相关,所以从 R_n 的组成来估算它的值更为合适(Offerle 等,2003)。

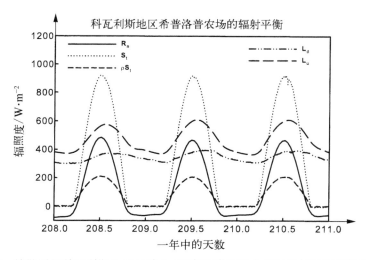

图 5.17　俄勒冈州科瓦利斯地区(45°N,123°W)附近三个无云天气的净辐射平衡组成

注:数据由俄勒冈州立大学 Reina Nakamura 提供。

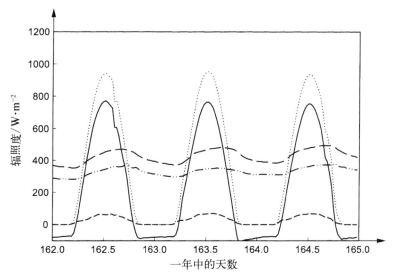

图 5.18　华盛顿州温德河地区(46°N,120°W)实验林中古老的花旗松/西部铁杉森林三个无云天气的净辐射平衡组成

注:① 图例和线型如图 5.17 所示。
② 数据由华盛顿大学 Ken Bible 提供。

在前文中,我们主要就当天空无云时的辐射通量进行讨论,因为这促成了地表吸收到最大能量,且最适合分析。在阴天天气下,云层很低,L_d 几乎等于 σT_a^4,所以长波辐射的净交换接近于 0,并且 R_n 在夜间几乎为 0。在阴天环境下,$R_n \approx (1-\rho)S_t$。

5.6 习题

1. 估算 6 月 21 日(太阳赤纬 23.5°)英国格林威治地区(51.5°N,0.0°W)日落和民用曙暮光之间的时差。

2. 利用无云天气下太阳辐射的简单模型(第 5.3.4 节)来估算 3 种气溶胶光学厚度 0.05、0.20、0.40 下,6 月 21 日当地太阳正午 45°N 水平面上的直接辐射、漫射辐射以及太阳总辐照度。假定分子衰减的光学厚度为 0.30。

3. 利用问题 2 的结果,估算 6 月 21 日太阳正午 45°N 水平面上 3 种气溶胶负荷的日射量,假定为无云天气。

4. 假定在一个无云天气,估算当空气温度为 25℃时,地表向下长波辐照度以及大气发射率。如果天空 50% 被云覆盖,估算这种情况下的长波辐照度。为什么这些值仅用于气候学近似值?

5. 四个太阳辐射计并排露天放置,A 和 B 有干净的玻璃顶盖,可以通过太阳光谱中所有波长的辐射;C 和 D 的顶盖能透过波长在 700~3 000 nm 中 95% 的辐射能量,并且没有波长小于 700 nm 的辐射。A 和 C 能接收总辐射,而 B 和 D 有一个遮光环,遮光环能遮挡 10% 的像太阳光束一样的来源于天空的辐射。在一个夏季无云的天气,这几台仪器给出了如下数据:A 11.00 mV;B 1.30 mV;C 5.30 mV;D 0.25 mV。假定所有的仪器灵敏度相同,为 12.0 $\mu V \cdot W^{-1} \cdot m^{-2}$,计算:(1) 漫射辐射占总辐射的比值,(2) 漫射辐射成分中的光合有效辐射(0.4~0.7 μm),(3) 直接太阳光束中可见光辐射的比例,(4) 有效光合波段中的总辐照度。

6. 一个农民打算在农田里种一些种子,太阳辐射反射系数 $\rho_s = 0.20$。她判断当她把一层黑炭铺在土地上时,土地将会变暖(作物发育得会更快),太阳辐射反射系数会降低到 $\rho_s' = 0.05$。为了评估变化的影响,她准备了邻近的一小块土壤,并记录一个无云日正午左右的如下数据:

入射总太阳辐照度 $S_t = 900$ W $\cdot$ m^{-2}(两块土地一样)

两块土地净辐射差为 R_n(黑炭覆盖)$- R_n$(裸露土地)$= 69$ W $\cdot$ m^{-2}

裸露土地的辐射温度 $T_s = 303$ K。

估算黑炭覆盖表面的辐射温度,写出你需要用到的假设。

第 6 章
辐射的微气象学：天然材料的辐射特性

6.1 天然材料的辐射特性

当阳光被土壤、水、树叶或动物等物体拦截时，能量会被吸收、反射，有时还会被透射。这一章描述了辐射能量是如何分配的，以及这个过程与波长的关系。接下来的章节将利用这些信息来回顾固体物体、植被冠层和动物皮毛对辐射的拦截和吸收，并就有机体的辐射与几何特性对净辐射进行讨论。

在太阳光谱的短波高频波段，生物材料的辐射特性主要是由能吸收特定电子跃迁对应波长辐射的色素决定的。对于 $1\sim3~\mu m$ 的辐射，液态水是许多天然材料的重要组成部分，因为水在这个波段有很强的吸光特性；而且，即使是在水的吸收可以忽略的可见光光谱中，多孔材料对光的反射和透射也与它们的含水量密切相关。在波长超出 $3~\mu m$ 时，大多数天然材料可看成完全辐射体，其吸收率高达 100%，反射率接近于零。

区分一个表面的反射率 $\rho(\lambda)$ 和反射系数是很重要的。前者指的是入射太阳辐射在一特定波长反射的比例，而后者指的是在某一特定波段的平均反射率，能由太阳光谱中的辐射分布计算得出。如果该分布函数为 $S(\lambda)$，单位波长的能量为 λ，太阳光谱中的能量在 λ_1 和 λ_2 之间，为 $\int_{\lambda_1}^{\lambda_2} S(\lambda)d\lambda$。表面在太阳辐射下的反射系数为

$$\bar{\rho} = \frac{\int_{\lambda_1}^{\lambda_2} \rho(\lambda)S(\lambda)d\lambda}{\int_{\lambda_1}^{\lambda_2} S(\lambda)d\lambda} \tag{6.1}$$

对于太阳光谱，积分通常为 $0.3\sim3~\mu m$。材料的透射率 $\tau(\lambda)$ 和透射系数可以以同样的方式定义。

对于整个太阳光谱，一个表面的反射系数，通常被称为反照率。这个词是从天文学中引入的，起源于拉丁语中的"whiteness"（白度）。Monteith 提出了另一种定义（见第 17 章，Evans，1976），他认为将这个词的起源归功于天文学家 Al Bedo 关于恒星反射率的研究是一个谣传。因为白度与可见光谱有关，所以我们更倾向于用"反射系数"来表示反照率。反射系数有时也被称为反射比。

Gates(1980)对植物和动物表面的辐射特性，以及许多物种的反射系数提

供了一个非常全面的叙述。表 6.1 给出了一系列的表面辐射系数。

表 6.1　植物和动物表面的辐射特性

1　短波辐射系数 ρ(%)

（1）	叶片	上表面	下表面	平均
	玉米			29
	烟草			29
	黄瓜			31
	番茄			28
	桦木	30	33	32
	白杨	32	36	34
	橡树	28	33	30
	榆树	24	31	28

（2）	大面积种植的蔬菜		
①	农作物	纬度	日平均
	草	52	24
	甜菜	52	26
	大麦	52	23
	小麦	52	26
	大豆	52	24
	玉米	43	22
	烟草	43	24
	黄瓜	43	26
	番茄	43	23
	小麦	43	22
	牧草	32	25
	大麦	32	26
	菠萝	22	15
	玉米	7	18
	烟草	7	19
	高粱	7	20
	甘蔗	7	15
	棉花	7	21
	花生	7	17
②	自然植被和森林	纬度	平均
	欧石楠	51	14
	蕨菜	51	24

（续表）

②	自然植被和森林	纬度	平均
	金雀花	51	18
	灌木，常绿灌丛	32	21
	天然牧场	32	25
	衍生稀树草原	7	15
	几内亚热带稀树草原	9	19
③	森林和果园		
	落叶林地	51	18
	针叶林地	51	16
	柑橘果园	32	16
	地中海白松	32	17
	桉树林	32	19
	热带雨林	7	13
	沼泽林	7	12
（3）	动物皮毛		
①	哺乳动物	背部	腹部	平均
	红松鼠	27	22	25
	灰松鼠	22	39	31
	田鼠	11	17	14
	鼩鼱	19	26	23
	鼹鼠	19	19	19
	灰狐狸			34
	祖鲁牛			51
	红苏塞克斯牛			17
	安格斯牛			11
	羊毛未经修剪的绵羊			26
	羊毛经修剪的绵羊			42
	人类			
	亚欧人			35
	黑人			18
②	鸟类	翅膀	胸部	平均
	红衣凤头鸟	23	40	
	蓝知更鸟	27	34	
	树燕	24	57	
	喜鹊	19	46	
	加拿大鹅	15	35	
	绿头鸭	24	36	
	哀鸽	30	39	

（续表）

②	鸟类	翅膀	胸部	平均
	八哥			34
	灰翅鸥			52

2　长波长的发射率（%）

（1）	叶			平均
	玉米			94.4±0.4
	烟草			97.2±0.6
	法国豆			93.8±0.8
	棉花			96.4±0.7
	甘蔗			99.5±0.4
	杨树			97.7±0.4
	天竺葵			99.2±0.2
	仙人掌			97.7±0.2

（2）动物	背	腹部	平均
红松鼠	95～98	97～100	
灰松鼠	99	99	
鼹鼠	97	—	
鹿鼠	—	94	
灰狼			99
驯鹿			100
白靴兔			99
人类			98

6.1.1　水

1. 反射

在清澈、静止的水中，太阳辐射恒定且以小于 45°的入射角 ψ 射入时，其反射系数几乎恒定，约为 5%。当入射角大于 45°时，随着角度的增大，反射系数显著增大，当入射角逼近 90°时，反射系数接近 100%（如图 6.1 所示）。当入射角度恒定时，有波浪的水面的反射系数要比静止水面的反射系数低，因为光在有波浪的水面上会向多个方向反射。对于长波辐射，镜面反射发生在完全静止的水面上（Lorenz，1966）。反射系数随着入射角 ψ 的增大而增大。而对于有波浪的水面，反射为漫反射。

2. 透射

在可见光谱中，水通常被认为是透明的，但它仍会吸收少量的蓝绿光谱上的光（460～490 nm），这使自然水体看起来十分干净带有其特有的颜色，特别是在白沙上观察时。在这个波段之外，吸收系数沿着两个方向增加，特别是在光谱上的红光端。300 米深的纯水才可对蓝绿光谱的透射减至 1%。而对于红色光谱来说，只需 20 米深。然而，在大多数自然水体中，由于有机质的存在，譬如叶绿素，会吸收光谱中的蓝光，在英国的一些湖泊里，水深小于 10 m 时，蓝光和红光会衰减至 1%。位于俄勒冈国家公园的火山口湖是北美最深的湖（600 m），以其蓝宝石般的颜色闻名。这样的颜色在一定程度上是由于在深水中比蓝光波长长的光被选择性吸收的结果，同时也是因为火山口湖是世界上最清澈的湖泊之一，湖水中有机物很少，因此紫外线辐射能穿透到 100 m 水深（Hargreaves，2003）。

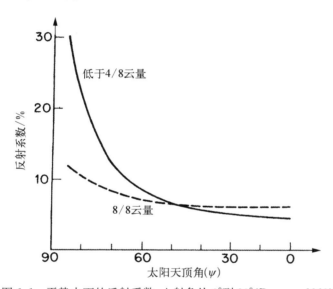

图 6.1　平静水面的反射系数，入射角从 0°到 90°(Deacon，1969)

　　在光谱的近红外区，水有几个吸收带，且在土壤、树叶和动物皮毛的透射和反射光谱中很容易识别。主要吸收带的中心位于 $1.45 \sim 1.95\ \mu m$（图 6.2）。当波长超过 $3\ \mu m$ 的光垂直入射时，水的吸收率和发射率约为 0.995。然而，随着入射角的增大，水的吸收率和发射率降低，相应地，反射率会增加。在入射角 ϕ 为 80°时，对于波长为 $11\ \mu m$ 的光，水的发射率仅为 0.7 左右。水和其他自然表面发射率与入射角的关系。使得人类病理学上很难解释辐射测量得到的皮肤温度（Clark，1976），也很难解释使通过飞机、卫星来进行辐射测量得到的地表温度（Becker，1981；Becker 等，1981）。辐射的波长为 $3 \sim 10\ \mu m$ 时，冰和雪的发射率大于 0.99。当波长增大时，反射率仅略微减小。

6.1.2　土壤、金属和玻璃

　　土壤的反射率主要取决于其有机质含量、含水量、粒径和辐射的入射角。在太阳光谱的蓝端，反射率通常是非常小的。随波长的增加，反射率在可见光

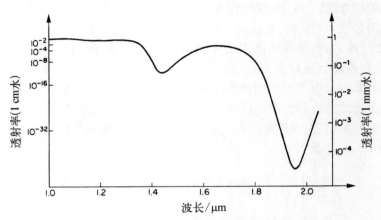

图 6.2 纯净水的透射率和波长的函数关系

和近红外波段也随之增加,并在 1~2 μm 波段上达到最大值。当水存在时,其吸收带位于 1.45~1.95 μm(图 6.3)。

综合整个太阳光谱,太阳辐射的反射系数从富含有机物的土壤中的约 10%,到沙漠砂中的约 30%。即使是非常少量的有机物也能降低土壤的反射率。氧化壤土中质量分数为 0.8% 的有机质,会使其对可见光谱的反射率增大 2 倍(Bowers and Hanks,1965)。

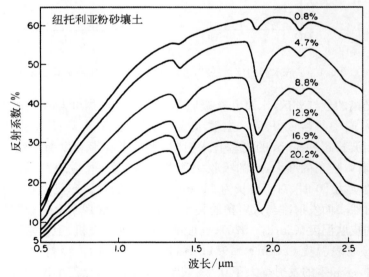

图 6.3 砂质壤土的反射比(反射系数)与波长和含水量的
函数(Bowers、Hanks,1965)

将矿物黏土的反射率作为其粒径的函数来测量。在光谱为 0.4~2 μm 时,高岭石的反射率随其粒径减小而急剧增大,如粒径为 1 600 μm 时反射率为

56％,而粒径为 22 μm,反射率为 78％。含有相对较大的不规则颗粒的聚集物,似乎通过相邻的表面的多重反射来捕获辐射,而精细的粉末则会暴露出更均匀的表面,从而捕获的辐射较少。因此,颗粒的大小也决定着土壤中辐射的透射。Baumgartner(1953)测量了石英砂中人造光的透射。当粒径为 0.2～0.5 mm 时,深度为 1～2 mm 的砂足以减少 95％的辐射通量,但对于 4～6 mm 的颗粒,需要 10 mm 深的砂才能获得同样的结果。在另一项研究中,3 mm 深的精细堆肥使辐照度降低了 4 个量级,而对红色/远红外光谱的影响很小仅为 0.8 倍到 1.2 倍(Frankland,1981)。尽管光照质量和数量对种子萌发和根系发育的影响颇为明显,生态学者对土壤辐射透射关注仍然较少。

土壤样品的反射率会随着湿度的增大而减小,这主要是由于土壤孔隙中弯月液面所形成的气-液界面的内部反射导致辐射被捕获。含水量对各波段辐射的反射率的影响都很明显,尤其是对波长在 1.95 μm 时的吸收量影响最为显著。图 6.3 显示,对于波长为 1.95 μm 的辐射,含水量为 1％的壤土反射率为 60％,随含水量增大到 20％,壤土反射率降低到 14％。因此,土的反射系数可以用来监测表层水的含量或水电位(Idso 等,1975;Graser、Bavel,1982)。土壤湿度也可以通过探测波长在 3～21 cm 的微波辐射来监测,但这些波长的辐射只对上层几厘米土壤的湿度敏感(Schmugge,1998)。此外,通过微波范围内波长较短的辐射的观测,受植被和表面粗糙度的影响较大。使用波长为 21 cm(L 波段)的被动微波遥感卫星来观测可以避免这些因素的影响,但由于其空间分辨率有限(一般约为 35 km),主要用于区域尺度的研究。由于后者视野的广阔,很难将卫星观测与现场土壤湿度测量相比较,因此两者的绝对精度也尚未统一(Collow 等,2012)。

在长波光谱中,常见含矿物的土壤的发射率从石英的 0.67 到黏土的 0.94 不等。土壤发射率通常高于 0.9,但在两个不同的谱带上其发射率显著降低:波长在 8～10 μm,发射率受石英含量和晶粒尺寸的影响较大;波长在 3～5 μm,发射率很大程度上取决于土壤水分和有机质含量。在整个长波光谱中,大多数农业土壤的发射率在 0.90～0.97。

金属和人造材料的发射率较低。抛光的金属表面发射率为 0.01～0.02(因此金属水壶能保持热量)。将低发射率的薄膜涂层用于玻璃窗户,可以降低 0.94 左右的发射率,而未镀层玻璃的发射率的降低量约为 0.20,后者即是所谓的"low - E"玻璃,也就是低辐射玻璃。安装有低辐射玻璃的窗户能反射很大一部分长波辐射,从而增加双层玻璃的绝缘性能。

6.1.3　叶片

叶片对于辐射的透射与反射取决于入射角 ψ。 Tageeva 和 Brandt(1961)发现,当入射角 ψ 在 0～50°时,反射系数几乎是常数。但 ψ 从 50°增大到 90°(切入射)时,$\rho(\lambda)$ 大幅增加,这是镜面反射的缘故。当入射角在 0～

50°时,透射系数也几乎不变,但 ψ 从 50°增大到 90°时,透射系数减小。因为随着角度的变化,$\rho(\lambda)$ 和 $\tau(\lambda)$ 的变化是互补的。当入射角度小于 80°时,对于辐射的吸收用于植物生长过程也几乎不变。

许多普通作物的叶片对波长为 550 nm 的绿色光的吸收率为 0.75~0.80,对于蓝色光(400~460 nm)的吸收率为 0.95,对于红光(600~670 nm)的吸收率为 0.85~0.95(图 6.4)。在波长超过 700 nm 时,吸收率会急剧减小,这具有重要的生理学意义,因为它意味着叶组织单位对于波长在 730 nm 的红外波段的吸收远小于波长在 660 nm 的红色光谱的吸收。这个比例决定了控制许多发育过程的植物色素的状态(Smith 和 Morgan,1981)。叶片反射光谱中互补的"红色边缘"的存在可以利用在遥感探测中,这将在后文进行讨论。

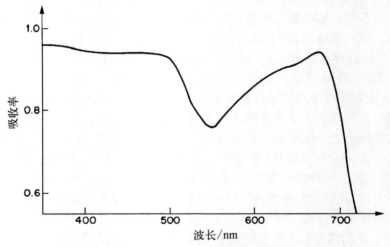

图 6.4　8 种田间作物的叶片平均吸收率(McCree,1972)

许多叶片所显示的透射和反射光谱的相似之处(图 6.5)暗示着这些辐射通过细胞壁的反射和折射分散在各个方向上。唯一的不散射的辐射就是从角

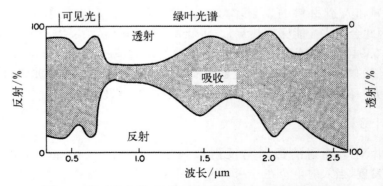

图 6.5　绿叶的光谱反射率、透射率和吸收率的理想化关系

质层表面反射出的辐射分量(约 10%)，而不进入叶肉。

为获得整个太阳能光谱 ρ 和 τ 的近似值，对于 $0.4\sim0.7\,\mu m$ 波段，系数假定为 0.1；对于 $0.4\sim3\,\mu m$ 波段，系数可假定为 0.4。因为这些光谱波段都包含了大约一半的全辐射，整个光谱的近似系数是

$$\rho = \tau = (0.1 \times 0.5) + (0.4 \times 0.5) = 0.25$$

这个值与表 6.1 中记录的许多植物的叶子的系数一致。由于可见光谱在太阳辐射的反射和透射中的贡献相对较小，所以叶色的差异在很大程度上与反射系数无关。然而，Ehleringer 和 Bjorkman(1978)表明，在整个 PAR 区域，沙漠灌木扁果菊绒毛叶片的反射率大约比生长在相对不太干旱的环境中的扁果菊近缘植物的反射率高 50%，这也许是为了适应强烈的太阳辐射。白色绒毛叶片对太阳辐射的反射系数为 $0.35\sim0.40$(Jones，1992)。

6.1.4　植被冠层

稠密的植被对太阳辐射的反射和透射取决于两个主要因素：树叶截获的辐射及其散射特性(其中，"树叶"包括茎、叶柄等，但它们在辐射拦截中的作用常常被忽视)。辐射的截获依次取决于叶面积指数(每单位土地面积上植物叶片总面积占土地面积的倍数)和关于辐射方向的叶片空间分布。散射分数取决于叶片角质层、细胞壁和色素的光学性质。当叶片密度不够，无法截断所有入射辐射时，其反射系数在一定程度上取决于土壤的反射和树叶的反射。在此基础上，第 7 章对植被的辐射传递进行了详细的分析。

一般来说，表面相对光滑时，例如新牧场和刚修剪的草坪上，ρ 值最大(见表 6.1)，对于生长到 $50\sim100\,cm$ 高的作物，当完全覆盖地面时，ρ 通常为 $0.18\sim0.25$，但森林的 ρ 值只有 0.10(图 6.6)。这些差异可以通过相邻的叶片和茎的多重反射导致辐射的捕获来解释。由于同样的原因，大多数植被类型的反射系数随太阳辐射入射角度的变化而变化。当太阳接近其顶点时，ρ 值最小，当太阳下降到地平线时，ρ 增加，因为在树冠间存在着多次散射的机会。ρ 与入射角的关系可以解释为什么热带地区植被的反射系数通常小于高纬度地区相似表面的反射系数。表 6.1 列出了各种作物和本地物种的 ρ 值。

6.1.5　动物

动物的皮肤和毛发可反射可见光和红外光谱区域的太阳辐射，像水和树叶一样，其反射率是辐射入射角的函数。图 6.7 展示了毛发对可见光谱内的辐射的反射率(与土壤类似)，并且其种间与种际的差异远远大于叶片。毛发在波长为 $1\sim2\,\mu m$ 时，反射率最大，水在波长为 $1.45\sim1.95\,\mu m$ 时辐射吸收率最强。对于波长大于 $3\,\mu m$ 的辐射，大多数类型的皮毛的吸收率和反射率为 $90\%\sim95\%$。

图 6.7 中所示的皮毛反射率的测量是在正常情况下暴露于辐射的皮毛样

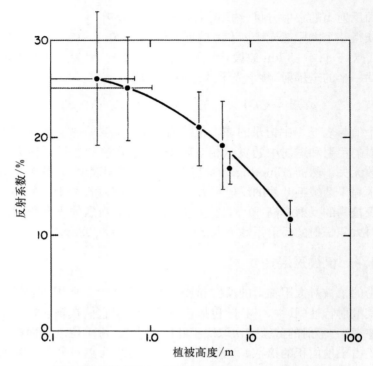

图 6.6　植被高度与反射系数的关系(Stanhill，1970)

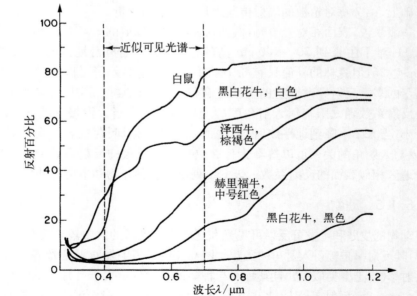

图 6.7　动物皮毛的光谱反射比(反射率)。赫里福牛、黑白花牛和
泽西牛都是牲畜的品种(Mount，1968)

本上进行的。当 Hutchinson 等(1975)用一个微型的日射表来测量在野外
生存的动物皮毛的反射时,他们发现反射系数与阳光的入射角度有明显
的关系。水牛的皮肤相对光滑,太阳高度角为 48°(图 6.8a),当入射角度
最小时,反射系数最小为 0.25,而为切入射时,ρ 值超过 0.7,这是因为镜
面反射占据了很大比重。将实验对象换成具有浓密羊毛的麦兰奴种绵羊
时,随着入射角度的变化,系数变化明显较小。这证明,通常在正常情况
下进行的反射系数的实验室测量,可能是不准确的,特别是对于那些有相
对光滑的皮毛的物种来说。Cena 和 Monteith(1975)发现,前向散射在有
着白色动物皮毛上是很大的,因此,动物皮毛密度和颜色对于确定整体反
射和吸收系数很重要。他们的分析之后会进行讨论。表 6.1 总结了动物
和鸟类皮毛的反射系数。

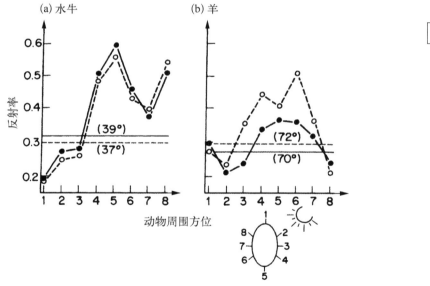

图 6.8　在单个方位的反射系数(太阳反射率),加权平均反射系数(水平线)
(a)为沼泽水牛牛犊,(b)为美利奴羊,其羊毛为 6 厘米长。动物们侧身站在太阳光
下。括号内的数字代表了太阳高度角(Hutchinson et al.，1975)

　　在文献中,大多数测量皮肤反射率的方法都用几乎无毛的动物-人类来做
实验。在没有毛发的情况下,太阳辐射穿透皮肤的深度取决于色素。在人类
中,透射率范围从白种人的几毫米到深肤色人种的十多毫米,后者角质层中黑
色素浓度更大。相应的反射系数,在深肤色上为 20%,在浅肤色上为 40%。
图 6.9 显示的白色皮肤对波长约 0.7 μm 时反射率最大,对波长为 2 μm 时反
射率最小。

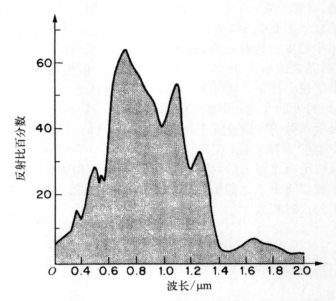

图 6.9   1969 年 4 月 18 日,威斯康星大学的沃伦·波特博士发现并
记录的作者拇指皮肤的光谱反射率

6.2   习题

1. 在纯净的水中,1%的红光辐射入射和 75%的蓝绿色辐射入射能透射到 20 m 深。假设这两个波段都呈指数衰减[即传播分数=exp(−kd),k 是一个衰减常数,d 是深度],求在 100 m 深处两个波段能量的比值?

2. 沙漠植物叶片的反射系数在 PAR 波段为 0.2,在太阳辐射的全波段上为 0.4。那么在波长为 0.7～3 μm 时,反射系数是多少? 推测这些异常反射系数带来的优势。

第7章
微气象学的辐射：固体结构的辐射拦截

在微气象学的传统问题中，在地球表面的辐射通量是通过水平面上的单位面积的接收或损耗来测量的。在这一章中，我们是通过估计一个植物或动物的表面所拦截的辐射的通量来测量，例如通过形状因子乘以水平辐照度，它依赖于表面的几何形状和辐射的定向特性。为了使分析更易于理解，通常使用相对简单的球体或圆柱体来表示植物和动物的不规则形状，这便提醒我们，关于理论物理学家的球形奶牛的笑话也有实际应用。

利用简单的几何模型，可以分析建筑物、其他结构和倾斜表面的辐射拦截。本章推导了各种固体结构和边坡的适当形状因子。在本一章中，我们应用这些原理来估算植物和动物的辐射拦截。

由生物体或其模拟物截获的辐射可以表示为单位面积的平均通量。一个大气压将被用来区分这一测量与水平表面上的常规通量的辐照度，例如当太阳辐照度为 S（W/m^2，水平面积）时，相应的绵羊或圆柱体的辐照度将被写为 $\bar{S}$（W/m^2 总面积）。

7.1 几何原理

7.1.1 直接太阳辐射

直接太阳辐射的通量通常通过水平面上的直接太阳辐射度（S_b）或太阳直射面上的直接太阳辐射度（S_p）来测量。对于任何以太阳高度角 β 暴露于辐射的固体，其平均通量 $\bar{S}_b$ 和水平通量 S_b 之间的关系，可用固体在水平面的投影面积 A_h 与在太阳光垂直面上的投影面积（A_p）的比值来代替。

太阳光垂直面上的投影面积 $A_p = A_h \sin\beta$（图 7.1），被拦截的通量为

$$A_p S_p = (A_h \sin\beta) S_p = A_h S_b \qquad (7.1)$$

即水平面上的阴影面积乘以水平面直接太阳辐照度。如果物体的表面积是 A，则

$$\bar{S}_b = (A_h/A) S_b \qquad (7.2)$$

也就是说，在物体表面的太阳束的平均入射通量密度可以表示为 A_h/A 的比值乘以光束在水平面上的辐照度。比例 A_h/A 和形状因子都可利用几何

原理计算,或者直接从阴影区域测量。

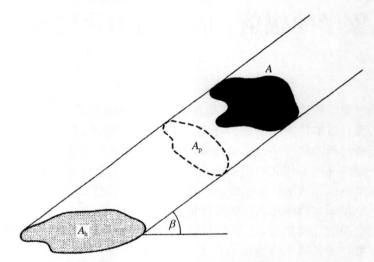

图 7.1　面积为 A 的固体在水平面上的投影面积(A_h)及在
太阳光垂直面上的投影面积(A_p)

1. 形状因素

(1) 球

球的半径为 r 时,球的水平面投影面积 $A_h = \pi r^2/\sin\beta$ (图 7.2),表面积 $A = 4\pi r^2$, 则

$$\frac{A_h}{A} = \frac{\pi r^2}{4\pi r^2 \sin\beta} = 0.25\csc\beta \tag{7.3}$$

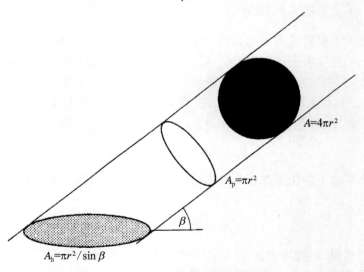

图 7.2　球体在水平面上的投影

因此,球体的平均光束辐照度为

$$\bar{S}_b = (0.25\csc\beta)S_b = 0.25S_p \tag{7.4}$$

例如,式(7.4)应用于地球,太阳直射表面上的太阳辐照度 S_p 为 1 361 W·m^{-2}(太阳常数或 TSI),因此地球大气层的平均光束辐照度(即整个球面)为 $0.25S_p = 340$ W·m^{-2}。

（2）椭球

球体是一种特殊的椭球体——其在一个方向上的横截面是椭圆形,在与该方向成直角的旋转轴上的横截面为圆形。如果椭球中心的椭圆截面的垂直半轴为 a,水平半轴为 b(图 7.3),则太阳高度角为 β 时会在水平面上投射出一个阴影,面积为

$$A_h = \pi b^2[1 + a^2/(b^2\tan^2\beta)]^{0.5} \tag{7.5}$$

当光束垂直时,$A_h = \pi b^2$;当 $a = b$ 时,$A_h = \pi b^2/\sin\beta$。

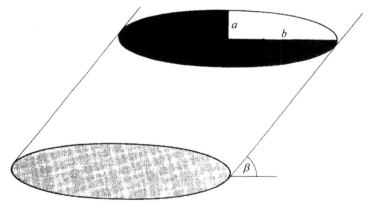

$$A_h = \pi b^2[1 + a^2/(b^2\tan^2\beta)]^{0.5}$$

图 7.3　半轴分别为 a 和 b 的椭球体在水平面上的投影

扁圆球体（$b > a$）的表面积为

$$A = 2\pi b^2\{1 + [a^2/(2b^2\varepsilon_1)]\ln[(1+\varepsilon_1)/(1-\varepsilon_1)]\} \tag{7.6}$$

其中

$$\varepsilon_1 = [1 - (a^2/b^2)]^{0.5} \tag{7.7}$$

扁长球体（$a > b$）的表面积为

$$A = 2\pi b^2\{1 + [a^2/(b\varepsilon_2)]\sin^{-1}\varepsilon_2\} \tag{7.8}$$

其中

$$\varepsilon_2 = [1 - (b^2/a^2)]^{0.5} \tag{7.9}$$

式(7.5)除以式(7.6)或式(7.8)可得 A_h/A。

（3）垂直圆柱

图 7.4 显示了高 h、半径 r 的圆柱体在水平面的投影的形状。阴影区由两个部分组成：圆柱面的 $h\cot\beta\times2r$，以及顶部与底部两个面的 πr^2。

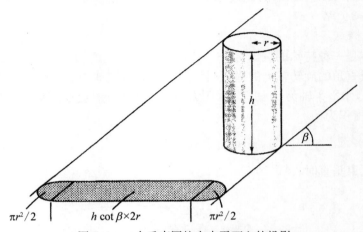

图 7.4　一个垂直圆柱在水平面上的投影

柱体的表面积 $A=2\pi rh+2\pi r^2$，因此

$$\frac{A_h}{A}=\frac{2rh\cot\beta+\pi r^2}{2\pi rh+2\pi r^2}=\frac{(2x\cot\beta)/\pi+1}{2x+2} \tag{7.10}$$

式中，$x=h/r$。

99

Underwood 和 Ward(1966)对 25 名男性和 25 名女性进行了测量，受试者穿着紧身衣或泳衣，他们从 19 个不同的角度对受试者进行拍摄（其中 8 个角度的剪影如图 7.5 所示）。

根据每个剪影的面积可得到所有 50 个研究对象的平均投影面积，并对视角进行适当校正。0°、45°、90° 这 3 个角度的平均投影面积非常接近圆柱的投影面积，即 $h=1.65$ m，$r=0.117$ m，$x=14.1$。

将测量值代入横截面为椭圆形的方程而不是圆形的方程，以此将测量值随方位角的变化考虑在内。

图 7.6 显示柱体的 A_h/A 的值与 β 和 x 之间的关系。

100

当 $\beta=32.5°$ 时，$\cot\beta/\pi=0.5$，由式(7.10)得到，$A_h/A=0.5$，不受 x 的影响。当 $\beta<60°$ 且 $x>10$ 时，A_h/A 受 x 的影响较小。所以当 $x=14$ 时，通过等式(7.10)可预测人们身体拦截的辐射，从而这可用来估测人的身形。

举一个自然选择的例子，仙人掌具有高立式圆柱形茎臂，图 7.6 表明，这

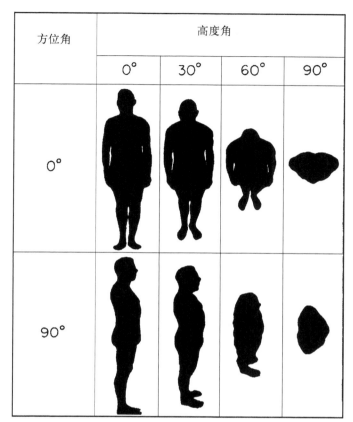

方位角	高度角			
	0°	30°	60°	90°
0°				
90°				

图 7.5　模拟太阳从不同角度直射直立男性时,投射的阴影形状(这些剪影是由 Underwood 和 Ward 于 1966 年拍摄的)

种结构能够在太阳光最强烈时最大限度地减少截获的太阳辐射,从而避免在极端的沙漠气候中自身组织的温度过高。

（4）卧式圆柱

对于一个水平圆柱体(高 h, 半径 r), A_h 取决于太阳方位角和仰角方位角。θ 为柱体轴线 ($\theta = 0$) 与太阳方位角的夹角,这可以求得 β 方向投影的长度, $\theta = h(1 - \cos 2\beta \cos 2\theta)$ 且投影宽度为 $2r$ 不受 β 和 θ 的影响。从而,曲表面

$$A_h = A_p \csc\beta = 2rh \csc\beta (1 - \cos^2\beta \cos^2\theta)^{0.5} \qquad (7.11)$$

柱体被照亮的部分可以被视为一个垂直的平面(见下文斜面),如果式 (7.16) 中 α 为 $\pi/2$,则

$$A_h = \pi r^2 \cot\beta \cos\theta (仅是被照亮部分) \qquad (7.12)$$

柱体包括未照亮部分的总面积 $A = 2\pi rh + 2\pi r^2$,因此,整个柱体

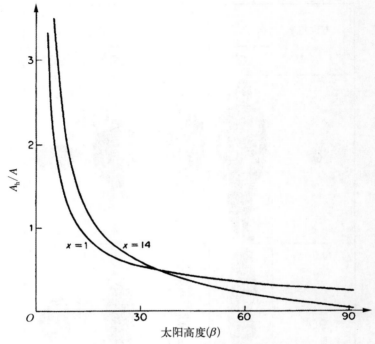

图 7.6 x 为 1 和 14 时的两个垂直柱体的 A_h/A

$$\frac{A_h}{A} = \frac{2rh\csc\beta(1-\cos^2\beta\cos^2\theta)^{0.5} + \pi r^2\cot\beta\cos\theta}{2\pi rh + 2\pi r^2}$$
$$= \frac{\csc\beta[2\pi^{-1}x(1-\cos^2\beta\cos^2\theta)^{0.5} + \cos\beta\cos\theta]}{2(x+1)} \tag{7.13}$$

其中 $x=h/r$。

在一定的太阳辐射角度下，$\theta=\pi/2$，A_h/A 减至

$$\frac{A_h}{A} = \frac{x\csc\beta}{\pi(x+1)} \text{ 和 } \frac{A_p}{A} = \frac{x}{\pi(x+1)} \tag{7.14}$$

绵羊的投影面积是由拍摄角度决定的(Clapperton 等,1965)，和与等同的水平柱体一样，其投影面积也是由拍摄视角决定的。当 $\theta=0$(端视图)和 $\beta=\pi/2$(平面图)，得到的结果是 $h=0.91$ m，$r=0.23$ m，$x=4.1$。

与太阳成直角时，圆柱模型对直接辐射的拦截的预估值要比实际低 20%，当 $\beta<60°$，但绵羊面对太阳时，对辐射拦截的预估值又高于实际值 10%~30%。利用式(7.13)而不仅从两个角度计算 h 和 r 可能会提高预测值和实际值的一致性，但对于任一方向的计算，利用所引用的参数进行计算的误差并不会很大。

图 7.7 显示了水平圆柱体的 A_h/A 与 β 之间 4 条关系曲线。当 $\beta>50°$ 时，形状因子与 θ 基本无关。这意味着当 $x=4$ 且 $\beta>50°$ 时，圆柱体拦截的辐

射与太阳方位角无关。但 $x < 4$ 时，$\beta < 30°$。然而，当太阳仰角很低时，图 7.7 显示了当一个柱体垂直于太阳光束（$\theta = 90°$）时，所拦截的太阳辐射是柱体平行于太阳光束（$\theta = 0°$）时所拦截的太阳辐射量的 2 倍。这也是为什么凉爽晴朗的早晨食草动物垂直于太阳的光束站立以获得最大的益处。

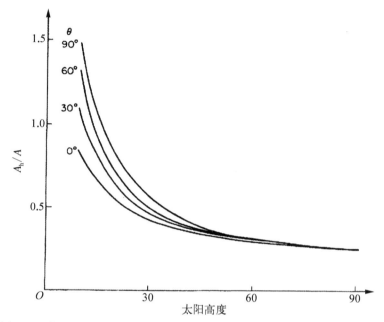

图 7.7　当 $x = 4$ 时，在不同的太阳方位角和仰角下，水平柱体的 A_h/A 值

（5）锥体

圆锥体对辐射的拦截是十分有趣的，其与在一棵树上的叶子（图 7.8）或一种作物的叶子的朝向有关。

图 7.9 锥体的一个单位长度的斜边与底面的夹角为 α，因此垂直高度为 $\sin\alpha$，底面积为 $\pi\cos^2\alpha$。对于以 $\beta > \alpha$（未示出）的角度入射的直接辐射，壁面被完全照射，并且由整个圆锥投射在水平表面上的阴影仅仅是锥底面的阴影区域，此时 $A_h = \pi\cos2\alpha$。由于壁面的面积是 $A = \pi\cos\alpha \times 1$，其形状因子 $A_h/A = \cos\alpha$。当 $\beta < \alpha$ 时，阴影具有更复杂的形式，如图 7.9 所示。壁面现在部分在阴影中：在底部，CDB 被照亮，BEC 不被照亮，阴影可以通过投影在 B 和 C 处的切线在 A 处相交来描绘。阴影中锥体的部分现在可以由角度

图 7.8　一棵圆锥形状的桧树，其阴影与图 7.9 的下半部分相似。因此，该树截获的直射太阳辐射的数量可以用式（7.15）计算

$AOB = AOC = \theta_0$ 描述。现在 $OB = \cos\alpha$，AO 是圆锥轴的水平投影，即 $\sin\alpha$ $\cot\beta$，而 ABO 是直角，$AB = \sin\alpha \cot\beta \sin\theta_0$。$\theta_0$ 的余弦是 $OB/AO = \cos\alpha/(\sin\alpha \cot\beta)$。因此，影子的面积是

$$
\begin{aligned}
ABDC &= EBDC + 2ABO - CEBO \\
&= 圆 + 2\,三角形 - 扇形 \\
&= \pi\cos^2\alpha + \cos\alpha\sin\alpha\cot\beta\sin\theta_0 - \theta_0\cos^2\alpha \\
&= \cos\alpha[(\pi - \theta_0)\cos\alpha + \sin\alpha\cot\beta\sin\theta_0]
\end{aligned}
$$

锥的表面积 $A = \pi\cos\alpha(1 + \cos\alpha)$，其形状系数

$$
\frac{A_h}{A} = \frac{(\pi - \theta_0)\cos\alpha + \sin\alpha\cot\beta\sin\theta_0}{\pi(1 + \cos\alpha)} \tag{7.15}
$$

其中 $\theta_0 = \cos^{-1}(\tan\beta\cot\alpha)$。

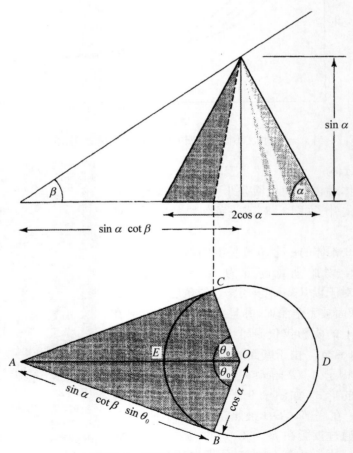

图 7.9　锥体在水平面上的投射

（6）斜面

图 7.10 显示了一个正方体平面的投影，正方形斜面与平面形成一个角 α，投射到水平面 XY，太阳仰角为 β，太阳光束射在 AB 边。

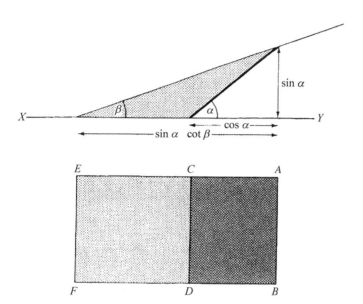

图 7.10　正方体平面的投影形状（$ABCD$），当边 AC 和 BD 平行于太阳光束时，投影在水平面上

影子 $CEFD$ 的宽度 $EF = AB = 1$，所以 $A_{\mathrm{h}} = (BF - BD) \times 1$ 或 $\sin\alpha \cot\beta - \cos\alpha$。

如果仰角为 θ（图 7.11），阴影会变为 $CE'F'D$，而 $AE' = AE = \sin\alpha \cot\beta$。影子变成平行四边形且面积为 $CG \times CD$，$A_{\mathrm{h}} = [(AE'\cos\theta) - AC] \times 1$ 或 $\sin\alpha \cot\beta \cos\theta - \cos\alpha$。

当 $\beta > \alpha$，面积为 $\cos\alpha - \sin\alpha \cot\beta \cos\theta$ 时，无论 α 和 β 为何值，阴影面积都是 $|\cos\alpha - \sin\alpha \cot\beta \cos\theta|$。因为任何平面都可以被细分成大量的小单元格，平面的形状因子为

$$\frac{A_{\mathrm{h}}}{A} = |\cos\alpha - \sin\alpha \cot\beta \cos\theta| \tag{7.16}$$

这个函数可以用来估计山坡、太阳能板或房屋墙壁的直接辐射。α 取决于系统的几何结构，β 取决于太阳能角，θ 取决于几何形状和太阳的位置。相关的计算和测量可以在一些文献中找到（如 Duffie、Beckman，2013）。图 7.12 的例子强调了太阳直射光束在不同侧面斜坡上日照幅度的较大差异。春分时，图 7.12 表明，在纬度 45°N，朝北斜面，其坡度超过 45°，不会受到太阳

的直接辐射。这是因为太阳的最大高度角在这一位置的这一天是 45°。相比
之下，朝北斜面，其坡度超过 45°时，能最大程度上拦截太阳的直接辐射。不同
斜面的辐射拦截是微气候和植物反应差异的原因。

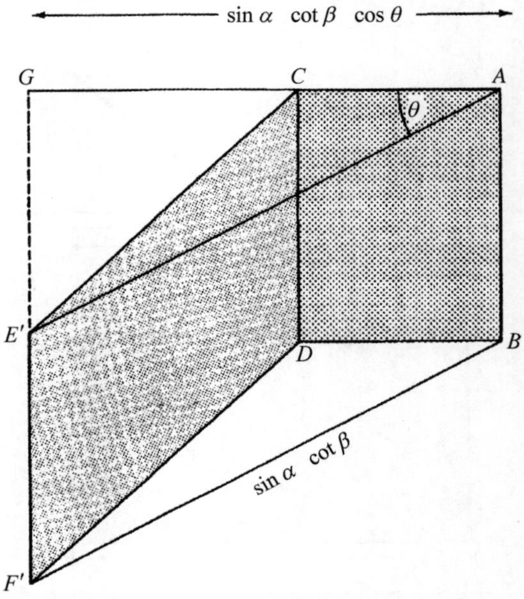

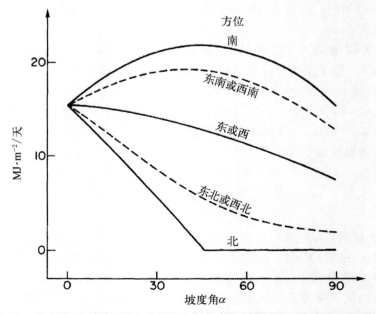

图 7.11   一个矩形在水平面上的投影，平面与太阳光束形成的夹角为 θ

图 7.12   春分时，在纬度 45°N 受到的太阳的直接辐射（Garnier、Ohmura，1968）

7.1.2　漫射辐射

除了直接辐射外，自然物体也处在四种不同方向性质的漫射辐射流中。

（1）短波漫射辐射：这种通量的分布取决于太阳的高度角和方位角，以及云层的覆盖程度。

（2）长波漫射辐射：当天空无云时，太阳从初升到正当头，大气辐射的强度下降了 $20\%\sim30\%$，如式（5.23）。然而，在阴云密布的天空下，在所有的方向上，通量几乎都是均匀的。

（3）反射的太阳辐射：从基础表面反射得到的辐射量取决于反射系数，而通量分布由表面结构决定。自然植被和农业作物通常是由垂直的单元组成的，它们相互遮挡，更多的辐射反射来自阳光照射的区域，而不是阴影区域。

（4）由下表面发射的长波辐射：就像漫射辐射的反射分量一样，这种通量的空间分布取决于太阳光线（相对温暖）和阴影（相对较冷）区域的分布。

四种漫射成分的不同角度变化很难进行分析，但为了建立叶片或动物的辐射平衡，角度的变化常常被忽略。下面的处理涉及各向同性辐射的拦截，即扩散通量的强度与角度无关。关于长波辐射的附加公式是由 Unsworth（1975）提出的，用于斜坡和常规固体，而 Johnson、Watson（1985）提出的理论适用于研究复杂形状的物体。

形状因素

（1）斜面的表面

在光谱的短波和长波区域中，面朝上的水平平面受到 $\mathbf{S}_d$ 和 $\mathbf{L}_d$ 的漫射通量。在水平向下的平面上对应的通量为 $\rho\mathbf{S}_t$ 和 $\mathbf{L}_u$。

当斜面与水平面的夹角为 α，它的两面都会受到 4 种辐射。为了估计这些来源的辐照度与 α 的关系，大气和地面可以看成由两个半球 AOC 和 $AO'C$ 组成（图 7.13）。

平面为 $DEBF$，与水平面 $ABCD$ 成 α 角。由 $DCBE$ 表示的天空扇形区域，其辐照度可以通过将该扇形区域分成无数小的单元 $\mathrm{d}A$，然后积分 $\mathrm{d}A$ 和每个单元与法线之间的角度余弦的乘积来计算表面。这个过程可以通过 4.2.3 节描述的形式来简化，即扇区 $DCBE$ 被投影到平面上。

该投影的区域是半圆 $DEBX$ 加上半椭圆 $DC'BX$，即假设半球单位半径为 $[\pi/2+(\pi\cos\alpha)/2]$。如果 $\mathbf{N}$ 是半球上的单元发出的（均匀）辐射，扇区的辐照度将为 $[(\pi/2)(1+\cos\alpha)\mathbf{N}]$。对于水平面，$\alpha=0$，辐照度为 $\pi\mathbf{N}$ [式（4.8）]。因此，角度 α 的表面的辐照度与水平面的辐照度之比为 $(1+\cos\alpha)/2=\cos^2(\alpha/2)$。对于倾斜平面，漫射辐射的因子 $(1+\cos\alpha)/2$ 等于直接辐射导致的因子 A_h/A。

如果平面叶片或其他平面以一定角度 α 暴露在地面以上，则两个表面将从天空和地面接收短波和长波辐射。当四个辐射通量是各向同性时，它们可

107

以写为

	短波	长波
上表面	$\cos^2(\alpha/2)\mathbf{S}_d + \sin^2(\alpha/2)\rho\mathbf{S}_t,$	$\cos^2(\alpha/2)\mathbf{L}_d + \sin^2(\alpha/2)\mathbf{L}_u$
下表面	$\sin^2(\alpha/2)\mathbf{S}_d + \cos^2(\alpha/2)\rho\mathbf{S}_t,$	$\sin^2(\alpha/2)\mathbf{L}_d + \cos^2(\alpha/2)\mathbf{L}_u$

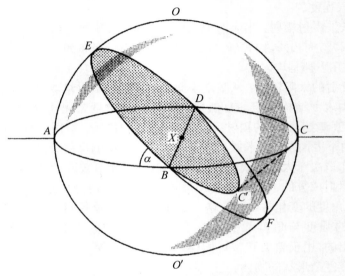

图 7.13 计算球体中心 X 的散射辐照度点图

所有 8 个部分的总量为 $(\mathbf{S}_d+\rho\mathbf{S}_t+\mathbf{L}_d+\mathbf{L}_u)$。注意,这里计算的是叶片两边的辐照度,即平面面积的两倍。使辐射的上升通量近似于各向同性的条件是平面距离地面的高度远大于其自身的尺寸,使其阴影可以忽略。

通过对直接辐射和漫射辐射分量的计算,可以计算得到不同坡度和方位的平面的太阳辐射总辐射。图 7.14 的曲线是由 Kondratyev 和 Manolova (1960)绘制的。他们发现为描述坡度超过 30°的辐照度变化有必要先了解天

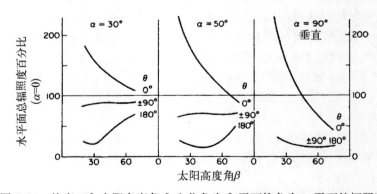

图 7.14 纬度 45°,太阳高度角 β,方位角为 θ,平面仰角为 α,平面的辐照度 (直接和散射辐射),摘自 Kondratyev、Manolova (1960)

空中辐射的分布。然而,他们还发现,通过假设漫射通量是各向同性的,可以准确地计算坡度上的辐射总量,使得日照是(1)每小时斜面上的直接辐射;(2)来自天空的漫射通量,$\cos^2(\alpha/2)\mathbf{S}_d$;(3)来自周围地形的漫反射,$\sin^2(\alpha/2)\rho\mathbf{S}_t$ 的总和。

（2）锥体

底角为 α 的锥体的壁上的漫射辐照度等于水平仰角为 α 的上表面的辐照度。

（3）垂直柱体

对于垂直表面,$\cos\alpha=0$,所以接收短波辐射是 $(\mathbf{S}_d+\rho\mathbf{S}_t)/2$,而接收的长波辐射是 $(\mathbf{L}_d+\mathbf{L}_u)/2$。

（4）水平柱体

通过对因子 $(1+\cos\alpha)/2$ 和 $(1-\cos\alpha)/2$ 的积分可以得到水平圆柱体的上表面和下表面的辐照度分量。积分后因子的值为 $0.5+\pi^{-1}=0.82$,$0.5-\pi^{-1}=0.18$。由此可得:

109

	短波	长波
上半表面	$0.82\mathbf{S}_d+0.18\rho\mathbf{S}_t$,	$0.82\mathbf{L}_d+0.18\mathbf{L}_u$
下半表面	$0.18\mathbf{S}_d+0.82\rho\mathbf{S}_t$,	$0.18\mathbf{L}_d+0.82\mathbf{L}_u$

斜面坡度约为 $50°$,上表面和下表面相同,所有辐照可简化为 $(\mathbf{S}_d+\rho\mathbf{S}_t)+(\mathbf{L}_d+\mathbf{L}_u)$,这一理论可应用于任何平面。

7.2　习题

1. 绘制一个图形,表示扁圆球体的形状因子,垂直半轴与水平半轴 (a/b) 的比值为 0.5,随太阳高度角 β 而变化。

2. 将企鹅看作一个垂直圆柱体,其高/半径为 5,计算每单位体积面积的平均直射辐射通量 $\overline{\mathbf{S}}_b$,当太阳高度角为 $10°$ 时,正常入射的直接辐照度 $\mathbf{S}_p$ 为 $800\ \mathrm{W\cdot m^{-2}}$。

3. 阴天,在一块空旷的土壤上的一片叶子与水平面夹角为 $30°$。水平面上的入射辐射为 $\mathbf{S}_d=150\ \mathrm{W\cdot m^{-2}}$,$\mathbf{L}_d=290\ \mathrm{W\cdot m^{-2}}$。如果土壤反射系数为 0.15,发射率为 1.0,温度为 $15℃$,计算出叶片表面的短波和长波辐射(假设漫射辐射是各向同性的,并且叶片距离地面足够远,其阴影可被忽略)。

第 8 章
辐射的微气象学：植物冠层和动物皮毛的辐射拦截

第 7 章描述了固体物体和倾斜平面对直接辐射和漫射辐射的拦截。在本章中，它们也可适用于由植物和动物皮毛辐射拦截的计算。本章总结了辐射平衡和拦截原理的应用，并比较叶片、植物、动物和人类的净辐射。

8.1 植被对辐射的拦截

在处理被植被吸收的太阳辐射的过程中，首先讨论通过人造植被的辐射传递，所有植被的叶子都是"黑色的"，即它们吸收所有的太阳辐射。这就避免了反射和透射的复杂性，同时探索了叶片角分布的影响以及在这些人造植被中直接和漫射辐射的传递原理。第一部分还讨论了对叶片辐照度分布的计算，这对预测树冠蒸腾作用和光合作用非常重要。然后，将分析扩展到叶片具有较早前讨论的光谱特性，因此，在树冠层中传播的辐射包括散射的辐射流，以及通过叶片之间的间隙传递的辐射流。

8.1.1 黑色叶片

1. 直接辐射

可以应用辐射几何的原理来估计植物冠层中辐射能的分布。叶片的数量通常被定义为叶面积指数。对于平面叶片，L 被定义为单位土地面积上的叶面积占土地面积的倍数，只考虑每一片叶的一面。针叶树的针叶通常可以假定为圆柱形，因此可以很方便地将 L 定义为单位地面面积的总叶面积的一半（Chen 和 Black，1992）。为了避免最初的漫射和透射的影响，这些叶片被假定为黑色（接近于现实的可见光谱，见图 6.4）。我们来研究叶面积指数和叶角分布是如何影响叶子的辐射拦截的（最初是水平分布）。

假设一个薄的水平层的黑色叶片，暴露在直接的太阳辐射下，其叶面积指数 dL。dL 拦截能量速率是水平面上的叶片投影的阴影面积乘以水平面上的直接太阳辐照度 S_b。所需的阴影面积是由 (A_h/A) 的单位面积施加的阴影的 dL 倍。乘积 $(A_h/A)dL$ 是单位土地面积（阴影面积指数）的水平阴影面积，拦截的辐射现在可以表示为

$$dS_b = -(A_h/A)S_b dL$$

$$= -\mathscr{K}_S \mathbf{S}_b \mathrm{d}L \tag{8.1}$$

式中，$\mathscr{K}_S$ 为冠层衰减系数，其定义为

$$\mathscr{K}_S = A_h / A$$

式(8.1)意味着单位叶面积的平均辐照度为 $-\mathrm{d}\mathbf{S}_b / \mathrm{d}L = \mathscr{K}_S \mathbf{S}_b$。 如果 L 从冠层的顶部向下测量，则需要添加减号。这个方程的积分如下

$$
\begin{aligned}
& \int_{\mathbf{S}_b(0)}^{\mathbf{S}_b(L)} \frac{1}{\mathbf{S}_b} \mathrm{d}\mathbf{S}_b = -\mathscr{K}_S \int_0^L \mathrm{d}L \\
& \ln\mathbf{S}_b(L) - \ln\mathbf{S}_b(0) = -\mathscr{K}_S L \\
& \mathbf{S}_b(L) = \mathbf{S}_b(0) \exp(-\mathscr{K}_S L)
\end{aligned}
\tag{8.2}
$$

式中，$\mathbf{S}_b(L)$ 指从树冠顶部测量的叶面积指数下的水平平面上的直射太阳辐照，即直接太阳辐照度为 $\mathbf{S}_b(0)$。 这是比尔定律的一个特例。它也可以写成

$$\tau = \exp(-\mathscr{K}_S L) \tag{8.3}$$

其中比例 $\mathbf{S}_b(L)/\mathbf{S}_b(0)$ 是透射系数 τ（即在叶面积指数 L 以下的水平面上的相对太阳辐照度）。$\mathbf{S}_b(L)/\mathbf{S}_b(0)$ 的比例也是低于 L 的水平面上的日光下的分数面积。因此，L 和 $(L+\mathrm{d}L)$ 之间的阳光照射的面积为 $\{\mathbf{S}_b(L)/\mathbf{S}_b(0)\}\mathrm{d}L$，并且在阳光照射叶片的叶面积指数为 L_t 的总叶面积指数为

$$\int_0^{L_t} \{\mathbf{S}_b(L)/\mathbf{S}_b(0)\}\mathrm{d}L = \int_0^{L_t} \exp(-\mathscr{K}_S L)\mathrm{d}L = \mathscr{K}_S^{-1}[1 - \exp(-\mathscr{K}_S L_t)]$$

当 L_t 值很大时，$1/\mathscr{K}_S$ 值很有限。

对于水平叶片，其阴影面积就等于叶片面积，与太阳仰角无关，在这种特殊情况下 $\mathscr{K}_S = 1$。 如第 7 章所示，我们现在考虑如何通过从圆柱体、球体和锥体投射的阴影区域近似，可以推导出其他叶角分布的 $\mathscr{K}_S$ 值。

（1）垂直叶片的分布

如果冠层中的所有叶片均垂直悬挂，且朝向的角度是随机的，则可以像垂直圆柱体曲面上的垂直板条一样重新布置。该圆柱体可以沿着与太阳光线成直角的中心平面分开（图 8.1）。圆柱体的凸半部表示在一侧（例如上表面）上照射的叶片，而凹半部分表示在下表面上照亮的叶片。因此，$\mathscr{K}_S = A_h / A$ 的适当值是实体圆柱体的曲面所得的值的两倍，即 $\mathscr{K}_S = 2(\cot\beta)/\pi$。

（2）球面和椭球面分布

如果树冠的叶子是随机分布的，它们的角度和方位角度都是随机分布的，则它们可以被重新排列在球面上。在赤道平面上，将球体与太阳光线的平面层分开，就会产生两个半球，其上叶片可被照亮，类似于前面的例子。$\mathscr{K}_S$ 的适当值是球体的形状因子的两倍，即 $\mathscr{K}_S = 0.5\csc\beta$。

113

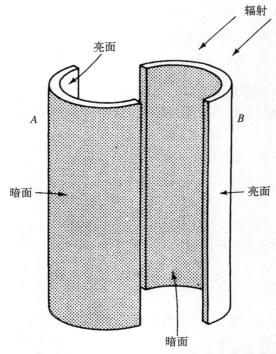

辐射

亮面

A

B

暗面

亮面

暗面

图 8.1　辐射在圆柱体的两个表面上的分布表示大量垂直叶片的辐照度

当叶片的分布是椭圆形时,则 $\mathcal{K}_S = 2A_h/A$,可以通过式(7.5)式(7.6)或式(7.8)得到。图 8.2 显示了扁平 $(a/b < 1)$ 或长 $(a/b > 1)$ 球体的值偏离球体 $a/b = 1$ 的程度。注意,当 $\beta \approx 30°$, $\mathcal{K}_S \approx 1$ 时,衰减系数和太阳仰角基本没有关系,即椭圆体表现得像水平面。Campbell(1986)证明椭圆形分布描述了许多植物物种的叶面结构,并且当太阳高度角为 β 时,他得出了 $\mathcal{K}_S$ 的一般表达式,即

$$\mathcal{K}_S(\beta) = \frac{(x^2 + \cot^2\beta)^{0.5}}{x + 1.774(x + 1.182)^{-0.733}} \tag{8.4}$$

式中,参数 x 是水平和垂直表面上的冠层元素的平均投影面积的比例。对于球形叶分布,$x = 1$;对于垂直分布 $x = 0$;并且,对于具有水平叶的冠层,x 趋近于无穷大,即 $\mathcal{K}_S = 1$。

(3) 锥形分布

对于高度角相同但方位角不同的叶片组合,可以重新排列在具有倾角 α 的锥体的弯曲表面上。对于太阳高度角为 β 时,暴露于太阳能束的锥体必须考虑两种情况。

① $\beta > \alpha$

所有叶片从上方被照射,即在其上(近轴)表面上。该锥体的整个曲面被

115

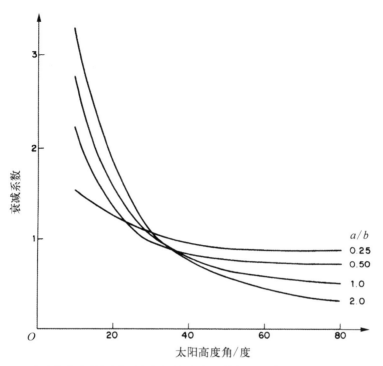

114

图 8.2 当叶角分布椭圆形时直角辐射衰减系数与太阳高度角之间的依赖关系，$\mathscr{K}_S = 2A$，$a/b = $ 垂直与水平半轴的比值（$a/b = 1$ 时为球面分布）

照亮

$$\mathscr{K}_S = \frac{A_h}{A} = \frac{\pi \cos^2 \alpha}{\pi \cos \alpha} = \cos \alpha$$

$\mathscr{K}_S$ 是不受太阳仰角的影响的。

② $\beta < \alpha$

一些叶片从下方被照射，即在其下（背面）表面上。根据用于球体和圆柱体的方法，锥体可分为两部分。已经计算了表示背面的凸部的相对阴影区域：$\cos \alpha [(\pi - \theta_0) \cos \alpha + \sin \alpha \cot \beta \sin \theta_0]$。 凹部（阴影表面）的阴影区域是图 7.9 中的区域 $ACEB$，即两个三角形的总和减去圆的扇区或 $\cos \alpha \{\sin \alpha \cot \beta \sin \theta_0\}$。 总阴影面积是这些表达式的总和，并且作为单独的曲面的 $A = \pi \cos \alpha$，

$$\mathscr{K}_S = \frac{A_h}{A} = \pi^{-1}(\pi - 2\theta_0) \cos \alpha + 2 \sin \alpha \cot \beta \sin \theta_0$$

其中

$$\theta_0 = \cos^{-1}(\tan\beta \cot\alpha)$$

类似的函数，$\mathscr{K}_S \csc\beta$，是与太阳光线正交的表面上的相对阴影区域，最初由 Reeve(1960)提出，并以 Anderson(1966)的形式作为 α 和 β 的函数呈现。表 8.1 总结了理想叶片分布的 $\mathscr{K}_S$ 值，并包括了从冠层实际辐射测量得到的 $\mathscr{K}$ 的测量值。

表 8.1　模型和实际冠层的衰减系数(Monteith，1969)

（a）理想叶分布	衰减系数 $\mathscr{K}_S$		
	太阳仰角 β		
	90	60	30
水平柱体	1.00	1.00	1.00
垂直柱体	0.00	0.37	1.10
球形	0.50	0.58	1.00
圆锥 $\alpha = 60$	0.50	0.50	0.58
$\alpha = 30$	0.87	0.87	0.87

（b）实际冠层	衰减系数
白三叶草	1.10
向日葵	0.97
法国豆	0.86
羽衣甘蓝	0.94
玉米	0.70
大麦	0.69
蚕豆	0.63
高粱	0.49
黑麦草	0.43
瑞士黑麦草	0.29
剑兰	0.20

2. 漫射辐射

漫射辐射通过冠层的传播与直接辐射的传播不同，因为漫射辐射来源于天空的每一个部分。可以通过将漫射通量作为在半球上集成的许多光束的总和来得到，用于直接辐射[式(8.3)]与 τ 相当的漫射辐射传播系数 τ_d。对于水平叶片，$\mathscr{K}_S$ 与太阳仰角无关，因此漫射反射和直接辐射系数相同。但是对于 $\mathscr{K}_S$ 取决于 β 的其他叶片分布，数值积分显示，τ_d 不会像直接辐射[式(8.3)]那样以 L 指数衰减。作为对计算的辅助，Campbell、van Evert(1994)通过使用一个随 L 变化的漫射辐射衰减系数 $\mathscr{K}_d$ 用指数方程拟合 τ_d 与 L 相关的数据。图 8.3 表示叶片角度分布的几个值的结果。这个假设均匀阴天(UOS)的图可以用来比较漫射辐射和直接辐射的传播。例如，具有球形叶片分布且 $L=3$ 的冠层将具有约 0.12 的漫射辐射传播系数。为了比较，如果太阳高度角 β 约为 45°，则相同冠层的直接辐射的分步传播系数将为 0.12。

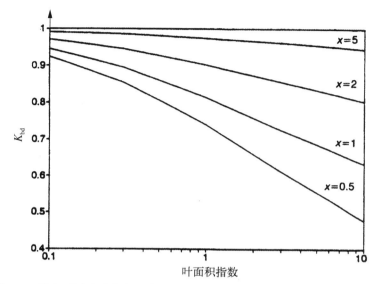

图 8.3　具有不同叶片角度分布的冠层中均匀阴天的漫射辐射的表观衰减系数（x 是垂直和水平表面上叶的平均投影面积的比例，当 $x=1$ 时为球面叶角分布，当 $x=0$ 时为垂直分布，$x=\infty$ 表示水平分布）（Campbell、van Evert，1994）

8.1.2　叶面辐照度

与已考虑的水平面的辐照度不同，为了估计冠层叶片蒸腾和光合作用的速率，还必须计算各叶面的辐照度。如果 $\mathbf{S}_b(L)$ 是低于面积指数 L 的水平辐照度的直接分量，则通过式（8.1），在该深度处的叶子的平均辐照度为 $\mathscr{K}_S \mathbf{S}_b(L)$。平均辐照度也可以通过考虑分布在 $1/\mathscr{K}_S$ [m^2（叶片）/m^2（场面积）] 的日照叶面积指数上的 $\mathbf{S}_b$ [W/m^2（场面积）] 的辐照度来得到平均辐照度 $\mathscr{K}_S \mathbf{S}_b$ [W/m^2（叶面积）]。在特殊情况下，当所有叶片面向相同的方向时，辐照度 $\mathscr{K}_S \mathbf{S}_b(L)$ 将是均匀的，但是通常一些叶片会暴露于更强或更弱的直接辐射通量。在极端情况下，平行于太阳光的叶片（$\alpha=\beta$）不会受到直接辐射，而垂直于太阳光的叶片（$\alpha=\beta+\pi/2$）受到的直接辐射为 $\mathbf{S}_b \csc\beta$。

与直接辐射相反，漫射辐射在叶面积指数 L 以下的分布是相对均匀的，对辐射的拦截可被视为与叶片方向没有关系。因此，依据图 8.3 所估计的结果，在叶面积指数 L 之下的叶片的漫射辐照度与在冠层中相同深度处的水平表面上的漫射辐照度相同。

在精确估算叶片温度时，应将太阳辐射在叶片表面上的分布纳入考虑，这

117

对于与辐射不成比例关系的过程来说是不可忽视的。例如,二氧化碳叶片同化率通常在低辐照度下随着辐照度的增加而线性增加,但在高辐照度下达到渐近线,形成双曲线光响应。可以通过估算每层的日照和阴影叶面积来计算冠层同化,计算每种类型的平均叶片辐照度的同化率,并根据阳光和阴影叶面积的分数进行求和(Norman,1992)。这样的计算可以用于表明漫射辐射在光合作用中比相同辐照度的直接辐射效率更高,这是因为在漫射辐射下冠层中的更多叶片面积暴露于较低的辐照度,而此时的光合作用速率是不饱和的,这表明云层和气溶胶对植物的产量有直接促进作用(Roderick 等,2001;Farquhar、Roderick,2003),并且漫射辐射的增强作用也被假设为是当火山爆发产生大量尘埃使漫射辐射与总辐射之比升高时大气中的二氧化碳明显地被植物吸收这一现象的部分原因(Guet 等,2003)。

在实践中,$\mathscr{K}$ 的值通常通过使用管式太阳能计[具有扩展的线性感测表面的辐射计(Szeicz 等,1964)]、单个辐射计的阵列(以提供空间采样)来测量冠层中的辐射的衰减来确定,或是使用安装在可于冠层中轨道上移动的托架上的半球形辐射计(Blanken 等,1997)。所有这些类型的仪器都接收来自全半球的太阳总辐射。虽然以这种方式得到的 $\mathscr{K}$ 的估值与这里得出的结果并不完全相同,但是它们覆盖了相同的范围,即三叶草和向日葵的主要水平叶子 $\mathscr{K}$ 约为1,对于主要为垂直叶的剑兰,$\mathscr{K}$ 约为 0.2(参见表 8.1)。

(1) 叶面积指数的上限

当植物在顶部长出新的叶子时,较老的叶片逐渐变暗,并且在许多植物种类中,当它们的辐照度下降到充分光照的百分之几时,它们就会死亡。当繁殖和死亡平衡时,叶面积指数上限为 L'。取 5% 的辐射传播为叶片死亡的最高水平,则 L' 和 $\mathscr{K}$ 的关系可以表示为:

$$0.05 = \exp(-\mathscr{K}L')$$

因此,$L' = -\dfrac{\ln(0.05)}{\mathscr{K}} = 3\mathscr{K}$

这个粗略的计算与实际经验值是一致的,水平叶片的冠层的最大叶面积指数通常为 3~5,而对于具有垂直叶习性的谷物(Monteith、Elston,1983)和成熟针叶林(Thomas、Winner,2000),最大叶面积指数高达 10。

(2) 估算叶面积指数的间接方法

本节前面所述的方程为估算叶面积指数和叶片角度分布的间接光学方法提供了基础,用于测量这些参数的直接方法通常是枯燥的且具有破坏性的。Campbell、Norman(1989)综述了直接和间接的方法,Welles(1990)综述了间接测量仪器。除此之外,一种广泛应用的方法是间隙分析法,其使用关于冠层间隙分布的信息,来源于使用从地面或从顶部俯视观察的鱼眼镜头拍摄的半球照片(Bonhomme、Chartier,1972;Fuchs、Stanhill,1980;Rich 等,1993),

或者是在太阳斑点的植物冠层中水平横断面的分数长度的测量。通过测量几个太阳方位角的间隙分数，方程的反演使得可以使用数值方法来估算 L 的值和叶片角度分布（Campbell、Norman，1989；Chen 等，1997）。

　　到目前为止描述的间接方法是假设叶子均匀分布在空间中。这通常适用于农作物和一些阔叶林的封闭冠层，但对于行栽作物，针叶林和稀少的自然植被并不适用。在针叶林中，叶片可通过部位分类为：嫩枝、枝干、轮生体和树冠。分支和茎也会显著减弱辐射，并且可以通过木材表面积指数 W 来进行描述，即单位地面面积的总木材表面积的一半。由于聚集和重叠，针叶林中的间隙分数测量的"有效"叶面积指数 L_e 通常比叶子的真实叶面积指数 L 小。L 和 L_e 之间的关系可以写成

$$L + W = \frac{L_e \gamma_e}{\Omega_e} \tag{8.5}$$

式中，Ω_e 为枝条的聚集指数，使辐射衰减的基本叶片单位，γ_e 是针叶面积与枝条面积的比例。Chen 等（1997）使用式（8.5）来估算 L，其中 Ω_e 为 $0.70 \sim 0.95$，而 γ_e 为 $1.0 \sim 1.5$。针叶林的 L/L_e 值通常为 1.5 左右，落叶白杨为 1.0 左右。Law 等（2001）对混合年龄段的开放松树林的叶面积指数进行了直接和间接计算。发现 L_e 为 1.3，γ_e 为 1.25，Ω_e 为 0.81，$L + W = 2.00$。他们估计 W 约为 0.3，所以叶面积指数 L 约为 1.7，比有效值高约 30%。

8.1.3　叶片的光谱特性

1. 理论和预测

　　虽然对黑叶的辐射传输的分析有助于揭示潜在的原理，但在实际中叶片是以不同比例反射、传输和吸收光谱上短波和长波的辐射，这实际改变了冠层中辐射的衰减程度。除了从太阳发出的特定的辐射，以及来自大气和云的漫射辐射外，非黑叶也暴露在另外两束漫射辐射下，因为通过树叶本身散射和透射的辐射既向上又向下运动。因为一般来说，$\mathscr{K}$ 与辐射的几何形状有关，而对于树叶的结构，$\mathscr{K}$ 的值通常与漫射通量值不同。处理这种复杂情况的方程式的方法是由天体物理学理论（Ross，1981）提出的。本文提出了一种简化的处理方法，即忽略通量不同、$\mathscr{K}$ 值不同。

　　假设 Kubelka - Munk 方程对于足够高的叶子的冠层是有效的，因为前向波束被减小到几乎为零，并且对于在可见光中暴露于辐射的叶子，给定 $\rho = \tau = 0.1$，叶片吸收系数为 $\alpha_p = 1 - \tau - \rho = 0.8$。

　　然后，根据式（4.15），假设在所有方向均匀散射，深度冠层的反射系数为

$$\rho_c^* = \frac{1 - \alpha_p^{0.5}}{1 + \alpha_p^{0.5}} = 0.06 \tag{8.6}$$

红外光谱的相应代表性数字为 $\rho = \tau = 0.4$，$\rho_c^* = 0.38$。由于表面的太阳辐射中的一部分，约 0.5，位于可见光谱，而另一部分位于红外光谱，因此，整个太阳光谱的 ρ_c^* 的近似值为

$$\rho_c^* = (0.06 \times 0.5) + (0.38 \times 0.5) = 0.22$$

注意，深冠层中的多次散射导致冠层反射系数小于单个叶片[其中 $\rho \approx (0.1 \times 0.5) + (0.4 \times 0.5) = 0.25$]的冠层反射系数。

在较不密集的冠层内，一些辐射会到达土壤表面。如果冠层辐射的辐射分数为 τ_c，冠层反射系数为 ρ_c，当 ρ_s 为土壤反射系数时，冠层下方的辐射向上通量为 $\tau_c \rho_s$。因此，冠层吸收的入射辐射的分数将是

$$\begin{aligned}
\alpha_c &= 1 + \tau_c \rho_s - \tau_c - \rho_c \\
&= 1 - \rho_c - \tau_c(1 - \rho_s)
\end{aligned} \tag{8.7}$$

α_c，ρ_c 和 τ_c 可以从 Kubelka - Munk 方程导出，方程与 3 个变量有关[源于式(4.16)]：① 叶片对应的系数；② 叶面积指数；③ 冠层衰减系数，即

$$\mathscr{K} = \alpha^{0.5} \mathscr{K}_b \tag{8.8}$$

式中，$\mathscr{K}_b$ 为具有相同冠层几何形状的黑色叶子（$\alpha = 1$）的系数。

严格地说，该理论只能应用于具有水平叶片的冠层，$\mathscr{K}_b = 1$。这确保所有叶片的拦截区域与入射辐射方向无关，因此 $\mathscr{K}$ 的单个值对于所有散射光是有效的。然而，Goudriaan(1977)证明了式(8.6)和式(8.7)可用于描述冠层辐射的行为，其中太阳高度角 β 大于大多数叶子的仰角，使得叶片组合的影子区域与 β 无关。该类型包括具有 $\beta > 25°$ 的叶片的球形分布的冠层。它还包括由球形叶分布传播的阴天的辐射，类似于所有的辐射都是从大约 45° 的角度发射出来的。对于这些受限类别的叶片，被插入到式(8.8)的 $\mathscr{K}_b$ 由组分 $\mathscr{K}_s$ 的相对阴影面积给出，如前所述。

式(4.13)和式(4.14)描述了冠层中向下和向上的辐射流将其组合后，可得反射系数如下

$$\rho_c = \frac{\rho_c^* + f \exp(-2\mathscr{K}L)}{1 + \rho_c^* f \exp(-2\mathscr{K}L)} \tag{8.9}$$

传输系数如下

$$\tau_c = \frac{[(\rho_c^{*2} - 1)/(\rho_s \rho_c^* - 1)] \exp(-\mathscr{K}L)}{1 \rho_c^* f \exp(-2\mathscr{K}L)} \tag{8.10}$$

其中 $f = (\rho_c^* - \rho_s)/(\rho_s \rho_c^* - 1)$

忽略二阶项 ρ_c^{*2} 和 $\rho_s \rho_c^*$，并给出系数的近似值

$$\rho_c = \rho_c^* - (\rho_c^* - \rho_s) \exp(-2\mathscr{K}L) \tag{8.11}$$

和

$$\tau_c = \exp(-\mathcal{K}L) \tag{8.12}$$

其中，当 L 较大时，ρ_c^* 为 ρ_c 的极限；当 L 较小时，ρ_s 为 ρ_c 的极限。将式 (8.11) 和式 (8.12) 应用于式 (8.7) 中，冠层辐射为

$$\alpha_c \approx 1 - [\rho_c^* - (\rho_c^* - \rho_s)\exp(-2\mathcal{K}L)] - (1-\rho_s)\exp(-\mathcal{K}L) \tag{8.13}$$

当 ρ_c^* 小且/或 $\mathcal{K}L$ 大时，$(\rho_c^* - \rho_s)\exp(-2\mathcal{K}L)$ 远小于 $(1-\rho_s)\exp(-\mathcal{K}L)$。因此，冠层吸收可以减少到

$$\alpha_c \approx 1 - \rho_c^* - (1-\rho_s)\tau_c$$
$$\approx (1-\rho_c^*)(1-\tau_c) - \tau_c(\rho_c^* - \rho_s) \tag{8.14}$$

现在将考虑这些关系的一些实际影响。

2. 吸收和拦截辐射

在田野中，作物拦截的辐射可以方便地通过安装仪器，如顶棚和下面的管式太阳辐射计（Szeicz 等，1964）来确定。大多数常用的管式太阳辐射计通过太阳光谱均匀地对辐射进行反应。由较低的太阳辐射计记录的入射通量密度的分数为 τ_c，截取的分数仅为 $1-\tau_c$。在森林冠层中，相对较短的管式太阳辐射计不能充分采样计算平均辐照度，则采用轨道或缆绳上的辐射计用于测量 τ_c（Blanken 等，1997）。

根据经验来说，在叶面积指数上升期间，冠层拦截的太阳总辐射量通常与干物质的产量密切相关（Russell 等，1989）。从这个观察来看，基于辐射拦截和碳分配的作物或森林生长模式被广泛使用（如 Landsberg、Waring，1997）。然而，理论上，增长率应取决于辐射的吸收分数。在所使用的近似值具有有效性，且 $\tau_c(\rho_s - \rho_c^*)$ 的值很小的前提下，式 (8.14) 也说明了 α_c 是 $(1-\tau_c)$ 的近常数分数，这个分数为 $1-\rho_c^*$，例如用之前得到的值可得可见光的分数为 0.94，太阳总辐射分数为 0.77。

进一步从拦截的总辐射中获得吸收的 PAR。由式 (8.8) 和式 (8.12) 得

$$\tau_c \approx \exp(-\alpha^{0.5}\mathcal{K}_b L) \tag{8.15}$$

因此，可以利用总辐射 τ_{cT} 的传输估算 PAR，τ_{cP} 的传输为

$$\tau_{cP} \approx \exp(-\alpha_P^{0.5}\mathcal{K}_b L) \equiv \exp(-\alpha_T^{0.5}\mathcal{K}_b L)\frac{\exp(-\alpha_P^{0.5}\mathcal{K}_b L)}{\exp(-\alpha_T^{0.5}\mathcal{K}_b L)}$$
$$= \tau_{cT}\exp[(\alpha_T^{0.5} - \alpha_P^{0.5})\mathcal{K}_b L] \tag{8.16}$$

如果 $\alpha_T = 0.4$，$\alpha_p = 0.8$，式 (8.16) 变为

$$\tau_{cP} = \tau_{cT}\exp(-0.26\mathcal{K}_b L)$$

122

吸收的 PAR 的分数通过式(8.14)可得

$$\alpha_{cP} = 0.94[1 - \tau_{cT}\exp(-0.26\mathscr{K}_b L)] \tag{8.17}$$

假设 $\rho_{cP}^* = 0.06$，忽略小项 $\tau_{cP}(\rho_{cP}^* - \rho_{sP})$。最终，可由系数 $4.6\,\mu\text{mol/J}$ 将能量的部分吸收(PAR)转化为吸收量子的等效分数。图 8.4 显示了从式(8.17)与拦截的总辐射 $(1-\tau_c)$ 有关，详见式(8.12)。该图表明，相同叶面积指数下，吸收的 PAR 的增加可以利用总辐射的增加来描述，如式(8.17)所示。

式(8.12)也可写为

$$\tau_{cT} = \exp(-\mathscr{K}'L)$$

通过衰减系数 $\mathscr{K}' = \alpha_T^{0.5}\mathscr{K}_b$ 绘制 τ_{cT}-L，斜率为 $-\mathscr{K}'$。

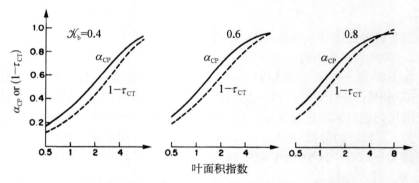

图 8.4 在三种不同黑叶衰减系数 $\mathscr{K}_b$ 下，可见光辐射的部分吸收(PAR) α_{cP} (实线)及总辐射的部分拦截 $(1-\tau_{cT})$ (虚线)随叶面积指数变化的曲线[假设 $\rho_p = \tau_p = 0.05$，且已知 $(\alpha_p/\alpha_T)^{0.5} = 1.34$]

在式(8.8)中，PAR 和总辐射 $\mathscr{K}_P/\mathscr{K}_T$ 的衰减系数比为 $(\alpha_p/\alpha_T)^{0.5}$，这是一个保守值，因为由叶吸收的总辐射的分数主要由在 PAR 波段吸收的颜色决定。为了证明这一点，假设在 PAR 波段 $\rho_p = \tau_p = 0.05$，使得 $\alpha_p = 0.9$，太阳红外波段的吸收率为 0.1，并且太阳光谱在两个波段中包含相等的能量。总辐射吸收率为 $\alpha_T = (0.9+0.1)/2 = 0.5$，$\mathscr{K}_P/\mathscr{K}_T = (0.9/0.5)^{0.5} = 1.34$。任意将 ρ_p 和 τ_p 加倍至 0.1 使 $\alpha_p = 0.8$，$\alpha_T = 0.45$，$\mathscr{K}_P/\mathscr{K}_T = (0.8/0.45)^{0.5} = 1.33$，证实该比值是一个保守值。Green(1987)在小麦生长过程中使用氮素导致叶绿素(吸收 PAR 的色系)明显增加，从而发现在可见光谱(在 PAR 中也相同)中的量子的 $\mathscr{K}$ 与总辐射量的比例为 1.34。

123

8.1.4 日吸收辐射总和

为了将吸收的辐射与植物的产出联系起来，必须确定或模拟出冠层在几天或几周时间内吸收辐射的比例。辐射模型需要从日出到日落期间的直接辐射和漫射辐射的总和。Fuchs 等(1976)为日辐射的总图提出了一个更简单的解决办法。他们提出，在一整天的时间里，平均部分拦截的太阳辐射（直接加上漫射）可以近似于部分拦截的漫射辐射，因为太阳在一天中的运动轨迹是一个完整的弧（即，他们把总辐射当作是一整天的漫射辐射）。使用这种方法可以轻易地估算出每天的部分拦截为 $(1-\tau_c)$，在计算 τ_c 时，用 $\mathcal{K}_d$ 代替式 (8.15) 中的 $\mathcal{K}_b$。Campbell 和 Evert(1994) 表明，这个近似很好地与相对复杂模型进行的日辐射拦截计算达成了一致。

8.1.5 遥感

由于叶片所反射的辐射光谱有着与所有类型土壤反射的光谱不同的形状，因此，植被的土壤覆盖范围可以根据飞机或卫星记录的该区域的反射光谱来估计。然而，如果植被的表面不是均匀的，解释起来就会非常困难。大部分光谱信息的获得都是以 700 nm 左右的范围进行，低于 700 nm 的光将几乎被叶片完全吸收，而高于 700 nm 则几乎都会被叶片散射。原则上，可以从近红外 (700~900 nm) 的反射率中获得一个覆盖的估计值，但在实际操作中，经常难以测量入射通量和同时发生的反射通量，并且如果入射通量是随时间发生变化的，那么误差是不可避免的。通常通过测量近红外线反射中的辐射绝对量比例 x_1 和在可见光谱的某些部分来克服上述困难，尤其是红色光谱。如果测量值高于已知大气的辐射行为，可以通过记录或计算从标准白表面反射的光谱来获得入射辐射光谱（比任何波长的绝对通量变化都要慢得多）的对应比例 x_2。则红外和红色反射率的需求比为

$$\frac{\rho_i}{\rho_r} = \frac{\text{反射 IR} / \text{入射 IR}}{\text{反射 IR} / \text{入射 IR}}$$
$$= \frac{\text{反射 IR} / \text{反射 IR}}{\text{入射 IR} / \text{入射 IR}} = \frac{x_1}{x_2} \tag{8.18}$$

许多工作人员将"归一化的差异植被指数"（NDVI）定义为

$$\frac{\rho_i - \rho_r}{\rho_i + \rho_r} = \frac{x_1 - x_2}{x_1 + x_2} \tag{8.19}$$

部分地表覆盖和这个量之间的相关性与简单比例 x_1/x_2 之间的相关性相比并无二致，但是这一比例的值为 -1 和 $+1$，这使得计算便于处理。

使用这两种类型的指数来估计均匀地表覆盖的主要问题是（1）由于衰老、营养不良或疾病而改变叶片的光谱特性 (Steven 等，1983)；（2）由于大气散射，地面和探测器之间的反射辐射光谱发生了变化 (Steven 等，1984)。尽管如此，Tucker 等 (1985) 通过分析 NDVI 的卫星观测数据和整合他们建立了总拦截辐射的季节性指标，能够在整个非洲大陆上逐月获得合理的地表覆盖，从而得到生物质的产量。Zhou 等 (2001) 分析了 1981—1999 年北半球 NDVI 的

变化。在欧亚大陆的 $40°\sim70°$N 地区，大部分森林地区在生长季节期间的 NDVI 都表现出了持续的增长。在 20 年的时间里，欧亚大陆 NDVI 增加了 12%，北美增长了 8%，笔者认为这预示着全球气候变化对自然植被的生长时间和生长效率的影响。接下来将介绍这些事实背后的原理。

在下面 Asrar 等（1984）的例子中，只使用了已经推导出的近似方程，可以在树冠 ρ_i/ρ_r 观测值和它所传输或吸收的 PAR 比例之间建立一种关系。首先，衰减系数可以写作

$$K_j = \alpha_j^{0.5}\mathcal{K}_b \tag{8.20}$$

式中 j 写作 P，r 或 i 时，则表示 PAR、红色或近红外辐射的波段。

依据式（8.11）和式（8.12），下标使用相同的命名规则，并使用下标 c 表示树冠和 s 表示土壤，得出

$$\rho_i = \rho_{ci}^* - (\rho_{ci}^* - \rho_{si})\exp(-2\mathcal{K}_i L) \equiv \rho_{ci}^* - (\rho_{ci}^* - \rho_{si})\exp\left[-\mathcal{K}_P L\left(\frac{2\mathcal{K}_i}{\mathcal{K}_P}\right)\right]$$

$$= \rho_{ci}^* - (\rho_{ci}^* - \rho_{si})\tau_P^{\frac{2\mathcal{K}_i}{\mathcal{K}_P}}$$

同样的方程也可以写成 ρ_r 的形式。因此，

$$\frac{\rho_i}{\rho_r} = \frac{\rho_{ci}^* - (\rho_{ci}^* - \rho_{si})\tau_P^{\frac{2\mathcal{K}_i}{\mathcal{K}_P}}}{\rho_{cr}^* - (\rho_{cr}^* - \rho_{sr})\tau_P^{\frac{2\mathcal{K}_i}{\mathcal{K}_P}}} \tag{8.21}$$

因为它涉及不同波长的系数比例，因此，在近似的范围内，ρ_i/ρ_r 应该是 τ_p 的唯一函数，与 $\mathcal{K}$ 和叶体系结构无关。这个函数也与土壤的反射特性和 ρ_{si} 有关，以及 α_i、α_r 和 α_p 的值决定了 τ_p 的指数［因为 $\mathcal{K}_i/\mathcal{K}_P = (\alpha_i/\alpha_P)^{0.5}$ 等］。当分母的第二项与第一项相比较小时，ρ_i/ρ_r 是 $(2\mathcal{K}_i/\mathcal{K}_P)$ 的函数。对于特殊情况，$\alpha_i/\alpha_r = 1/4$（例如，$\alpha_i = 0.2$，$\alpha_r = 0.8$）和 ρ_i/ρ_r 是 τ_p 的线性函数。图 8.5 表示了该函数呈线性相关的程度，因为得出此结果的近似值并不是在 τ_p 的整个范围都是有效的。

因此，简单的光谱比例 ρ_i/ρ_r 是一个有效的并且十分有用的冠层辐射拦截和辐射吸收的指标。当确定已知的增长与拦截的辐射之间的关系时，可以合理地利用它计算一个增长率估计值。相反，ρ_i/ρ_r 与生物质的量或叶面积的关系是非线性的，其与叶片组成结构有关（图 8.4）。

8.2　动物皮毛对辐射的拦截

Cena 和 Monteith（1975a）针对动物皮毛对辐射的传输进行了研究，他们使用

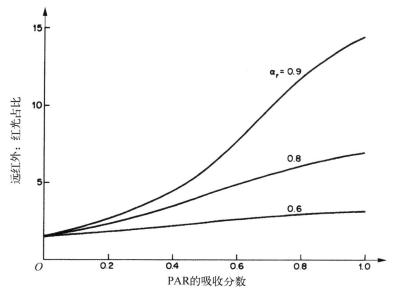

图 8.5　远红外：植物冠层的红光反射占比（ρ_i/ρ_r）和 PAR 吸收分数（α_{cp}）之间的关系（不同叶片吸收率）

了库贝尔卡-芒克方程对皮毛样本进行测量。分析的参数为皮毛的厚度(l)、单位皮毛厚度拦截的能量分数 $p(\theta)$、表皮入射通量的角度 θ、毛发反射(ρ)、转移(τ)或吸收(α)拦截辐射的分数和皮肤的吸收率(α_s)。因此，他们的分析结果与之前那些具有光谱特性的叶片的研究很相似，把头发当作圆柱体，并以头发的直径、长度以及与皮肤形成的角度来计算拦截分数 p，p 的值为 $0.7 \sim 18 \ \mathrm{cm}^{-1}$。

他们对库贝尔卡-芒克方程的通解在 $x = \alpha p l [1 + 2(\rho/\alpha)]^{0.5} > 2.7$ 的条件下，可以简化为

$$\rho^* = \frac{(\rho/\alpha)(1-\rho_s) + \rho_s[(1+2\rho/\alpha)^{0.5} - 1]}{(\rho/\alpha)(1-\rho_s) + (1+2\rho/\alpha)^{0.5} + 1} \tag{8.22}$$

这通常满足于许多动物的皮毛。式中，ρ^* 为皮毛反射系数（包括皮肤和头发）；ρ_s 为皮肤反射系数。当 $\rho/\alpha \gg 1$，ρ^* 趋于 $1-(2\alpha/\rho)^{0.5}$；当 $\rho = \alpha$，ρ^* 为 $\dfrac{1}{\sqrt{3}+2} = 0.27$；当 $\rho/\alpha \ll 1$，ρ^* 趋于 $\rho/2\alpha$。当 $\rho = \alpha$，这两个极限值和值都与皮肤反射系数 ρ_s 无关。也就是说，如果 $x > 2.7$，ρ^* 几乎是与 ρ_s 无关的。图 8.6 表示了皮毛反射系数 ρ^* 与 (ρ/α) 之间的理论关系。

皮毛所传输的辐射比例是由下式决定：

$$\tau^* = \eta/C \tag{8.23}$$

式中

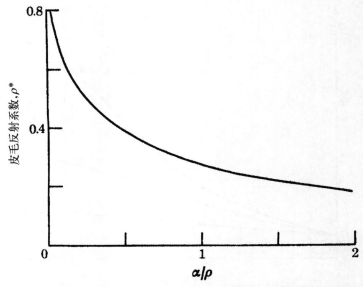

图 8.6　一种动物皮毛的反射系数 ρ^*［由式(8.22)计算得到］与一根毛发的
辐射吸收与反射之比 α/ρ 之间的理论关系

$$\eta = \alpha[1 + (2\rho/\alpha)]^{0.5}$$
$$C = (1 - \tau - \rho\rho_s)\sin hx + \eta\cos hx$$
$$x = \eta\rho l$$

通过部分皮肤吸收为 $(1-\rho_s)\tau^*$ 得到皮毛吸收的辐射部分为 α^*，从而得到与式(8.14)相同的特性，即

$$\alpha^* = 1 - \rho^* - (1 - \rho_s)\tau^* \tag{8.24}$$

127

与植物冠层不同的是，Cena、Monteith(1979a)发现，短波辐射的 τ 比所有物种的 ρ(绵羊、山羊、狐狸、骷鹿、兔子和牛)都要大，尤其是 α 值非常小的白色皮毛中(表 8.2)。当毛发几乎平行于入射光束时，前向散射超过后向散射的事实可能是镜面反射的结果。

表 8.2　动物毛皮的反射系数和吸收系数

皮 毛 种 类	ρ^*	α/ρ
多尔塞特塘种无角绵羊	0.79	0.03
克仑森林羊	0.60	0.13
威尔士山地绵羊	0.30	0.82
兔子	0.81	0.02
獾	0.48	0.28
白色小牛	0.63	0.11

（续表）

皮 毛 种 类	ρ^*	α/ρ
红色小牛	0.35	0.60
吐根堡山羊	0.42	0.40
狐狸	0.34	0.64
䴙鹿	0.69	0.07

注：ρ^* 是毛发和皮肤的反射系数；α/ρ 是头发吸收系数与反射系数的比（Cena、Monteith，1975）。

在多尔塞特塘种无角绵羊绒毛上出现最大的反射系数（$\rho^* = 0.79$），去除羊毛后，其皮肤的反射系数 ρ_s 也有相同的值。使用式（8.22）对应的 α/ρ 值为 0.03。相比之下，深色羊毛的威尔士山羊的反射系数 $\rho^* = 0.30$，$\alpha/\rho = 0.82$，皮肤的反射系数是 0.25。为了研究皮毛和皮肤颜色对毛皮热量平衡的影响，表 8.3 展示了 Monteith 和 Cena 对羊毛和肤色的几组搭配情况，使用式（8.22）、式（8.23）和式（8.24）测量毛发参数。

表 8.3 个体毛发的辐射特性与整块皮毛辐射收支之间的关系

	威尔士山地绵羊 洁净的	多尔塞特塘绵羊 洁净的	多尔塞特塘绵羊 肮脏的，浅色皮肤	多尔塞特塘绵羊 肮脏的，深色皮肤
毛发参数				
ρ	0.240	0.066	0.240	0.240
α	0.200	0.002	0.060	0.060
τ	0.560	0.932	0.700	0.700
ρ_s	0.250	0.800	0.800	0.250
皮毛厚度				
1 cm ρ^*	0.30	0.80	0.51	0.50
α^*	0.66	0.03	0.45	0.40
$(1-\rho_s)\tau^*$	0.04	0.17	0.04	0.10
2 cm ρ^*	0.30	0.80	0.51	0.50
α^*	0.70	0.05	0.47	0.45
$(1-\rho_s)\tau^*$	0	0.15	0.02	0.05
4 cm ρ^*	0.30	0.80	0.51	0.50
α^*	0.70	0.09	0.48	0.47
$(1-\rho_s)\tau^*$	0	0.11	0.01	0.03

这张表说明了以下几个要点。

（1）当一只羊暴露在阳光下（$S_t > 1\,000\ \text{W} \cdot \text{m}^{-2}$）时，被皮毛吸收的太阳辐射通量通常会超过 $500\ \text{W} \cdot \text{m}^{-2}$（$\alpha^* > 0.5$），并且当皮毛较厚时，可能会接

近 $1\,000\ \mathrm{W\cdot m^{-2}}$。

（2）对于只吸收很少辐射的干净多塞特塘种无角绵羊毛，反射系数与羊毛厚度无关，与皮肤反射系数相等；但是对于脏毛皮来说，毛发吸收系数增加了 30 倍，ρ^* 明显小于 ρ_s，尽管它仍然与皮毛的厚度无关。

（3）如果是一只肮脏的多塞特塘种无角绵羊，其绒毛的反射系数是 0.25 而不是 0.80，ρ^* 只会稍微减少，但是部分皮肤吸收 $[(1-\rho_s)\cdot\tau^*]$ 会增加一倍以上。因此动物白皮毛的吸收入射辐射比例[图 8.7(b)]重点与皮肤的吸收特性有关。

(a)

(b)

图 8.7　（a）印度安得拉邦一个养牛市场的农民。光头的农民需要伞遮挡阳光，这两个戴着白头巾的人却不用。（白色的伞会不会更有效?）；（b）以色列境内的牲畜。深色的牛已经开始寻找荫凉处，但是白色的动物显然在阳光充足的情况下感到舒适

（4）虽然黑色威尔士山羊皮肤的反射系数比多塞特塘种无角绵羊的小，

但是威尔士山羊的皮肤吸收的辐射要比所有毛发长度的多塞特塘种无角绵羊（干净或肮脏）少，原因是黑色毛发对辐射透射较少。

　　表 8.3 帮助解释了一个明显的悖论：当皮肤表面需要吸收热量时，在炎热的阳光下，白色皮毛是动物的劣势，但在寒冷的阳光下却是优势。原则上，白色皮毛和深色皮肤动物的辐射负担可能大于深色皮毛和浅色皮肤。相关的方程式是由 Walsberg 等（1978）研究发现。例如，北极熊厚重的皮毛是由透明的空心毛发和黑色皮肤组合而成。因为空心毛会有效地散射和反射可见光，所以这副皮毛看起来是白色的，就像雪一样。辐射的前向散射使黑皮肤能够吸收辐射能量，而空心毛则是漂浮和绝热的。表 8.3 也可以显示一只弄脏的长毛绵羊被剪毛时的辐射平衡结果，留下它干净和稍短的羊绒；比较多塞特塘种无角绵羊 4 厘米厚度的羊毛和 1 厘米厚度的干净羊毛，结果表明在剪羊毛后，皮肤上的辐射负荷会增加一个数量级。

　　关于皮肤颜色、热应力和牲畜体重增加之间的关系，几乎没有明确的研究。Finch 等（1984）对婆罗门牛与昆士兰的短角牛的研究，能够证明反射系数和体重增加之间显著的正相关关系，且在最厚、最多毛的皮毛中可以观察到最明显的关系。然而，在没有热应力的情况下，一些工作人员发现反射系数和体重增加之间存在负相关关系，但仍不清楚造成这样的原因。

8.3　净辐射

　　第 5 章，净辐射被作为一个气候变量提出，并认为它的值取决于暴露于辐射交换表面的温度和反射率。考虑到生物体对辐射的拦截是由自身的几何形状决定的，并且已经建立了自然表面反射率的特征值，通过对比暴露在相同辐射环境的表面，可以比较它所吸收的净通量辐射能差异，这样的辐射环境由短波辐射通量（从太阳和天空接收并从地面反射）和长波辐射通量（从大气中获得并由地面发射）组成。描述辐射收支的通用方程为

$$\mathbf{R}_n = (1 - \rho)\mathbf{S}_t + \mathbf{L}_d - \mathbf{L}_u \tag{8.25}$$

现在，将这个表达式的应用于四个不同的表面（图 8.8）。

（1）草坪

草坪是一个连续的水平表面，其从上方接收辐射，而不是从下方，因此它的净辐射为

$$\mathbf{R}_n = (1 - \rho_1)\mathbf{S}_t + \mathbf{L}_d - \sigma T_1^4 \tag{8.26}$$

式中，ρ_1 和 T_1 分别为草坪的反射系数和辐射温度。

（2）水平叶片

假设叶片距离草坪足够高，其阴影可被忽略，那么它将额外获得短波辐射

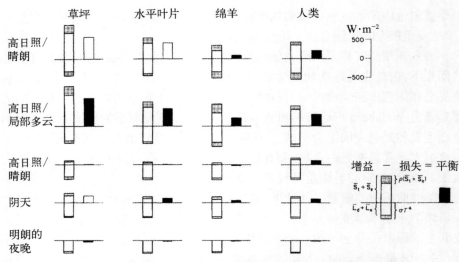

图 8.8　表 8.4 中不同天气条件范围中不同表面的净辐射平衡

$S_t = \rho_1 S_t$，以及长波辐射 $L_e = \sigma T_1^4$。 因此，净辐射为

$$R_n = [(1 - \rho_2)(1 + \rho_1)S_t + L_d + L_e - 2\sigma T_2^4]/2 \qquad (8.27)$$

式中，ρ_2 和 T_2 分别是叶片的反射系数和辐射温度。注意，式中的 R_n 是一片叶子的单位面积上的净辐射，单位总叶片面积的净辐射是这个值的两倍。

（3）绵羊

假设绵羊是站在草坪上的，因此接受来自上方的辐射，同时接受在它下方表面反射并释放出来的辐射。将绵羊看作是一个水平的圆柱体，它的轴与太阳光线成直角，即毛皮的反射率是 $\bar{\beta}_3$，而其表面温度是 T_3。当忽略阴影区域时，绵羊的净辐射为

$$R_n = (1 - \bar{\rho}_3)(1 + \rho_1)\bar{S}_t + \bar{L}_d + \bar{L}_e - \sigma T_3^4 \qquad (8.28)$$

其中上横线表示暴露表面的平均值。

（4）人类

对于一个站在草坪上的人来说，辐射平衡与式(8.28)完全相同，其反射率 ρ_4 和平均表面温度 T_4 替代 ρ_3 和 T_3。

在表 8.4 中展示了辐射通量以及 ρ 和 T 的值。假设长波的发射率是均匀的。

对不同表面的净辐射进行比较的同时，注意几何和反射系数的影响，或者在不同时间比较同一表面，以观察太阳高度和云的影响（图 8.8），这是很有启发意义的。

这些比较的突出特征如下。

① 白天，草坪吸收的净辐射比其他任何表面都要多，包括单独的叶片。

叶片接收的短波辐射少于草坪 $[(1+\rho_1)S_t/2$ 与 S_t 相比$]$，但吸收了更多的长波辐射 $[(L_d+\sigma T_1^4)/2$ 与 L_d 相比$]$。

② 绵羊吸收的净辐射比其他物体表面要少。这在一定程度上是因为相对较大的反射系数(0.4)，部分是因为几何结构原因。

③ 人类的几何结构确保了当太阳处于较低水平时，R_n 相较于其他表面处于较大的水平。

④ 对于所有表面，当太阳在云层之间闪耀时，净辐射是最大的，并且阴天时的净辐射要大于太阳在地平线附近时的净辐射。

⑤ 夜晚时，叶片、绵羊和人类从草地和天空中接收长波辐射，因此它们的长波辐射净损失小于草坪的净损失。

表 8.4　图 8.8 的辐射收支假定条件

	晴	晴局部多云	稍晴	阴天	晴朗的夜晚
太阳仰角 β	60	60	10	—	
太阳直射 $S_b(W \cdot m^{-2})$	800	800	80	—	
太阳漫射 $S_d(W \cdot m^{-2})$	100	250	30	250	—
向下长波辐射 $L_d(W \cdot m^{-2})$	320	370	310	380	270
地表温度(℃)					
空气	20	20	18	15	10
草坪	24	24	15	15	6
叶片	24	25	15	15	4
绵羊	33	36	15	20	10
人类	38	39	15	20	10
反射率					
草坪	0.23	0.23	0.25	0.23	—
叶片	0.25	0.25	0.35	0.25	—
绵羊	0.40	0.40	0.40	0.40	—
人类	0.15	0.15	0.15	0.15	—

8.3.1　净辐射的测量

测量一个均匀平面的净辐射不会有任何难度：用一个净辐射计放在与平面平行的感应平面上。对于更复杂的表面，净通量可以应用格林定理，即被某个空间单位吸收或释放的任意大小的通量是与定义此空间的包络区域或直角的估算通量的积分。这一原理被应用于测量苹果树的净辐射交换，用管状的净辐射计来定义一个圆柱体的表面，用圆柱体表面平行热塑性表面(Thorpe，1978)。同样，Funk(1964)测量了一个人站在一个垂直的柱状框架内的净辐射通量,在这个框架内,一个单一的净辐射计在螺旋方向上移动,并始终指向圆柱的轴。

8.4 习题

1. 冠层中叶片角度呈垂直(圆柱体)分布且叶面积指数为 4。当太阳的高度为 $45°$,而冠层上的 S_b 是 $500 \, W \cdot m^{-2}$,基于冠层底部表面的计算,(1) 单位表面面积的平均直接太阳辐照度;(2) 太阳光斑的面积分数;(3) 被阳光照射的叶片的平均辐照度。

2. 在太阳高度角为 $60°$ 的情况下,一个叶面积指数为 3.0 的森林冠层拦截了大约 80% 的直接太阳辐射。请确定叶片角度分布是球形的还是垂直的(柱状)。关于叶片属性需要做什么假设,以及它们在"真实"情况下如何影响拦截?

3. 在一个晴朗无云的夏日,在一个水平面上的日射量是 $32 \, MJ \cdot m^{-2}$。

(1) 估计每日吸收能量的比例 τ,在作物冠层底部以 4.0 的叶面积指数来测量此能量接收量。

(2) 以此估计冠层部分拦截的太阳辐射。

(3) 找到能拦截 95% 每日辐射的叶面积指数(假设此问题的所有部分的叶片角度分布都为球形分布)。

4. 一种带有多毛灌木林的冠层密度和深度满足各向同性的多重散射太阳辐射的假设。假设每个单独的叶片的反射(ρ)和传输(τ)系数都是 0.15:

(1) 叶片对 PAR 的吸收系数(α_p)是多少?

(2) 冠层对 PAR 的反射系数(ρ_c^*)是多少?

(3) 重复(1)和(2)计算近红外线(NIR)的辐射,假设此波段叶片属性 $\rho = \tau = 0.40$。

(4) 如果 PAR 和 NIR 带每个都包含了太阳光谱中太阳光谱的一半能量,那么整个太阳光谱的 ρ_c^* 值是多少?

5. 假设一个稀疏的森林冠层有以下特点:

叶面积指数 $L = 1.0$;理论衰减系数 $\mathcal{K}_b = 1.0$(假设黑叶);土壤反射系数 $\rho_s = 0.15$;叶片反射系数(PAR) $\rho_p = 0.10$;叶片透射系数(PAR) $\tau_p = 0.10$。

计算:

(1) 冠层对 PAR 的衰减系数 $\mathcal{K}$。

(2) 冠层对 PAR 的反射和透射系数(ρ_c 和 τ_c),假设二次项可被忽略。

(3) 冠层对 PAR 的吸收系数(α_c)。

(4) 冠层对 PAR 的吸收系数(α_c)和拦截系数 $(1 - \tau_c)$ 之比。

第 9 章
动量传递

当植物或动物受到辐射时,它们吸收的能量存在 3 种用途:升温、水分蒸发及光化学反应。生物本身或其环境的升温意味着通过传导或对流进行了热量传递;蒸发过程是系统中水分子的转移;光合作用包含二氧化碳分子的转移。在生物体表面,传热和传质是通过与表面接触的稀薄空气层(边界层)的分子扩散作用进行的。这层空气层的行为取决于空气黏性,以及与黏性相关的动量传递。一般来说,边界层可称为流体层,其中发生的传递过程受其下方表面特性的影响。水中生物体也适用于相似的原理,Leyton(1975)、Ellington、Pedley(1995)对其进行了详细介绍。因此,在下面 4 个章节,我们需要先讨论有关生物体与其环境之间交换的不同层面的动量传递。

9.1 边界层

图 9.1 展示了浸没在移动流体(气体或液体)光滑表面的边界层的变化情况。当流线几乎平行于表面时,此时该层称为层流,并且个体分子之间的动量交换引起动量流动。由于随着边界层厚度的增加,流动变得不稳定,并分解成湍流边界层涡流的混沌模式,所以层流边界层的厚度不能无限增加。厚度很小的二次层流层(层流亚层)立即在表面上和湍流层下形成。从层流到湍流的过渡取决于与流体水平运动相关的惯性力相对量,以及分子间吸引力(有时称为"内摩擦")产生的黏性力相对量。惯性力与黏性力之比称为雷诺数(Re),英国数学家和工程师 Osborne Reynolds 首次证明了当液体流过管道时惯性力与黏性力的比值决定是否发生湍流。当 Re 较小时,黏性力占主导地位,因此流动趋于保持层流,但是当比值增加超过临界值 Re_c 时,惯性力将占主导地位,流动变成湍流。

Re 的一般形式是 $Re = Vd/\nu$。式中,V 为自由流速度;d 为系统的特征尺寸;ν 为流体运动黏度系数。对于光滑平板上的流动,d 表示流体与平板前缘的距离。当光滑平板暴露于实际上没有湍流的大气并流时,Re_c 大约为 10^6,但是工程文献常引用在非严格条件下观测到的值,约 2×10^4。

在层流和湍流边界层中,速度从表面的零增加到边界层顶部的自由流速度 V,但边界层深度的定义必然是任意的。其中一个定义是速度为 $0.99V$ 的流线,但是在动量传递的问题中,使用平均边界层深度更为便捷。

在图 9.2 中,穿过深度为 h 的垂直横截面与平板接触的空气流的流速与

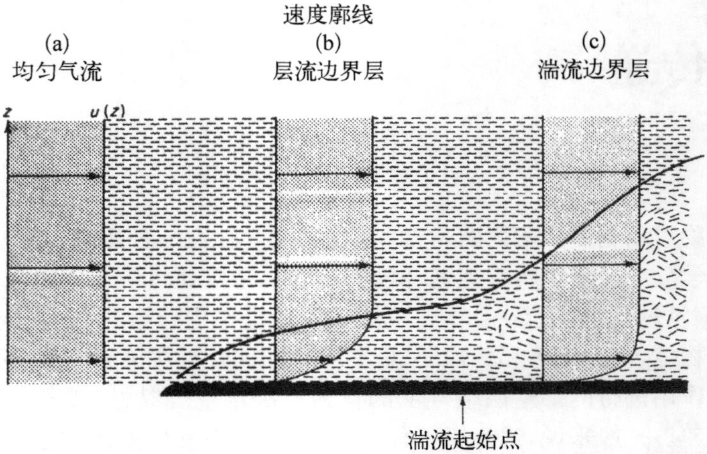

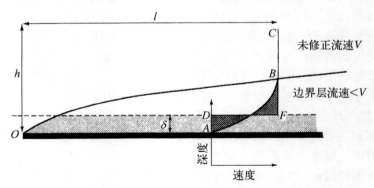

速度廓线
(a)　　　　　(b)　　　　　(c)
均匀气流　　层流边界层　　湍流边界层

湍流起始点

图 9.1　平滑平板上层流和湍流边界层的变化情况（垂直刻度经过放大）

Vh 存在比例关系。与板边缘距离 l 处，速度分布由线 ABC 表示，由于边界层的速度小于 V，穿过 C 处横截面的流速将小于 Vh。相同的流速衰减也会由于厚度为 δ（阴影部）的完全静止空气的存在而产生，在其之上，空气以均匀的速度 V 流动。当量系统中的速度变化图由 $ADFC$ 表示。"位移边界层"的深度 δ 可以看作是板前缘与 C 截面之间的边界层的平均深度。

图 9.2　以均匀速度 V 暴露于气流的光滑平板上的边界层 OB，
位移边界层（灰色）和风速廓线（CBA）

　　德国科学家 Ludwig Prandtl 将动量守恒原理运用于在光滑平板上层流边界层内的流动。从他的分析可以看出，位移边界层的厚度（以距前缘的距离 l 的一部分表示）为

$$\delta/l = 1.72(Vl/\nu)^{-0.5} = 1.72(Re)^{-0.5} \tag{9.1}$$

　　其中，δ 随着 $l^{0.5}$ 和 $\nu^{0.5}$ 的增大而增大，随着 $V^{0.5}$ 的减小而减小（与距离 l 的平均深度不同，对于 l 处实际边界层厚度的估值，该方程中的数值因子可以

被 5 所取代)。

在湍流边界层中,涡流的旋转流动比分子运动更有效地传递动量,因此,边界层厚度增加地更快。平板上湍流边界层的深度随着 $l^{0.8}$ 的增大而增大。

9.1.1 表面摩擦力

边界层动量的传递直接导致空气施加于流动方向表面上的力,称为表面摩擦力。为了在稍后的传热和传质中建立类比,我们将动量的传递看作是扩散过程。如果 t 是空气从自由流速度 V 移动到速度为零的表面的动量传递的扩散路径长度,则将方程(3.6)进行积分,摩擦力可表示为

$$\tau = \nu\rho V/t = \rho V/r_{\mathrm{M}}, \tag{9.2}$$

式中,r_{M} 为动量传递的阻力且 $r_{\mathrm{M}} = t/\nu$。

从光滑平板上的流动理论分析可以看出,单位表面积的摩擦力与 $V^{3/2}$ 成正比

$$\tau = 0.66\rho V(V\nu/l)^{0.5} \tag{9.3}$$

比较式(9.2)和式(9.3),则阻力为

$$r_{\mathrm{M}} = 1.5(l/V\nu)^{0.5} = 1.5V^{-1}Re^{0.5} \tag{9.4}$$

例如,如果 $V = 1\ \mathrm{m} \cdot \mathrm{s}^{-1}$,$l = 0.05\ \mathrm{m}$,则 $r_{\mathrm{M}} = 90\ \mathrm{s} \cdot \mathrm{m}^{-1}$,即形成了许多微气象学问题相关的数量级基础。

在自然表面,空气流通通常比图 9.1 所示的复杂得多,但 Grace 和 Wilson(1976)发现,对于平行于风洞中空气层流的杨树叶(图 9.3)而言,上表面的风速廓线相当于图 9.1 的风速廓线。在下表面,廓线图由于前缘曲率而畸变产生遮挡,同时也生成尾迹中的湍流。当 $V = 1.5\ \mathrm{m} \cdot \mathrm{s}^{-1}$ 且气流中的湍流最小时,中脊上表面逆风几毫米内的风速接近平板理论值。湍流发生时 $Re_{\mathrm{c}} \approx 9 \times 10^{3}$。气流中速度或湍流水平的增加使边界层相对于 V 的定点处的速度增加,Re_{c} 减小到 1.9×10^{3}。对于杨树叶表面动量和相关力的交换,以及对于导致分离真菌孢子的力来说,这些观察都有重大意义(Grace、Collins,1976;Aylor,1975,1990)。

9.1.2 形状阻力

除了穿过流线表面的动量传递的摩擦力之外,浸入运动流体中的物体也因流体减速而在流动方向上受力。由于该力取决于形状和方向,故称为形状阻力。通过与流体流动成直角的表面时形状阻力最大,并且可以通过假设从速度 V 均匀减速之后流体立即停止的表面上的某点来估算力的大小(牛顿第二定律可以表示为力=动量变化率)。如果流体单位体积的初始动量为 ρV,

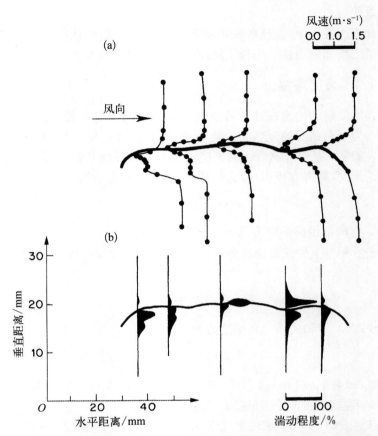

图 9.3　层流自由流中以横截面上显示的(a) 杨树叶周围的平均风速廓线和
(b) 湍流强度 i 图(Grace 和 Wilson,1976)

减速时的平均速度为 $V/2$,则流体中动量损失的速率为 $\rho V \times V/2 = 0.5\rho V^2$。这是动量可以转移到非流线体上表面单位面积的最大速率,由此最大压力超过(压力=每单位面积的力)流体可以施加的总形状阻力。在实践中,流体趋于在非流线体侧面滑动,因此小于 $0.5\rho V^2$ 的形状阻力施加在流体上表面。然而,在非流线体下游尾流中的流体压力小于自由流中的流体压力,并且相关吸力通常对总形状阻力做出重要的额外贡献(例如,潜水捕鱼的海鸥采用"流线型"形状,最大限度地减少尾迹以最大化其下降速度,而在体育界,高尔夫球制造商采用复杂图案用于高尔夫球上的小凹坑,以减少尾迹,从而降低形状阻力)。单位面积上的总形状阻力用 $c_f 0.5\rho V^2$ 表示,式中,c_f 为阻力系数。因此,c_f 是流体可以施加的最大非流线体压力。

　　在大多数问题中,将表面摩擦力和形状阻力相加而得到总的合力 τ 是合理的,通常为在流动方向上投影的单位面积上的力,即对于半径为 r,长度为 l 的圆柱体在流动方向的投影面积为 $2rl$,球体为 $\pi r^2 \cdot \tau/(0.5\rho V^2)$,则定义了

总阻力系数 c_d,对于球体或圆柱体在雷诺数为 $10^2 \sim 10^5$ 时,与流动方向垂直方向时,c_d 的值为 $0.4 \sim 1.2$。高效节能的汽车制造商会以汽车阻力系数为 0.25 左右而感到自豪。

应当注意的是,作为后续讨论热量传递的前提,如果表面平行于气流,则表面摩擦力中的动量扩散类似于气体分子和热量的扩散。因此,对于这样的表面,可以预期 r_M、r_H 和 r_V 之间的密切关系。然而,对于与气流成直角的表面,在流动方向上没有摩擦力。摩擦力产生于与流动成直角的所有方向,但所有这些(矢量)力的净和必须为零。相反,热量或质量的净流量(标量)在表平面上是有限的。在这种情况下,r_V 和 r_H 可能彼此相似,但与 r_M 值无关。

9.2 自然表面的动量传递

运动中的大气会在所有自然表面上施加力:叶片、植物、树木、农作物、动物、裸地和开阔水面。相反地,受风力的每个物体或表面对空气和表面之间与动量传递速率成正比的大气上施加方向相反的力。动量传递总是与风"切变"相关:风速在物体表面为零,并随着距表面通过延迟空气边界层距离的增加而增加。

单独物体如单株植物或树木等,往往具有非常不规则的边界层,并且会通过在其尾迹形成一系列涡流(与桥墩下游形成的涡流不同)来扰乱大气运动。裸地和均匀植被等表面也会在空气中产生涡流,因为它们对空气施加的阻力与层流不一致。Vogel(1994)对应用于空气和水栖生物体的流体动力学进行了综合调查。

9.2.1 叶片的曳力

为了避免大气特征的风速波动,可在流动稳定和受控的风洞中测量自然物体受到的曳力。Thom(1968)研究了由薄铝片制成的"叶片"复制品上的力。图 9.4 展示了复制品的尺寸,图 9.5 展示了阻力系数 c_d 如何随风速和方向变化。注意,图 9.5 所示的 c_d 是通过将叶片单位平面上的力(τ/A)除以 ρV^2 得出,其数值与单位总表面积力($\tau/2A$)除以 $0.5\rho V^2$ 得出的值相等。这种与空气动力学惯例(使用投影面积)的偏差允许将整片叶子的动量传递阻力写为 $r_M = 1/(Vc_d)$,对于每个平面来说,其等于两个 $2/(Vc_d)$ 阻力的并联组合。

当叶子方向为气流方向($\varphi = 0$)时,阻力最小,r_M 约为式(9.4)得出的值的一半,式(9.4)给出了平板单侧的动量传递阻力即叶片阻力与双面平板上的表面摩擦理论一致。当凹面或凸面遭遇气流(分别为 $\varphi = +90$ 或 $\varphi = -90$)时,形状阻力远远大于表面摩擦力。

图 9.5 中曲线的通式与 V^2 成正比的形状阻力和与 $V^{1.5}$ 成正比的表面摩擦[式(9.3)]的组合一致。总阻力系数 c_d 可以表示为形状阻力分量 c_f 和摩擦

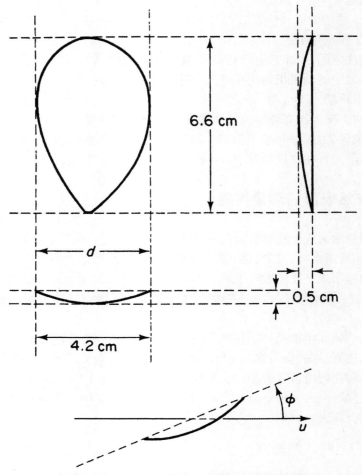

图 9.4　Thom(1968)使用的模型叶的形状和尺寸

分量 $nV^{-0.5}$ 之和,式中 n 是常数,即

$$c_d = c_f + nV^{-0.5}$$

对于叶片曳力的风洞测量与植被冠层动量转移的相关性仍有争议。首先,在风洞中湍流通常被抑制以实现层流,而冠层中的空气运动几乎是不稳定的。适中的湍流涡流可以通过层流边界层的扰动流来增加动量传递速率,并且如果湍流足够大使叶片飘动,则干扰可能会增强。Rashke 的测量表明,当 Re 超过 200 时,直径 d 的柱面流出的漩涡特征直径约为 $5d$。在植物冠层内,叶和茎涡流衰减并随着顺风漂移涡流越来越小,从而穿透其他叶和茎的边界层。在冠层或裸地之上,表面产生的湍流涡流随高度增加而增大。Mitchell(1976)测量了地球上不同高度的球体到大气的热传递,发现当高度与球径的

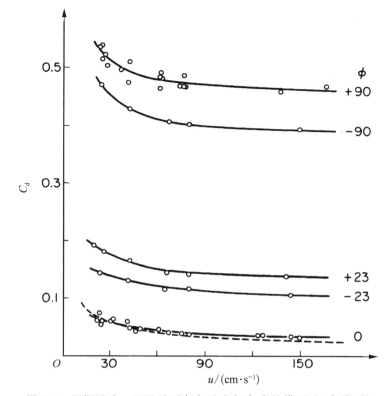

图 9.5 根据风速 u 以及叶子与气流之间角度的模型叶（实线）的
阻力系数（见图 7.4）；虚线曲线表示 $\varphi = 0$ 时，薄平叶子的
理论关系（Thom，1968）

比值为 2～10 时，传递阻力约为理论（层流）值的 3/4。

实际叶片的曳力也可能由于表皮的粗糙度和毛发的存在而增加。Sunderland（1968）发现，当真正的叶片附着在金属表面上时，小麦叶的铝复制品的曳力会增大。由于低风速下表面摩擦越来越占主导，在 1.5 m·s^{-1} 时，增加幅度约为 20%，在 0.5 m·s^{-1} 时，增加幅度约为 50%。

对于单个叶片与大气之间动量传递的计算，降低动量传递的阻力是合理的。这个阻力由式（9.4）得出且系数为 1.5，以表征湍流效应的存在，但需要认识到的是这个系数在任意特定情况下是严格由实际的湍动程度决定的。

在现实世界中，叶片很少存在于空气动力学隔离中，因此植物的阻力系数取决于叶片密度和风速。本章中用来简便定义密度的参数是试样中薄片、叶柄等的总表面积除以迎风平面面积的比例。在农作物或落叶树的冠层中，大多数的叶片都暴露在其逆风方向的邻近叶片的尾迹中的湍流空气中。针叶树中也存在相似干扰。Thom（1971）在遮蔽系数［观察到的实际阻力系数与测量（或估计）的隔离的相同单元系数之比］方面表达了邻近叶片的存在降低了叶片单元的阻力程度。遮蔽系数取决于叶密度以及风速。文献中的苹果树枝条的值为 1.2～1.5，田豆和松林的值为 3.5。

即使没有湍流和遮蔽的复杂化，叶片上的空气动力和与之相对应的弹力之间的相互作用使阻力对风速的关系非常复杂。随着风速从零增加，即使在恒定风速下，如果两组力不能达到平衡则会发生振动，结果导致动量传递和阻力突然增加。随着风速进一步增加，许多类型的叶片倾向于以流线型姿势弯曲（Vogel，1993），当风速恒定时，阻力减小，振动停止。然而事实上，风在速度和方向上会不断波动，即使在微风中，叶、茎和小树枝也会振动。

9.2.2　风速廓线和开阔表面上的曳力

由于风的切变，风会在如裸地和均匀植被冠层等开阔表面上施加曳力。类似于平板上的曳力，该力可以被描述为大气和表面之间的动量传递速率（动量通量）。在第 3 章中，实体 s 从大气到开阔表面的垂直通量可以用 $\overline{\rho w's'}$ 平均值来表示，当垂直速度 w' 的波动与实体 s' 的波动正相关或负相关时，$\overline{\rho w's'}$ 是有限的。当实体是水平动量时，且坐标对齐，使得 x 轴指向平均流方向，s' 变为水平速度 u' 的波动，而从大气到表面的水平动量的垂直通量由 $\overline{\rho\, u'w'}$ 表示。如果垂直通量不随高度变化，则该量可以视为单位占地面积的曳力，或者称为剪切应力或雷诺应力（τ），即

$$\tau = \overline{\rho u'w'} \tag{9.5}$$

基于这种关系，一种被称为摩擦速度的变量 u_* 为

$$u_* = (\overline{u'w'})^{0.5} = (\tau/\overline{\rho})^{0.5} \tag{9.6}$$

因此

$$\tau = \overline{\rho} u_*^2 \tag{9.7}$$

等式（9.6）意味着摩擦速度与湍流扰动幅度有关。剪切应力也可写为

$$\tau = \rho K_M \mathrm{d}u/\mathrm{d}z \tag{9.8}$$

式中，K_M 为尺寸 $L^2 T^{-1}$ 的动量的湍流系数。式（9.8）与式（3.6）相似，式（3.6）将层流边界层的动量通量与分子黏度联系起来，但在大气中风速和湍流混合通常随高度增加而增加，因此 K_M 与高度相关。在第 16 章中，可使用简单的尺寸参数来获得风速和高度之间的函数关系。

9.2.3　颗粒的曳力

当空气和颗粒之间存在相对运动时，大气中的颗粒会受到曳力。这种力使空气流动将花粉从雄蕊或病原体的孢子中分离出来，也能在一定程度决定气流中的颗粒是否会被植被表面捕获。

当颗粒处于稳定运动时,由空气施加于其上的曳力必须与其他外力平衡,例如重力,电吸引力等。颗粒曳力的来源可简便归结为应用于球形颗粒的三种特殊情况。

(1) 半径为 r 的颗粒远小于气体分子平均自由程 λ。在这种情况下,颗粒像巨大的气体分子,更多分子从前面而不是从后面碰撞移动颗粒表面,形成曳力。

假设颗粒质量远远大于气体分子质量 m_g,并且假设碰撞全反射(分子运动论可证明),在这种特殊情况下,气体中以速度 V 运动的颗粒的曳力为

$$F = \frac{4}{3} \pi n m_g \bar{c} r^2 V \tag{9.9}$$

式中,n 为单位体积的气体分子数;$\bar{c}$ 为平均速度。因此,曳力与粒子速度和表面积 (r^2) 成正比(在 20℃,101 kPa 的条件下,n 约为 3×10^{25} 分子 m^{-3},空气 m_g 的平均值约为 5×10^{-26} kg,$\bar{c}$ 约为 500 $\mathrm{m \cdot s^{-1}}$,在 STP 条件下,空气中分子的平均自由程 λ 约为 0.066 μm,因此,本例仅适用于半径小于 0.01 μm 的非常小的颗粒)。

(2) 半径 r 大于 λ 的颗粒,但气体和颗粒之间相对运动的雷诺数 Re_p 小 (即 $Re_p = 2rV/\nu$ 约小于 0.1,其中 V 是颗粒相对于空气的速度)。

在这种情况下,由颗粒和气体之间的表面摩擦产生的黏性力在曳力中占主导,爱尔兰物理学家 George Stokes 将此表示为

$$F = 6\pi \rho_g \nu r V \tag{9.10}$$

式中,ρ_g 为气体密度。因此,阻力与颗粒速度和半径成正比[空气的运动黏度 ν 约为 15×10^{-6} $\mathrm{m^2 \cdot s^{-1}}$,所以当 $V \times 2 \times 10 \times 10^{-6}/(15 \times 10^{-6}) < 0.1$ 时,即 $V < 0.08$ $\mathrm{m \cdot s^{-1}}$ 时,斯托克斯定律适用于半径为 10 μm 的典型花粉粒]。

(3) $r > \lambda$ 和 $Re_p > 1$ 的颗粒

在这种情况下,当气流围绕颗粒运动而产生与形状阻力对应的惯性力占据曳力的主导。阻力为

$$F = c_d \times 0.5 \rho_g V^2 A \tag{9.11}$$

式中,A 为颗粒的横截面面积;c_d 为阻力系数。式(9.11)首先由 Newton 作为炮弹运动分析的一部分推导得出。他认为对于特定形状来说 c_d 与速度无关,但这只是 $Re_p > 10^3$ 情况下一种理想的近似(与炮弹运动有关,与天然气溶胶无关)对于较小的 Re_p 值,球体的阻力系数随着 Re_p 的减小而增加,如图 9.6 所示。

对于 $Re_p < 0.1$,将式(9.10)和式(9.11)联立,得

$$c_d = \frac{6\pi \nu \rho r V}{0.5 \rho V^2 \pi r^2} = \frac{12\nu}{Vr} = \frac{24}{Re_p} \tag{9.12}$$

而这种相互关系会形成图 9.6 中的线性部分。经验公式如下：

$$c_d = (24/Re_p)(1 + 0.17Re_p^{0.66}).　　　　　(9.13)$$

在 $1 < Re_p < 400$ 内，Fuchs(1964) 的结果是精确的，仅有百分之几的误差；当 $Re_p \approx 0.5$ 时，对 c_d 估计过高，约 7%。在 $Re_p > 10^3$ 的区域，c_d 是常数，因此阻力与 V^2 和横截面积成正比。Hinds(1999) 详细说明了大气中的颗粒运动。

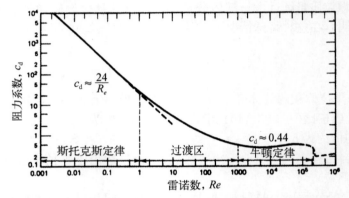

图 9.6　球体阻力系数与雷诺数之间的关系。虚线基于斯托克斯定律。$Re \approx 3 \times 10^5$ 处的间断性对应于从层流到湍流边界层的过渡 (Hinds, 1999)

Aylor(1975) 使用这些原理来计算从感染的玉米叶分离出病原体玉米小斑病菌的孢子所需的力。这种真菌病原体产生近似圆柱形的孢子（直径约 $20\,\mu m$，投影面积约为 $4 \times 10^{-10}\,m^2$），其生长在从叶面突出 $150\,\mu m$ 的茎上。为了找到从茎中分离孢子所需的最小的力，当从小直径管向孢子吹送干空气时，Aylor 通过显微镜观察孢子。图 9.7 显示当（稳定）风速约为 $10\,m \cdot s^{-1}$ 时，

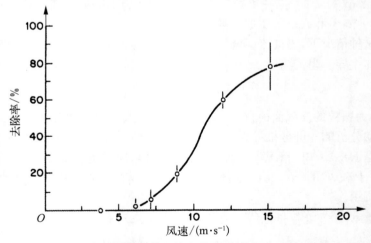

图 9.7　通过向干燥植物体上培育的孢子鼓风 15 s 后去除孢子的百分比 (Aylor, 1975)，竖线表示标准差

50%的孢子会被去除。通过式(9.11)中可以得到相应的曳力 F,当 $Re_p \approx$ 10(与球体的值相似,图 9.6)时,$\rho_g = 1.2 \, \text{kg} \cdot \text{m}^{-3}$,$A = 4 \times 10^{-10} \, \text{m}^2$,$c_d = 4$,得到 $F \approx 1 \times 10^{-7} \, \text{N}$。Aylor 还采用分离孢子的离心法,这与他对 F 的估值相符合。孢子以比实际低得多的平均风速分离,表明短暂阵风在分解叶片边界层并将病原体分散到大气中的重要性。

9.3 倒伏与风倒

　　风作用在树、农作物和单株植物上的力有时足以使他们受损,甚至连根拔起。农作物倒伏和树的风倒的原理是相似的。图 9.8 显示了相关的作用力。

　　植物上的曳力是许多叶子暴露于不同风速和湍流的曳力共同结果。曳力会在茎进入土壤的位置产生围绕旋转点的转动力矩。随着植物的移动,树的质量和附着在根部的土壤会产生转动力矩。风力与根部张力和土壤对剪切的阻力方向相反。Baker(1995)研究了风倒的理论模型,将其用于预测谷类作物和森林受损情况。他的模型将平均湍流风速与植物平均脉动位移联系起来。这些位移产生作用在茎

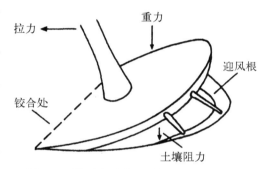

图 9.8　暴露在风中的单株植物的受力图

基处或附近的力和力矩。当基处弯矩超过茎或根土系统的强度时,植物将停止生长。该模型表明,振动的自然频率是确定稳定性的重要因素。振动会因为相邻植物冠层重叠、空气动力以及植物自身的能量耗散而被抑制。

9.3.1　农作物倒伏

　　因为长茎受风向侧推,草地和粮食作物随着其成熟而产生倒伏。当茎秆弯曲(茎倒伏)或当根系旋转或从土壤中被拔出时,其将停止生长(Ennos,1991,根倒伏)。植物育种家研制出具有较短硬茎的品种,以抵抗茎倒伏,农民也应用生长调节化学制品来阻止茎生长,但是这些方法会导致更大的力传递到根系,可能造成根倒伏。当植物的上部重量由于受到雨水作用而增加,且当茎中下部由于疾病变弱或者通过大量施用氮肥时,或当根部周围的土壤剪切强度由于降雨减弱时,很有可能发生倒伏。Tani(1963)调查了弯曲水稻茎超过其弹性极限的力。Ennos(1991)测量了在实验室生长的成熟春小麦(Triticum aestivum)中与茎弯曲和根部锚地相关的力。

　　Tani 发现,当成熟水稻在实验室中受到均匀的风,且当植物上的力在茎基产生约 0.2 N·m 的力矩时,茎发生了折断。当风速超过 20 m·s^{-1} 时,预计

在田间生长至约 0.84 m 的植物将会发生倒伏。在这个速度下,杆基的力矩有两个部分:由风力(主要是形状阻力)引起的 0.034 N·m 的力矩,由重力引起的 0.023 N·m 的力矩,因为茎的顶部位移了约 40 cm。因此在田间条件下折断茎的总力矩为 0.057 N·m,约为实验值的四分之一。数字之间的差异可能有 3 种原因:(1) 当瞬时风速可能比平均风速高两到三倍时,在强阵风时,施加在田间的力要大得多;(2) 在植物的自然震荡周期(约 1 s)和冠层顶部湍流涡流的主周期之间形成的共振;(3) 疾病对田间种植植物的影响。

Ennos(1991)推断,小麦茎秆弯曲的阻力比根部锚地的阻力大 30% 左右,因此根系比茎先发生失效折断。弯曲茎的测量值约为 0.2 N·m,与 Tani 的实验值相当。Ennos 发现,根部刚度及其对轴向运动的阻力(即沿其轴线从土壤中拔出)对锚地强度的贡献大致相同,但是这种相同在不同剪切强度的土壤中可能会发生变化。

9.3.2 树木的曳力

树木会被强风连根拔起或折断。为了了解为什么大多数树木会被连根拔起但一些树木只发生折断,需要风力作用下的动力学以及树木和土壤结构的物理特性等相关知识(Wood,1995)。随着树木生长,它们会通过根和分枝来适应受到的风力且足以经受整个生命周期中受到的力。因此,如果它们被暴露于旷野(例如,相邻的树木死亡或被收割)它们更有可能受到风害。

1. 对单株树的风力

为测量曳力,几名调查人员将小树或部分较大的树木放在风洞中,并测量它们受到的曳力。Fraser(1962)将几米高的针叶树放置在直径 7 m 的风洞中,发现随着风变强,冠层的有效截面减小,曳力与风速之间的关系受到很大的影响,这是单个叶子以及整个分枝成流线型的结果。Mayhead(1973)和 Rudnicki 等(2004)对小树和大树的顶部进行了类似的风洞测试。而对于刚性物体,高风速下的阻力几乎与速度 V 的平方成正比,随着 V 的增加,树样本上的阻力增速变慢,其也是导致的结果。

Wood(1995)通过定义一个阻力系数 c_d 将树木个体的曳力 F 与风速 V 联系起来:

$$c_d = \frac{F}{0.5\rho V^2 h^2} \tag{9.14}$$

式中,h 为树高,m。[注意,式(9.14)使用的是树高而不是面积]。结合 Newtons 测量的 F,Wood 发现,Mayhead 的西加云杉(*Picea Sitchensis*)数据与这种关系一致

$$c_d = a\left[\frac{M}{h^3}\right]^{0.67} \exp(-bV^2) \tag{9.15}$$

图 9.9　(a)和(b)：4 m · s⁻¹ 和 16 m · s⁻¹ 的风洞中美国西部红雪松的侧视图；(c)和(d)：在 20 m · s⁻¹ 的风洞中，无风时的正面图。注意，由于叶子和树枝的流线型化，在高风速下冠部的有效截面减少(Rudnicki 等，2004；图片由 SJ Mitchell 博士提供)

式中，M 为分枝质量，kg；V 为风速，m · s⁻¹；常数 a 和 b 值分别为 0.71 和 9.8×10^{-4}。指数项表示流线型效果。对于高 15 m，分枝质量为 50 kg 的典型的英国种植的西加云杉，式 (9.15)表明阻力系数在 $1 \sim 27$ m · s⁻¹ 时减半，因此在风速范围之内，F 与 $V^{1.8}$ 而非 V^2 成正比地增加。

2. 对森林中树木的风力

应用式(9.14)预测森林中树木的曳力的问题是 V 假定在树木高度范围内是均匀的。在森林中，从冠层的顶部到底部风速通常呈指数下降。为探究树木冠层遮蔽作用是如何影响曳力，Stacey 等(1994)测量了风洞中模型树上的曳力，首先使用单株模型在均匀流体下进行实验以匹配 Mayhead 的数据，然后使用位于相同的大批模型树中的单株模型进行实验(图 9.10)。由许多其他树木冠层遮蔽的树木的平均阻力只有相同风速下完全暴露的树木的值的 $6\% \sim 8\%$。

使用绞车和缆绳将已知阻力应用于树木的研究(Coutts，1986；Milne，1991)证明，树木在远低于静态拉力测试预测的风速的平均风速下吹倒。可能的解释是湍流风或大的相干阵风组成的共振摇摆运动引起损坏(在有风的日子，在粮食作物上观察到"Honami"波)。Gardiner(1995)，Moore 和 Maguire(2005，2008)研究了与湍流相关的树木的摇摆，并得出结论：树木对阵风产生

图 9.10　使用具有实际缩放属性的模型树阵列的风洞实验。研究人员
正在拿着阵列中的一个单元,展示这些树木如何与应变计连接
以测量其受到的风力(Wood,1995)

的间歇脉冲的反应如同阻尼谐振荡器。阵风到来的频率随着风速的增加而增加,使得阵风更有可能与树木运动同步发生。第 16 章讨论了空气动力学粗糙冠层顶部相干阵风产生的过程。

9.4　习题

1. 直径为 4.2 μm 的石松子孢子在空气中的沉降速度为 $0.50 \text{ mm} \cdot \text{s}^{-1}$。估算其阻力系数。

2. 利用式(9.15)中的经验关系,绘制一张图,画出高 15 m,分支质量 50 kg 的西加云杉树的阻力如何随着达到 $25 \text{ m} \cdot \text{s}^{-1}$ 的风速 V 而变化。并表明出阻力在这个风速范围外随 V^n 增加,以及估算 n 值。

第 10 章
热量传递

热传递的三种机制在动植物环境中是十分重要的：辐射，受在第 3 章讨论的原理所控制；对流，通过气流或流体传递热量；固体（以及固定的气体和流体）的传导，不同机制取决于分子之间的动能交换。对流的两种类型在微气象学中占有重要地位："强制对流"，通过暴露于气流的表面边界层传递，其速度取决于流速，类似于表面摩擦的过程；"自由对流"，取决于受热表面上方热空气的上升，或冷空气朝冷却表面的下降或下降于冷却表面之下，这是空气密度差异的结果。

家用供暖系统中均利用了这些传递机制。电暖器通过强制对流分散热空气；对流散热器和热水"散热器"通过自由对流循环热空气；地板下供暖依靠埋在地板下方的电缆的热传导；常规的杆式散热器通过对流和辐射而散发热量。本章将依次针对对流、传导和混合换热系统进行讨论。

10.1 对流

无因次组的使用大大简化了对流的分析，首先将通过对这些群组的简短说明来介绍不同尺寸和形状物体的对流散热的比较。

10.1.1 无因次组

当浸没在流体中的表面通过均匀厚度 δ 的层流边界层散发热量时，单位面积的传热速率（$\mathbf{C}$）可以表示为

$$\mathbf{C} = k(T_s - T)/\delta \qquad (10.1)$$

式中，k 为流体的导热系数；T_s 为表面温度；T 为流体温度。同样，方程可以用于完全形式化的方法，描述由被温度为 T 的流体包围的表面平均温度为 T_s 的任何物体的强制或自由对流造成的热损失，即使边界层既不是层流的，厚度也不均匀。在这种情况下，δ 表示等效厚度，而不是实际层流层厚度。它由表面尺寸和几何结构以及流体在其上循环的方式决定。通过将一个物体特征尺寸 d 替代无法直接测量的等效边界层厚度可以推导出式（10.1）更实用的形式。对于空气吹拂而过的球体或圆柱体，特征尺寸 d 为直径，对于矩形单板，特征尺寸 d 为风的方向的边长。那么方程可以表示为

$$\mathbf{C} = \left(\frac{d}{\delta}\right) k(T_s - T)/d \qquad (10.2)$$

在德国工程师 Wilhelm Nusselt 之后,无量纲比 d/δ 被称为努塞尔数(Nu),Wilhelm Nusselt 首先提出了无因次数,对传热原理做出了几大重要贡献。正如雷诺数是将动量传递相关的力与浸入运动流体中的几何相似物体相比较的简便方法,努塞尔数对比较暴露于不同风速的不同尺度类似物的对流散热比例提供了基础。

空气中对流传热的比例也可以写成

$$\mathbf{C} = \rho c_{\mathrm{p}}(T_s - T)/r_{\mathrm{H}} \tag{10.3}$$

式中,r_{H} 为热传阻力。比较式(10.2)和(10.3),得到:

$$r_{\mathrm{H}} = \frac{\rho c_{\mathrm{p}} d}{kNu} = \frac{d}{\kappa Nu} \tag{10.4}$$

式中,κ 为空气的热扩散系数。因此,对流传热阻力与努塞尔数成反比。本章的大部分内容将探讨强制或自由对流中如何估计不同形状物体的努塞尔数,并探讨如何计算其热传递阻力。

10.1.2 强制对流

在强制对流中,努塞尔数取决于通过边界层的传热速率,边界层来自比经过其的空气温度更高或更低的表面,这一过程类似于表面摩擦的动量转移。因此,努塞尔数可以看作是雷诺数(指定动量边界层厚度)的函数,其中雷诺数经过热量(t_{H})和动量(t_{M})的边界层厚度比进行修正。比值 $t_{\mathrm{M}}/t_{\mathrm{H}}$ 是由 (ν/κ) 定义的普朗特数函数。(德国物理学家 Ludwig Prandtl"发现"了边界层,并且在空气动力学理论中有许多建树。)

通过式(10.2)和式(10.3)的一般联系,平面、圆柱体和球体的强制对流热损失的测量值可以表述为

$$Nu \propto Re^n Pr^m \tag{10.5}$$

式中,m 和 n 为常数;$Pr^m = t_{\mathrm{M}}/t_{\mathrm{H}}$。

将阻力表述为边界层厚度/扩散率,则传热和传质阻力的比例可表述为

$$\frac{r_{\mathrm{H}}}{r_{\mathrm{M}}} = \frac{t_{\mathrm{H}}/\kappa}{t_{\mathrm{M}}/\upsilon} = \left(\frac{\upsilon}{\kappa}\right) \Big/ \left(\frac{t_{\mathrm{M}}}{t_{\mathrm{H}}}\right) = Pr^{1-m} \tag{10.6}$$

在对风洞中平板的强制对流的研究中,$m = 0.33$,空气 $Pr = 0.71$,得 $r_{\mathrm{H}}/r_{\mathrm{M}} = 0.89$。

因为普朗特数与温度无关,并且微气象学家较少关注除空气之外的其他气体中的热传递,所以 Pr^m 可以被认为是一个常数,式(10.5)可简化为

$$Nu = ARe^n \tag{10.7}$$

不同类型几何结构的常数 A 和 n 的值在附录 A 表 A.5(a)中列出。在环境物理学中，诸如叶片、茎和动物等物体通常被视为平面、圆柱体和球体(视情况而定)，以计算传热和传质。在自然环境中可能遇到超出雷诺数范围的情况，对于不同的几何形状，Nu 值的变化幅度约为 $\pm 20\%$，因此对于近似计算来说，仅使用一对 A 和 n 的值通常是足够的，例如一块平板的情况。

10.1.3　自由对流

在自由对流中，热传递取决于物体上方和周围的流体循环，此循环是由温度梯度的存在而维持，温度梯度也会产生密度梯度。在这种情况下，努塞尔数是无因次组——格拉晓夫数 Gr 以及普朗特数 Pr 的函数(格拉晓夫数显然以德国著名工程师 Franz Grashof 的名字命名，令人惊讶的是，不像大多数科学家的名字都附在单位上，他似乎没有为自由对流研究做出贡献)。格拉晓夫数由冷或热物体与周围流体的温度差 $(T_s - T)$、物体的特征尺寸 d、流体的热膨胀系数 a、流体的运动黏度 ν 和重力加速度 g 决定。实际上，格拉晓夫数等于浮力乘以惯性力与黏性力平方的比值。从数值来看，它是从以下公式计算得出

$$Gr = agd^3(T_s - T)/\nu^2 \tag{10.8}$$

式(10.8)中的重力加速度 g 表示在没有重力或等效力(例如离心力)的情况下，不可能发生自由对流。因此，卫星和航天器中的电子部件必须由其他机制进行冷却。

在格拉晓夫数较大的系统中，自由对流是剧烈的，因为促进空气循环的浮力和惯性力远大于趋于抑制循环的黏性力。在强制对流方面，格拉晓夫数与雷诺数作用相似，是决定自由对流中从湍流向层流边界层过渡的首要标准。当 $GrPr$(瑞利数)超过临界值(自由大气中约 1 100)时，就会产生自由对流。

当在 20℃的条件下，将大气的 a 和 ν 的适当值代入式(10.8)中，可得：

$$Gr = 158d^3(T_s - T) \tag{10.9}$$

和

$$GrPr = 112d^3(T_s - T), \tag{10.10}$$

式中，d 为特征尺寸，单位为厘米。因此，对于特征尺寸大约为 10 cm 的叶片和动物，$GrPr = 112 \times 10^3(T_s - T)$，当 $(T_s - T) > 0.01$ K 时，就会超过临界值 1 100。因此，自然环境中的许多叶子和动物在相对静止的条件下会通过自由对流进行有效传热。

对于特定气体，如空气 $(Pr = 0.71)$。自由对流的气体的努塞尔数与 $(GrPr)^m$ 成正比，即

$$Nu = BGr^m \tag{10.11}$$

基于几何结构的常数 B 和 m 列于附录 A 表 A.5(b)中。与强制对流一样,使用平板的值作为所有几何体的近似值通常是足够的。

对于层流自由对流,$m=1/4$,与散热物体的形状无关,因此 Nu 与 $(T_s - T)^{1/4}$ 成正比。在这种情况下,式(10.2)的对流热扩散系数与 $(T_s - T)^{5/4}$ 成正比,即自由对流的四分之五次方冷却定理。

10.1.4 混合对流

在许多自然体系中,因为风速和方向的连续变化,对流是一个非常复杂的过程,往往伴随着表面散热运动。在强阵风期间,叶片或动物的散热通常由强制对流决定,但是在间歇时自由对流可能是占主导的。因此,虽然对流模式的相对重要性随时间而变化,但是在两种模式都存在的情况下,对流可以描述为"混合"对流。由于这种情况太复杂,无法在实验上或理论上解决,因此当强制对流被认为占主导地位时,环境中的传热速率通常由平均风速计算,如果风速非常小,则通过温差来计算。

图 10.1 基于 Yuge(1960)测量,提供了侧风中测量的热球体的努塞尔数 Nu 随着格拉晓夫数的增加而变化的图解表达。直线表示强制对流关系 $(Gr=0)$,其中 $Nu \propto Re^n$,使得 $\lg Nu$ 对 $\lg Re$ 是线性相关的。Yuge 发现,当 Re 小于 16 时,Nu 几乎完全由 Gr(即自由对流)确定,这由图 10.1 中曲线的水平段表示。当 Re 增加时,Nu 逐渐接近强制对流值,当 $Gr=400$(最下方

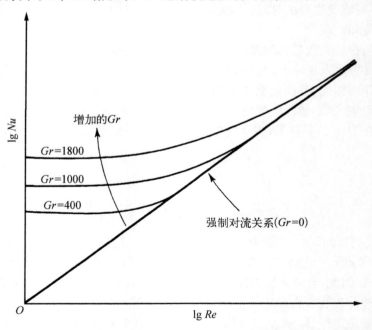

图 10.1　格拉晓夫数 (Gr) 对暴露于水平风的加热球体中观测到的努塞尔数 (Nu) 和雷诺数 (Re) 之间的关系的影响。曲线代表三个增加格拉晓夫数的观察值;直线是强制对流 $(Gr=0)$ 时的关系(Yuge,1960)

曲线)时,从自由对流到强制对流的转换相对强烈;当 Gr 约为 1 000(中间曲线)时,转换仍然明显,但 Re 较大时,完全转换;当 $Gr = 1$ 800(最上方曲线)时,雷诺数范围很广,对此努塞尔数值远远大于强制或自由对流值,但小于两个努塞尔特之和。这通常被理解为"混合"对流。

作为区分两种对流的粗略标准,可以将格拉晓夫数与雷诺数的平方进行比较。Gr 取决于浮力×惯性力÷(黏性力)^2,而 Re^2 取决于(惯性力)^2/(黏性力)^2,Gr/Re^2 比值与浮力和惯性力比值成正比。当 Gr 比 Re^2 大时,浮力远大于惯性力,传热由自由对流控制。当 $Gr < Re^2$ 时,浮力可以忽略不计,传热由强制对流控制。出现 Gr/Re^2 混合对流的中间值。基于 Schuepp(1993)对叶边界层的广泛综述,当 $0.1 < Gr/Re^2 < 10$ 时,可能发生叶片的混合对流。

例如,当 $d = 5$ cm 的叶片比周围空气温度高 5℃时,其格拉晓夫数值约为 10^5,而当 V 的单位为 m·s^{-1} 时,Re^2 约为 $10^7 V^2$。当 V 超过 1 m·s^{-1},风速为 $0.1 \sim 0.5$ m·s^{-1} 时,预计会出现强制对流,这是农作物冠层中常见的现象,强制对流和自由对流都会出现。

$d = 50$ cm 且表面温度比环境空气高 20℃的母牛 $Gr = 4 \times 10^8$,且当 V 单位为 m·s^{-1} 时,$Re^2 = V^2 \times 10^9$。 在这种情况下,当动物暴露于室内通风时,自由对流将是传热的主导形式,但在田野中,当风速约为 1 m·s^{-1} 时,对流将再次形成混合模式。

10.1.5　层流和湍流

在强制对流和自由对流中,努塞尔数的大小均取决于边界层(层流或湍流)的流动特征(表 A.5)。相反地,这部分取决于逆风气流中的湍流,部分取决于趋于产生湍流的表面粗糙度。当光滑平板通过强制对流在没有湍流的气流中进行换热时,边界层中从层流到湍流的过渡在雷诺数大约为 10^5 的情况下发生,但是在湍流气流中,临界雷诺数在一定程度上减小,这部分取决于速度波动的幅度,部分取决于其频率。Grace(1978)发现杨树叶的临界雷诺数为 4×10^3。在涉及叶片或其他植物器官的微气象学问题时,Re 通常为 $10^3 \sim 10^4$,但作物冠层中的一片叶片的边界层应该被视为层流还是湍流从来没有被明确说明。在雷诺数为 10^4 时,平板上层流的强制对流的努塞尔数为 $0.60 \times (10^4)^{0.5}$ 或 60,相比之下湍流边界层的努塞尔数为 $0.032 \times (10^4)^{0.8}$ 或 51(见附录 A,表 A.5);当 $Re = 4 \times 10^4$,相应的值为 120 和 150。因此,对于微气象学范围内的 Re 值,层流和湍流边界层的常规努塞尔数通常相差无几。然而,当气流本身是湍流,或当表面粗糙时,相同的努塞尔数值不一定是有效的。当空气没有湍流时,高度低于特征尺寸的 1%的表面粗糙度单元可以使圆柱体的努塞尔数增加约 2 倍,并且可以降低过渡到湍流边界层的临界雷诺数(Achenbach,1977)降低的幅度为一个数量级。Gates(1980)对其进行了更详细的讨论。

当格拉晓夫数超过 10^8 时,自由对流发生湍流边界层流,这是微气象学的异常情况。例如,绵羊或人的平均表面温度需要至少高于环境空气温度 30℃,才能使 $Gr = 10^8$。因此,层流边界层流的假设通常在自由对流和强制对流的情况下都有效。

10.1.6 对流传热阻力

为了计算叶片或动物(视为平板或圆柱体)之间的对流传热速率,通常使用式(10.3),$\mathbf{C} = \rho c_p (T_s - T)/r_H$,其中传热阻力定义为 $r_H = d/\kappa Nu$ [式(10.4)]。Nu 值和 r_H 值可以在边界层的层流或湍流条件下从式(10.7)和式(10.11)估算出来,从附录 A 表 A.5 中取适当常数值。

例如,我们估算叶片(视为平板)的对流传热速率 $\mathbf{C}$,其特征尺寸 d 为 10 cm(0.10 m),当叶片温度 T_l 比空气温度 T_a 高 3℃时,且暴露于风速 V 为 $2\ \mathrm{m \cdot s^{-1}}$ 的横向气流 V。计算步骤如下。

1. 计算出雷诺数,因为这将决定我们将使用表 A.5 中的哪个方程来计算努塞尔数

$$Re = Vd/\nu = 2 \times 0.10/(15.1 \times 10^{-6}) = 13 \times 10^3,$$

式中,ν 是假设在 20℃的条件下,空气的运动黏度。

2. 从表 A.5 中得出,当 $Re = 13 \times 10^3$ 时,$Nu = 0.60 Re^{0.5} = 69$。

3. 从式(10.4)中得出,$r_H = d/\kappa\ Nu = 0.10/(21.5 \times 10^{-6} \times 69) = 67\ \mathrm{s \cdot m^{-1}}$,其中 κ 是在 20℃的条件下时,空气的热扩散系数。

4. 然后从式(10.3)中得出,$\mathbf{C} = \rho c_p (T_s - T)/r_H = 1.20 \times 1.01 \times 10^3 \times 3 \div 67 = 54\ \mathrm{W \cdot m^{-2}}$。

如上所述,$\mathbf{C}$ 的估值受到一些不确定性的影响。在本章下一部分中,我们将讨论叶片和动物的对流测量,评估基于工程模型的简单计算方法与观察结果一致性。

10.2 对流的测量

10.2.1 平面

当平面上的边界层是层流时,表面和气流之间的传热速率可以从两个互不关联情形的第一原理计算得出。首先,如果温度在整个表面上是均匀的,则努塞尔数如下

$$Nu = 0.66 Re^{0.5} Pr^{0.33} \tag{10.12}$$

[对应于附录 A,表 A.5(a)中给出的空气关系 $(Pr = 0.71)$],这种关系在工程

文本中引用,主要涉及具有高导热性的金属表面的传热。

在更具生物学意义的第二种情况下,单位面积的热流在整个表面上是恒定的。对暴露于均匀辐射通量的不良热导体(例如,阳光下的薄叶),该条件应该是有效的。叶面热通量的均匀性尚未通过实验确定,但是通过叶片温度的辐射测量(参见图 10.3)可以清楚地看到,不能将被照射的叶片视为等温表面。根据 Parlange 等(1971),假设均匀热通量导致过高叶片温度 $\theta = (T_s - T)$ 随着与前缘 x 距离的平方根的增加而增加的预测(参见通量随着 x 的平方根减小的均匀温度情况)。简单地将 x 合并在当地雷诺数 $Re_x = (Vx/v)$ 中。 则在层流中,超温 θ 变为

$$\theta = 2.21\mathbf{C}\frac{x}{\kappa}(Re_x)^{-0.5}Pr^{-0.33} \tag{10.13}$$

并且超过长度 d 的板的平均温度为

$$\bar{\theta} = \frac{\int_0^d (T_s - T)\,\mathrm{d}x}{\int_0^d \mathrm{d}x} = 1.47\mathbf{C}\frac{d}{\kappa}(Re)^{-0.5}Pr^{-0.33} \tag{10.14}$$

平均努塞尔数,表述为

$$\overline{Nu} = 0.68Re^{0.5}Pr^{0.33} \tag{10.15}$$

在均匀温度情况[式(10.12)]下,比努塞尔数值大几个百分点。

不规则长度的平板的努塞尔数,例如锯齿状或组合叶片,可以从气流方向的适当平均长度上计算得出。

如果 W 表示与流动成直角的叶片的宽度,则叶面可以表示为 $\int_0^W y\mathrm{d}x$ (图 10.2)。当努塞尔数为 ARe^n 时,实际平均长度 $\bar{y}$ 可以通过写入叶片的总热损失来计算:

$$\mathbf{C} = A\left(\frac{V\bar{y}}{v}\right)^n \frac{k}{\bar{y}}\theta\int_0^W y\mathrm{d}x \tag{10.16}$$

但总热损失在形式上也可以写成:

$$\mathbf{C} = \int_0^W A\left(\frac{Vy}{v}\right)^n k\theta\mathrm{d}x \tag{10.17}$$

并且通过联立这些表达式,平均长度可由下式算出:

$$\bar{y} = \left[\int_0^W y^n\mathrm{d}x \Big/ \int_0^W y\mathrm{d}x\right]^{1/(n-1)} \tag{10.18}$$

对于层流强制对流,$n = 0.5$。 式(10.18)也适用于 $n = 0.75$ 的自由对流。

Parkhurst 等(1968)从一系列具有广泛形状的金属叶片复制品测量了热损失和超温。几乎所有基于平均尺寸 $\bar{y}$ 的努塞尔数都在 $0.60Re^{0.5}$ 和 $0.80Re^{0.5}$ 之间。

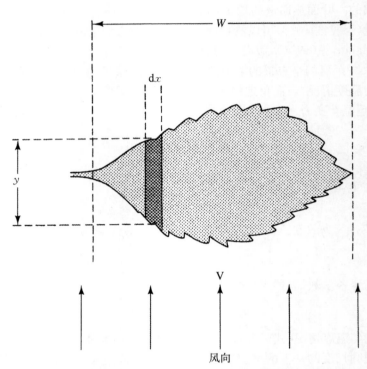

图 10.2　在不规则形状的叶子表面上进行热损失积分的坐标

10.2.2　叶片

　　已经有许多试验根据大小、形状、风速、湍流强度、振动程度等确定叶片或加热金属复制品的努塞尔数,并且 Gates(1980) 和 Schuepp(1993) 提供了非常全面的综述。一些工作者报告的 Nu 值接近于附录 A 表 A.5 中总结的所谓工程值,但有些值会大 1～2.5 倍。有时,叶片的明显超额散热是未发现的低风速自由对流或高风速湍流的结果,但主要原因可能在于从风洞中宽平板的边缘顺风发展的均匀边界层,以及必须存在于具有不规则切边(有时卷曲)和以静脉的形式突出的相对窄的叶子上的非常不规则和不稳定的边界层之间的差异。

　　图 10.3(Wigley、Clark,1974)清楚地阐明了暴露于均匀气流的叶状平板的热行为和可比较环境中实际叶片的热行为的差异。由于在这两种情况下所施加的热通量是均匀的,所以温度分布给出了一个惊人的效果,即边界层厚度如何在两个对比薄层之间变化。考虑到这种对比,令人惊讶的是,叶片的对流与基于平板的预测相差无几。对于比较,大多数工作者将观察到的叶片(或叶

片组)的努塞尔数的比值 β 用于相同风速下类似大小的光滑平板的相应 Nu 值。从式(10.4)中得出,β 是两种类型物体的边界层导度($1/r_H$)的比值。

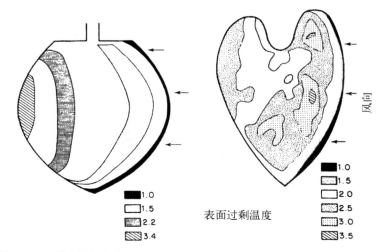

图 10.3 使用热成像相机测量的可比较环境中的模型和实际叶片 (Phaseolus)的表面温度分布。图例中的值表示原始热分析图上等温线的平均温度。在模型测量(左图)中使用窄等温线形成了介于被标记的温度区间中间的白色区域(Wigley、Clark,1974)

　　对于图 9.4 中的简单叶片复制品,在风洞中通过电力进行加热,β 约为 1.1,热量和动量传递的阻力比几乎等于式(10.6)预测的值(Thom,1968)。排成排生长的苹果树的树叶中测量热损失的现场实验中(Thorpe、Butler,1977),Nu 和 Re 之间的关系非常散乱,但是曲线拟合得出 $\beta \approx 1$,这可能是因为湍流补偿通道处(测量处)和树木(叶子暴露的地方)之间风速的降低。Schuepp(1993)得出结论,当边界层流动为层流时,来自单个实际和模型叶片的许多热传递研究的共识是 β 值为 1.4~1.5。对于湍流,有些研究报道 β 超过 2.5。例如,Grace 和 Wilson(1976)报道了湍流中的杨树叶的 $\beta = 2.5$,Parlange 等(1971)发现湍流风洞中烟叶的数值同样大。从菜豆叶的复制品(图 10.3)中得出,在层流(湍流强度:$i = 0.01 \sim 0.02$)且 Re 高达 2×10^4(Wigley、Clark,1974)时,$\beta = 1.1$。对于湍流($i = 0.3 \sim 0.4$),式(10.7)中 $A = 0.04$,$n = 0.84$。Nu 超过层流值(但不低于) $Re = 10^3$,$Re = 10^4$ 时,β 约为 2.5。

　　尽管叶片自由对流对于常见的风速低于 $0.5 \, \text{m} \cdot \text{s}^{-1}$ 的冠层的热传递具有重要意义,关于这方面的研究仍然相对较少。在一项关于枫属和栎属叶片的研究中(Dixon、Grace,1983),当 $GrPr$ 为 10^6 时,Nu 接近于式(10.11)的预测值(即 $\beta \approx 1$),但 β 随着 $GrPr$ 降低到该值以下而增加,$GrPr = 10^4$ 时 β 约为 2。Roth-Nebelsick(2001)利用数值模拟研究了叶片的自由和混合对流,并得出结论自由对流不大可能是叶片热损失的主要模式,除非在静止的室内环境中。也许是因为浮烟被移到叶面末端,但并没有干扰主边界层,所以浮力似乎没有增加混合对流中小叶片的热传递。Bailey 和 Meneses(1995)研究了在产生自由、强制和混合对流的条件下,风洞中垂直暴露的两片人造叶片的热传递。图 10.4 总结了他们的研究结果。在自由对流中,随着叶片温度和气温差异从 0.3 K 增加到 11.5 K,测量的努塞尔数与式(10.11)计算的值十分接近。在 0.10 m·s^{-1} 的风速下,对应于 $Re=296$,努塞尔数与式(10.7)中计算的强制对流值更接近,但随着 Gr 增加而增加,这表明发生了混合对流。在较高的风速(0.43 m·s^{-1},$Re=1\,014$)下,Nu 实际上与 Gr 无关。Bailey 和 Meneses 得出结论,即使风速低至 0.1 m·s^{-1},在典型的非通风温室和浓密冠层内,传热是通过混合对流进行的,而不单单是通过自由对流发生。Roth-Nebelsick(2001)对小叶片的稳态和瞬态热传速系数进行了计算机模拟。她发现,非常轻微的空气运动极大的改变叶面的温度分布,并推测单纯的自由对流在自然环境中可能不会发生,从而证明了 Bailey 和 Meneses 的结论。

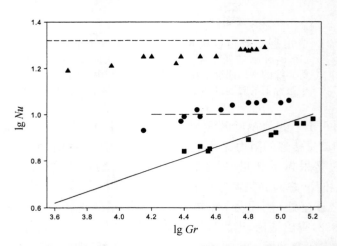

图 10.4　垂直暴露的热人造叶片的努塞尔数(Nu)的测量值与自由对流式(10.11)和强制对流式(10.7)值的比较。当施加强制对流时,气流垂直上升

符号:■表示在 $Re=0$ 时的测量值;●表示在 $Re=296$ 时的测量值;▲表示在 $Re=1\,014$ 时的测量值;——表示自由对流式(10.11);———表示 $Re=296$ 时的强制对流式(10.7);-----表示 $Re=1\,014$ 时的强制对流(Bailey、Meneses,1995)

叶片形状和叶片茸毛的影响如下。

Vogel(1970)研究了暴露于低风速的一组铜板的热耗散。所有铜板面积相同,但它们的形状从圆形和常规的六角星到具有特征叶的橡树叶复制品(图10.5)各不相同。在 $0\sim0.3$ m·s^{-1} 的风速且方向不同的实验条件下记录使每个铜板温度维持在高于周围环境空气 15℃ 的水平所需的电能。该电能与 Nu 成正比,与实验条件下的阻力 r_H 成反比。主要结论如下:

（1）气流从 0 增加到 $0.3\,\mathrm{m\cdot s^{-1}}$，$r_\mathrm{H}$ 降低 $30\%\sim95\%$：叶片模型的降低幅度大于星形的降低幅度；

（2）所有星形和凸轮形铜板的阻力小于圆形铜板的阻力，且对方向的敏感度较低；

（3）模拟橡树阳生叶的深裂形状的阻力总比具有浅裂形状的阴生叶的阻力小；

（4）当表面倾斜于气流时，叶片模型的阻力最小；

（5）圆形铜板外围约 5 mm 深的锯齿状对其传热阻力没有可感知的影响；

（6）如上所述，基于加权平均宽度，若仅仅使用一个简单努塞尔数，测量结果无法建立联系。

图 10.5　Vogel(1970)用于研究自由对流中热损失的叶子的金属复制品。形状 Su 和 Sh 代表白橡树的阳生叶和阴生叶

长期以来，生态学家一直对叶片茸毛在改变叶片温度和气体交换中的作用感兴趣。Parkhurst(1976)重新分析了 Wuenscher 的数据，其将毛蕊花(Verbascum thapsus)的短柔毛叶片和被剃掉茸毛后的叶片进行比较。短系毛将传热的边界层阻力 r_H 增加了约 2 倍。Meinzer 和 Goldstein(1985)研究了在安第斯山脉海拔大约 4 000 m 以上的环境下，高达 3 m 的巨型莲座植物蒂莫特安第斯菊的能量平衡。他们估计，在 $2\,\mathrm{m\cdot s^{-1}}$ 的风速下，与"无毛"叶相比，厚叶软毛(厚达 3 mm)将使 r_H 增加几乎 6 倍($17\sim95\,\mathrm{s\cdot m^{-1}}$)(注：仅仅增加由一层 3 mm 厚的静止空气所产生的阻力的大约一半)。由于其较强的空气动力阻力，短柔毛叶的温度比日照下平滑叶的温度高约 5℃ 或更高，这可在空气温度欠佳的环境中提高光合作用的效率。

这些测量论证了许多生态学家的假设，即叶片的形状和表面结构可能代表着对其热环境的适应情况。由于自然环境是非常多变的，并且由于对叶组织温度变化的生理反应是复杂的，所以难以达到决定性的实验证据。

总而言之，无因次组提供了一种有用的方法来总结和比较具有相似几何结构但不同尺寸的暴露于不同风系统的物体的热损失。这些无因次组的标准值视为评估现场热传递的有用标准，允许在大多数生态研究所需的精度内估计平均表面温度。当需要更高的精度时，必须通过实验方法获得 Nu 的适当值，优先使用在相关位置的实际叶片上的测量值。

10.2.3　圆柱体和球体

由于在后方发生边界层分离以及由此分离产生尾迹，空气在圆柱形和球形物体上的流动比在平板上的流动更复杂。在强制对流中，努塞尔数可以再次通过表达式 $Nu = ARe^n Pr^{0.33}$ 与雷诺数相关，但与平板相应的常数不同，A 和 n 的变化都与 Re 值相关[附录 A，表 A.5(a)]。对于横跨直径流动的球体和圆柱体，很明显，特征尺寸采用的数值是直径，但对于动物这样的不规则体，体积的立方根可能更加合适。

1. 哺乳动物

McArthur 测量了电加热且直径为 0.33 m 的水平圆柱的热损失，以模拟绵羊的裸露躯干（McArthur、Monteith，1980a）。在第二组测量中，用羊毛覆盖圆柱体。

对于裸露的圆柱体，Nu 的估值在 $2 \times 10^4 < Re < 3 \times 10^5$ 的区域中拟合为 $Nu = ARe^n$，$A = 0.095$，$n = 0.68$。参见附录 A 表 A.5(a)中 $A = 0.17$，$n = 0.62$。

为了避免方程与不同指数比较的问题，图 10.6 展示了从不同来源获得的圆柱体和圆柱形动物的传热（空气动力学）阻力。一致性是可靠的，并且由于与动物的皮毛阻力相比，空气动力阻力通常较小，所以图 10.6 所示的不确定性程度对于大多数计算来说是无关紧要的。

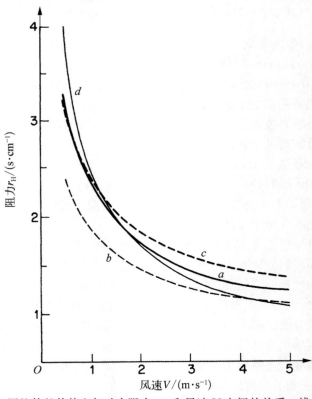

图 10.6　圆柱体的传热空气动力阻力 r_H 和风速 V 之间的关系。线 a 表示平滑等温圆柱（McAdams，1954）；线 b 表示牛（Wiersma、Nelson，1967）；线 c 表示绵羊（Monteith，1974）；线 d 表示绵羊（McArthur、Monteith，1980a）

　　由于测量毛发尖端的温度比较困难,所以难以确定毛发表面的努塞尔数。使用辐射温度计测量时,McArthur 发现 $A = 0.112, n = 0.88$。 对比平滑和多毛圆柱体 Nu 和 Re 之间的关系(图 10.7)表明,在微风 ($Re \approx 10^4$, 对应于风速<1 m·s^{-1})下,当表面由毛发组成时,有效边界层厚度($\propto 1/Nu$)较厚,大概是因为辐射计"看到"的有效表面为物理毛发尖端之下的一段距离。但当 Re 超过 10^5 时,边界层深度随着毛发的存在而变小,表明风渗入皮毛时,可能产生湍流。

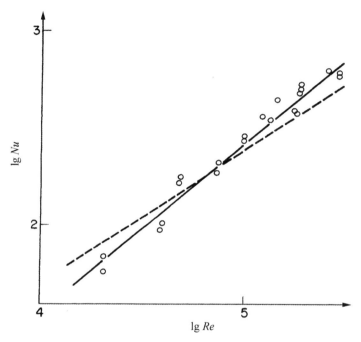

图 10.7　无毛绵羊模型的 Nu 和 Re 之间的关系(-----);有毛绵羊模型的 Nu 和
　　　　 Re 之间的关系(——和点)(McArthur、Monteith、1980a)

　　当使用这种测量来估计哺乳动物的热损失时,还需要取得附属物的努塞尔数:腿和尾巴可视为圆柱体,头可视为球体。Rapp(1970)综述了不同姿势下暴露于一系列环境中的几组裸体人类热损失的测量值。除了在混合对流的条件下,测量值和标准努塞尔数均比较一致。在一个实验中,水平气流中垂直对象的热损失为 $8.5V^{0.5}$ W·m^{-2}·K^{-1}(V 以 m·s^{-1} 表示),对于特征尺寸为 33 cm 的人来说,热损失在式(10.7)中相当于 $A = 0.78, n = 0.5$。 尽管表 A.5 中圆柱体的对应值为 $A = 0.24, n = 0.6$,但两组系数对于 Re($10^4 \sim 10^5$)的相关范围给出相当的 Nu 值。与水平圆柱引用的 Nu 值相似,说明了无因次组对于比较不同系统的热损失的实用性。

　　在微风中,绵羊和其他动物的热损失可能受到自由对流的控制,特别是当皮毛和周围空气之间存在较大的温差时。当美利奴羊在澳大利亚遭受强烈日照,当空气温度为 45℃时,羊毛尖端温度达到 85℃。当宽度 $d = 30$ cm 时,相应的格拉晓夫数约为 2×10^8,因此当 $Re^2 = 2 \times 10^8$ 时,即当风速约为 0.7 m·s^{-1} 时,自由和强制对流同样重要。为了计算相似条件下的羊毛温度,Priestley(1957)使用图解法,考虑随着风速的增加从自由对流到强制对流的过渡。

对于直立人类,因为格拉晓夫数取决于特征尺寸的立方,所以自由对流的热损失是复杂的。因此,对流的形式随距离地面的高度而变化,如图 10.8 所示。

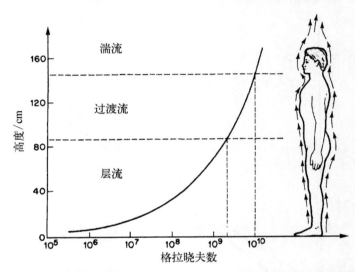

图 10.8　在平均皮肤温度为 33℃,环境温度为 25℃的条件下,格拉晓夫数随着体表的垂直高度的变化而变化(Clark、Toy,1975)

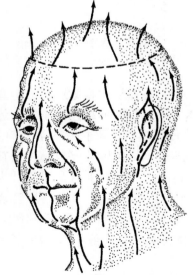

图 10.9　人类头部自然对流空气流过的路线[Lewis 等(1969),纹影摄影]

Lewis 和他的同事使用纹影摄影证明了与头部和四肢的自由对流相关的空气运动(图 10.9)。该技术也用于观察麦穗和兔子的自由对流(图 10.10)。

穿过人脸的空气从鼻孔偏斜的方式上升对于防止吸入细菌和其他病原体来说可能是十分重要的。图 10.11 显示,靠近光腿的速度和温度廓线具有垂直表面自由对流的特征。

常规热传导分析的应用对于诸如猪等非合作对象来说更加困难,特别是当动物响应热或冷应力而改变其相对于风速的姿势和方向时。

2. 鸟类

几名研究者测量了由金属球和圆柱体

图 10.10 有芒小麦麦穗和兔子头部的纹影照片显示相对暖空气(明亮)和较冷空气(黑暗)的区域。将小麦暴露于白炽光源,得到约 880 W·m^{-2} 的净辐射。注意兔子鼻孔周围受干扰的空气,眉毛上升空气的分离,以及耳朵周围强热空气的现象

的适当组合构建的鸟类复制品的热损失。Wathes 和 Clark(1981)使用的家禽模型由直径为 265 mm 的铜球组成,其中将直径为 15 mm 的圆柱体在头部和腿部对应的点处焊接。强制对流的经验确定的努塞尔数是

$$Nu = 2 + 0.79 Re^{0.48}$$

在雷诺数($3\times10^3 \sim 3\times10^4$)的实验范围内,得出类似于简单球体的标准关系的 Nu 值。

3. 昆虫

Digby(1955)测量了昆虫的对流热损失,其将死标本置于透明墙壁的风洞中。通过外部 2 kW 灯的辐射加热。昆虫和环境空气的温差(1)直接与入射辐射能成正比,(2)与风速的平方根成反比,如在雷诺数适当范围内对圆柱体的预测。

超温随身体大小的变化的现象更难解释。当把胸部的最大宽度作为身体大小 d 的指数时,式(10.2)的重新排列表明,超温会随着 d 的次方变

图 10.11 使用热线风速计测量腿前部速度分布的变化(Lewis 等,1969)

纵坐标标度
横坐标标度
腿部标度
0 10 20 30 cm·s^{-1}
0 1 2 3 cm
0 2 4 6 cm

化,d 介于 0.5(圆柱体)和 0.4(球体)之间。对于蝗虫——d 为 0.4,但对于双翅目(苍蝇)和膜翅目(黄蜂和蜜蜂)的 20 个物种,Digby 的测量值支持指数的统一,即超温直接与昆虫的线性参数成正比。这种异常结果可能是由于测量中的重要分散或吸收的辐射能与身体大小的分布变化引起的。

在类似的测量系列中,Church(1960)使用 20 kHz 发电机的辐射来加热蜜蜂和飞蛾的标本。他认为,昆虫在飞行中产生的能量大致与体重成正比,因此使用与胸直径成正比的辐射通量密度。当昆虫被剔除毛发时,超温与 $d^{1.4}$ 成

正比。由于单位面积的热损失与 d 成正比,努塞尔数与 $d^{0.6}$ 成正比,因此接近于球体的估值。毛发覆盖的昆虫超温大约是裸露昆虫的两倍,表明毛发层和边界层的传热阻力大小相当。

如果 Nu 和 $d^{0.6}$ 之比与 $Nu=ARe^n$ 一致,则指数 n 必须为 0.6 且 Nu 应与 $V^{0.6}$ 成正比。事实上,Church 发现,一个剃了毛的大黄蜂样本的超温与 $V^{0.4}$ 成正比,但他解释了胸部表面和内部的温差。如果假设所有实验结果与 $n=0.6$ 一致,则大黄蜂样本测量的努塞尔数为 $0.28Re^{0.6}$,接近于球体的标准关系,即 $Nu=0.34Re^{0.6}$。该等式中 Nu 值接近于雷诺数适当范围内附录 A 表 A.5 中的任一关系预测的值。生态学家注意到,大黄蜂中的采集蜂的体型各不同,并且推测这可能与适应大幅度温度波动的气候有关(Peat 等,2005)。

4. 针叶树树叶

许多针叶树的树叶都呈针状,可将它们视为圆柱体(尽管它们的横截面很少是圆形的)以估计热损失。因为针状物密集,所以它们彼此相互遮风,不像孤立的圆柱体。工程师们研究出用于常规阵列中圆柱体热损失的经验公式,Tibbals 等(1964)检验了它们与针叶树分枝的相关性。

为了避免测量真正针状物表面温度的问题,松树、云杉和冷杉的枝条用牙印模胶复合物覆盖,然后燃烧,留下能够填充熔银的空隙。然后取出复合物,留下分枝的银复制品———一种现代版的点石成金!对于蓝云杉(北美云杉),单针直径的努塞尔数是相同雷诺数(一定程度相互遮挡)的孤立圆柱体 Nu 值的约三分之一到一半。对于白冷杉,横向流的努塞尔数(横跨四排针)大于纵向流(跨 20 或 30 排针)约 60%。当采用两种模式的平均值时,Nu 接近于管排实验值,并且与西黄松有相似的一致性。在静止空气中,所有三种物种的努塞尔数都接近于相同格拉晓夫数的水平圆柱体的实验值。

10.3 传导

传导是一种传热形式,通过流体中的金属自由电子的运动或绝缘体中分子间作用力而产生分子碰撞传递动量。在微气象学中,传导对于土壤中以及通过动物皮毛的热传递是十分重要的,但在自由大气中,由于分子扩散的影响与湍流混合无关,传导并不显得重要。

如果固体或静止液体中的温度梯度为 dT/dz,则单位面积 (**G**) 的热传导速率与梯度成正比,并且比例常数称为材料的导热系数 k'。在以下表征中

$$\mathbf{G}=-k'(dT/dz) \tag{10.19}$$

负号表示热量沿着温度降低的方向传递。对于 T_2 和 T_1 两个平行面(由厚度 t 的均匀厚板分隔)之间的稳定热流,整合式(10.19)得出:

$$G = \frac{-k' \int_{T1}^{T_2} dT}{\int_0^t dz}$$

$$G = -k'(T_2 - T_1)/t \qquad (10.20)$$

通常,静止空气层的绝热性能优良,毛发厚重的哺乳动物、服装的设计以及双层玻璃的制造都存在这一原理。静止空气的导热系数比铜和银的导热系数低四个数量级。

式(10.19)描述第 15 章讨论的土壤中的垂直热流。当其用于圆柱体和球体的传导时,固定热量传播的区域随着位置的变化而变化,整合式(10.19)得出比式(10.20)更复杂的表达式。在 T_1 和 T_2 温度下,对于内外半径分别为 r_1 和 r_2 的空心圆柱体,外表面单位面积的热通量为

$$G = \frac{-k'(T_1 - T_2)}{r_2 \ln(r_2/r_1)} \qquad (10.21)$$

对于空心球体,相应的通量密度为

$$G = \frac{k'(T_1 - T_2)}{r_2(r_2/r_1 - 1)} \qquad (10.22)$$

使用式(10.21)和式(10.22)来计算外形大约为圆柱形或球形的部分动物和鸟类的热传递。

式(10.21)对圆柱体或任何近似圆柱形的物体(如绵羊的躯干或人的手指)周围的绝热效率具有重要意义。该等式预测,对于跨绝热体的温差的固定值,圆柱体 $2\pi r_2 G$ 的单位长度热流将与 $\ln(r_2/r_1)$ 成反比。在稳定状态下,假设辐射交换忽略不计,传导率必须等于绝热体外表面的对流散热。如果空气温度为 T_3,则对流散热为

$$2\pi r_2 Nu(k/2r_2)(T_2 - T_3) = 2\pi r_2 G = 2\pi k'(T_1 - T_2)/\ln(r_2/r_1)$$

式中,k 为空气的导热系数;Nu 为努塞尔数。通过重新排列各项可以看出,圆柱体单位长度热损失为

171

$$2\pi r_2 G = \frac{2\pi k(T_1 - T_3)}{[(k/k')\ln(r_2/r_1)] + (2/Nu)} \qquad (10.23)$$

努塞尔数与 $(r_2)^n$ 成正比,其中强制对流下 $n = 0.5$,自由对流下 $n = 0.75$。当 r_2 增加时,热损失 $2\pi r_2 G$ 将因此增加或减少,这取决于中括号中的哪一项占分母的主导。为了找到 $2\pi r_2 G$ 与 r_2 无关的等值点,式(10.23)就 r_2 区分如下:

$$Nu = 2nk'/k$$

当努塞尔数大于该临界值时,绝热体的热损失随 r_2 的增加而增加;当其小于临界值时,热损失随着 r_2 的增加而减小。

如果假定空气的导热系数是恒定的,并且 $n=0.6$ 是混合对流的近似平均值,则 Nu 的临界值仅取决于绝热材料的导热系数 k'。对于动物皮毛和布料,$k \approx k'$,所以临界值 Nu 大致统一。在自然界中,这个大小的努塞尔数可能与寂静夜晚菜叶下的毛虫有关,也可能与洞穴中的动物有关,但对于大多数自然暴露于大气中的生物体,Nu 值会超过 10。因此,一般来说,动物的隔热将随着其毛发或皮毛的厚度而增加。

另一方面,脂肪组织的导热系数是静止空气导热系数的约 12 倍,因此皮下脂肪绝热的临界努塞尔数约为 14。当 Nu 大于 14 时,从传统意义上来说,脂肪是绝热的,但在 Nu 小于临界值的环境中,中年发胖的人可能随着其体重的增加,御寒能力越来越差。

10.4 绝热

绝热的定义是单位面积上单位热通量的温差。式(10.3)表明,它相当于 $r/\rho c_p$,其中 r 为隔热阻力,ρc_p 为体积比热。要将隔热单位(如 $K \cdot m^2 \cdot W^{-1}$)转换为阻力单位(如 $s \cdot cm^{-1}$),并且为了对比边界层 r_H 阻力,需要选择空气 ρc_p 的任意值,例如 $1.22 \times 10^3 \, J \cdot K^{-1} \cdot m^{-3}$,得出的 20℃ 条件下的值。在此基础上,阻力 $r=1 \, s \cdot cm^{-1}$ 等于隔热 $r/\rho c_p = 0.082 \, K \cdot m^2 \cdot W^{-1}$。Cena 和 Clark(1978)综述了动物皮毛和人类服装的绝热物理学。

在人体研究中的隔热单位是"clo",等于 $0.155 \, K \cdot m^2 \cdot W^{-1}$,相当于静止空气的 $1.86 \, s \cdot cm^{-1}$ 或 $0.39 \, cm \, (r_H = t/\kappa)$。clo 最初认为是保持静止的人的隔热,其代谢为 $50 \, kcal \cdot m^{-2} \cdot h^{-1}$(约 $60 \, W \cdot m^{-2}$),在 21℃、相对湿度小于 50%、空气流动为 $20 \, ft \cdot min^{-1}$ 的环境中无限期地保持舒适的感觉。服装绝热通常通过 clo 来记录。欧洲使用的单位是"tog",定义为 $0.1 \, K \cdot m^2 \cdot W^{-1}$ 的绝热,$1 \, clo = 1.55 \, tog$。Tog 单位经常用作羽绒被(被子)的绝热和一些户外服装的绝热。这种类型的专业单位几乎没有任何优点,倾向于将其与其他相关学科分开。表 10.1 总结了专业和国际标准单位的服装、睡袋和羽绒被的绝热值。

表 10.1 静止空气、人类服装、睡袋和羽绒被的绝热值

保暖材料	clo	tog	$K \cdot m^{-2} \cdot W^{-1}$	$r(s \cdot cm^{-1})$
静止空气(20℃时为 1 cm)	2.6	4.0	0.4	4.8
裸体人	0	0	0	0
热带服装	0.3	0.5	0.05	0.6

(续表)

保 暖 材 料	clo	tog	$K \cdot m^{-2} \cdot W^{-1}$	$r(s \cdot cm^{-1})$
轻便夏装	0.5	0.8	0.08	1.0
室内冬装	1.0	1.6	0.16	2.0
厚西装	1.5	2.3	0.23	2.8
最保暖户外服装	4.0	6.2	0.62	7.6
夏季睡袋(8～15℃)	2～3	3～5	0.3～0.5	3.7～6.1
冬季睡袋(−3～+10℃)	4.5～6.5	7～10	0.7～1.0	8.5～12.2
冬季羽绒被	8.4	13	1.3	15.9

注：阻力值基于 1.22×10^3 J·K·m^{-3} 中 ρc_p 的任意值。

10.4.1 动物的绝热

动物的绝热有三个部分：一层组织、脂肪和皮肤，温度从内部体温下降到平均皮肤温度；一层皮毛、羊毛、羽毛或衣服中相对静止的空气；以及阻力为 $d/(\kappa Nu)$ 的外界边界层。哺乳动物热传导的综合分析需要分别考虑躯干、腿、头等附体的热损失量。由于这些附属物通常保暖不佳，且比躯干小，所以它们会在单位面积上损失更多热量。实际上，附属物的热损失与身体的总热损失相比，通常较小，特别是在寒冷的条件下，流向附属物的血液可能减少以维持体温。然而，一些炎热环境的动物通过耳朵或尾巴消散大量热量。例如大耳朵的非洲象(耳朵两侧的表面积占全身表面积的约 20%)，其耳朵在炎热条件下拍打以散发热量。有证据表明，非洲象的耳朵拍打频率随温度的升高而增加(Buss、Estes，1971)。Phillips 和 Heath(1992)估计，在某些情况下，一只大非洲象可以通过拍打耳朵调节血液供给来达到热耗散的要求。Phillips 和 Heath(2001)在后续的理论研究中得出结论，卡通大象 Dumbo 的超大耳朵不仅能使迪斯尼的小象飞行，而且还可以散发特技飞行中产生的大量代谢热量。

某个物种的平均绝热值可以通过代谢性产热、外部热负荷和相关平均温度梯度的测量来确定。

10.4.2 组织的绝热

组织绝热的定义是内部体温和皮肤表面之间单位热流密度的温差。绝热受到皮肤下血液循环的巨大影响，血管的收缩和扩张可以将组织阻力改变 2～3 倍。为了与头发和空气的传热阻力进行比较，文献中已经将组织绝热值乘以 20℃下空气的体积热容 ρc_p。表 10.2 展示了传热阻力从血管扩张的最小 0.3 s·cm^{-1} 变化到血管收缩时的 1～2 s·cm^{-1}。

表 10.2 动物的传热阻力：边缘组织和皮毛

组织（Blaxter，1967）	s·cm^{-1}	
	血管收缩	血管扩张
小公牛	1.7	0.5
人类	1.2	0.3
小牛	1.1	0.6
猪（3 个月）	1.0	0.6
绵羊	0.9	0.3

皮毛（Blaxter，1967；Hammel，1955）	s·cm^{-1} 每厘米深	静止空气百分比
空气	4.7	100
赤狐	3.3	70
山猫	3.1	65
臭鼬	3.0	64
哈士奇	2.9	62
美利奴羊	2.8	60
绵羊	1.9	40
黑面羊	1.5	32
切维厄特绵羊	1.5	32
爱尔夏牛		
平毛	1.2	26
竖毛	0.8	17
格罗威牛	0.9	19

经验公式如下：

$$r_{max} = 0.155 W^{0.33} \tag{10.24}$$

此经验公式将最大组织阻力 r_{max}（s·cm^{-1}）与体重 W（kg）联系起来，并对几种动物种类（从重 1.5 kg 的仔猪到重 450 kg 的牛）进行合理估计（Bruce、Clark，1979；Turnpenny 等，2000；Berman，2004）。

作为全身的平均值，血管收缩期间人体皮肤的导热系数似乎比静止空气的导热系数高约一个数量级，即约 0.2～0.3 W·m^{-1}·K^{-1}，手指的测量值显示导热系数随血流速率呈线性增加。血管收缩期间皮肤的有效平均厚度约等于 2.5 cm 的组织或 0.25 cm 的静止空气。根据皮下组织的厚度和性质以及曲率，这些数字之下隐藏的是四肢和附属物绝热的区域差异。

10.4.3 皮毛——混合模式

在田野和建筑物内存在许多系统，其中几种传热模式会同时运行，但是其中一种模式通常占主导地位,并且通过忽略其他模式获得良好的近似传递速率。然而,在动物皮毛和衣服中,分子传导、辐射、自由和强制对流都起着重要的作用,现将对此进行证明。

多名学者已对动物皮毛的传热阻力进行了测量,例如以 $K \cdot m^2 \cdot W^{-1}$ 或 clo/in[①] 单位表示。这些单位掩盖了一个重要的物理事实:头发、羊毛和衣服的导热系数在数量级上与静止空气的导热系数相同。(其他人对于"静止"空气和"闭塞空间空气"之间的区别主要是基于算术误差,两者在物理上的定义是相同的,虽然在实践中,在不通过增加导热系数的对流空气循环的情况下,难以实现一层静止空气的温度梯度。)

静止空气的导热系数在 20℃时为 2.5×10^{-2} W · m^{-1} · K^{-1},相当于 1 cm 层厚的阻力为 4.8 s · cm^{-1}、2.58 clo/cm、4.0 tog/cm 或 6.6 clo/inch。Scholander 等(1950)发现,从地鼠到熊等大范围野生动物单位厚度皮毛的绝热值是非常均匀的,如图 10.12 所示的观察值的近似线性关系所显示。从他的测量得到的平均绝热值常常为 4 clo/inch,这意味着 1 in 的皮毛与 4/6.6 in 或 0.6 in 静止空气绝热值相同。在静止空气方面,绝热效率为 60%。简单的计算表明,沿着毛发纤维的传导是微不足道的,但是至少另外两种传热模式可能是皮毛失效为表观上像是静止空气的原因:

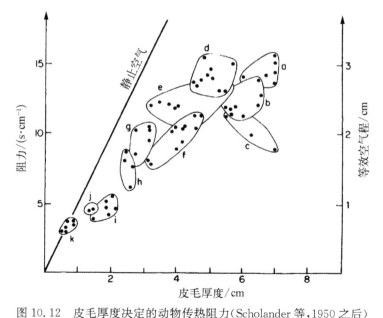

图 10.12 皮毛厚度决定的动物传热阻力(Scholander 等,1950 之后)
注:a 戴尔绵羊;b 狼、灰熊;c 北极熊;d 白狐;e 驯鹿、北美驯鹿;f 狐狸、狗、海狸;g 兔子;h 貂;
    i 旅鼠;j 松鼠;k 地鼠

———————————

① 1 英寸(in)=2.54 厘米(in)。

（1）从毛发较暖层到较冷层有明显的辐射传输；

（2）由温度梯度产生的浮力是自由对流产生的原因。

从第一种可能性开始，Cena 和 Monteith（1975）使用比尔定律来分析暴露于辐射的皮毛样本中的辐射通量随厚度的变化。皮毛中的厚度由拦截参数（p）表示。对于等温皮毛的长波辐射，将毛发假设为黑体可以得出 p 的预测值可以接近于由头发几何结构得到的测量值，绵羊的值从 4 增加到 5 cm^{-1}，皮毛顺滑的小牛和鹿的值达 18 cm^{-1}。

对于皮肤和外表面之间具有均匀温度梯度的非等温皮毛，发现热通量与梯度成正比，等效辐射传导系数为

$$k_R = (4/3)4\sigma T^3/p \tag{10.25}$$

假设 $4\sigma T^3 = 6.3$ W·m^{-2}·K^{-1}（在 $T = 293$ K 的情况下），因此 k_R 的范围为从小牛毛的 0.004 W·m^{-1}·K^{-1} 到绵羊羊毛的 0.02 W·m^{-1}·K^{-1}。这些数字意味着通过合并并行的分子传导和辐射传导确定的动物皮毛的有效导热系数不可能与静止空气一样小，并且可能是具有类似结构的羊毛和皮毛的两倍。通过 $r_R = \rho c_p/k_R$［其中 ρc_p 为某个任意值（例如，在 20℃ 下为 1.22 kJ·m^{-3}·K^{-1}）］可以计算得出单位厚度阻力的相应值。

即使允许辐射传递，几种类型皮毛的传导性也远大于基于通过分子传导和辐射预测的值，并且差异随着毛发温度梯度的大小而增加。这表明，必须包含自由对流，因为这种传热模式的有效导热系数与温差的 0.25 次方成正比。发现分配给自由对流的传热速率与数量级约为 1 cm·s^{-1} 皮毛内的空气流速一致。

因此，分子传导、辐射和自由对流说明了表 10.2 中传热阻力的范围。已经有几次尝试将动物皮毛的绝热与皮毛的结构和重量联系起来。Wathes 和 Clark（1981b）证明，家禽（即羽毛和外皮）的皮毛阻力随着单位面积的羽毛质量 W_f（kg·m^{-2}）而增加，根据关系得出：

$$r = 6.5W_f + 1.5 \tag{10.26}$$

式中，r 的单位为 s·cm^{-1}。将鸟饲养在层架式笼舍中时，由磨损或啄食损坏的皮毛的 W_f 为 0.05～0.8 kg·m^{-2}。阻力在 2～7 s·cm^{-1} 时表明，在这种系统类型中，管理不善可能导致大量的热损失，因此导致生产率下降。在未损伤的皮毛中，6 s·cm^{-1} 的平均羽毛阻力与其他鸟类报告的值相似，每厘米皮毛厚度的阻力为 1.8 s·cm^{-1}，与羊的阻力相当。然而，Ward 等（2001）比较了家养和自由放养鸟类的皮毛隔热情况，发现两者的差异并不明显。他们得出结论，行为（例如蜷缩或选择庇护的微气候）可能比确定家养和自由放养家禽热平衡的皮毛隔热差异更为重要。雄性帝企鹅在南极冬季挤作一团减少热损失。研究表明，几百只挤作一团的企鹅中的一个企鹅的平均热损耗不到同一环境中单独企鹅热损耗的一半。

在自然环境中,强制对流也在皮毛中发挥重要作用,在一定程度上由风速 V 和风向确定。文献中包含许多实验的结果,这些实验旨在证明皮毛和衣服的传热阻力与 V 的平方根成比例降低。然而,仔细重新分析数据表明,阻力倒数的皮毛导热系数随 V 呈线性增加,即

$$r(V)^{-1} = r(0)^{-1}(1 + bV) \tag{10.27}$$

式中,$r(V)$ 为风速 V 下的阻力;b 为皮毛透风度的常数(Campbell 等,1980)。厚皮毛的 b 值约为 $0.1\,\mathrm{s} \cdot \mathrm{m}^{-1}$,因此静止空气中 $10\,\mathrm{s} \cdot \mathrm{m}^{-1}$ 阻力的厚皮毛在 $10\,\mathrm{s} \cdot \mathrm{m}^{-1}$ 的风速下仅有该阻力的一半。对于一定范围内的皮毛结构,b 为 $0.03 \sim 0.23\,\mathrm{s} \cdot \mathrm{m}^{-1}$;服装中 b 值可以从 T 恤的约 $1.0\,\mathrm{s} \cdot \mathrm{m}^{-1}$ 到特殊防风织物的 $0.05\,\mathrm{s} \cdot \mathrm{m}^{-1}$。

式(10.27)最简单的解释是风完全破坏了厚度为 t 的羊毛或服装的保暖,如下:

$$t = lbV/(1 + bV) \tag{10.28}$$

式中,l 为材料的总厚度。

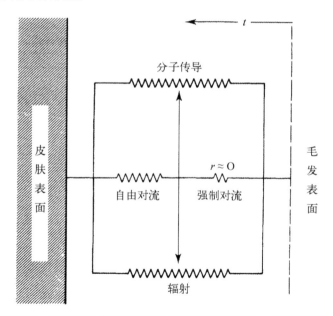

图 10.13　通过动物皮毛传热的电子模拟,透风深度 t 位于表面之下
(McArthur、Monteith,1980b)

10.5　习题

1. 估算风速 $2.0\,\mathrm{m} \cdot \mathrm{s}^{-1}$ 且特征尺寸为 $50\,\mathrm{mm}$ 的平板的努塞尔数。现在

假设真实的叶片可视为具有相同特征尺寸的平板,但是其努塞尔数是前面计算的值的两倍(即 $\beta=2$)。当叶片和空气温度的差为 1.5℃ 时,估计在 $2.0\,\mathrm{m\cdot s^{-1}}$ 风速下叶片的对流热传递速率。

2. 直径 4 mm 的蚕垂直悬挂在风速为 $0.1\,\mathrm{m\cdot s^{-1}}$ 的冠层中光斑中的丝上。如果蚕的温度比空气温度高 5℃,估计其对流热损失率。

3. 在有效辐射温度和空气温度为 20.0℃,风速为 $1.0\,\mathrm{m\cdot s^{-1}}$ 的环境中,反射系数为 0.40 的温度计元件暴露于 $300\,\mathrm{W\cdot m^{-2}}$ 太阳辐射的平均辐照度。如果温度计对流传热的阻力 r_H 为 $80\,\mathrm{s\cdot m^{-1}}$,温度计会显示什么温度? 测试了两种改进温度计的方法:(1)用白漆涂覆元件,反射系数为 0.90,(2)用辐射屏蔽围绕该元件,发射率一致,但是将灯泡周围的风速 u 减小到 $0.5\,\mathrm{m\cdot s^{-1}}$。如果辐射屏蔽将灯泡的平均太阳辐照度降低到 $90\,\mathrm{W\cdot m^{-2}}$,假设 r_H 与 $u^{-0.5}$ 成正比,计算哪种方法的温度误差较小。

4. 单株花蕾可以看作直径 10 mm 的球体。花蕾暴露于无云夜空, $\mathbf{L}_d = 230\,\mathrm{W\cdot m^{-2}}$。地面温度为 273 K,空气温度为 275 K。如果温度低于 273 K,花蕾可能会死亡。计算使花蕾温度维持在 273 K 时所需要的额外热通量。建议如何改进微气候来保护花蕾。

5. 当风速为 $0.5\,\mathrm{m\cdot s^{-1}}$ 且阳光明媚的条件下,绵羊(视为圆柱体,直径为 1.0 米)的羊毛温度比空气温度高 40℃。其对流热损失能否可以视为强制或自由对流? 边界层最有可能是层流还是湍流? 估算对流热损失率。

6. 直径 20 cm 的年幼动物外形可视为圆柱形。其核心(直径 16 cm)温度为 37℃,皮肤温度为 30℃,周缘组织的导热系数为 $0.60\,\mathrm{W\cdot m^{-1}\cdot K^{-1}}$。忽略圆柱端部的热损失的情况下,估计皮肤表面单位面积的热通量。

第 11 章
质量传递：气体和水蒸气

　　生物体与周围空气之间的气体和水蒸气的交换存在两种扩散模式。分子在生物体内扩散（例如在动物的肺中或在叶子的气孔下腔中），这种模式在形成围绕整个生物体边界层的稀薄空气中发挥作用。虽然分子扩散持续起着作用，并且是湍流功能最终转化为热能的主要原因，但是湍流扩散才是自由大气中质量传递的主要模式。

　　湍流在大气中（在平静晴朗夜晚接近地球表面的大气除外）无处不在。水蒸气和二氧化碳的湍流传输对于所有高级的生命是至关重要的。一棵健康的绿色植物在一天之内所吸收的二氧化碳相当于冠层至高度约 30 m 之间的所有二氧化碳的量，这样一种关系可作为大气湍流程度测量的一种手段。实际上，尽管由于光合作用，大气中二氧化碳的浓度在日出和日落之间减少，但这种消散很少超过地面附近昼夜平均浓度的 15%。这些数字意味着湍流传输使得植被能够从混合行星边界层（PBL）的深处提取 CO_2。Bakwin 等（1998）的测量可以得到大气混合效率的定量标定。Bakwin 等对威斯康星州和北卡罗来纳州的高电视塔的 CO_2 混合比的垂直廓进行测量。距离地面 400～500 m 的整个层面在夏日下午的混合比要比日平均值低约 2～3 ppm[1]，并且可能 PBL 深度 1～2 km 的情况也是如此。他们得出结论，在此期间，由于地表植物吸收而使 PBL 中 CO_2 产生的损失会由 PBL 顶部 CO_2 的夹带输入进行平衡。

　　现根据边界层、多孔隔膜和自由大气中的扩散来描述质量传递过程。

11.1　无因次组

　　质量传递到悬浮在运动气流中的物体或从悬浮在运动气流中的传递出的质量类似于通过强制对流的热传递，并且与类似于传热学的努塞尔数的无量纲参数相关。下列等式定义了舍伍德数 Sh：

$$\mathbf{F} = ShD(\chi_s - \chi)/d \tag{11.1}$$

式中，$\mathbf{F}$ 为单位表面积气体的质量流量，$g \cdot m^{-2} \cdot s^{-1}$；$\chi_s$，$\chi$ 为表面和自由大气中气体的平均浓度，$g \cdot m^{-3}$；D 为气体在空气中的分子扩散系数，$m^2 \cdot s^{-1}$。

　　Thomas Sherwood 是美籍化学工程师，在质量传递和流量的相互作用分

---

①　$1 \ ppm = 10^{-9}$。

析方面取得了实质性的进展。重新排列式(11.1)如下：

$$Sh = \frac{\mathbf{F}}{D(\chi_s - \chi)/d} \tag{11.2}$$

因此舍伍德数可以解释为实际传质速率 $\mathbf{F}$ 与在厚度 d 的静止空气层上建立相同的浓度差而产生的传质速率之比。相应的传质阻力通过对比式(11.1)与以下等式得出：

$$\mathbf{F} = (\chi_s - \chi)/r \tag{11.3}$$

其中，$r = d/(DSh)$［参见 $r_H = d/(\kappa \cdot Nu)$］。水蒸气和二氧化碳的阻力和扩散系数将通过下标来区分，并且通过 $r_V = d/(D_V Sh)$ 和 $r_C = d/(D_C Sh)$ 进行关联。水蒸气和二氧化碳的 D 值见附录 A，表 A.3。

11.1.1 强制对流

正如强制对流的努塞尔数是 Vd/ν（雷诺数）和 ν/κ（普朗特数）的函数一样，舍伍德数是 Vd/ν 和 ν/D 的函数，ν/D 比值称为施密特数（缩写为 Sc）。（德国工程师 Ernst Schmidt 指出传热和传质的相似性，并且首先提出使用铝箔进行辐射屏蔽）。作为传热和传质类比的例子，在平板表面进行质量交换的舍伍德数表述如下

$$Sh = 0.66 Re^{0.5} Sc^{0.33} \tag{11.4}$$

参考

$$Nu = 0.66 Re^{0.5} Pr^{0.33} \tag{11.5}$$

在两式中，$0.66 Re^{0.5}$ 是层流边界层中热量、质量和动量之间的分子扩散基本相似的结果，$Sc^{0.33}$ 和 $Pr^{0.33}$ 是质量和热量边界层的有效厚度的差异。

对于传热由强制对流控制的任一系统，Sh 和 Nu 之间的关系由式(11.4)除以式(11.5)得出：

$$Sh = Nu(Sc/Pr)^{0.33} = Nu(\kappa/D)^{0.33} \tag{11.6}$$

有时将 κ/D 之比称为路易斯数(Le)(Warren Lewis 被誉为美国化学工程之父，率先开展同时存在传热和传质的分析，并将其应用于石油行业的炼油工程)。在 20℃ 的空气中，水蒸气的 $(\kappa/D)^{0.33}$ 为 0.96，CO_2 为 1.14（参见附录 A，表 A.2）。相应的阻力比为

$$r_V/r_H = (\kappa/D_V)^{0.67} = 0.93,$$

$$r_C/r_H = (\kappa/D_C)^{0.67} = 1.32.$$

11.1.2 自由对流

在自由对流中，热或冷物体周围的空气流通由温度梯度、水蒸气浓度梯度

或两者的组合产生的空气密度差异决定。由于努塞尔数与格拉晓夫数和普朗特数相关，即

$Nu = CGr^m Pr^m$（C 为常数），舍伍德数 $Sh = CGr^m Sc^m = NuLe^m$，其中 m 在层流时为 1/4，湍流时为 1/3。为了计算同时存在热量传递和水蒸气质量传递的格拉晓夫数，可以用虚拟温差来替代表面和空气温度之差 $T_0 - T$。如果 e_0 和 e 表示表面和空气中的蒸汽压，p 表示空气压力，则对应于 $T_0 - T$ 的虚拟温差为

$$T_{v0} - T_v = T_0(1 + 0.38e_0/p) - T(1 + 0.38e/p) \tag{11.7}$$

$$= (T_0 - T) + 0.38(e_0 T_0 - eT)/p \tag{11.8}$$

式中，T 的单位为 K。当 T 接近 T_0 时，蒸气压这一项的重要性可以通过一个例子进行说明：一个人处于 30℃ 静止空气和 20% 相对湿度的环境中，被 33℃ 的汗水所包裹，则 $e_0 = 5.03$ kPa，$e = 0.85$ kPa（来自附录 A，表 A.4）。$T_0 - T$ 为 3 K，$0.38e_0 T_0 - eT/p$ 为 4.9 K（假设 $p = 101.3$ kPa），虚拟温差为 7.9 K。考虑到蒸气压差的格拉夫数的大小为单独的温差计算结果 $[(T_{v0} - T_v)/(T_0 - T) = 7.9/3 = 2.6]$ 的 2.6 倍。忽略蒸汽压梯度的情况下，计算努塞尔数或舍伍德数（与 $Gr^{0.25}$ 成正比）的相应误差约为 -27%。

当温度和水蒸气浓度都是高度的函数时，可以使用类似的计算来确定大气稳定性。

11.2　质量传递的测量

11.2.1　平面

对于光滑平板上的层流，水蒸气的舍伍德数为 $0.57Re^{0.5}$[式（11.4）中水蒸气 $Sc^{0.33} = 0.86$（附录 A，表 A.2）]，由图 11.1 中的实线表示。Powell（1940）得出直径为 5~22 cm 且平行于风（虚线）的圆盘的相似关系 $Sh = 0.41Re^{0.56}$。Thom（1968）测量了附属于图 9.4 所示模型豆叶的滤纸的蒸发量，并使用溴苯和水杨酸甲酯以及水来获得一系列的扩散系数（从 5.4×10^{-6} 到 24×10^{-6} m^2·s^{-1}）。在超过 1 m·s^{-1} 的风速下，所有三种蒸气的质量传递可由 $Sh = 0.7Re^{0.5} Sc^{0.33}$ 描述，即在预测值的百分之几内[式（11.4）]。Thom 的水蒸气测量结果如图 11.1 所示，当风速小于 1 m·s^{-1}（$Re < 2800$）时，舍伍德数值大于预测值，可能是因为传质速率因叶片周围空气密度差异而增加。

Chamberlain（1974）通过将放射性铅蒸气作为示踪物，其能够完全被暴露于其的表面吸收，以此在约 11 cm×11.5 cm 的模型豆叶上的不同位置测量传质速率。图 11.2 显示，当样本与风洞中的流体流动平行时，舍伍德数的测量值与标准关系和 Thom 的观察结果一致。当叶片与流体流动（未显示）成一定

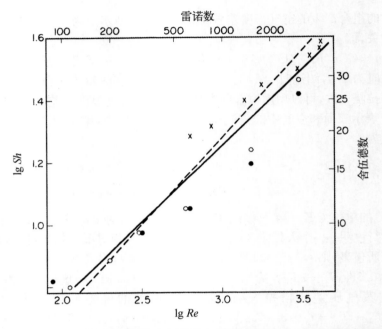

图 11.1　平行于气流的平板的舍伍德数与雷诺数的关系。实线表示标准关系 $Sh = 0.57Re^{0.5}$；虚线表示 Powell(1940) 的圆盘测量值；×表示 Thom(1968) 对模型豆叶的测量值；○表示 Impens(1965) 对苜蓿和鸭茅叶片复制品的测量值

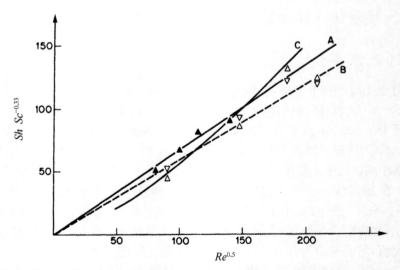

图 11.2　气流和平行于气流的平面的传质测量的比较，为得出式(11.4)中的斜率绘制出无量纲组 $ShSc^{-0.33}$ 随 $Re^{0.5}$ 变化的曲线

标志和线条示意：▲小型叶片；△大型叶片；▽大型叶片(中心条纹)；A—Pohlhausen(1921)；B—Thom(1968)；C—Powell(1940)(引自 Chamberlain，1974)

角度时，在逆风方向上倾斜的表面的局部边界层阻力从前缘到后缘增加约 4 倍。相比之下，顺风面仅次于前缘的位置阻力最大——由于遮蔽效应，而后随着距离的增加阻力逐渐减小，这可能是因为表面暴露于边缘背风处形成的涡流。两面的平均阻力几乎与暴露角度无关。

对于真正的叶片来说，风向几乎不是恒定的，局部边界阻力的差异通常会比前文所述的小（较不规则）。传质和传热与叶片角度的相关性通常是辐射吸收差异而不是传递系数差异导致的结果。

当 Chamberlain 测量了生长在冠层中真实豆叶的铅蒸气的吸收速率时，舍伍德数比孤立模型预估的测量值高约 25%。β 的对应值为 1.25。这与 Haseba(1973) 测量的柑橘叶的蒸发一致，如图 11.3 所示，β 随叶面积密度（单位体积的冠层面积）的增加而增加。对于农作物，叶面积密度通常约为 0.1，因此图 11.3 表明实际上 β 应为 1.1～1.2，与热量传递的结论一致。如果叶片飘动，将会产生较大的值。

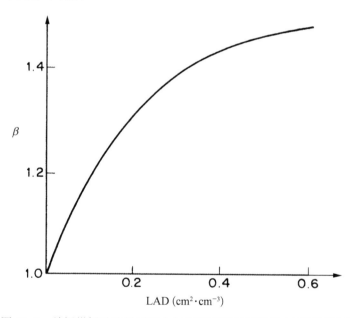

图 11.3　单棵柑橘叶边界层阻力与指定叶面积密度(LAD)下冠层中
叶片测量的阻力之比 β(Haseba，1973 年重绘)

11.2.2　圆柱体

当雷诺数为 $10^3 \sim 5 \times 10^4$ 时，圆柱体的努塞尔数可表示为 $Nu = 0.26Re^{0.6}Pr^{0.33}$，相应的舍伍德数为 $Sh = 0.26Re^{0.6}Sc^{0.33}$（在空气中，$Sh = 0.22Re^{0.6}$）。Powell 对风洞中湿圆柱体蒸发的测量结果与此关系高度符合，并由图 11.4 中的实线表示。当雷诺数为 $4\times10^3 \sim 4\times10^4$ 时，通常使用 $Nu =$

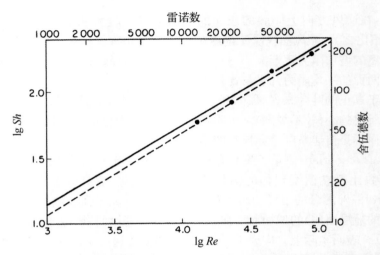

图 11.4　与气流成直角的湿圆柱体的舍伍德数与雷诺数之间的关系。实线
　　　　 表示 $Sh = 0.22Re^{0.6}$；虚线表示 $Sh = 0.16Re^{0.62}$。点数据由 Rapp
　　　　 (1970)根据 Kerslake 对满身汗水的人类的测量值计算得出

$0.17Re^{0.62}$，相应的舍伍德数 $Sh = 0.16Re^{0.62}$ 由图 11.4 中的虚线表示。

　　根据湍流强度，Nobel(1974)测量了湿的纸圆柱体($d = 2$ cm)的蒸发阻力，发现 10％的湍流足以使边界层阻力降低 22％，意味着在舍伍德数的相应表达中 $\beta = 1.22$。当湍流强度从 10％提高到 70％时，阻力仅有略微的继续下降。与传热的实验一样，β 的观测值必须在一定程度上反映与物体尺寸以及湍流强度相关的湍流漩涡的尺寸。

　　Rapp(1970)测量了满身汗水的裸体人类的蒸发损失值，其与舍伍德数预测的相当直径圆柱体的值相吻合。他计算的结果单位经过转化后如图 11.4 所示。

11.2.3　球体

　　球体的努塞尔数可以在很宽的 Re 范围内以 $Nu = 0.34Re^{0.6}$ 的形式表示（附录 A，表 A.5），相应的舍伍德数为 $Sh = 0.34Re^{0.6}Le^{0.33}$（水蒸气为 $0.32Re^{0.6}$）。分析 Powell（1940）湿球体蒸发测量的结果，得出 $Sh = 0.26Re^{0.59}$，比从公认的热传递速率预测值小约 20％。

　　当湍流强度 i 约为 1％时，直径 6 cm 的软木球体的传热速率接近预测值，但当 $i = 30$％时，$\beta = 1.1$；$i = 70$％时，$\beta = 1.14$(Nobel, 1975)；这与传质对湍流的敏感性十分相似。

11.3　通风

　　当某类系统的通风引起质量传递时，可以使用将质量通量与适当的势梯度相关的等式来定义传递阻力，与已讨论过的扩散阻力的值保持一致。相关实例有温室内外空气二氧化碳的交换、通过动物肺部蒸发的水蒸气损失，以及开顶式内庭中气体的交换。

如果温室中的空气被充分混合使得内部空气中的二氧化碳浓度达到一个均衡的值 ϕ_i（$m^3 CO_2\, m^{-3}$ 空气），且外部空气中的二氧化碳浓度为 ϕ_e，从外部空气吸收二氧化碳的温室植物吸收速率可以写为

$$Q = \rho_c v N(\phi_e - \phi_i)gh^{-1} \tag{11.9}$$

式中，v 为温室中空气的体积，m^3；N 为每小时换气次数；ρ_c 为 CO_2 密度（$g \cdot m^{-3}$）。以占地面积 A 同时除以式（11.9）的两边，可以得到单位面积的二氧化碳通量。

$$F = Q/A = \rho_c v N(\phi_e - \phi_i)/A \tag{11.10}$$

CO_2 扩散阻力 r_c 可以写为

$$F = \rho_c(\phi_e - \phi_i)/r_c$$

对比两个等式得到

$$r_c = A/vN = (N\bar{h})^{-1} \tag{11.11}$$

式中，$\bar{h}$ 为房子的平均高度。例如，如果 N 表示每小时换气 10 次，且 $\bar{h} = 3\,m$，则 r_c 等于 $1/30\ h \cdot m^{-1}$ 或 $120\ s \cdot m^{-1}$，与边界层和气孔阻力大小相当。Roy 等（2002）综述了混合均匀的温室中的传热和传质情况。

类似方法也适用于动物的质量传递。如果 V 是动物每分钟呼吸的气体体积（"分钟通气量"），而 A 是皮肤表面积，则每单位皮肤面积的水分损失为

$$\mathbf{F} = V[\chi_s(T_b) - \chi]/60Ag \cdot m^{-2} \cdot s^{-1} \tag{11.12}$$

式中，$\chi_s(T_b)$ 是在内部体温 T_b 下饱和的水蒸气浓度，χ 是环境浓度，均以 $g \cdot m^{-3}$ 表示。那么水蒸气传递阻力为

$$r_v = 60A/V$$

对于静止的中等体型的人类，$V = 10^{-2}\ m^3 \cdot min^{-1}$，如果 $A = 1.7\ m^2$，则 r_v 为 $104\ s \cdot m^{-1}$ 或 $100\ s \cdot cm^{-1}$，即比出汗裸体人类的躯干边界层阻力的常规值大约两个数量级。即使在 V 可能达到 $10^{-1}\ m^3 \cdot min^{-1}$ 的快速呼吸期间，呼吸的扩散阻力将超过边界层阻力一个数量级，当皮肤被汗水覆盖时，肺部蒸发引起的水分损失将比皮肤蒸发率小得多。

为了确定作物对污染气体或二氧化碳浓度升高的反应，通常使用具有开放顶部的圆柱形温室（图 11.5）来尝试改变在田间生长的植物周围的空气质量，而不会在微气候的其他方面发生大的变化（Heagle 等，1973）。对于空气质

图 11.5 在 Sutton Bonington 的豆类田地的开放式温室。与温室相邻的箱子内有用于通风的风扇，一些还有用于吸收气态空气污染物的木炭过滤器。开放顶部的"截锥"设计降低了未过滤空气的侵入速度（见正文）

量研究,风扇将通过吸收污染物的过滤器的空气吹入温室底部；其他温室则没有过滤器，以此作为"控制"处理。额外的污染物或 CO_2 也可能被注入某些温室的通风气流中（Unsworth 等,1984；Mulholland 等,1998）。然而，有过滤器的开顶温室的污染物浓度通常不为零，因为一些未过滤空气会从开顶处进入。图 11.6 表示了一个简单的阻力模拟，可用于估算温室中（其中有吸收污染物的过滤器）污染气体的浓度。通过开顶的气体交换（入侵）视为由室外空气浓度 ϕ_e 和室内浓度 ϕ_i 之间的势差驱动。入侵阻力由 $r_i = A/vN_i$ 得出，其中 A 表示温室占地面积，v 表示体积，N_i 表示通过开口顶部的空气交换率。同样地，通过过滤器的气流由势差 $\phi_o - \phi_i$ 驱动，且被风扇通风的阻力 r_f 所限制（N_f 为每秒换气次数）；ϕ_o 表示通过过滤器后的气体浓度（通常接近于零）。为了完成一般模拟，将室内植物和土壤（其中 ϕ 假设为零）的污染物通量由

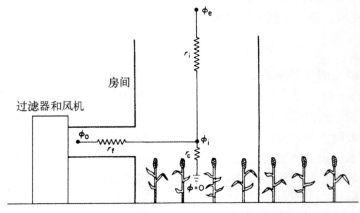

图 11.6 开顶房间和等效阻力模拟的示意图

$(\phi_i - 0)/r_c$ 决定，其中 r_c 表示植物冠层阻力。从通量守恒可以得出

$$\frac{\phi_o - \phi_i}{r_f} + \frac{\phi_e - \phi_i}{r_i} = \frac{\phi_i - 0}{r_c}$$

在 $\phi_i = 0$ 的理想情况下，

$$\phi_i/\phi_e = \left[1 + r_i \left(\frac{1}{r_f} + \frac{1}{r_c} \right) \right]^{-1} \tag{11.13}$$

对于 Heagle 等(1973)设计的一组温室，Unsworth 等(1984a,b)估算的阻力如下：$r_f = 6 \text{ s} \cdot \text{m}^{-1}$（每分钟换气约三次）；$r_i$ 从室外风速为 $1 \text{ m} \cdot \text{s}^{-1}$ 时的约 $50 \text{ s} \cdot \text{m}^{-1}$ 减少至风速为 $6 \text{ m} \cdot \text{s}^{-1}$ 时的约 $15 \text{ s} \cdot \text{m}^{-1}$；表示大豆冠层的臭氧吸收的 r_c 的最小值约为 $70 \text{ s} \cdot \text{m}^{-1}$。式(11.13)表明，室内污染物浓度 ϕ_i 将从最低风速时的约 $0.1\phi_e$ 增加到 $6 \text{ m} \cdot \text{s}^{-1}$ 时的 $0.3\phi_e$。开顶温室不太可能设计成比这更加有效，同时也不会实质上改变温度和湿度等微气候的其他特征。

11.4　孔隙中的质量传递

11.4.1　叶片气孔阻力

当叶片蒸腾时，水分从叶肉（内部）细胞壁蒸发，扩散到气孔下腔，经过气孔孔隙，最后穿过叶边界层进入自由大气中。在光合作用过程中，二氧化碳分子会遵循相同的路径，但是方向不同。图 11.7 是单个气孔孔隙的示意图，表示了调节气孔孔隙大小的保卫细胞，相对不透水的角质层，叶肉细胞以及气室

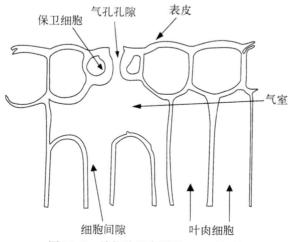

图 11.7　单气孔示意图(Jones，1992)

和细胞间隙。植物通过保护细胞渗透势的变化维持对气孔孔隙尺寸的主动控制,即使完全打开时,气孔仅占叶表面积的 $0.5\%\sim5\%$,几乎所有的水蒸气和 CO_2 在叶片和大气之间均通过这些气孔进行交换(Jones,1992)。

孔隙扩散的严格处理是因为考虑到扩散气体间的相互作用以及为平衡水蒸气压差所需的气孔的气压差。存在一类不可忽视这些复杂性的问题(例如细胞间二氧化碳浓度的精确估算),但在许多实际情况中,下文中对气孔的基本处理就已经足够了。

因此,可以假设对于叶片来说,特定气体气孔孔隙的阻力仅取决于其几何结构、尺寸和间隔,而边界层的阻力取决于叶片尺寸和风速。

通量和阻力的单位转换

如前文所述,在植物生理学中,通常以 $\text{mol} \cdot \text{m}^{-2} \cdot \text{s}^{-1}$ 和每 mol 空气中的 mol 气体浓度表示通量单位。导度与通量单位相同,阻力是导度的倒数。为了单位转化,$\text{mol} \cdot \text{m}^{-2} \cdot \text{s}^{-1}$ 的导度必须乘以 $\text{m}^3 \cdot \text{mol}^{-1}$(STP 为 0.022 4),变为 $\text{m} \cdot \text{s}^{-1}$ 单位,以 $\text{mol}^{-1} \cdot \text{m}^2 \cdot \text{s}$ 为单位的阻力须乘以 $\text{mol} \cdot \text{m}^{-3}$(STP 为 44.6)变为 $\text{m} \cdot \text{s}^{-1}$ 单位。对于 STP 以外的温度和压力,必须使用气体定律(第 2 章)修正转换因子。

Meidner 和 Mansfield(1968)列出了 27 种物种(包括农作物、落叶树和常绿树)的气孔数量和尺寸。许多物种的叶片每平方毫米具有 $100\sim200$ 个气孔,分布在上表皮和下表皮(两门气孔叶)或仅分布在下表面(气孔下生叶)。孔深度通常在 $10\sim30~\mu m$,完整气孔(包括负责打开和关闭气孔的保护细胞)所占面积范围可从苜蓿中的 $25~\mu m \times 17~\mu m$ 到对开蕨(鹿舌草)的 $72~\mu m \times 42~\mu m$。

因为叶片中气孔常常较小且多,所以物种中气孔所占的叶面部分变化不大。但是气孔的几何结构在物种之间差异较大:草的气孔通常长且窄,成行排列平行于中脉,而甜菜和蚕豆的椭圆形气孔为随机取向,但均匀分散在表皮上。

图 11.8 中的阻力关系是叶片的细胞间隙和外气之间水蒸气扩散的电子模拟。前文已经讨论了边界层阻力 r_V 的计算,微风中的小叶片值为 $30\sim100~\text{s} \cdot \text{m}^{-1}$。

11.4.2 扩散阻力的测量

1. 叶片、真菌和果实

气孔阻力通常通过在单个叶片上夹紧小腔(透明小容器)并测量单位叶面积的失水率 E、叶温和内部(混合)空气的温度和湿度来测量。从这些测量结

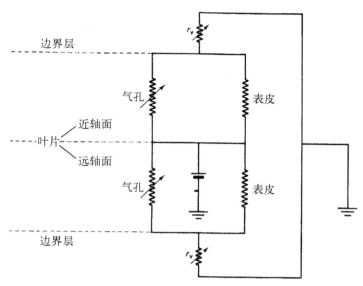

图 11.8　通过上（近轴）下（远轴）表皮的气孔和表皮扩散叶片
水分蒸发损失的等效电路

果可以看出，假设气孔孔隙的空气在叶片温度下饱和，气孔阻力 r_s 可以从式
(11.3)计算得出。当叶片阳光充足，水分充足且周围空气相对潮湿时，可以观
察到最小气孔阻力。改编自 Jones(1992)的图 11.9 总结了不同植物类型最小
气孔阻力的平均值和范围。

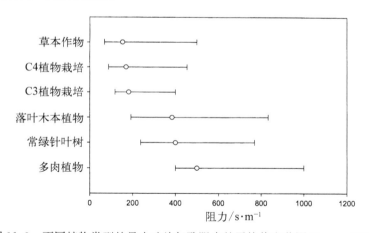

图 11.9　不同植物类型的最小叶片气孔阻力的平均值和范围(Jones，1992)

　　例如多肉植物和仙人掌等旱生植物通常具有较大的最小阻力，这也符合
它们需要储存水分的特性。许多中生植物（适应中度供水环境的植物）在 50～
$300\ \mathrm{s \cdot m^{-1}}$ 内气孔阻力最小，其与栽培牧草、谷物和草本作物相关。树叶的最
小阻力通常比短植被的最小阻力大。

中生植物的表皮阻力值为 $2 \times 10^3 \sim 6 \times 10^3$ s·m^{-1},在旱生植物中为 $4 \times 10^3 \sim 40 \times 10^3$ s·m^{-1}。在两种类型植物中,表皮阻力通常大于气孔阻力,其在水蒸气和 CO_2 转移中的作用通常可以忽略。Jones(1992)总结了气孔阻力测量和生理控制的大量文献。

Nobel(1975)发现,真菌(担子菌)子实体的水蒸气损失阻力为 $30 \sim 60$ s·m^{-1};许多树种果实的水蒸气损失阻力为 $3 \times 10^3 \sim 700 \times 10^3$ s·m^{-1}。因为果实表层变厚,阻力通常随成熟度而增加,例如从绿橙的 600 s·m^{-1} 逐渐增长到成熟橙子的 150×10^3 s·m^{-1}。

2. 昆虫和蛋类

昆虫学家使用阻力网络来描述昆虫体内的水蒸气扩散,无论是通过气门(类似于气孔)的扩散,还是通过皮肤和表皮层(类似于叶表皮)的扩散。Beament(1958)精确测量了蟑螂的水分损失,水蒸气传质阻力约为 2×10^3 s·m^{-1},相当于约 100 层浓缩硬脂酸的阻力(Gilby, 1980)。

鸟类蛋壳中的气孔具有与叶片气孔相似的功能,允许氧气向内扩散至发育胚,同时二氧化碳和水蒸气向外扩散。Tullett(1984)综述了蛋壳的结构和功能。不幸的是,鸟类生理学家通常以每个蛋每天每单位水蒸气压差表示蛋壳的孔隙率 g,未能使表面积归一化掩盖了蛋壳的扩散阻力几乎与蛋大小无关的事实。作为示例,由 Ar 等(1974)得出的 g 和产蛋总重 W(单位为 g)之间的关系可以表述如下

$$g = 37.5 \times 10^{-9} W^{0.78} \text{ g·s}^{-1} \text{·kPa}^{-1}$$

对于具有相同几何结构和恒定密度但尺寸不同的蛋,表面积 A 与 $W^{0.66}$ 成正比,因此单位蛋表面积的孔隙度(g/A)与蛋总重($W^{0.12}$)几乎无关。当通过定义叶片阻力的方法计算时,对于质量约为 $5 \sim 500$ g 的蛋来说,蛋壳对水蒸气扩散的阻力通常在 $5 \times 10^4 \sim 1 \times 10^5$ s·m^{-1}。

11.4.3　扩散阻力的计算

电子模拟对于从叶片通过气孔孔隙的细胞间隙扩散到外部边界层的过程的可视化提供了一个有效的方法。如果叶面均匀地被水覆盖,水蒸气浓度(相当于电位)将随着距离表层的距离而减小,最终达到叶边界层以外的自由空气的浓度。恒定浓度线(等电位)将平行于表层。通过边界层(假定为恒定厚度)的扩散将是一维的,扩散流(相当于电流)垂直于等位线。

但是对于叶片来说,在表层附近存在更复杂的三维浓度场,因为每个气孔都是水蒸气的来源,而表层几乎是不透水的。此外,其直径 d 气孔具有与相当的长度 l。图 11.10 说明了通过单个气孔孔隙的扩散情况。虚线表示水蒸气浓度的等势线。图 11.10 表示水蒸气通量的"流"必须始终垂直于等势线。根据直径 d 的圆孔的三维气体扩散理论,由 $r_h = \pi d/8D$ 得出与气孔每一侧相关

的扩散阻力，其中 D 是气体的扩散系数。长度为 l 的均匀孔的扩散阻力为
$r_p = l/D$。原则上，气孔的总阻力 r_t 可由气孔两端的阻力 r_h 加上 r_p 得到，即

$$r_t = r_p + 2r_h \qquad (11.14)$$

对于气孔，r_h 通常小于 r_p，因此简称为"端部修正"。

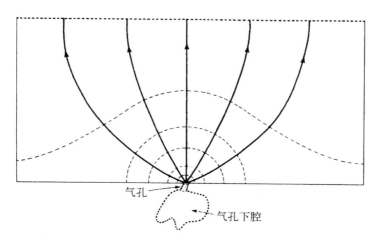

图 11.10　单个气孔孔隙的水蒸气扩散的电子模拟。注意，气室中不存在等位线，
　　　　　表明气孔内端可以忽略"端部修正"

关于式（11.14）的适用性可以提出两点用于估计真实气孔的阻力。首先，由于大多数气孔孔隙的横截面是不均匀的，因此在不知道横截面形状，以及距气孔端部不同距离处的面积 A 的情况下，不能精确计算气孔阻力。然而，可以从具有圆截面的气孔的长度 l 和平均直径 d 或从椭圆孔的主轴和短轴得出 r_t 的近似值。第二，虽然通常将圆孔的端部修正假定为 $2r_h = \pi d/4D$，但是根据图 11.10，将常规端部修正应用于气孔内端是不正确的。假设气室与水蒸发的细胞壁（由虚线表示）一致，气孔内端的端部修正阻力远小于外端阻力。这个结论得到了 Meidner（1976）气室比例模型的简单测量的支持，表明腔内蒸发主要来自气孔附近的位点，Roth - Nebelsick（2007）使用 3D 计算机模拟，以探讨气孔和气室结构对气孔阻力的影响。对于许多叶片，$r_t = r_p + r_h = (l + \pi d/8)/D$ 可能比 $r_t = r_p + 2r_h$ 更适用于估算单孔阻力。

最后，可以估算多孔系统的阻力。由于中生植物每平方毫米通常约有 100 个气孔，它们的平均间距约为 0.1 mm 或 100 μm，比最大气孔直径大一个数量级。在这种间距下，尽管如图 11.11 所示等势线的合并对精确计算来说，每个气孔的外端部的阻力端部修正可能会稍微减小，但每个气孔的等势线之间基本没有干涉。

当单位叶面积有 n 个孔时，一组孔的阻力 r_s 可以从单孔 r_t 的阻力推导得

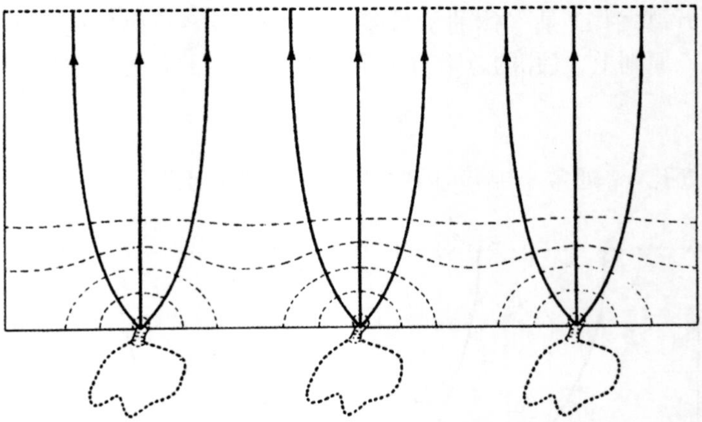

图 11.11 三个孔的叶表皮的电子模拟。请注意,等势线的合并
减少了每个孔外端的有效端部修正

出。例如,如果 δ_χ 表示在一组 n 个圆形孔中(平均直径为 d)维持的水蒸气浓度差,则蒸腾速率可以表述为

$$\mathbf{E} = \frac{\delta_\chi}{r_s} \ \text{或} \ \frac{n\pi(d^2/4)\delta_\chi}{r_t}$$

代入 r_t(假设仅在气孔外端进行端部修正),则:

$$r_s = \frac{4(l + \pi d/8)}{\pi n d^2 D}$$

Penman 和 Schofield(1951),Meidner 和 Mansfield(1968)推导出了多个单位的类似表达式。

Milthorpe 和 Penman(1967)综述了小麦叶矩形孔的气孔阻力。计算中的细化包括:(1) 允许气孔狭缝随着气孔关闭而缩短;(2) 将扩散系数视为气孔宽度的函数,考虑气孔壁"滑动"的效果。当宽度与扩散分子的平均自由程相当时,这种现象很重要。例如,当狭缝宽度为 1 μm 时,水蒸气扩散系数是大气中扩散系数值的 88%;(3) 使气孔内端的端部修正为外端端部修正的 1.5 倍(图 11.10 表明这个因素应该小于而不是大于整体)。图 11.12 表示了阻力和狭缝宽度的关系,(a) Milthorpe 和 Penman 计算的小麦气孔值,假定气孔为矩形,(b) Biscoe(1969)计算的甜菜气孔值,假定气孔为椭圆形。

图 11.12 和图 11.8 中的模拟电路可用于评估气孔关闭对叶片水蒸气或二氧化碳扩散总阻力的影响,同时考虑气孔在远轴和近轴表面的分布。假设两面气孔叶的小麦每个表皮上阻力 r_s 相同,每个表层的总阻力是两个串联阻力的总和,即 $r_s + r_v$,其中 r_v 是叶边界层对水蒸气扩散的阻力。整个叶片的阻力是并联两面的阻力之和,即

$$\left[\frac{1}{(r_V + r_s)} + \frac{1}{(r_V + r_s)}\right]^{-1} = (r_V + r_s)/2$$

195

　　当 $r_V < r_s$ 时，叶片阻力大约为 $r_s/2$。假设甜菜叶是气孔下生叶片，两个表层的阻力分别为 $r_V + r_s$（远轴）和 $r_V + x$（近轴），其中 x 表示比表层阻力的 r_s 大得多的阻力。将这些阻力并联组合，得到总的叶片阻力为：

$$\left[\frac{1}{(r_V + r_s)} + \frac{1}{(r_V + x)}\right]^{-1} \approx r_V + r_s$$

　　当 r_V 远小于 r_s 时，其近似等于 r_s。〔Thom（1968）的模型豆叶的测量表明，由于平板边缘交换增加，气孔下生叶片的适当值 r_V 可能比相同大小的平板的值小约 30％。〕

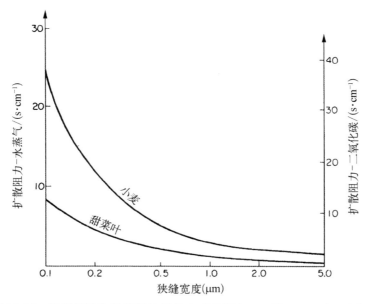

图 11.12　根据气孔狭缝宽度计算的小麦（Milthorpe、Penman，1967）和甜菜叶（Biscoe，1969）的扩散阻力。水蒸气和二氧化碳的阻力分别位于左右轴上

　　事实上，两面气孔叶的两个表面通常具有不同的气孔阻力。文献中已给出相关等式，但是由于太烦琐在此不做引用。作为额外的复杂化，两个表面上的气孔可以以不同方式对叶肉组织中的辐照度和水应变做出响应。关于气孔对环境因素的生理反应的详情，以及水蒸气和二氧化碳与大气交换控制的影响，请参考文献目录中的植物生理学文献。

11.4.4　质量传递和压力

　　Gale（1972）等指出，因为气体的扩散系数与压力成反比，具有特定气孔几

196

何结构的叶片的气孔阻力应与压力成正比。在海平面上，与大多数测量的不确定性相比，正常压力范围（95～102 kPa）相当于气孔阻力的变化，而海平面与山顶之间的压差较大。例如，在 3 000 m 的高度，大气压力比海平面压力小约 30％，意味着气孔阻力 r_s 应由相同因素而减小。

边界层阻力也随着压力的降低而减小。水蒸气传质的边界层阻力 r_V 的定义为 t/D，其中对于平板[参见式（9.1）]，边界层厚度 t 与 $v^{0.5}$ 成正比，因此与 $p^{-0.5}$ 成正比。但由于 D 与 p^{-1} 成正比，r_V 与 $p^{0.5}$ 也成正比。

乍一看，r_s 和 r_V 与压力的关系是蒸发率 $\mathbf{E}$ 应随着高度而增加，其他因素相等。由于 $\mathbf{E} = \delta_\chi/(r_s + r_V)$，如果水蒸气传递梯度是根据蒸气密度 δ_χ 的固定差值定义的，则这样的说法是正确的。然而，如果梯度是由比湿差定义，则 $\mathbf{E} = \rho \delta q/(r_s + r_V)$，当 r_V 比 r_s 大时，分子中的密度（与压力成正比）使得 $\mathbf{E}$ 与 $p^{0.5}$ 成正比，较常见的是当 r_V 比 r_s 小时，分子中的密度对压力并不敏感。

同理，当浓度梯度以体积浓度（单位体积空气中 CO_2 体积）或以质量密度（单位质量空气中 CO_2 质量）表示时，光合作用速率实际上与压力无关。

11.5   通过皮毛和服装的质量传递

几乎没有人尝试去测量动物皮毛内的水蒸气的传递阻力，但是越来越多的"透气"织物被使用，例如户外服装 Goretex®，纺织品制造商使用标准方法（如 ISO 11092）来测量这些织物中的水蒸气的传递阻力。

Cena 和 Monteith（1975b）研究了毛发内水蒸气扩散的物理过程，比较了通过玻璃纤维和绵羊毛的传递速率，均在硫化和未硫化的条件下进行研究（硫化以脱除油脂）。每个样品只有约 2％ 的空间被毛发占据。在 16℃ 的条件下，玻璃纤维阻力约为 4.3 s·cm^{-1}/cm，接近静止空气的理论值（即分子扩散系数 D 的倒数）。硫化和未硫化羊毛的每厘米阻力小于玻璃纤维的阻力，差异随着样品厚度而增加，这表明水蒸气的扩散传递过程会因为水分沿着毛发的毛细运动而被增强。Webster 等（1985）发现，鸽子羽毛的阻力约为静止空气的两倍，这可能是因为样品的孔隙率远小于羊毛的孔隙率。

Gatenby 等（1983）测量了在恒温室内饲养的母羊羊毛的水蒸气浓度。羊毛厚约为 7 cm，在 5℃ 环境温度下，浓度随着距皮肤的距离以约（0.6 g·m^{-3}）/cm 的速率线性递减，在 28℃ 时增加到（1.0 g·m^{-3}）/cm。如果假设为分子扩散，相应的潜热通量为 3.5～6.0 W·m^{-2}，远远小于代谢产热（见第 14 章）。由于与温度梯度相关的自由对流，潜热的热传递的实际速率可能会更大（Cena 和 Monteith，1975c）。

例如 Goretex® 的透气织物由一层超高分子量聚乙烯（ePTFE）塑料薄膜组成，其附着于织物外层，有时附着于内层。薄膜类似于叶片呈多孔结构，但通常每平方厘米（比气孔更密集的间隔）有约 10^9 个孔，直径为 0.1～10 μm。

因此,孔比雨滴小 2~3 个数量级,不能渗透薄膜,但它们远大于可以通过它们扩散的水蒸气分子。从皮肤蒸发的水蒸气在织物上产生扩散梯度,通过孔扩散的质量传递减少了会在不透气防水材料上发生的水分累积。如果工作强度足以引起出汗,则透气织物很少能够快速运输水蒸气,而无法避免汗水在材料内部积聚,穿着由"吸水"材料(如聚丙烯)而非吸收性材料(如棉布)制成的内衣成为舒适的首选,因为"吸水"材料使得透气层更容易散发水分。透气织物的最外层通常具有疏水性,使得它在雨中不会被渗透,并且可以通过湿表面的传导和蒸发传递身体中的热量。

自由和强制对流也会增加衣物中的水蒸气传递。在 Campbell 等 (1980)的酷热工作服传递研究中,水蒸气导度随着风速线性增加,从静止空气中的约 $0.17\ \mathrm{cm \cdot s^{-1}}$ 到 $6\ \mathrm{m \cdot s^{-1}}$ 时的约 $5\ \mathrm{cm \cdot s^{-1}}$(等于阻力从 600 至 $160\ \mathrm{s \cdot m^{-1}}$ 的变化)。传热的导度大于水蒸气传导性,与辐射传递的量一致。

对于人类和鸟类,皮肤对水蒸气的扩散阻力为 $1\times10^{4}\sim2\times10^{4}\ \mathrm{s \cdot m^{-1}}$,比衣物或羽毛的阻力大得多。例外的是对保温箱中裸体早产儿的测量结果表明,如果循环空气不加湿处理,则皮肤阻力可以小至 $0.3\times10^{4}\ \mathrm{s \cdot m^{-1}}$,并且相关的潜热损失可能会超过代谢产热(Wheldon、Rutter,1982)。

11.6　习题

1. 水分由分子扩散通过长 $10\ \mu\mathrm{m}$ 的狭窄气孔孔隙从 25℃的叶片的饱和内部传递到温度为 25℃、相对湿度为 60%的外部。

(1) 叶片内部和外部的水蒸气浓度(绝对湿度)是多少(假设叶片在海平面上)?

(2) 计算(a) 通过单个气孔的水蒸气通量密度 $F_{\mathrm{W}}(\mathrm{kg \cdot m^{-2} \cdot s^{-1}})$,(b) 气孔的扩散阻力 $r_{\mathrm{p}}(\mathrm{s \cdot m^{-1}})$。

(3) 如果叶子的一个表面每平方毫米有 200 个气孔(另一面没有气孔),每个孔是直径 $5\ \mu\mathrm{m}$ 的圆形,计算出叶片的气孔扩散阻力(r_{l}),单位为 $\mathrm{s \cdot m^{-1}}$,区分气孔成分和"端部修正"成分。

2. 用于滑雪夹克的透气织物每平方厘米有 10^{9} 个孔,直径为 $4\ \mu\mathrm{m}$。如果夹克内的空气在 30℃的温度下饱和,外部空气温度和相对湿度分别为 −5℃ 和 30%,计算水蒸气通过织物的单位面积扩散到外部的速率,并将其表示为潜热通量,单位为 $\mathrm{W \cdot m^{-2}}$。

3. 叶片上下表面气孔数量不同,气孔阻力分别为 $200\ \mathrm{s \cdot m^{-1}}$ 和 $100\ \mathrm{s \cdot m^{-1}}$。两面并联的边界层对传热的阻力为 $40\ \mathrm{s \cdot m^{-1}}$。假设两个表面具有相同的边界层阻力,计算出叶片的组合气孔阻力和边界层阻力。

4. 在 20.0℃,相对湿度为 50%的条件下,暴露于空气中的叶片以 $1.0\times10^{-6}\ \mathrm{g \cdot cm^{-2} \cdot s^{-1}}$ 的速率流失水分。假设叶片和空气温度相同,计算组合气

198

孔阻力和边界层阻力。如果气室中的二氧化碳浓度比环境空气低 $100\,vpm$，计算二氧化碳通量（假设二氧化碳密度为 $1.87\,kg \cdot m^{-3}$）。

5. 对于特征尺寸为 $50.0\,mm$ 的单独平板叶片，在风速为 $1.0\,m \cdot s^{-1}$ 的条件下，计算水蒸气传递的边界层阻力。列出你所做的任何假设。现在假设叶面在 $25\,℃$ 下被水覆盖，空气温度和相对湿度分别为 $25\,℃$ 和 60%。计算叶面水分蒸发率 $(g \cdot m^{-2} \cdot s^{-1})$，并将其表示为潜热通量 $(W \cdot m^{-2})$。

6. 由湿润的绿色滤纸制成平面叶片模型，其面积为 $100\,cm^2$，当叶片悬浮在空气温度为 $25\,℃$，相对湿度为 75% 的植物冠层中时，10 分钟内流失 $0.70\,g$ 水分。假设叶片处于空气温度中，计算叶片的水蒸气传递的边界层阻力。

第 12 章
质量传递：颗粒

微细颗粒通过相同的湍流扩散过程在自由大气中转移,这也是气体分子传质的原因(为了方便起见,我们统一使用"颗粒"来同时表示固体和液体颗粒)。由于颗粒具有惯性,因此它们不能对最快速的涡流运动做出反应,但是这通常在大气湍流尺度是微不足道的。然而,如果气流快速改变方向,颗粒可能因此与物体发生撞击,此时在接近表面处惯性显得尤为重要。颗粒和分子之间的第二个区别是万有引力作用的重要性,这是颗粒传递最初讨论中的主题。

12.1 稳定运动

沉降速度

颗粒的重力是颗粒的重量与其所取代的空气重量之间的差值。这是由颗粒体积、重力加速度 g 乘以颗粒密度 ρ 与空气密度 ρ_a 之差计算出的。半径为 r、体积为 $(4\pi r^3/3)$ 的球形颗粒在重力作用下下落,当重力与阻力平衡时,会得到一个稳定的沉降速度 V_s,即如式(12.1):

$$(4/3)\pi r^3 g(\rho - \rho_a) = (1/2)\rho_a V_s^2 c_d \pi r^2 \tag{12.1}$$

式中,c_d 为阻力系数。对于天然来源的颗粒,例如大多数污染物颗粒,ρ 通常远大于 ρ_a,因此式(12.1)可以简化为

$$V_s^2 \approx 8rg\rho/3\rho_a c_d \tag{12.2}$$

对于遵守斯托克斯定律的颗粒,即对于雷诺数 Re_p 小于 0.1 的颗粒,式(9.12)表明 $c_d = 12\nu/V_s r$,其中 ν 是空气的运动黏度。代入式(12.2)得出:

$$V_s = 2\rho g r^2/9\rho_a \nu \tag{12.3}$$

当 $Re_p < 0.1$,式(12.3)可以直接计算出 V_s,但对于 $Re_p > 0.1$ 的颗粒,式(12.2)应与图 9.6 或式(9.13)的 c_d 估值同时应用,反复试验得出 V_s。例如,为了得出半径为 100 μm 的雨滴的沉降速度,可以从式(12.3),得到一个初始近似值 $v_s = 1.2$ m·s^{-1}。对应的雷诺数为 16[确认式(12.3)完全不适用],阻力系数约为 3[由式(9.13)得]。雨滴受到的阻力[式(12.1)]计算如下:

$$(1/2)\rho_a V_s^2 c_d \pi r^2 = 82 \times 10^{-9} \text{ N}$$

与重力不平衡

$$(4/3)\pi r^3 g(\rho - \rho_a) = 42 \times 10^{-9} \text{ N}$$

因此,必须估计 V_s 的较小值,并重新计算阻力。当阻力与重力平衡时,V_s 值也可以通过插值、图形或其他方法计算。这种方法是普遍适用的。图 12.1 是一个具体例子,即 V_s 随着单位密度 $\rho = 1 \text{ g} \cdot \text{cm}^{-3}$ 颗粒的半径而变化规律。

生物气溶胶如孢粉可视为单位密度的球体,因此这里的等式足以计算它们的沉降速度。

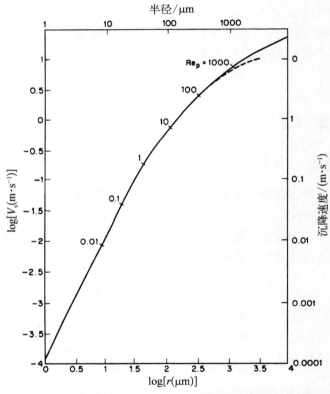

图 12.1 　密度为 $1 \text{ g} \cdot \text{cm}^{-3}$ 的球形颗粒的沉降速度与颗粒粒径之间的关系
当 $Re_p < 0.1$ 时,应用斯托克斯定律,其中虚线表示的是雨滴的沉降速度(引自 Fuchs, 1964)

土壤和污染物的颗粒很少是球形的,它们的密度也基本不为 $1 \text{ g} \cdot \text{cm}^{-3}$(如图 12.1 所示)。这样的颗粒通常由其斯托克斯直径特征化,即与其具有相同密度和沉降速度的球体的直径。半径超过约 0.4 mm 的水滴在下落时明显变平,这会增大 c_d。图 12.1 展示了水滴的 V_s 的观测值。当 $r > 2 \text{ mm}$ 时,雨滴重量的增加都会因雨滴变形而被补偿,从而补偿了 c_d 的值,因此 V_s 会保持近似恒定。现实中,很少会观察到半径大于 3 mm 的雨滴,因为它们会在下落时破碎,但是雨滴也可能会在风暴云的上升气流中保持形状。

12. 2　不稳定运动

如果符合斯托克斯定律的颗粒在 $t = 0$ 时以速度 V_0 在静止空气中水平投出,则其运动受到阻力 $6\pi\nu\varrho r V(t)$ 和重力 mg,其中 $V(t)$ 是时间 t 时的速度。将运动分解为水平和垂直分量,水平速度和加速度分别用 $\mathrm{d}x/\mathrm{d}t$ 和 $\mathrm{d}^2x/\mathrm{d}t^2$ 表示,水平位移运动方程为

$$m\,\frac{\mathrm{d}^2 x}{\mathrm{d}t^2} = -6\pi\nu\varrho r\,\frac{\mathrm{d}x}{\mathrm{d}t} \tag{12.4}$$

同样,对于垂直运动,

$$m\,\frac{\mathrm{d}^2 z}{\mathrm{d}t^2} = mg - 6\pi\nu\varrho r\,\frac{\mathrm{d}z}{\mathrm{d}t} \tag{12.5}$$

项 $m/6\pi\nu\varrho r$ 量纲为 $[\mathrm{T}]$,称为松弛时间 τ。附录 A,表 A6 列出了各种尺寸颗粒的弛豫时间。对于直径 $1\,\mu\mathrm{m}$ 的颗粒,τ 约为 $4\,\mu\mathrm{s}$,而对于直径 $20\,\mu\mathrm{m}$ 的颗粒,τ 约为 $1\,\mathrm{ms}$,因此气溶胶颗粒在湍流中会随着除了尺寸很小的涡流外的所在涡流运动。

颗粒的运动方程可写为

$$\frac{\mathrm{d}^2 x}{\mathrm{d}t^2} = \tau^{-1}\,\frac{\mathrm{d}x}{\mathrm{d}t} \tag{12.6}$$

和

$$\frac{\mathrm{d}^2 z}{\mathrm{d}t^2} = g - \tau^{-1}\,\frac{\mathrm{d}z}{\mathrm{d}t} \tag{12.7}$$

对于水平运动,积分式(12.6)得出:

$$\frac{\mathrm{d}x}{\mathrm{d}t} = V_0 \exp\left(-\frac{t}{\tau}\right)$$

$$x(t) = \tau V_0 \left[1 - \exp(-t/\tau)\right]$$

当速度的水平分量为零时,$x = V_0\tau$,称为停止距离 l。

垂直方向的运动方程[式(12.7)]的积分演变成之前考虑沉降速度的情况。当 $\mathrm{d}z/\mathrm{d}t = g\tau$ 时,垂直加速度为零,然后颗粒以沉降速度 v_s 运动。因此,运动方程得出

$$l = V_0\tau$$

202

$$V_s = g\tau$$

松弛时间、停止距离和沉降速度在颗粒相关的物理学中具有核心作用。

12.3 颗粒沉降和运输

在没有引力或其他外力的情况下,颗粒通过三个过程沉积在物体上:扩散(布朗运动,第 3 章)、拦截和碰撞。当颗粒的尺寸与其路径中的障碍物相当或更大时,拦截是颗粒沉积的重要机制。当具有明显惯性的颗粒不能精确地跟随它们在接近障碍物时最初移动的流线时,就会发生碰撞。图 12.2 说明了圆柱体附近颗粒的运动轨迹。

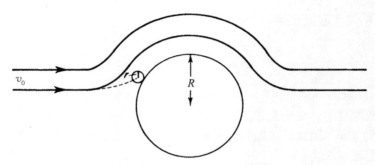

图 12.2　颗粒对圆柱体的碰撞

随着流线迅速改变方向,颗粒的惯性使其不能急剧改变方向。为了冲击表面,颗粒必须穿透流速降低到零的边界层。因此,颗粒碰撞的概率取决于颗粒制动距离 l 与边界层厚度 δ 的比值。式(9.1)表明边界层厚度与尺寸的 0.5 次方成正比,与速度的 0.5 次方成反比;因此,小障碍物和大流速是碰撞的有利因素。

如果在孤立树干或其他大圆柱形障碍物的逆风方向释放肥皂泡,则可以看出制动距离和边界层厚度在决定碰撞上的重要性。具有低质量和大阻力的气泡制动距离短,不能穿透边界层,并因此在障碍物周围移动。相反,相同尺寸的高尔夫球以相同的速度向障碍物移动,在通过边界层时不会明显地减速,并且会碰撞障碍物(这还将戏剧性的证明另一种现象——"反弹"或"回弹",这种现象限制了干燥颗粒在物体表面上的沉积)。

颗粒的制动距离与物体的特征尺寸(例如圆柱体的半径)的无量纲比值称为斯托克斯(Stk),其为比较不同碰撞研究结果提供了一个有效方法。

为了描述碰撞沉积,通常会使用另外两个术语。颗粒对物体的碰撞效率 c_p 的定义是对物体的碰撞次数除以在同一时间内通过空间(没有物体存在)的颗粒数量,即潜在碰撞次数。

碰撞的沉积速度 v_d 定义为每秒单位面积的碰撞次数除以气流中单位体

积的颗粒数。如果物体的相关区域被视为暴露于流动的横截面积，则

$$c_p = v_d / V$$

式中，V 为流体的流速。

图 12.3 表示了在两个雷诺数下，计算圆柱体冲击效率 c_p 与 Stk 的关系：Re 越大，流线曲线更锐利，因此 c_p 增加。该图还包括使用具有黏性的圆柱体，以及基于液滴碰撞测量的曲线对孢子的一些观察。水滴会影响接近理论值的效率，尽管它们可能会因碰撞而破碎。孢子的 c_p 值较低，表明有些孢子从圆柱体表面反弹或脱落，即使表面是具有黏性的。

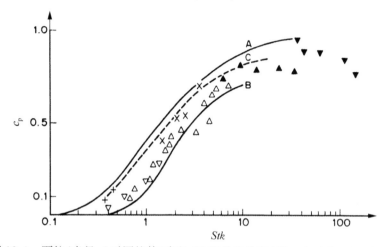

图 12.3　颗粒(半径 r)对圆柱体(半径 R)的碰撞效率(Chamberlain，1975)：A 和 B 分别是雷诺数 $Re > 100$ 和 $Re = 10$ 的理论关系。C 适用于液滴的实验测量。标出的点是孢子与具有黏性的圆柱体碰撞的测量值：

符号	+	×	▽	△	▲	▼
$r/\mu m$	2.3	6.4	15	15	15	15
R/mm	0.1～0.8	0.1～0.8	10	3.3	0.4	0.09

12.3.1　碰撞示例

一个具有大 Stk 数液滴发生高效率碰撞的自然实例是在森林被低风力驱动的云层包围的情况下，半径 10 μm 的云滴与 R 为 0.5 mm 的松针发生碰撞。如果云滴在 5 m·s^{-1} 的风速下运动，则 τ 约为 1 ms，l 约为 5 mm，Stk 约为 10。图 12.3 表明碰撞效率约为 80%。以这种方式捕获的水滴可为高海拔云层森林提供重要的水源(Burgess、Dawson，2004)。云滴对较大物体(如雨量计)的冲击效率要低得多，因此，森林的这种水源被称为隐匿性降水，因为它不记录在正常仪表中。由于接近地面的风速减小了动量传递(第 9 章)，云滴对草地的碰撞不如同一地点对针叶树的碰撞有效。Dollard 和 Unsworth

(1983)制造了用于将水引入收集器的精细螺纹锥形排列来捕获风吹云滴的仪器。使用这些装置和通量测量的空气动力学方法,他们表明云滴以与动量相似的效率被转移到草地上。蛛丝($R \approx 0.1 \ \mu m$)上捕获雾滴[图 12.4(a)]比前一个例子效率更高,因为比障碍物大得多的雾滴($r \approx 10 \ \mu m$)几乎没有发生偏离,任何通过长度为 r 的蛛丝的液滴都有可能被拦截捕获。

(a)

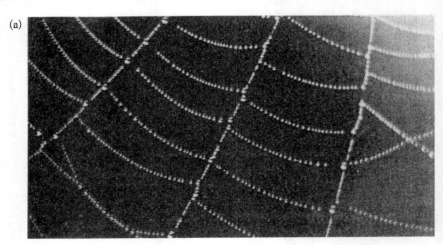

(b)

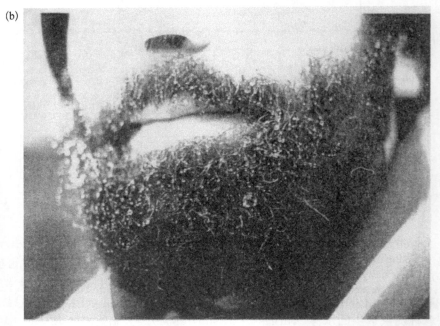

图 12.4　(a)与蜘蛛网的蛛丝碰撞并被拦截的雾滴。蜘蛛网的蛛丝至少比单个雾滴
(直径通常为 $10 \sim 20 \ \mu m$)小一个数量级,因此是高效拦截的收集器。(b)骑
自行车后,在作者胡须上收集到的雾滴。人的毛发直径约为 $50 \ \mu m$,雾滴直
径约为 $10 \ \mu m$,因此,这张图中可见的液滴肯定是许多碰撞雾滴聚结的结果

当雨滴落在含有气溶胶颗粒的大气中时，颗粒可能被碰撞捕获。本章末的习题包括了雨滴下落时从大气中去除气溶胶颗粒效率的计算。气溶胶颗粒对下落雨滴（半径为 0.1～1.0 μm）的碰撞效率最小约为 10^{-3}（所谓的格林菲尔德差距）。较大颗粒具有足够的惯性来碰撞，而不是沿着下落雨滴的流线来碰撞（参见图 12.2）。较小颗粒具有足够大的随机布朗运动，以增加其捕获概率。

12.3.2　影响颗粒滞留的因素

Chamberlain(1975)、Chamberlain 和 Little(1981)考查了植被上颗粒沉积和滞留下来的实验数据。表面黏性或湿度似乎是影响叶片和茎上孢子和花粉（半径 10～30 μm）这一粒度范围内干燥颗粒滞留的重要原因。例如，Chamberlain(1975)在 1.55 m·s^{-1} 风速下将大麦秆暴露于豚草花粉（r 约为 10 μm）中，发现当秸秆变黏时，c_p 从 0.04 上升到 0.31。是否存在软质层来吸收碰撞产生的颗粒动量，从而避免"反弹"，可能解释了这样的实验结果。大颗粒、高速度（动量大）、障碍小（薄边界层）的反弹最为明显，并且表面还原系数较大（冲击时动能损失较小）。

Aylor 和 Ferrandino(1985)使用豚草花粉（半径约为 15 μm、质量约为 11 ng）和石松粉孢子（半径约为 10 μm、质量约为 4 ng）来研究玻璃棒在风洞中，以及小麦秆在风洞中和田野中的反弹。他们导出相对滞留系数 F，定义为非黏性柱面上与黏性柱面上的捕获比例，与 F 有关的颗粒冲击动能为 KE_i。它们通过动能方程的数值集合揭示了 u_0 与隧道中流速有关，其 Stk 为

$$KE_i = 0.5 m_p u_0^2 [f(Stk)]^2 \tag{12.8}$$

式中，m_p 为颗粒的质量。函数 $f(Stk)$ 可由下式给出

$$f(Stk) = 0.236\ln(Stk - 0.06) + 0.684$$

图 12.5(a)显示了 F 和 KE_i 的变化对于直径分别为 3 mm、5 mm、10 mm 玻璃棒上石松粉和豚草颗粒的影响。对于两种类型的颗粒来说，当 $KE_i < 10^{-12}$ J 时，F 接近于一致，而当 KE_i 增加到 10^{-11} J 时，F 则下降约两个数量级，反弹在这个过程中变得重要。相应反弹颗粒速度的临界值分别为，石松粉 40 cm·s^{-1}，豚草 70 cm·s^{-1}；反弹动能临界值并不取决于颗粒的直径大小。因此，在玻璃棒的光滑表面上，明确存在动能临界值，超过此临界值时花粉和孢子无法停留。

相比之下，风洞中小麦秆上的花粉和孢子相对有所滞留[图 12.5(b)，实心符号]，KE_i 并没有像玻璃棒一样突然下降，但其反弹临界值似乎与玻璃棒相似。散射较大可能是由于茎秆表面结构变化所造成的。当碰撞后的颗粒动能超过表面吸引力势能时，就会发生反弹。表面结构可能会影响表面的能量吸收率和吸引力势能，因此反弹的变化可能与生物表面变化有关。

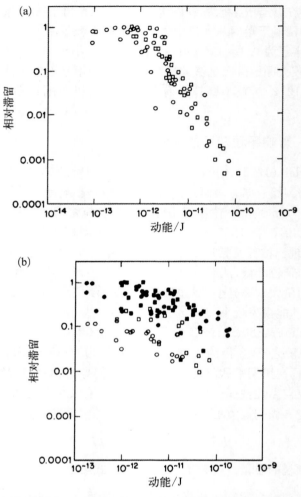

图 12.5　风洞中豚草(○)和石松粉(□)颗粒碰撞相对滞留影响动能的变化：
(a) 风洞中直径为 3 mm、5 mm、10 mm 的玻璃棒上；(b) 风洞中
(填涂符号)或田野(空白符号)上 3～4 mm 直径小麦秆上(Aylor、
Ferrandino，1985)

　　对于给定 KE_i 来说，田野上(图 12.5b，空心符号)滞留系数 F 的平均值要
小于风洞中。在 KE_i 值较低的情况下，这可能是由于风速的混乱变化导致
KE_i 的范围从亚临界(滞留系数 F 不变，无反弹)至远远高出超临界(F 随
KE_i 迅速下降)，在 KE_i 上所花费的时间降低了 F 的平均值。在 KE_i 值较高
的情况下，这种解释可能不太适用，而观察到的低滞留可能是之前留存下的强
阵风对颗粒的去除结果。

　　与叶片的表面黏性对捕获大于 10 μm 颗粒的影响程度不同的是，小颗粒
($r<10$ μm)的捕获通常不会受到表面湿度或黏性的影响，但会因为毛发的存

在或表面的粗糙（可能充当了有效的微型碰撞点）而有所提升。表 12.1 (Chamberlain，1966)显示了在 $4.5\ \mathrm{m\cdot s^{-1}}$ 操作条件下，风洞中人造草皮上不同覆盖表面一系列颗粒的相对沉积。在这些比较物中，覆盖表面包括黏性人造草叶，而其他表面上覆有真草、车前草、三叶草、滤纸和其他表面剥离物的人造叶片。对于较大孢子和花粉颗粒来说，黏性表面上相对沉积较大，而对于较小颗粒来说，其他因素如表面存在毛发或微小不规则可能会比黏性更突出。

通过碰撞、拦截、沉淀和扩散机制，可以从表 12.2 中对沉积的相对重要性进行评估。布朗运动的位移控制亚微米大小颗粒的运动，而碰撞（停止距离较大）和沉降（末端速度较大）则随着颗粒大小超过半径 1 μm 而迅速增加。

表 12.1 颗粒在真实叶片和滤纸上的沉积情况，与 PVC 黏性人造叶片沉积的比例(Chamberlain，1975)

颗 粒	相 对 沉 积 值					
	直径/μm	草	车前草	三叶草	滤纸	黏性 PVC
石松粉孢子	32	0.45	0.26	0.18	0.70	1.00
豚草花粉	19	0.15	0.11	0.23	0.68	1.00
聚苯乙烯	5	1.74	1.82	3.25	1.98	1.00
磷酸三苯甲酯	1	1.70	2.60	5.50	6.40	1.00
艾特肯核	0.08	1.06	1.70	0.86	1.54	1.00

表 12.2 颗粒运输的典型距离

颗粒半径 r/μm	0.01	0.1	1	10
给定初始速度为 $1\ \mathrm{m\cdot s^{-1}}$ 的停止距离 由以下方式在 1 s 内运动的距离(μm)	14×10^{-3}	0.23	13	1 230
末端速度	14×10^{-2}	2.2	128	1 200
布朗扩散	160	21	5	1.5

沉积在表面上的颗粒通量与表面上参考水平大气浓度的比值在术语（总）上称为"沉积速度" v_d。为了便于比较不同风速和不同表面情况下从田野测量中得到的沉积速度，可以使用通量测量来计算修正的"表面沉积速度" v_{ds}。作为所有沉积原理的综合影响图例，图 12.6 显示了基于 Slinn(1982) 所开发模型的理论曲线，v_{ds} 与矮小植被（高度 ≈ 0.1 m）颗粒大小的关系（Fowler 等，2004）。实际上，所观察到的 v_{ds} 值正常符合颗粒直径 $d \leqslant 0.1$ μm 和 $d \geqslant 2$ μm 的 Slinn 模型，但在 0.1 μm $\leqslant d \leqslant 2$ μm 内所观察到的 v_{ds} 要比矮植被的模型值大上一个数量级（Gallagher 等，2002），并且对于森林来说，此因素大约要高出 3 倍（Fowler 等，2004）。造成此差异的原因尚不清楚，但有可能涉及电

209

泳或热泳原理。

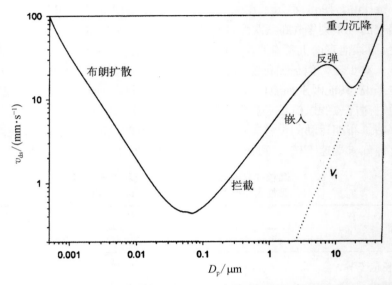

图 12.6　根据 Slinn(1982)所提出模型的,随着颗粒直径的变化,矮小植被(高度≈0.1 m)覆盖表面颗粒的沉积速度(来自 Fowler 等,2004)。表明了每个尺寸范围内沉积的主要原理

一旦在叶片表面发生沉积,直径小于 50 μm 的颗粒不太可能会因风力而再次悬浮。Bagnold(1941)得出了与沙漠沙粒重新悬浮类似的结果。但当较大沙粒因风力而移动时,Bagnold 观察到一个连锁反应,移动后再沉积沙粒的冲击力要大于其他的沙粒(这一过程称之为"跃移"),能够引起大的沙尘暴。风无法吹起表面的孢子和花粉颗粒解释了为什么许多植物病原体和真菌进化出了其他的机制来释放其孢子,例如将它们暴露在延伸到黏性边界层之外的茎秆上,或从果实实体中爆炸进行排放。

12.3.3　沉积对于大气中颗粒扩散的影响

已知影响植被上颗粒沉积的物理因素可以与大气扩散模型相结合,以估算"源"作物不同下风距离情况下的花粉沉积的分数(Chamberlain,1975;DiGiovanni、Beckett,1990)。这一主题与估算从田野中或自然环境下转基因(GM)作物到其他作物基因流动的可能性有特别的关联(Walklate 等,2004)。在小块地花粉散布与沉积的现场测量中,花粉空气传播的浓度随源距离的增加而迅速下降,因为三维空间中的湍流扩散使得花粉不断飘升,同时发生的沉积作用也使浓度降低。对于直径约为 90 μm 的球形玉米花粉(沉积速度 0.2～0.3 m·s^{-1}),在源区域下风 3～10 m 内空气传播浓度下降了 2～3 倍(Raynor 等,1972;Jarosz 等,2003)。Jarosz 等(2003)发现,由于空气传播浓度降低,在距离源 20 m 下风方向的沉积率约为下风方向 1 m 沉积率的 20%，Raynor 等 (1972) 所记录的下降更为明显；这些调查结果中的差异可能与风速和湍流的不同有关。Jarosz 等估算大约 99% 的花粉会散布并沉积在距离源 30 m 距离之内。在地块附近所测得玉米花粉沉积速度的值约为谷粒沉降速度的 2～3 倍。这可能是由于剧烈变化的下风向乱流增强了颗粒沉积过程（Reynolds，2000）。

12.3.4　吸湿性颗粒的沉积

综合来看，沉积过程的沉降、扩散和碰撞对于半径为 0.1～0.2 μm 的颗粒影响最小，值得注意的是这一粒度范围的人造悬浮颗粒被发现广泛分布在地球大气中。尤其是在这一粒度范围内由二氧化硫氧化形成的可溶性硫酸盐，可以在大气中运输超长的距离，并且常常持续直至遇到高湿度条件，它们可以通过冷凝生成较大液滴，降雨可以对其进行有效的沉积和捕获。在水蒸气饱和浓度 S（定义为相对湿度百分比%）条件下，干燥易溶解颗粒直径 D_0 与直径 D_s 之间的关系为

$$D_s/D_0 = (1-S)^{-\gamma} \tag{12.9}$$

式中，γ 为取决于颗粒化学成成分的吸湿生长参数。对于形成时间较长的位于欧洲的气溶胶颗粒，所观察到的 γ 值约为 0.2，但海洋气溶胶颗粒的值较大。式 (12.9) 表明，当相对湿度达到 97% 时，位于欧洲的气溶胶颗粒将会达到干燥时大小的两倍。

由波浪作用和海洋气泡所产生的海盐（氯化钠，NaCl）是可溶性气溶胶颗粒另一个重要实例，这里用来说明适用于任何可溶颗粒的原理。溶解在水中的盐降低了水面上的平均蒸气压，这能够在饱和度低于纯水的情况下通过冷凝产生海盐颗粒。亲水性还使得稳定液滴可以存在于饱和或不饱和环境中。对于可溶性原子核形成的液滴，两种同时发生影响的物理效应决定了达到平衡的饱和比。首先，对于具体质量干燥盐颗粒生成的液滴来说，盐浓度会随着冷凝生成颗粒而降低。因此，随着液滴尺寸的增大，表面平衡蒸气压会增加至纯水的蒸气压。第二，随着液滴尺寸的增大，曲率降低，从而导致了平面上平衡蒸气压上升。图 12.7 说明了不同初始质量盐颗粒在这些同时发生影响下的结果，表明在湿度、颗粒质量和平衡液滴大小之间存在着独特的关系。如果曲线突然上升部分的液滴移动至对应于其曲线上方区域的环境中，则其必须通过冷凝生成，直至再次到达曲线位置（即平衡）；如果移动至曲线下方，则必须通过蒸发到平衡。

图 12.8 说明了干质量为 10^{-14} g 的相对较大海盐颗粒对于相对湿度大范围增加和减少的反应。当湿度增加至相对湿度达到 76% 时，颗粒（干燥时直径等于 0.21 μm）会迅速转变为液滴（直径 0.38 μm），如果湿度继续增加，在相对湿度达到 100% 时液滴直径将增加为 1.0 μm。如果湿度随后降低，在相对湿

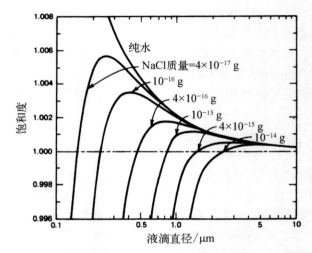

图 12.7   在 20℃条件下纯水和包含指定质量氯化钠液滴的
平衡液滴直径变化（Hinds，1999）

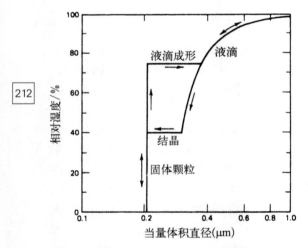

图 12.8   干质量为 10^{-14} g 的氯化钠颗粒，颗
粒/液滴直径与相对湿度的关系。
本图显示，随着相对湿度超过 76%，
颗粒转变为液滴，相对湿度降低到
40% 发生再结晶的过程（Hinds，
1999）

度降低到 40% 前，液滴不会发生
再结晶。滞后效应取决于化学成
分，并可用于鉴别气溶胶的类型。
由于气溶胶与辐射的相互作用与
尺寸大小有关（第 5 章）气溶胶的
发散和吸收性随着湿度的增加而
变化，这说明了湿气团的混浊度。
Hinds（1999）对这些主题进行了
讨论。

随着湿度的变化，可溶性气溶
胶颗粒的增长非常迅速，因此大多
数颗粒的大小与所处位置的湿度
相对平衡。对于接近潮湿或蒸发
表面的边界层来说，随着高度变
化，湿度差异也非常大，在从颗粒
的垂直传输中推导气溶胶颗粒流
量时，需要考虑易可溶颗粒大小的
变化。Vong 等（2004）采用涡度协

方差法（第 16 章）来测定草地上气溶胶颗粒的涡流通量。他们使用快速光学
计数仪测量环境湿度下的气溶胶颗粒浓度和直径。由于草地表面湿度增加，
涡流中向上运动颗粒的直径要大于向下移动的同样干燥颗粒（即从草地到大
气）。在对颗粒生长进行修正后，Vong 推断，在中性稳定情况下，"真实的"粒子

流是向下的,在中性稳定中直径为 $0.52\ \mu m$ 的颗粒沉积速度约为 $0.3\ cm\cdot s^{-1}$。

12.3.5　肺部颗粒沉积

表 12.2 中所总结的颗粒传输距离特征与吸入颗粒和呼吸系统内沉积同样有关。吸入颗粒的危害性取决于颗粒的化学性质和沉积位置。了解颗粒如何沉积和沉积位置,对于治疗哮喘使用的消除悬浮颗粒药物的药效设计和暴露于空气病原体、污染物和放射性同位素的风险评估都是非常重要的。动物式呼吸系统这一设计针对悬浮颗粒吸入的危险提供了一些保护措施,由 Hinds (1999)进行了更充分的讨论。

1. 呼吸道特征

人类呼吸系统可以被看作三个区域,如图 12.9 所示。

头部呼吸道包括鼻、口、咽和喉。在这一区域吸入的可溶性颗粒可通过冷凝增多,因为空气会被加热和加湿。气管呼吸道包括从气管到细支气管终端的路径,类似于树与其渐渐变细的树枝。肺或肺泡区是远离细支气管终端肺系统的一部分,氧气和二氧化碳在这部分区域肺泡直径为 $0.1\sim1\ mm$ 的小气囊中进行气体交换。成人的气体交换系统面积约为 $75\ m^2$,能够进行有效交换的约有半个网球场大小。在人体以 $1\ L\cdot s^{-1}$ 的典型速率吸入空气时,空气速度增加至 $4\sim5\ m\cdot s^{-1}$,通过头部呼吸道区域到达细支气管,随后速度迅速下降,因为肺部系统分支进入到约 250 条小气道中,流量的横截面积有所增

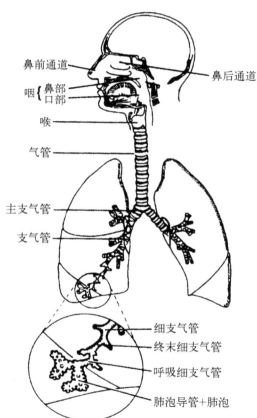

图 12.9　人类呼吸系统(Hinds, 1999)

加。因此,空气的停留时间从细支气管中的 4 ms 增加至肺泡中的 600 ms。每次呼吸约"规律性"地吸入 0.5 L 的空气。约有 2.4 L 滞留在肺部的空气无法与每次呼吸发生交换,但所吸入的空气可以与此滞留空气发生部分混合,并且随运动而增加。

2. 沉积原理

颗粒主要通过碰撞、沉降和(布朗)扩散沉积在呼吸系统的各个区域。在

吸入过程中,空气被迫在口鼻中多次改变流通方向通过支呼吸道。当空气速度和颗粒尺寸较大时,惯性碰撞能够提供较大的有效停止距离(表 12.2)。因此,在头部和支气管区域中,碰撞对于接近呼吸道壁的较大颗粒(直径为 3～10 μm)沉积非常有效。在流速慢和气管尺寸较小的小支气管呼吸道和肺泡区域中,沉降的作用则更为重要。在这些条件下,较长的停留时间可以让直径为 1～3 μm 的颗粒沉淀到表面,但较小颗粒的沉淀对于这一原理的有效沉积来说过于缓慢(表 12.2)。布朗扩散对于直径在 0.01～0.1 μm 颗粒在肺泡中的沉积特别有效,在这一区域的沉积比例(均方根位移/呼吸道直径)较大。

当典型混合悬浮颗粒通过鼻吸入时,这些不同沉积原理的结果具体表现为直径为 5～10 μm 颗粒中约有 80%～95%在头部呼吸道受到碰撞。直径为 2～5 μm 的颗粒主要通过沉降和碰撞作用沉积在支气管呼吸道中。作为体积选择性沉积的结果,直径大于 10 μm 的颗粒无法到达肺泡区,并且直径为 2～10 μm 的颗粒几乎完全消失。在直径为 0.1～1 μm 的颗粒中,约有 10%～20%通过布朗扩散沉积在肺泡区域中,并将吸入(规律性)空气与滞留空气进行混合,随后发生沉降。图 12.10 从数据上说明了男性和女性在轻微运动和进行鼻呼吸时,不同大小颗粒的预计沉积位置。

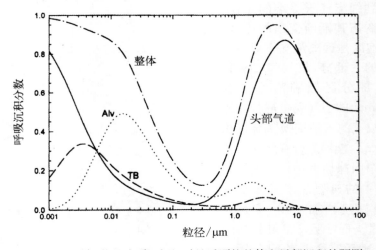

图 12.10　对轻微运动(鼻呼吸)时悬浮颗粒整体和局部沉积的预测
(Alv:肺泡呼吸道,TB:支气管呼吸道)(Hinds, 1999)

一种叫作拦截的机制对于二氧化硅和石棉的纤维颗粒的沉积作用是十分显著的,这种纤维颗粒具有较大的单向性,但空气动力直径较小,表现出与细小悬浮颗粒类似的特性(即停止距离和沉降速度较小)。这些材料可以有效通过小呼吸道的路径,在通过时被呼吸道壁捕获的可能性很高。

一旦这种颗粒发生沉积,颗粒在肺中的停留时间根据其成分、位置和清除原理类型有所不同。支气管呼吸道的表面被一层黏液所覆盖,这些黏液被支气管中的绒毛上推至吞咽的咽部。此类传输会在几个小时内将这些区域所捕获的颗粒从肺部排出。但肺泡区域中并没有黏液或绒毛，因为黏液或绒毛会干扰气体交换，所以颗粒会滞留数月乃至数年。这里要强调的是吸入细小颗粒、放射性同位素或病原体的危害。

[215]

12.4　习题

1. 计算出下列颗粒的沉降速度：（1）直径为 10 μm、密度为 0.8 g·cm^{-3} 的花粉颗粒；（2）直径为 6 mm，密度为 0.5 g·cm^{-3} 的冰雹（提示：必须估算雷诺数，并决定是否使用本文中所描述的试错法）。

2. 在气体运动速度为 2 m·s^{-1} 条件下，找出半径 10 μm 的孢子和半径 0.5 μm 的悬浮颗粒的松弛时间和停止距离。证实孢子将迅速沉积到直径 4 mm 的支气管壁上，同时悬浮颗粒将沿着气管有效渗入。

3. 密度为 1 g·cm^{-3}，直径分别为 0.1 μm 和 10 μm 的颗粒以 0.5 m·s^{-1} 的速度接近直径为 1 cm 的圆柱形支气管。确定：（1）各种大小颗粒的停止距离和斯托克斯数；（2）支气管边界层的厚度。你将使用什么来估算颗粒沉积的可能性？

4. 在降雨速度为 1 mm·h^{-1} 的情况下，计算大气中直径为 10 μm 悬浮颗粒在一小时内被冲蚀的概率，假定雨滴都为相同直径，即：（1）100 μm 和（2）1 000 μm（提示：使用图 12.1 或问题 1 中的方法计算雨滴的沉降速度 v。假设 10 μm 直径颗粒的停止距离对雨滴碰撞的移动速度 v 为 $S_0 = 3 \times 10^4 v$，其中 S_0 以 m 为单位，v 以 s^{-1} 为单位。悬浮颗粒对雨滴碰撞的有效性 c_p 可以假设与对同样直径圆柱面的碰撞相同。则可以通过降雨率来计算雨滴经过大气中一个固定点的频率，如果频率是每秒 n 次，则雨滴对颗粒的冲蚀系数为 nc_p）。

[216]

第 13 章
稳态热平衡：水面、土壤和植被

　　此章将根据之前章节中所讨论的原理和过程来考察植物和动物的热平衡。热力学第一定律指出，在为任何物理或生物系统热流量制定平衡表时，吸收量和排放量必须相等。在环境物理学中，辐射和新陈代谢是吸收热量的主要来源；辐射、对流和蒸发是热量排放的主要方法。

　　对于物理或生物系统的任何组成来说，热吸收和热排放之间的平衡是通过调整温度来达到的。例如，如果太阳被云遮盖，则叶片所接收到的辐射热开始下降，叶片温度会下降以减少对流和蒸发的排放。如果叶片没有质量即没有热容量，每秒排放量的减少将恰好与吸收量的减少达到平衡。对于存在有限热容量的真正叶片来说，温度的下降将落后于辐射的减少，也会落后于对流和蒸发的排放量的减少，但由于辐射热吸收量的减少将通过叶片变冷放出热量而得到补充，因此仍满足热力学第一定律。本章涉及一些相对简单系统的热平衡，在这些系统中：（1）温度恒定，储热量变化为零；（2）代谢热在热平衡中可以忽略。恒温动物的热平衡是由新陈代谢控制的，在下一章中考虑到了这一点，第 15 章中则考虑到了热存储日周变化的例子。

13.1　热平衡方程

　　任何生物体的热平衡都可以通过下列等式来表达：

$$\overline{R_n} + \overline{M} = \overline{C} + \lambda\overline{E} + \overline{G} \tag{13.1}$$

式中，$\overline{R_n}$ 为来自辐射的净增热；$\overline{M}$ 为来自新陈代谢的净增热；$\overline{C}$ 为对流显热损失；$\lambda\overline{E}$ 为蒸发潜热损失；$\overline{G}$ 为传导到环境中的热损失。

　　式（13.1）中的上划线表示各项是单位表面积中的平均热通量（在本章其余部分未打印但仍具有此含义）。在上下文中，将表面积定义为对流热损失通过的面积较为方便，尽管同样的面积不一定产生热吸收或热损失。为了保持公式完整性，这里包括了 $\overline{G}$ 项，但这对于植物来说这项可忽略不计，也很少用于动物测量。类似于式（13.1）的等式适用于裸露的土壤表面或水体，但不包括 $\overline{M}$ 项。

　　热平衡等式中的各项由任意符号法则决定，从表面流出的通量为正（当温度随着距表面距离 z 而降低时，$\partial T/\partial z < 0$，流出热通量 $C \propto -\partial T/\partial z$ 为正数）。因此，当显热和潜热通量 C 和 λE 在表示表面到大气中的热损失时为正

值，在表示热吸收时为负值。在等式左侧，**R** 和 **M** 在表示热吸收时为正值，表示热损失时为负值。当热平衡等式两侧均为正值时，等式是对于来自热源总的可用热量如何分配至各接收模块的说明。当等式两侧均为负值时，等式显示了各模块对热量的总需求如何分配至各可用热源。

下文涉及热平衡式(13.1)中各项的大小和变换，以及等式的基本物理原理以及生物应用的一些例子。

当生物体表面因对流损失热量时，单位面积的损失率是根据系统的规模、几何结构、风速和温度梯度所决定的。对流通常伴随着生物体和环境之间的长波辐射交换，速率取决于几何结构以及温度辐射的差异，但与规模无关。规模的意义可以通过比较物体的对流和辐射损失来显示，例如暴露于风洞中直径为 d、均匀表面温度为 T_0 的圆柱体，在风洞气流速度为 u 情况下，其内壁温度保持为 T。当 Re 超过 10^3 时，根据关系式 $r_H = d/(\kappa Nu) \propto d^{0.4} V^{-0.6}$，对流对热传递的阻力随着 d 的增加而增加（见附录，表 A.5）。相反，辐射对热传递的相应阻力 r_R 与 d 无关。图 13.1 对代表户外条件的 1 和 10 m·s^{-1} 风速下，不同直径圆柱体的 r_H 和 r_R 进行了比较。当表面温度差 $(T_0 - T)$ 超过 1 K 时，对应的热损失率显示于右侧轴上。

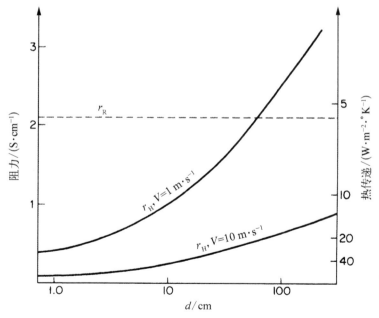

图 13.1   对流传热阻力 r_H 和辐射传热阻力 r_R 随圆柱直径 d 表示的体积大小的变化规律。假设圆柱体暴露于风洞中，其中空气和壁面的辐射温度相等。根据风速 $v = 1$ m·s^{-1} 和 $v = 10$ m·s^{-1} 分别计算曲线。假定圆柱体表面温度和空气/壁面的辐射温度差值为 1 K，右轴表示相应的传热速率

由于 r_H 与规模和风速的关系对于平面、圆柱体和球体来说都是一样的，如果使用适当的量纲来计算努塞尔数，则可以根据图 13.1 做出一些概括。对于小型昆虫或叶片（0.1 cm$<d<$1 cm）一类的生物体，r_H 要远远大于 r_R，这意味着对流是一种比长波辐射更有效的热传导机制。生物体与气温紧密相关，但与环境的热辐射温度无关。对于家畜或人类大小（10 cm$<d<$100 cm）的生物体来说，r_H 和 r_R 在低风速下是相当的。而对于大型哺乳动物（$d>$100 cm）来说，在低风速下 r_H 要大于 r_R，在这种情况下，表面温度更接近于环境的辐射温度而不是空气温度。这些预测与用作例子的蝗虫和小猪测量值是一致的，它们强调了在没有通风设备建筑中大型农场动物热平衡测定中，壁温与空气温度之间差异的重要性。他们还解释了为什么墙壁辐射温度保持很低的情况下，在寒冷房间里给空气加热并不会使室内的人感到舒适。

当具有统一辐射系数并且表面温度为 T_0 的生物体：（1）通过温度为 T 的空气对流进行热交换；（2）通过平均辐射温度等于空气温度的辐射环境进行热交换。吸收或损失的热量净速率为

$$\rho c_p \{(T-T_0)/r_H + [(T-T_0)/r_R]\} = \rho c_p [(T-T_0)/r_{HR}] \quad (13.2)$$

其中 $r_{HR} = (r_H^{-1} + r_R^{-1})^{-1}$ 是对流与长波辐射的合阻力，由于通量是平行的，因此阻力是由并联阻力组合形成的。

13.2 温度计的热平衡

13.2.1 干球温度计

作为与湿球温度计相关物理现象的介绍，干球温度计（即具有干燥敏感元件的温度计）的一般热平衡等式更值得注意。对于户外测量来说，避免直接暴露于阳光下加热温度计是十分重要的，因此进行了遮蔽。在几种用于气温精密测量的常见设计中，在管中放有长圆球体的温度计，空气可以迅速排出，为了进行下列讨论，我们假设管完全包围球体。如果管自身暴露于阳光中，其温度 T_s 可能略高于气温（T）和温度计温度（T_t）。

温度计从外壳接收的净长波辐射（假设发射率 $\varepsilon = 1$）为

$$\mathbf{R}_n = \sigma(T_s^4 - T_t^4) = \rho c_p (T_s - T_t)/r_R \quad (13.3)$$

使用 r_R 定义，假设 $T_s - T_t$ 较小。从球体到空气中的对流热损失为

$$\mathbf{C} = \rho c_p (T_t - T)/r_H \quad (13.4)$$

在平衡状态下，式（13.1）简化至 $\mathbf{R}_n = \mathbf{C}$，各项在式（13.4）中重新排列，即

$$T_t = \frac{r_H T_s + r_R T}{r_R + r_H} \quad (13.5)$$

表明温度计所记录的温度（表面温度）是空气中真实温度与温度计外壳温度之间的加权平均数。有两种主要方式可以将表面温度与真实空气温度之间的差异最小化。

（1）使 r_H 明显小于 r_R（即将传感器与辐射环境分离），或是提供足够的通风，或选择直径非常小的温度计（见图 13.1）。式（13.5）中的分子则会趋向于 $r_\mathrm{R}T$，分母趋向于 r_R。

（2）使 T_s 非常接近 T，例如使用反光金属或白色遮蔽物，在外部和内部表面之间引入绝热层，或是增加遮蔽物两侧的通风。

在 Assmann 干湿计一类的标准仪器中，遮蔽物是双壁圆筒，外表面镀镍，吸气速度约为 3 m·s^{-1}。由于温度计玻璃内水银柱直径约为 3 mm，图 13.1 说明了它与辐射环境的有效隔离（$r_\mathrm{H} \leqslant r_\mathrm{R}$）。

13.2.2　湿球温度计

"湿球温度"这一概念对于潜热为主要热平衡成分的系统物理环境非常重要，它有两个明显不同的含义：热力学湿球温度计，这是理论上的概念；温度计传感元件以湿套筒覆盖的温度，最近似于热力学湿球温度。

热力学湿球温度的值可以通过具有完美绝热层容器内纯净水包围的空气样本的反应而得到。这是一个内部绝热系统，其显热量和潜热量的总和应保持不变。空气的初始状态应由温度 T、蒸气压力 e 以及总压力 p 来决定。如果 e 小于 $e_\mathrm{s}(T)$，T 时蒸气压力饱和，水将会蒸发，e 和 p 都会增加。由于系统是绝热的，由水蒸气浓度的上升所代表的潜热上升必须通过由冷空气所实现的显热下降来达到平衡。加湿和冷却的过程将持续至冷空气在温度为 T 时饱和，根据定义，温度 T 是热力学湿球温度，也就是说热力学湿球温度是使空气在绝热条件下达到蒸发饱和的温度。相应的饱和蒸气压力为 $e_\mathrm{s}(T')$。

为了将 T 和 $e_\mathrm{s}(T)$ 与空气的初始状态相关联，当 $p \gg e$ 时，初始水蒸气浓度约为 $\rho \varepsilon e/p$。当蒸气压从 e 上升到 $e_\mathrm{s}(T)$ 时，单位体积的潜热含量总变化为 $\lambda \rho \varepsilon [e_\mathrm{s}(T') - e]/p$。温度从 T 到 T' 单位体积冷却空气的相应热量为 $\rho c_\mathrm{p}(T - T')$（在更严格的处理中，水蒸气的焓变化较小，但是在微气象问题中通常并不重要）。潜热和显热等值。

$$\lambda \rho \varepsilon [e_\mathrm{s}(T') - e]/p = \rho c_\mathrm{p}(T - T') \qquad (13.6)$$

各项重新整理得：

$$e = e_\mathrm{s}(T') - (c_\mathrm{p}p/\lambda\varepsilon)(T - T') \qquad (13.7)$$

项集合 $(c_\mathrm{p}p/\lambda\varepsilon)$ 通常被称为"干湿计常数"，原因很简单，但它既不是常数〔因为 $(c_\mathrm{p}p/\lambda\varepsilon)$ 是大气压，并且 λ 会随温度发生变化〕也不精确（因为是近似值）。干湿计常数通常以符号 γ 标记，在 101.3 kPa 的标准压力下，0℃ 时约为

$66\ \mathrm{Pa}\cdot\mathrm{K}^{-1}$，在 20℃时升高到 $67\ \mathrm{Pa}\cdot\mathrm{K}^{-1}$。因此

$$e = e_\mathrm{s}(T') - \gamma(T - T') \tag{13.7a}$$

另一项与 γ 量纲相同的变量是随温度变化的饱和蒸气压或 $\partial e_\mathrm{s}(T)/\partial T$，通常以符号 Δ 给出(或 s)。该量可以用于获得饱和蒸气压力差，$D = e_\mathrm{s}(T) - e$ 和湿球温降 $B = T - T'$ 之间的简单(近似)关系。当湿球温度为 T 时，饱和蒸气压被写作

$$e_\mathrm{s}(T') \approx e_\mathrm{s}(T) - \Delta(T - T') \tag{13.8}$$

其中 Δ 是平均温度 $(T + T')/2$ 下的估值，干湿计式(13.7)可变为

$$e \approx e_\mathrm{s}(T) - (\Delta + \gamma)(T - T') \tag{13.9}$$

或

$$D \approx (\Delta + \gamma)B \tag{13.10}$$

式(13.7)可以通过绘制 $e_\mathrm{s}(T)$ 与 T 的图像来直接体现(图 13.2)。曲线 QYP 表示饱和蒸气压与温度之间的关系，点 X 表示任何空气样本在 e 和 T 时的状态。假设空气中的湿球温度为 T'，点 Y 表示在该温度下的饱和空气状态。连接点 (T, e)，$[T', e_\mathrm{s}(T')]$ 的直线 XY 的等式是

$$e - e_\mathrm{s}(T') = 斜率 \times (T - T') \tag{13.11}$$

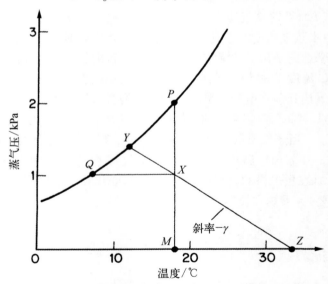

图 13.2　干球温度、湿球温度、当量温度、蒸气压力和露点温度之间的关系。点 X 表示空气在 18℃和 1 kPa 条件下的蒸气压。斜率为 $-\gamma$ 的 YXZ 线表示 Y(12℃)的湿球温度和 Z(33.3℃)的当量温度。线 QX 表示 Q(7.1℃)的露点温度。线 XP 表示 P(2.1 kPa)的饱和蒸气压

　　将式(13.7)和式(13.11)进行比较，表明 XY 的斜率为 $-\gamma$。因此，可以绘制通过适当的坐标 T 和 e 斜率为 $-\gamma$ 的线来截取在横坐标为 T 的饱和曲线来获得任一空气样本的湿球温度。

　　如果将 X 点状态的空气样本冷却到 Y 点所代表的状态，则路径 XY 将显示绝热蒸发中的温度和蒸气压力会如何变化，即系统的总热量恒定。同样，从 Y 开始移动到 X，路径 YX 将显示，如果水蒸气从初始饱和空气中绝热条件下冷凝，T 和 e 会如何变化。当冷凝进行时，空气温度将升高，直到所有的蒸汽冷凝。该状态由 $e=0$ 的点 Z 表示。相应温度 T_e 被称为空气的"当量温度"。由于 Z 的坐标为 $(T_e, 0)$，所以线 ZX 的等式可以写为

$$T_e = T + e/\gamma \tag{13.12}$$

或者，YZ 的等式可以写为

$$T_e = T' + e_s(T')/\gamma \tag{13.13}$$

　　这表明当量温度和湿球温度具有独特的关系。当水在空气样本中蒸发或绝热冷凝时，T' 和 T_e 保持不变。

　　从学术性原理转到真实的湿球温度计，需要考虑的有限速率包括蒸发所损失的热量以及对流和辐射所获得的热量。

　　假设暴露在温度 T 空气中，同时所包围的遮蔽物也处于空气温度，则用湿套管覆盖的温度计球体温度为 T_w。通过对流和辐射获得热量的速率是

$$\mathbf{C} + \mathbf{R}_n = \rho c_p (T - T_w)/r_{HR} \tag{13.14}$$

［参见式(13.2)］。通过应用式(11.3)的原理，可以发现潜热损失的速率为

$$\lambda \mathbf{E} = \lambda[\chi_s(T_w) - \chi]/r_v \tag{13.15}$$

其中 χ 是绝对湿度。使用式(2.28)中的关系，式(13.15)可写为

$$\begin{aligned}\lambda \mathbf{E} &= (\lambda \rho \varepsilon/p)[e_s(T_w) - e]/r_v \\ &= \rho c_p[e_s(T_w) - e]/\gamma r_v \end{aligned} \tag{13.16}$$

在平衡状态下，$\lambda \mathbf{E} = \mathbf{R}_n + \mathbf{C}$ 来自

$$e = e_s(T_w) - \gamma(r_v/r_{HR})(T - T_w) \tag{13.17}$$

　　通常为方便起见，$(\gamma r_v/r_{HR})$［或在下面某些情况中解释为 $(\gamma r_v/r_H)$］可作为修正干湿计常数，写作 γ^*。可得出：

$$e = e_s(T_w) - \gamma^*(T - T_w) \tag{13.17a}$$

　　将式(13.7a)和式(13.17)进行对比，很明显，除非 $r_v = r_{HR}$，否则所测得的湿球温度与热力学湿球温度是不同的。由于 $r_v = (\kappa/D)^{0.67} r_H$，也可以写作

$r_v = 0.93 r_H$，这一条件意味着：

$$0.93 r_H = (r_H^{-1} + r_R^{-1})^{-1} \tag{13.18}$$

可得出 $r_H = 0.075 r_R$。在 20℃ 的情况下，$r_R = 2.1 \text{ s} \cdot \text{cm}^{-1}$，所以当 $r_H = 0.17 \text{ s} \cdot \text{cm}^{-1}$ 时，热力学和测量湿球温度相等。因此，湿球温度计将根据 r_H 大于或小于此值来记录温度高于或低于热力学湿球温度。

由于 r_v 和 r_H 都是风速的函数，但 r_R 不是，γ 随着风速的增加而减少，当 r_v 远小于 r_R 时，趋向于与风速无关的恒定值，即

$$\gamma^* = \gamma(r_v/r_H) = 0.93\gamma \tag{13.19}$$

Assmann 干湿计被认为是户外蒸气压测量的标准，阻力与说明书中已给出的参数相一致，当 $\gamma^* = 63 \text{ Pa} \cdot \text{K}^{-1}$ 时为 $r_v = 0.149 \text{ s} \cdot \text{cm}^{-1}$、$r_H = 0.156 \text{ s} \cdot \text{cm}^{-1}$，在更详细的讨论中，也会使用 Wylie(1979) 给出的 Assman 干湿计的标准值 62 Pa·K^{-1}。在类似仪器的使用中，微气象工作中使用 γ 代替 γ^* 所涉及的误差通常可以忽略不计。

在这里没有考虑另一个干湿计误差来源（由 Wylie 提出 1979），是沿着温度计杆部的传导热量，这可以通过使用极小直径长套管和/或温度计来将误差最小化。

13.3 表面热平衡

13.3.1 湿表面

湿球温度计的物理原理是解决有关湿表面与其环境之间的显热和潜热交换广泛问题的关键所在。在这种情况下，"湿"可能意味着被纯水或盐溶液覆盖。

首先考虑有空气移动的纯水表面。在自由大气中，温度和蒸气压力分别为 T 和 e，水面上相应的势为 T_0 和 $e_s(T_0)$。在表面与点 (T, e) 之间热量和蒸气传递的阻力经测量分别为 r_H 和 r_v。

在标准惯例下，从表面流出的热量基本为正值，表面将通过对流损失热量，速率为

$$\mathbf{C} = \rho c_p (T_0 - T)/r_H \tag{13.20}$$

并按照式(13.16)所给出的速率损失潜热，使用 T_0 替代 T_w，$\gamma_{r_H}^*$ 替代 γ_{r_v}[式 13.19)]，得出：

$$\lambda \mathbf{E} = \rho c_p [e_s(T_0) - e]/\gamma r_v = \rho c_p [e_s(T_0) - e]/\gamma^* r_H \tag{13.21}$$

1. 绝热系统

从最简单的热平衡开始，系统将被视为绝热系统，因此：

$$\lambda \mathbf{E} + \mathbf{C} = 0 \qquad (13.22)$$

如果 $e_s(T_0)$ 仅仅是 T 的线性函数，则现在可以从式(13.20)至式(13.22)中消除 T_0，并对 $\lambda \mathbf{E}$ 和 $\mathbf{C}$ 作为气流和两个阻力下的温度和蒸气压力的函数进行评估。为了达到这一目标，在很窄的范围(例如 10 K)内，合理假定 e_s 和 T 之间存在线性关系。则 T_0 的饱和蒸气压力可能与使用式(13.8)空气温度下的相应压力相关，形式上可写作：

$$e_s(T_0) \approx e_s(T) - \Delta(T - T_0) \qquad (13.23)$$

其中 Δ 必须在 T 下进行评估，因为 T_0 在这一分析阶段是未知的。

将 $e_s(T_0)$ 的值(近似值)代入到式(13.21)，可得出

$$\lambda \mathbf{E} = \rho c_p [e_s(T) - e - \Delta(T - T_0)]/\gamma^* r_H$$

使用式(13.20)消除 T_0，写作 $(T - T_0) = -r_H \mathbf{C}/\rho c_p$，可得出

$$\lambda \mathbf{E} = \rho c_p [e_s(T) - e + \Delta r_H \mathbf{C}(\rho c_p)^{-1}]/\gamma^* r_H$$

由式(13.22)，$\mathbf{C} = -\lambda \mathbf{E}$，替换 $\mathbf{C}$，并重新排列给出与表面温度无关的 $\lambda \mathbf{E}$，即

$$\lambda \mathbf{E} = \frac{\rho c_p [e_s(T) - e]/r_H^{-1}}{\Delta + \gamma^*} \qquad (13.24)$$

由于此系统绝热，

$$\mathbf{C} = -\left\{ \frac{\rho c_p [e_s(T) - e]/r_H^{-1}}{\Delta + \gamma^*} \right\}$$

如果此过程是绝热的，则 $\mathbf{C}$ 是空气冷却到湿球温度 T_0 时所释放热量的速率(图 13.2)。更准确地说，是各单位表面积和单位时间内单位体积空气所释放的热量(各单位面积和时间内释放单位体积的速率用 m·s^{-1} 表示，这是用于规定这些等式中的交换速率阻力单位的倒数)。变量 $e_s(T) - e$ 是大气饱和差，对温度 T 的大气不饱和程度进行了定义。

2. 非绝热系统：Penman 方程的发展

现在假设热交换过程不是绝热的。如果表面通过辐射以速率 $\mathbf{R}_n$ 吸收额外热量，则热平衡方程变为

$$\lambda \mathbf{E} + \mathbf{C} = \mathbf{R}_n \qquad (13.25)$$

式(13.20)、式(13.21)和式(13.25)的解决方案中，使用了式(13.23)中的近似值，

$$\lambda \mathbf{E} = \frac{\Delta \mathbf{R}_n}{\Delta + \gamma^*} + \frac{\rho c_p [e_s(T) - e]/r_H^{-1}}{\Delta + \gamma^*} \qquad (13.26)$$

226

将式(13.24)和式(13.26)进行比较,显示了式(13.26)仍然包含未改变的绝热项,但是将空气冷却到湿球温度目前只是过程的一部分。表面从辐射中接收额外的能量,因此温度可能比湿球温度更高。当空气保持饱和时,事实上它所受的加热量为 δT,空气中所含的显热量与 δT 成比例增加,式(13.21)和式(13.23)表示所含的潜热量与 $(\Delta+\gamma^*)\delta T$ 成比例增加,分配给潜热的补充部分为 $\Delta\mathbf{R}_n/(\Delta+\gamma^*)=(\Delta/\gamma^*)\mathbf{R}_n/(1+\Delta/\gamma^*)$。因此,式(13.26)中的第一项可以被认为是与来自辐射的额外热量相关潜热损失中的非绝热部分。图 13.3 说明了这些关系,即不饱和空气首先通过在绝热条件下蒸发水分进行冷却饱和,然后在保持饱和的状态下加热到新的温度。

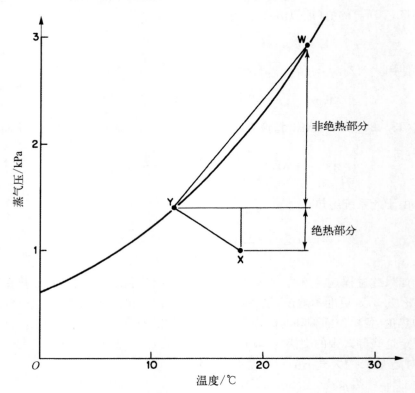

图 13.3　Penman 公式的基本几何结构(Monteith,1981a)。X 处的空气在绝热状态下冷却至 Y(图 13.2),并在绝热状态下加热至 W。潜热的对应量在式(13.26)中给出

总的来说,为了估算湿表面与其上方的空气进行显热和潜热交换的速率,必须知道表面的温度。当表面温度没有给出时,可以通过假设饱和蒸气压力是温度的线性函数,将其从描述系统的等式中消除——当温度范围很小时可得出有效的近似值。或者,可以通过迭代找到解决方案(McArthur,1990)。Penman(1948)第一个演示了此过程的公式,他的公式通常是通过组合式

（13.26）中各项得到的，即

$$\lambda \mathbf{E} = \frac{\Delta \mathbf{R}_n + \rho c_p [e_s(T) - e]/r_H^{-1}}{\Delta + \gamma^*} \tag{13.27}$$

同样见与此相关的式（13.30）。

Howard Latimer Penman

Howard Penman 作为在给定相关天气和供水条件下估算自由供水表面蒸发水损失速率方程的作者，在气象学、水文学和环境物理学方面非常有名，他于 1909 年出生在英国东北部，在阿姆斯特朗学院（杜伦大学）学习物理和数学，并在男子学校学习了一段时间，然后返回阿姆斯特朗学院获得博士学位。

1937 年，Penman 作为工作人员加入了物理系在 Rothamsted 的实验站，并在 1954 年成为部门主管。他对蒸发所导致的农作物失水比例尤其感兴趣，最初，他分析了自 1870 年以来 Rothamsted 所记录的排水和雨量测量的数据。后来，他在 Rothamsted 建立了黏土土壤蒸发量测量点，并在 Woburn 附近建立了对比砂土的测量点。在第二次世界大战结束时，他将自己的发展理论用于紧急研究计划，以估算登陆日之后欧洲土壤的可通过性。在他的优秀论文（Penman，1948）"开放水域，裸露土壤和草地的自然蒸发"中显示了可用能量的分配与风速和饱和差有关，其中还包括了能够从相关等式消除表面温度的独特分析。本文的引用可能比农业气象与水文学文献中的其他文献更为频繁。

Penman 还撰写了有关气体在孔洞中扩散的重要论文。他持续发表论文直至 1976 年，皇家学会的传记记录中发表了他 104 篇论文和报告的完整清单。

通过将 $\mathbf{C} = \mathbf{R}_n - \lambda \mathbf{E}$ 在式（13.27）中进行置换，可得到显热损失的补充表达式，即

$$\mathbf{C} = \frac{\gamma^* \mathbf{R}_n - \rho c_p \{e_s(T) - e\}/r_H^{-1}}{\Delta + \gamma^*} \tag{13.28}$$

为了找到空气温度 T 与表面温度 T_0 的相关表达式，将式（13.20）重新排列为

$$T_0 = T + r_H \mathbf{C}/\rho c_p$$

并在式（13.28）中消除 $\mathbf{C}$，得到

$$T_0 = T + \frac{(\gamma^* r_{\mathrm{H}}/\rho c_{\mathrm{p}})\mathbf{R}_{\mathrm{n}}}{\Delta + \gamma^*} + \frac{e_{\mathrm{s}}(T) - e}{\Delta + \gamma^*} \tag{13.29}$$

（非绝热）　　　　（绝热）

该等式意味着湿表面的温度比通过的空气温度更暖或更冷取决于非绝热项大于或小于绝热项,非绝热项与吸收净辐射 $\mathbf{R}_{\mathrm{n}}$ 成正比而绝热项与大气饱和亏缺 $\{e_{\mathrm{s}}(T) - e\}$ 成正比。

3. 等温净辐射

原始的 Penman 公式有一个小瑕疵,即 $\mathbf{R}_{\mathrm{n}}$ 是一个规定的数量,尽管其精确值一直是表面温度的(弱)函数。可以通过替换 $\mathbf{R}_{\mathrm{n}}$ 来解决这一问题,替换为在空气温度下表面能够接收到的等温净辐射 $\mathbf{R}_{\mathrm{ni}}$。表面通常不处于空气温度这一事实,可以考虑使用对流热损失 r_{H} 和并联辐射热损失 r_{R} 组合所产生的阻力 r_{HR} 来替代单独的 r_{H},即

$$\lambda \mathbf{E} = \frac{\Delta \mathbf{R}_{\mathrm{ni}} + \rho c_{\mathrm{p}} [e_{\mathrm{s}}(T) - e] r_{\mathrm{HR}}^{-1}}{\Delta + \gamma^*} \tag{13.30}$$

在此版本的 Penman 公式中, $\gamma^* = \gamma r_{\mathrm{v}}/r_{\mathrm{HR}}$。 McNaughton 和 Jarvis (1991)为等温净辐射的使用提供了更为复杂的分析例子。

13.3.2　开放水表面蒸发

Penman 方程中所隐含的物理原理适用于从叶片到广阔平原的任何表面,只要对气象和阻力项进行适当的定义。此等式可广泛用于估算水面、裸露土壤和农作物的蒸发。为了计算一星期或更长时期的开放水表面的蒸发量,Penman 估计了来自气候数据的净辐射、饱和差、温度和风速,使用风速的经验函数来估计 r_{H},并假定 $r_{\mathrm{v}} = r_{\mathrm{H}}$ ($\gamma^* = \gamma$)。 他也在上面给出的推导中做出了假设,即与 $\mathbf{R}_{\mathrm{n}}$ 值相比,水中的蓄热是可以忽略的。为了比较他的等式针对相对较浅的水箱(农业气象站的“蒸发皿”)的蒸发性能测量,当平均周期为几天时,该假设是有效的,并且具有适当参数化的 Penman 公式成功地估计了各种不同气候下蒸发皿的水分损失。[Penman 公式中识别出几种能够促进蒸发的天气因素(见第 13.3.3 节),有助于解释尽管 1950 年以来全球气温普遍上升,但这种蒸发皿蒸发速率却在下降的明显矛盾(Roderick、Farquhar,2002)]。但是对于更常见的应用来说,水体的深度越大,蓄热被忽视的平均周期越长。对于非常深的湖泊来说,这个时期至少要一年。随着深度和蓄热量的增加,蒸发量最大月份将向后推迟并处于当年晚些时候,直到与年度辐射周期形成相位差。在海洋中,海水的巨大热容量导致夏季月份的大部分蓄热位于表层(约100 m),并在冬季返回大气中。由于蓄热的高效率,海面温度的变化要远远低于陆地表面。

13.3.3　蒸发速率与天气的关系

蒸发速率与天气的关系可以使用式(13.27)来表达。从这个等式可以清楚地看到，水的蒸发速率随着净辐射的吸收和大气饱和亏缺 $[e_s(T)-e]$ 呈直线性增加。同样随着风速的增加，r_H 也随着风速的增加而降低。由于 λE 是随温度而升高的函数，蒸发速率取决于温度。式(13.27)关于 T(饱和亏缺的值保持不变)的微分表明，λE 的分数变化与 T 的分数变化有关

$$\frac{1}{\lambda E}\ \frac{\partial(\lambda E)}{\partial T}=\left(\frac{\Delta}{\Delta+\gamma^*}\right)\left(\frac{\mathbf{R}_n}{\lambda E}-1\right)\frac{1}{\Delta}\ \frac{\partial\Delta}{\partial T} \tag{13.31}$$

此等式右侧的代数符号取决于 $\mathbf{R}_n/\lambda E$ 是大于还是小于 1。因此，该等式表明，λE 将根据其初始值是否小于或大于 $\mathbf{R}_n$ 来随着温度的增加或减小，即表面是否比空气更冷或更暖[因为如果 $\lambda E > \mathbf{R}_n$，则显热通量 **C** 必须为负值(忽略蓄热)，即表面必须比空气冷，当 $\lambda E < \mathbf{R}_n$ 时，表面必须比空气更热]。然而，由于 $\Delta/(\Delta+\gamma^*)<1$，$\mathbf{R}_n/\lambda E \approx 1$，并且 $(\partial\Delta/\partial T)/\Delta$ 在 20℃时仅为约 0.003，所以 λE(恒定饱和度)与温度的关系是可忽略的。

最后，式(13.29)意味着风速的增加(r_H 减少)将会持续降低系统中的表面温度，其中 γ^* 的作用与风速无关。

13.3.4　潜在蒸发

Penman 认识到，农作物的蒸发速率要小于开放水域或湿地土壤的蒸发速率，他使用了术语"潜在蒸发"一词来描述"完全遮蔽地面并且不缺水的情况下低矮菜类作物在单位时间内蒸发的水量"(Penman，1950)，这遵循了 Thornthwaite(1948)最初提出的定义。这个术语受到批评是因为它混淆了促进不明确生物成分蒸发的物理术语，在农业用途中，首选的是基准蒸发概念。Penman 使用了与计算开放水域蒸发量相同的方法来计算潜在蒸发量，但对农作物的估算则使用了净辐射。这种做法的基础是他当时的观点，即短期作物蒸发的主要是由表面以上大气湍流的规模而控制的，由式(13.27)中的阻力项将其参数化，因此估计潜在的蒸发量时，除表面辐射特性以外的因素均不需要考虑。Thom 和 Oliver(1977)从经验方面对 Penman 等式进行了更新，并提高了其对区域蒸发估算的准确性。Monteith(1994)则对"潜在蒸发"这一概念的前 50 年的发展进行综述。

在温带地区，Penman 公式在各种形式下通常能给出与良好浇灌低矮作物测量值一致的蒸发估算，但对于其他植被类型，对水的利用较为有限或地面覆盖不完整的情况，则需要对表面进行更全面的处理，这就引出了下文所描述的 Penman‑Monteith 公式。

13.3.5　叶片热平衡：Penman – Monteith 公式

如果以适当的方式指定热和水蒸气传递的阻力，则叶片的显热和潜热交换的等式与湿表面在形式上相同。这种方法由 Penman 提出，由 Monteith (1965)进行了扩展。得到的等式通常称为 Penman – Monteith 公式。

图 13.4 显示了一个等效电路，对于叶的各边来说，通过叶边界层显热传递的阻力为 r_H（即两侧并行为 $r_H/2$）。叶片每侧的水蒸气传递阻力是水蒸气边界层阻力转移 r_v 和气孔阻力 r_s 之和。因此，水蒸气和显热传递的阻力比例为 γ^*/γ，假定 $(r_v+r_s)\div(r_H/2)$ 为气孔下生叶片（仅一侧气孔）的值，$[(r_v+r_s)/2]\div(r_H/2)$ 为两个表面具有相同气孔阻力两侧气孔叶片的值。一般来说

$$\gamma^* = n\gamma(r_v+r_s)/r_H \approx n\gamma(1+r_s/r_H) \tag{13.32}$$

其中 $n=1$（两侧气孔叶片）或 $n=2$（气孔下生叶片），并且 $r_v \approx r_H$。

因此，从代数方法上来看，Penman – Monteith 公式与式(13.27)相同，但 γ^* 项现在包括一个限制气孔蒸发的阻力。完全展开后，两侧气孔叶片的公式为

$$\lambda E = \frac{\Delta R_n + \rho c_p [e_s(T)-e]r_H^{-1}}{\Delta + \gamma^*} = \frac{\Delta R_n + \rho c_p [e_s(T)-e]r_H^{-1}}{\Delta + \gamma(1+r_s/r_H)}$$

$$\tag{13.33}$$

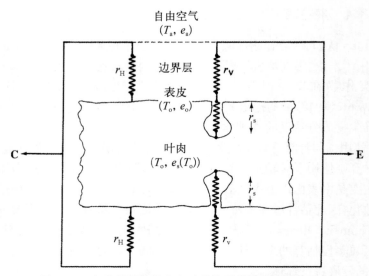

图 13.4　电路拟叶片蒸发和叶片热平衡（同样见图 11.8）

从叶子内部蒸发水分被称为"蒸腾"。术语"蒸散"（ET）经常会用于水文和气候学文献中，表明从农作物或景观到大气中的水分是由土壤和湿润表面的蒸发，以及植物的蒸腾组合而成的。除了简洁之外，使用蒸散一词没有特别

的优点，并且可能常常会令人感到困惑，因为我们将会看到控制湿润表面蒸发和叶面蒸腾的因素之间存在重要的区别。

使用式(13.33)来估算叶片的蒸腾速率，需要假设进行显热传导部分植物表皮的平均温度与进行潜热交换湿细胞壁的平均温度相同。大多数叶片都很薄，因此这个假设是完全合理的。也可以假设热平衡式(13.1)中的代谢项 $\mathbf{M}$ 与 $\mathbf{R}_n$ 相比较是可忽略的。在通过光合作用储存净能量的白天，$\mathbf{M}/\mathbf{R}_n$ 不会超过几个百分点，而在夜间通过呼吸作用产生热量时，$\mathbf{M}/\mathbf{R}_n$ 会更小。

尽管式(13.27)可以用于叶片以及湿表面，但只要对 γ^* 进行适当定义，两个系统以下列方式表现得明显不同：

1. **辐射和饱和亏缺对蒸腾速率的影响**

对于湿润表面来说，式(13.27)表明，即使净辐射或饱和亏缺为零，蒸发速率也是有限的，当一个变量保持不变时，λE 将随着其中的另一个变量呈线性增加。对于自然环境中的叶片，气孔开度(以及 r_s)与太阳辐射具有很强的相关性(Jones，1992)，在没有光照的情况下，气孔通常是封闭的，所以在不考虑饱和亏缺的情况下蒸发量接近于零(蒸发可能通过蜡质层缓慢发生)。此外，从受控环境中现场和工作的实质证据显示，许多植物关闭气孔是因为大气饱和亏缺有所增加，这可能是一种保水机制。当这种反应发生时，蒸腾速率并不会与饱和亏缺成比例增加，甚至可能达到最大值，超过在空气干燥下减少的值(Monteith，1995a)。这一反应来自保卫细胞打开和关闭气孔所产生的膨胀变化，并且吸引论认为此机制的存在是为了避免土壤和叶片之间的水势梯度变得过于负面，导致由从根部到叶子水分移动形成的连续柱发生破裂(气蚀)(Sperry，1995；Williams 等，2001；Tuzet 等，2003)。

2. **风速和叶片温度对蒸腾的影响**

随着风速的增加(即降低 r_H 和 r_v)，湿润表面的蒸发速率会保持增加，而表面温度则持续降低[式(13.27)和式(13.29)]。对于叶片来说，可以通过式(13.30)对 r_{HR} 进行微分来表示当 $\lambda E/C = \Delta/(n\gamma)$ 时 λE 与 r_{HR} 无关(因此与风速无关)。当 $\lambda E/C = \Delta/n\gamma$ 时，λE 并不依赖 r_{HR}(因此是风速)。注意，在式(13.30)中，对于该分析优先使用式(13.27)，以避免 $\mathbf{R}_n$ 作为表面温度而更加复杂化，因此选用 r_H。当 $\lambda E/C$ 超出其临界值时，风速的增加以牺牲显热损失为代价增加了潜热损失，使 $\lambda E + C$ 保持恒定。可以很直观地预计到这样的结果，因为自由水表面的蒸发速率总是随风速而增加。然而，当 $\lambda E/C$ 小于临界值时，风速的增加使 $\mathbf{C}$ 增加，以 λE 为代价——由于风速增加而蒸发速率降低。这一行为已经在实验室中得到证明(图 13.5)，并可从现场测量中推断出。实际的影响之一是，给植物挡风不一定能使植物保持水分。

对于与温带气候中日照充足相一致的任意一组天气变量来说，叶片温度受 r_H 和风速的影响如图 13.6 所示。当气孔关闭时(假定阻力为无限大)，由于 $\mathbf{R}_n$ 的减少和表面温度的增加的限额，叶片表面与空气之间的温差增长要比

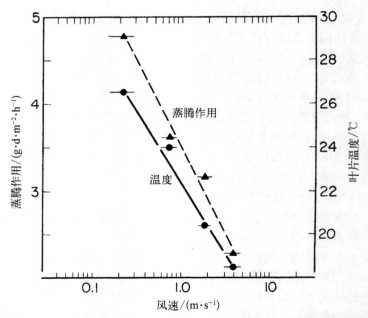

图 13.5　在空气温度为 15℃、相对湿度为 95% 条件下，苍耳属叶片暴露于 700 W·m^{-2} 辐射下蒸腾速率和叶片温度在风速下的变化（Mellor 等，1964）

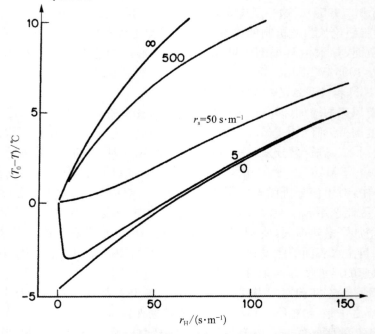

图 13.6　指定边界层和气孔阻力（双面并联）的双面气孔叶片表面温度和空气温度之间的差异。假设微气候为：$\mathbf{R}_{ni} = 300$ W·m^{-2}，$T=20$℃，饱和亏缺为 1 kPa（Monteith，1981b）

r_H 略慢一些(表现为阻力轴上的凹陷)。当气孔部分闭合时，即 r_s 处于较大水平(部分闭合的气孔一般为 $500\ s\cdot m^{-1}$)，曲率会变得更大，这是因为在 $\lambda E/C < \Delta/\gamma$ 的情况下，当风速下降时，显热损失降低(同时潜热损失增加)。当气孔完全打开时($r_s = 50\ s\cdot m^{-1}$)，曲率向阻力轴(至少是小阻力)凸起，这是因为在 $\lambda E/C > \Delta/\gamma$ 时，随着风速的下降，显热损失逐渐增加。

在干燥叶片给定为不切实际的极小值 $r_s = 5\ s\cdot m^{-1}$ 情况下，当 r_H 超过 $50\ s\cdot m^{-1}$ 时，表面温度与 r_H 的关系几乎与含水叶片($r_s = 0$)相同(图 13.6)，但$(T_0 - T)$ 在 r_H 为极小值的情况下具有最小值，随着 r_H 接近零，$(T_0 - T)$ 接近零。根据 $\mathbf{R}_{ni}$ 和 r_{HR} 得到式(13.29)，并评估 $\partial T/\partial r_{HR}$，可以看出当下式成立时达到最低温度

$$\frac{r_{HR}^2}{r_s}\left[\left(1 + \frac{r_s}{r_{HR}}\right) + \frac{\Delta}{\gamma}\right] = \frac{\rho c_p D}{\gamma \mathbf{R}_n} \qquad (13.34)$$

图 13.6 假设的天气给出了式(13.34)右侧的值约为 $30\ s\cdot m^{-1}$，给出 $r_{HR} \cong 5.2\ sm^{-1}$。由于气孔阻力几乎不小于 $5\ s\cdot m^{-1}$，所以当风速增加时，叶片变暖是非常不寻常的，但是如果存在过度通风，则湿球温度计可以表现出此现象，使棉芯的一部分变得略微干燥，呈现出阻碍水蒸气传递的微小附加阻力。

在下雨时，一些落下的水滴会碰撞植物，并滞留在叶面上。这种可能会滞留在农作物和幼林冠上的拦截降雨量通常为 $1\sim 2$ mm(单位面积)，但老龄林的拦截水量可能会达到 $2\sim 3$ 倍，因为它们的枝条和茎干通常被苔藓和地衣所覆盖，能够拦截额外的降雨量(Pypker 等，2006)。拦截降雨量的蒸发速度要比蒸腾速度更快，因为它不会受气孔阻力的限制(这就是一个使用"蒸散"一词会令人困惑的例子)。由于这种情况下 r_H 的值很小，所以对于暴露在较大风速下的针叶植被来说，蒸发速率可能会特别高[参见式(13.27)]。在降雨频繁的地区，在拦截水分的直接蒸发下，针叶林到大气中的总水分损失会大幅度提高(Calder，1977；Shuttleworth，1988)。标记为 $r_s = 0$ 的线所对应的是表面覆盖水分的叶片，因此其表现与为暴露于辐射中的湿球非常相似。在强风中，$T - T_0$ 的极限值是空气中的湿球温降 $T - T_w$。

图 13.7 进一步说明了叶片温度和 r_H 之间的关系，在这种情况下表示了与气孔阻力 r_s 的关系。在高风速(低 r_H 值)下，叶片温度对气孔阻力相对不敏感，反应主要为辐射负荷；在低风速下，随着气孔阻力从 $20\ s\cdot m^{-1}$ 增加到 $80\ s\cdot m^{-1}$，叶片温度过量增加约 2 倍。在本章的后面，这种类型的反应将根据叶片与大气之间的"耦合"来解释。

3. 叶片温度和空气温度之间的关系

式(13.29)可用于解释为什么在寒冷气候中的日照充足情况下，叶片温度超过空气温度的部分通常较大，而在炎热气候中却较小(甚至可以忽略)。为了促进这一讨论，方程在这里重新排列并写为

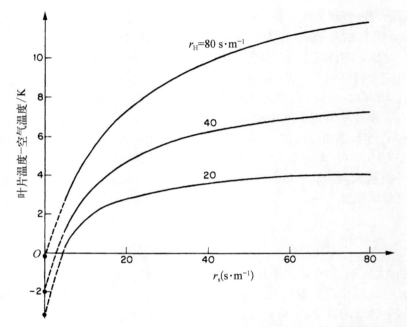

图 13.7 当 $\mathbf{R}_{ni} = 300$ W · m^{-2}, $D = 1$ kPa, $T = 20$℃ 时,叶片超出空气的
温度差与气孔阻力和空气动力学阻力之间的关系(同样可见图 13.6)

$$T_0 - T = \frac{(\gamma^* r_H / \rho c_p) \mathbf{R}_n}{\Delta + \gamma^*} - \frac{[e_s(T) - e]}{\Delta + \gamma^*} \tag{13.35}$$

$\qquad\qquad\qquad$(非绝热)$\qquad\qquad$(绝热)

此等式涉及两个特征。首先,由于 Δ 随着温度的降低而减小,如果分子中
的因素保持不变,则非绝热项会随着温度的降低而趋向于增加。其次,在寒冷
天气中的饱和亏缺通常要比炎热天气小得多。所以在日照充足的寒冷气候
中,(正)非绝热项要比(负)绝热项更占主导,同时 $(T_0 - T)$ 相对较大。低温下
的强辐射加热对于在夏季较短的北极或山地生存的物种可能是非常重要的。
相反,在炎热的气候中,当辐射加热、空气温度和饱和亏缺可能都较大的情况
下,式(13.29)中的负数绝热项倾向于抵消正数非绝热项,同时 $(T_0 - T)$ 较小。
因此,只要根部有可用于保持蒸腾的水分,热带植物的叶片适合于在 30~40℃
的空气温度范围中保持气孔开放,可保持组织温度接近于空气温度。

4. 蒸腾速率与气孔阻力

当 $\mathbf{R}_n$ 恒定时,叶片气孔阻力增加使蒸发速率降低,并且显热损失增加[式
(13.33)对此项讨论非常有用]。如图 13.8 所示,由于气孔闭合而导致叶片组
织温度升高。当空气温度为 20~30℃ 时,许多温带物种叶片的最小气孔阻力
为 100~200 s · m^{-1}(见图 11.9),所以在日照充足的微风中($r_H \leqslant 20$ s · m^{-1}),小
型叶片的温度预计比周围空气高 1~2℃。在轻风中,由于 r_H 很大,大型叶片

上所观察到的温度超出更多。从相同的计算中可以看出,与植物表皮所接触空气的相对湿度通常与周围空气的相对湿度相似,叶片微气候的这一特征可能对于真菌的活性有重要的影响,因为它需要较高相对湿度来繁殖和生长。

13.3.6　露水和霜冻

R_n 在夜间为负值时,式(13.27)的分子为负值,叶片上会发生冷凝,即 $-\Delta R_n$ 超过 $\rho c_p [e_s(T) - e]/r_H$ 的时候。露水的冷凝速率可以由公式 $\gamma^* = \gamma(r_v/r_H)$ 进行计算。当空气饱和时,在晴朗夜晚所预测的露水冷凝速率最高约为 $0.06 \sim 0.07$ mm/h,但在不饱和空气中可能要低得多(图 13.8)。这些估算与在叶片和人造表面上所观察到的露水数量最大值一致——根据现场和环境,每晚约 $0.2 \sim 0.4$ mm(Monteith, 1957)。由于这些数值大约比潜在蒸发率小一个数量级,所以即使在干旱的气候下,露水对于植被的水分平衡也不会有重要的贡献。然而,在干旱气候中的露水有助于保持沙漠土壤生物地壳的稳定,并且可以成为沙漠居住动物的重要水源。对露水依赖的一个极端例子可能是澳大利亚棘手魔鬼蜥蜴,这种动物被认为在其皮肤上有疏水性沟槽,可以将皮肤上凝结的露水引导至蜥蜴的口中(Bentley、Blumer, 1962)。

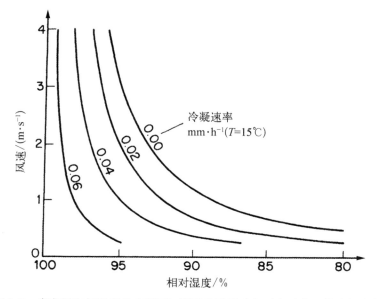

图 13.8　当夜间空气温度为 15℃时,暴露于晴朗天空下水平表面的冷凝速率为风速和相对湿度的函数(Monteith, 1981b)

由于 R_n 在夜晚为负值,叶片的温度总是低于空气温度。图 13.9 表示了与图 13.6 同样 r_H 范围内但是净辐射为负时($T_0 - T$)的相关性。对于干燥叶片来说,图 13.9 表明了当空气太干燥而无法凝结露水时,叶片和空气在微风中的温差大约为 -5 K,而当空气湿度大于 90% 而凝结露水时,温差会小于

—2 K。当水蒸气在叶片表面冷凝时,叶片所获得的潜热是其温度升高的原因。当最低温度至关重要时,对于冷或霜敏感植物来说,露水可能对其热状态很重要。当叶片温度低于空气的霜点时,会产生霜冻而不是露水(图 13.10)。在春天的夜晚,当花朵或新结成的水果面临低温伤害的风险时,果农会使用类似的原理来保护作物。向植物连续喷洒能够与冷叶接触冻结的细雾,当水冻结时会释放潜热将植物的温度保持在冰点附近,这通常足以避免冻伤。

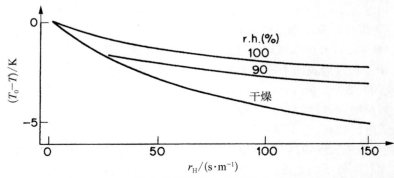

图 13.9   在黑暗中($r_s = \infty$)指定边界层阻力的叶片表面和空气之间的预测温差。
假设微气候参数:$\mathbf{R}_n = -100 \ W \cdot m^{-2}$;$T = 10℃$。当相对湿度为 100%
或 90%时,则露水会发生凝结。当相对湿度低于露水凝结的值时,则适用
"干燥"这条曲线

图 13.10   铁筷子属叶片上的霜冻。注意在尖刺上优先形成的冰。由于边缘的边界
层较薄,所以叶片的边缘热量和水蒸气的交换比叶片的中心更快。更快
的热交换意味着尖刺的温度应该比叶子的其余部分稍高,即在夜晚接近
空气温度。更快的质量传递速率意味着当温度低于空气的霜冻温度时,
尖刺可以更快地收集霜冻(由 R. L. Milstein 提供)

239

13.4　从 Penman 和 Penman – Monteith 公式引申出的发展

13.4.1　扩展到更大规模：大叶模型

此节中推导出的所有单个叶片的公式都可以应用于植株密度均匀的植被，只要以适当的方式描述系统的阻力（Monteith，1965，1981）。这种方法有时被称作"大叶模型"，因为此方法就"空气动力学阻力"r_a 以及"冠层阻力"r_c 阐明了植株-大气的交换过程，这个空气动力学阻力 r_a 类似于单个叶片周围的边界层阻力 r_H（第 10 章），而"冠层阻力"r_c 则对应叶片的气孔阻力 r_s，但是当冠层比较稀疏时，"冠层阻力"r_c 会受到土壤水分蒸发的影响。r_a 和 r_c 的估算方法在第 16 章和第 17 章中详细描述。表 13.1 总结了在 Kelliher 等（1995）的数据基础上的各种冠层的最小 r_c 测量值。Kelliher 等还综述了最小叶片阻力 r_s，并发现了 r_c 和 r_s 最小值之间的保守关系，当叶面积指数 L 超过 3 时，$r_s/r_c \approx 3$。保守性可能是因为随着 L 的增加，土壤蒸发量在总蒸发量中所占的部分逐渐减少，所以所有并联叶片的气孔阻力决定了 r_c 值；对于密集的冠层来说，下层叶片的阴影限制了它们的蒸发作用。Kelliher 等认为草本植物和木本植被的最小 r_c 值之间在统计学上没有明显的差异，但是，自然植被种类的最小值明显要大于农作物。因此，天然植被和农作物平均最小冠层阻力的合理近似值分别为 $50\ \text{s} \cdot \text{m}^{-1}$ 和 $30\ \text{s} \cdot \text{m}^{-1}$。

表 13.1　各种植被类型的冠层阻力 r_c 典型最小值（基于 Kelliher 等，1995）

植 被 类 型	$r_c/(\text{s} \cdot \text{m}^{-1})$
温带草原	60
针叶林	50
温带落叶林	50
热带雨林	80
粮食作物	30
阔叶林草本植物	35

在更大的范围内，r_c 可以被认为是表面阻力，用参数表示多种类型植被和土壤表面所受到的蒸发控制。对于林木尺度或更大的应用来说，在描述传导到土壤和生物质热损失的热平衡中，还需要将 $\mathbf{G}$ 项包括在内。这需要使用 $(\mathbf{R}_n - \mathbf{G})$ 来替代 $\mathbf{R}_n$，$(\mathbf{R}_n - \mathbf{G})$ 是分配给显热和潜热的可用能量。Penman Monteith 方程的冠层尺度公式为

$$\lambda \mathbf{E} = \frac{\Delta(\mathbf{R}_n - \mathbf{G}) + \rho c_p [e_s(T) - e] r_a^{-1}}{\Delta + \gamma(1 + r_c/r_a)} \tag{13.36}$$

例如,我们将讨论一个大叶模型在农业中估算参考蒸发量中的应用。有数种方法可以将 Penman 和 Penman-Monteith 公式扩展应用于润湿性由固定相对湿度或湿球温差定义的表面上。后者的参数类型中还产生了"平衡蒸发"的概念,本节还讨论了植被与大气之间耦合的相应概念。

13.4.2　参考蒸发量

物理学在农业中的主要应用是估算特殊农作物的需水量,包括确定灌溉需要和水资源管理。联合国粮食及农业组织(FAO)(Doorenbos、Pruitt,1977;Allen 等,1994a,b)推荐的做法是使用校准后的已测定自由供水参考农作物的水使用量来计算"参考蒸发"ET_0,并将 ET_0 乘以针对特定作物而规定的"作物因子",其中包含如高度、粗糙度和气孔对环境因素的反应等特征。联合国粮农组织(Doorenbos、Pruitt,1977,被称为 FAO-24)已经对 Penman 公式进行了改进[式(13.27)],并将其广泛用于 ET_0 的计算,但与参考作物(通常为矮草或苜蓿)用水量的直接测量相比较,显示它的蒸发量经常被高估,部分原因是联合国粮农组织在采用经验函数对空气动力学阻力和净辐射进行评估时存在偏见。在联合国粮农组织准则的修订版中(Allen 等,1998,被称为 FAO-56),推荐了 Penman-Monteith 公式作为计算 ET_0 的新标准。在使用该方程时,FAO-56 将"参考作物"定义为假设高度为 0.12 m、表面阻力 r_c 为 $70\ \text{s}\cdot\text{m}^{-1}$、反射系数(反照率)为 0.23 的农作物。以这种方式计算的参考蒸发,类似于统一高度、生长活跃、水分充足大面积草地的蒸发,因此与潜在蒸发的概念非常相似(请注意,指定的 r_c 值大于上述建议农作物的最小值,这可能是因为联合国粮农组织对模拟的重视程度要低于"完美"的蒸腾条件,例如包括当天清晨和夜里的时间)。

13.4.3　指定表面湿度

当化合物溶解在水中时,水分子的自由能降低,为了与水表面保持平衡,空气的蒸气压力也相应降低。式(2.42)给出了溶液的自由能(取决于化合物的摩尔浓度和离子的解离程度)与溶液平衡的空气相对湿度 h 之间的独特关系。在得出溶液表面的热平衡方程时,饱和蒸气压力项 $e_s(T)$ 必须在其产生的任何地方被替换为 $he_s(T)$,所以 Penman 公式变为

$$\lambda \mathbf{E} = \frac{\Delta' \mathbf{R}_n + \rho c_p [he_s(T) - e] r_H}{\Delta' + \gamma^*} \tag{13.37}$$

其中 $\Delta' = h \cdot \Delta$。Calder 和 Neal(1984)使用这种等式形式来估算死海的年蒸发量和表面温度,假设 $h = 0.75$。

对于可以将水的自由能视为常数的任何表面来说,式(13.37)都是有效的。原则上,它可以应用于裸露的土壤,使 h 成为表面含水量的函数,但这不

是估算土壤蒸发量的实用方法，因为在表面以下的深度中，水分含量的变化非常迅速。另一个应用是干草或稻草的烘干，其中 h 可能取决于材料的孔隙率以及细胞内容物的自由能（Bristow、Campbell，1986）。

13.4.4　指定的表面干湿球温差

Slatyer 和 Mcilroy（1961）得出了 Penman 公式的一种形式，其中的绝热项来源于假设初始湿球温差为 B 的空气块与表面接触并降温（绝热）至其温度和水蒸气压力都与表面达到平衡状态。从而空气块具有更小的湿球温差 B_0。当热量和水蒸气的交换被阻力 $r_H = r_v$ 所定义，公式变为

$$\lambda \mathbf{E} = \frac{\Delta \mathbf{R}_n}{\Delta + \gamma} + \rho c_p (B - B_0)/r_H \qquad (13.38)$$

由于蒸气压的饱和亏缺由 $D \approx B(\Delta + \gamma)$ ［式(13.10)］给出，式(13.38)相当于

$$\lambda \mathbf{E} \approx \frac{\Delta \mathbf{R}_n + \rho c_p (D - D_0)/r_H}{\Delta + \gamma} \qquad (13.39)$$

其中 D_0 是与表面平衡的空气饱和亏缺。

13.4.5　平衡蒸发

Slatyer - McIlroy 公式并未得到广泛的应用，因为 B_0（或 D_0）项不仅取决于表面对蒸气转移的阻力，而且还依赖于当时的天气。但是，式(13.39)引起了人们对 Penman 公式(13.27)中绝热项的注意，它代表在指定高度大气状态 D 和与给定表面保持平衡相应大气状态 D_0 之间缺少平衡。Priestley 和 Taylor（1972）认为，当 $D = D_0$ 时，在均匀湿润表面（但不一定是水面）区域上移动的空气应与表面平衡，得到平衡蒸发速率为

$$\lambda \mathbf{E}_{eq} \approx \frac{\Delta \mathbf{R}_n}{\Delta + \gamma} \qquad (13.40)$$

然而，他们所综述的测量结果使他们确信，从平均水平而言，水面或充分灌溉的矮小植被的蒸发率 $\lambda \mathbf{E}_o$ 由于系数 α 而超过 $\lambda \mathbf{E}_{eq}$，

$$\lambda \mathbf{E}_o \approx \alpha \frac{\Delta \mathbf{R}_n}{\Delta + \gamma} \qquad (13.41)$$

式(13.41)被称为 Priestley - Taylor 公式。后来在大范围表面上所进行的测量分析表明，Priestley - Taylor 系数 α 实际上变化范围非常大。在试图探讨大气性质对充分灌溉植被的潜热损失总是超出式(13.40)的平衡速率的影响时，de Bruin（1983），Mcnaughton 和 Spriggs（1986），Huntingford 和 Monteith（1998），以及其他研究人员探究了对流边界层（CBL）的行为，此大气

层厚度约为 1～2 km,其中每天温度和湿度都会因为表面的显热和潜热的输入而产生变化。在 CBL 发生倒置的情况下(夏天常见的情况),暖空气上升气均通过小型通道进入逆温层,当它们渗透时,它们会通过输送将混合的干燥暖空气从倒置的上方带入 CBL。由于上方和下方输入热量(当地面较上方的空气更为温暖时),CBL 在白昼时间内厚度会增加。McNaughton(1989)指出,大气饱和亏缺 D 是控制热和水蒸气非平衡通量的内在原因[式(13.39)]。D 的梯度可以写成

$$\partial D/\partial z = \partial[e_s(T) - e]/\partial z \approx \Delta\partial T/\partial z - \partial e/\partial z \propto \Delta\mathbf{C} - \gamma\lambda\mathbf{E}$$

$$(13.42)$$

因此,当相对干燥的气团在潮湿的表面上移动时所获得平衡的过程,可以描述为根据表面值 D_0 的增加对饱和亏缺 D 的补充,使大气值减小直到两个量相同。当 D 的垂直梯度消失时,式(13.42)证明 $\Delta\mathbf{C} = \gamma\lambda\mathbf{E}$,当 $\mathbf{C} = \gamma\mathbf{R}_n/(\Delta + \gamma)$ 时,等于式(13.40)。当潮湿的空气在干燥地面上移动时,平衡过程的方向是相反的。

之前的讨论中强调了植物及其大气环境相互关系:大气的状态会通过植被的潜热和显热的变化而发生改变;并且植物以改变热通量的方式对空气温度和湿度的变化做出反应。Monteith(1995b)对于白天植被和 CBL 如何相互作用提出了一个简单的方案。Penman‑Monteith 式(13.27)和式(13.32)描述了植被对规定的大气状态(净辐射、温度、饱和亏缺)的反应,使用了一个经验表达式来描述经常可观察到的冠层导度 g(冠层阻力 r_c 的倒数)随着蒸腾速率的增加而降低。在 g 和 Priestley‑Taylor 系数 α 之间发现了一个互补的关系,它符合各种植被的观测值。图 13.11 表明,当 g 较大(r_c 较小)时,α 的测量值趋于 1～1.5 的上限,与 Priestley 和 Taylor(1972)对于充分灌溉植被的估算值 $\alpha = 1.26$ 的值一致。Huntingford 和 Monteith(1998)使用更加复杂模型

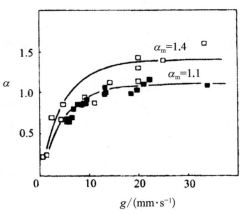

图 13.11　Priestley‑Taylor 系数 α 随着冠层导度 $g(=1/r_c)$ 而增加。填涂方块来自 De Bruin(1983);空白方块来自 Monteith(1965)。曲线由经验等式 $\alpha = \alpha_m[1 - \exp(-g/g_c)]$ 给出,比例导度 $g_c = 5$ mm·s^{-1}(g_c 可能取决于 CBL 顶部的条件)。比例因数 $\alpha_m = 1.1$ 或 1.4 的曲线包括所观察到的数据(Monteith, 1995b)

将冠层和 CBL 联系在一起,发现 $1/\alpha$ 和 r_c 之间存在较强的线性关系。在 $10 < r_c < 200$ s·m^{-1} 范围内,即对应充分灌溉的植被到中等胁迫的植被,其关系为

$$\frac{1}{\alpha} = \frac{1}{\alpha_0} + mr_c$$

其中 $\alpha_0 = 1.391$ 并且 $m = 0.003\,26\,\mathrm{m \cdot s^{-1}}$。这些模型中包括表面和大气物理学在内，显示了植被与大气如何相互作用，使得植物供水与大气蒸发需要在区域范围内达到平衡。

13.4.6　植被与大气之间的耦合

Jarvis 和 McNaughton(1986)将与气孔蒸腾相关的叶片尺度和景观规模研究中明显不同的证据整合到了一起。他们指出，当将叶片耦合到大气层时，边界层阻力 r_H（或开阔表面等效空气动力学阻力 r_a）趋向于两个极值，零和无穷大，此时 Penman - Monteith 方程可以被简化。式(13.27)可以展开写为

$$\lambda \mathbf{E} = \frac{\Delta \mathbf{R}_n}{\left[\Delta + \gamma\left(1 + \dfrac{r_s}{r_H}\right)\right]} + \frac{\rho c_p [e_s(T) - e]/r_H^{-1}}{\left[\Delta + \gamma\left(1 + \dfrac{r_s}{r_H}\right)\right]} \tag{13.43}$$

由于 $r_H \to \infty$（即边界层阻力变得非常大，并且叶片与其环境分离），则式(13.43)中的第二项趋于零，第一项趋向于 $\mathbf{R}_n/(\Delta + \gamma)$，这是平衡蒸发速率 $\lambda \mathbf{E}_{eq}$ ［式(13.40)］。

相反，如果 $r_H \to 0$，则式(13.43)中的第一项趋于零，而第二项可以写为

$$\frac{\rho c_p [e_s(T) - e]/r_H^{-1}}{\left[\Delta + \gamma\left(1 + \dfrac{r_s}{r_H}\right)\right]} = \frac{\rho c_p [e_s(T) - e]}{[\Delta r_H + \gamma(r_H + r_s)]}$$

趋向于 $\rho c_p [e_s(T) - e]/\gamma r_s$。在这种情况下，由于叶片边界层非常薄，所以与大气层产生强耦合关系。Jarvis 和 McNaughton(1986)将此强制蒸发的蒸发速率称为 $\lambda \mathbf{E}_i$。因此叶片上以这两个极限之间的蒸腾速率进行，即平衡蒸发量 $\lambda \mathbf{E}_{eq}$ 和强制蒸发量 $\lambda \mathbf{E}_i$。相同的原理同样适用于冠层和景观尺度，其中促进蒸发的因素取决于空气动力学和表面阻力的相对大小。

在下面文本框中，对 Penman - Monteith 公式中的一些项进行了代数处理，Jarvis 和 McNaughton(1986)表明，通常来说，蒸发速率可以写为

$$\lambda \mathbf{E} = \Omega \lambda \mathbf{E}_{eq} + (1 - \Omega) \lambda \mathbf{E}_i \tag{13.44}$$

其中 Ω 被称为解耦系数，并定义如下

$$\Omega = (\Delta + \gamma)/(\Delta + \gamma^*) \tag{13.45}$$

为了进一步发展 Penman - Monteith 公式的 Jarvis 和 McNaughton (1986) 版本[式(13.44)], 请注意: $\Omega = (\Delta + \gamma)/(\Delta + \gamma^*)$ 和 $\gamma^* = \gamma\left(1 + \dfrac{r_s}{r_H}\right)$,

$$1 - \Omega = \frac{\gamma^* - \gamma}{(\Delta + \gamma^*)} = \frac{\gamma r_s/r_H}{(\Delta + \gamma^*)} \tag{13.46}$$

Penman - Monteith 公式为

$$\lambda \mathbf{E} = \frac{\Delta \mathbf{R}_n}{\Delta + \gamma^*} + \frac{\rho c_p [e_s(T) - e]/r_H^{-1}}{\Delta + \gamma^*}$$

等式右侧第一项(非绝热项)可写为

$$\frac{\Delta \mathbf{R}_n}{(\Delta + \gamma^*)} \frac{(\Delta + \gamma)}{(\Delta + \gamma)} = \Omega \frac{\Delta \mathbf{R}_n}{(\Delta + \gamma)} = \Omega \lambda \mathbf{E}_{eq}$$

Penman - Monteith 公式的第二项可写作[使用式(13.46)]

$$\frac{\rho c_p [e_s(T) - e]/r_H^{-1}}{\Delta + \gamma^*} \frac{(1 - \Omega)}{(1 - \Omega)} = (1 - \Omega) \frac{\rho c_p [e_s(T) - e]/r_H^{-1}}{\gamma r_s/r_H}$$

$$= (1 - \Omega) \lambda \mathbf{E}_i$$

结合两项可得出

$$\lambda \mathbf{E} = \Omega \lambda \mathbf{E}_{eq} + (1 - \Omega) \lambda \mathbf{E}_i$$

对式(13.44)和式(13.26)进行比较,可以发现,如果表面的热量平衡受到绝热(辐射)项的控制,则 $\Omega \lambda \mathbf{E}_{eq}$ 为可能发生的蒸发速率。当大型叶片或缺乏灌溉的植被的林木暴露在日照充分、潮湿的空气和微风中时,这种情况往往会得到满足。蒸发速率实际上与环境空气的饱和亏缺没有关系,并且表面可以被描述为与主要天气"解耦"。但是,由于 $\lambda \mathbf{E}_{eq}$ 取决于辐射的吸收并且稍微依赖于温度(通过 Δ),术语"解耦"不能严格根据字面使用。

互补量 $(1 - \Omega) \mathbf{E}_i$ 是当叶片或表面"耦合"到当前天气时,即当式(13.26)中的绝热项 $\rho c_p D/r_H$ 远大于非绝热项时,环境所"施加"的蒸发速率,当 r_H(或其冠层尺度等于 r_a)非常小(小叶片或粗糙冠层,强风)并且 $\mathbf{R}_n$ 也很小时,可满足这一条件。在这些条件下,叶面(或冠层)的饱和亏缺实际上等于自由大气中参考高度的值(D)。

对于自由供水的植被,叶片解耦系数 Ω 的值主要取决于风速和叶片的大小;对于冠层来说,Ω 主要取决于表面粗糙度和风速。表 13.2 显示了叶片和

冠层的一些典型 Ω 值(Jarvis、McNaughton，1986)。

　　将式(13.32)代入到式(13.27)中并微分，通过对各项进行一些重新排列，由给定的气孔阻力的变化而引起的蒸发的相对变化可以被写作

$$dE/E = -(1-\Omega)dr_s/r_s \qquad (13.47)$$

　　等式中的负号表明，气孔阻力的增加会使蒸发速率降低。因此，对于与大气耦合良好的叶片[Ω 较小，例如云杉针叶(表 13.2)]来说，气孔阻力的小部分增加将导致 E 成比例的减小[式(13.47)]。也就是说，气孔对水分流失率的控制力很强。然而，气孔对于弱耦合的叶片[Ω 较大，例如柚木叶子(表 13.2)]的蒸腾作用控制不良[式(13.47)]，这主要取决于辐射能量的可用性(包括其对叶片温度和气孔孔径的影响)。类似的结论适用于冠层蒸发对冠层阻力的敏感性：平滑、相对解耦的冠层(如短草)的蒸腾主要由可用能量($R_n - G$)进行控制，对冠层(气孔)阻力和饱和度并不敏感，而云杉和其他针叶林的蒸腾作用可以通过冠层阻力的变化来控制。这就解释了为什么 Penman 方程对充分灌溉短草中用水量的估算往往会相当成功。

246

表 13.2　未受到热胁迫的典型叶片和冠层解耦系数 Ω 的值
(Jarvis 和 Mcnaughton，1986)

物　　种	d/mm	Ω
叶片		
Techtona grandis(柚木)	260	0.9
Triplochiton scleroxylon(非洲轻木)	200	0.6
Malus pumila(苹果)	60	0.3
Fagus sylvatica(山毛榉)	40	0.2
Picea sitchensis(云杉木)	2	0.1
冠层		
苜蓿		0.9
牧场、草场		0.8
土豆、甜菜、四季豆		0.7
小麦、大麦		0.6
草原		0.5
棉花		0.4
欧石楠		0.3
松林		0.1

　　对于叶片来说，显示了典型尺寸 d(mm)，数值以 $1.0\ \mathrm{ms^{-1}}$ 的风速为基础。对于冠层来说，Ω 中所隐含的 r_a 值可以由刚好高出植被表面的参考水平

来计算。

当植被开始缺乏水分时,Ω 会因 γ^* 的增加而减少,这意味着植被和空气之间的耦合更好,气孔控制蒸发更为有效。然而,在这种情况下,越来越多的水分流失并不是由大气的状态决定的,而是由根吸水的速度决定的。在吸水率近似恒定的任何时期中,林立的植物必须调整冠层阻力 r_c,使其与所施加的饱和亏缺成正比。"耦合"意味着通过气孔阻力而不是蒸发速率来对大气状态做出反应。

13.5 习题

1. 直径为 3 mm 的圆柱形温度计元件被封装在辐射屏蔽中,其中屏蔽了所有太阳辐射,但温度比 20℃ 的真实空气温度高出 5.0℃。如果温度计要记录 0.1℃ 以内的真实空气温度,那么元件应在什么样的风速下进行通风(假设长波辐射率为 1.0)?

2. 辐射屏蔽中湿球温度计的圆柱形元件直径为 4 mm。假设湿球和屏蔽层的温度约为 10℃,估算辐射阻力。绘制一个图表,显示所测得温度和热力学湿球温度之间的差异是如何随着 $0.5 \sim 5 \text{ m} \cdot \text{s}^{-1}$ 内的通风速度而变化。

3. 叶片边界层阻力的热传递(平行两面)为 $40 \text{ s} \cdot \text{m}^{-1}$,气孔阻力和边界层阻力并联在一起为 $110 \text{ s} \cdot \text{m}^{-1}$。假定空气温度为 22℃,蒸气压为 1.0 kPa,建立数据表来计算显热传导率 $\mathbf{C}$、潜热传递率 $\lambda\mathbf{E}$ 以及 $\mathbf{C}+\lambda\mathbf{E}$ 的总和作为叶片温度在 $20 \sim 26$℃ 内的函数。当叶片的净辐射吸收为 $300 \text{ W} \cdot \text{m}^{-2}$ 时,以图形或其他方式获得叶片的温度。

4. 对于问题 3 的数据,使用 Penman - Monteith 公式来确定叶片的潜热通量,以及叶片的显热通量和叶片温度。

5. 使用 Penman - Monteith 公式来显示,降露的必要条件是 $-\Delta\mathbf{R}_n > \rho c_p[e_s(T)-e]/r_H^{-1}$,并且最大降露率为 $\mathbf{E}_{max} = \Delta\mathbf{R}_n/\lambda(\Delta+\gamma^*)$。在晴朗夜晚,空气温度为 $T(\text{K})$ 下,孤立叶片的净辐射通量密度可以由经验表达式 $\mathbf{R}_n = (0.206e^{0.5}-0.47)\sigma T^4$ 给出,其中 $e(\text{kPa})$ 为蒸气压。忽略其他热源,绘制一幅图,显示在 $0 \sim 25$℃ 内叶片上最大结露率如何随着空气温度的变化而有所不同,并解释你的结果。

6. 将一名马拉松运动员视作一个直径为 33 cm 的圆柱体相对于周围空气以 $19 \text{ km} \cdot \text{h}^{-1}$ 的速度运动,其净辐射负荷为 $300 \text{ W} \cdot \text{m}^{-2}$。空气温度和蒸气压分别为 30℃ 和 2.40 kPa。假设运动员的皮肤被汗液覆盖,汗液为与溶液接触的空气的相对湿度为 75% 的饱和盐溶液。估算其潜热损失率。如果盐可以在跑步者喷水时洗掉,那么新的潜热损失率是多少?

7. 在俄勒冈州的海岸,云杉木经常暴露于风驱动的海浪中。在极端情况下,针叶表面上的水被海盐所饱和(平衡相对湿度 75%),此针叶的解耦系数相对于表面纯水的针叶有多大变化?(假设风速为 $5 \text{ m} \cdot \text{s}^{-1}$,针叶尺寸为 1 mm)

第 14 章
稳态热平衡：动物

植被中叶片或林木的热平衡主要由其环境决定,在几个小时的周期内,除对阳光反应所做出的叶片运动的有限范围之外,组织温度无法受到其他的控制。相比之下,暴露于不断变化环境中的恒温动物能够通过调节代谢产生热量或通过蒸发散发热量的速率,在有限范围内控制内部体温。因此,它们被归类为恒温动物(来源于希腊语 homoies——相似的,therme——热或热量)。冷血动物或变温动物(poikilos——变化的)则形成另一个类别,其与热平衡原理介于植被和恒温动物之间。它们的代谢率相对较慢,无法自动调节体温,但可以通过寻求阴凉处或掩蔽处来避免极端的热和冷。例如,蜥蜴、乌龟和蜜蜂似乎更喜欢暴露于太阳辐射下,即可将体温提升到 $30\sim35℃$,这接近于恒温动物的范围。

任何动物的热平衡等式可以写作如下通用形式

$$\mathbf{M}+\mathbf{R}_n=\mathbf{C}+\lambda\mathbf{E}+\mathbf{G}+\mathbf{S} \tag{14.1}$$

其中各项是指单位体表面积吸收或损失的热量。$\mathbf{M}$ 是新陈代谢产生热量的速率,$\mathbf{G}$ 是动物直立或躺着时到基质的热传导,$\mathbf{S}$ 是动物体内的储热速率。潜热损失 $\lambda\mathbf{E}$ 是代表呼吸系统损失 $\lambda\mathbf{E}_r$ 以及皮肤上汗液蒸发时成分 $\lambda\mathbf{E}_s$ 的总和。$\mathbf{R}_n$ 和 $\mathbf{C}$ 项与之前具有相同的意义。动物辐射交换的计算方法已在第 8 章进行探讨。其余各项的大小和意义将作为"热中性图表"在此章单独进行介绍,将显示这些术语与恒温动物之间的关系。

14.1 热平衡成分

14.1.1 新陈代谢(M)

基础代谢速率的标准测量方法是动物停止进食且在代谢率与外部温度无关的环境中静止。动物生理学家已经广泛接受动物的基础代谢率 $\mathbf{M}_b$ (在这里以瓦特表示,而不以瓦特/单位表面积来表示)可以通过已证实过的异速生长公式将相关体重简单地联系起来

$$\mathbf{M}_b=BW^n \tag{14.2}$$

式中,B 为常数,表示 $\ln\mathbf{M}_b$ 是 $\ln W$ 的线性函数。

14.1.2 新陈代谢单位

代谢率是能量产生率,因此在 SI 系统中适当的表达单位是瓦特 W $(J \cdot s^{-1})$。然而,动物科学家和营养师通常使用旧的单位,尤其是卡路里 $(1 cal = 4.2 J)$,和以每天千卡为单位来表示代谢率。一千卡经常(令人困惑地)被写作卡路里;卡路里通常是食品标签和饮食建议中所提到的热量。对于转换来说,$1 Cal \cdot day^{-1} = 1\ 000\ Cal \cdot day^{-1} = 4.2 \times 10^3/(24 \times 3\ 600)J \cdot s^{-1} = 48.6 \times 10^{-3}\ W$。所以一个人的基础代谢率(BMR)可能被写作 $1\ 500\ Cal \cdot day^{-1}$、$1\ 500 \times 4.2 \times 10^3 = 6.3\ MJ \cdot day^{-1}$ 或 $1\ 500 \times 48.6 \times 10^{-3} = 73\ W$。

在运动生理学中,用于量化指定体育活动期间能量消耗速率的另一个常用单位是任务的代谢等价物(MET)。MET 被定义为平均每人坐姿静止时每单位重量的能量产生率,按惯例应为 $1\ Cal \cdot kg^{-1} \cdot h^{-1}$ 或 $1.2\ W \cdot kg^{-1}$。使用这样的单位会使能源消耗的物理意义模糊不清。

根据对不同大小动物的多组测量进行统计分析,动物生理学家在 20 世纪中叶得出结论,在式(14.2)中 $n = 0.75$,这被称为 3/4 幂定律,并被动物生态学家广泛用于与生态学体型相关的模拟新陈代谢。Kleiber(1965)提出,对于生物种内研究,$B = 3.4$(单位为 W/kg$^{0.75}$);Hemmingsen(1960)发现,在质量为 $0.01 \sim 10$ kg 时,$B = 1.8$ 更适当。至于应用到人类,基础代谢率(BMR)的知识在运动生理学和营养学中是十分重要的,考虑到性别、身高、体重和年龄,常常需要使用更复杂的综合表达(Frankenfield 等,2005);这些值通常符合式(14.2),变化在 $10\% \sim 20\%$ 以内。Hemmingsen(1960)的综述也显示出体温保持在 20℃ 的变温动物的基础代谢率(BMR)值约为同样体重体内温度为 39℃ 恒温动物的 5%。冬眠哺乳动物的代谢能量与相同体重的变温动物相同。图 14.1 表现了 Hemmingsen 所提出的,对于恒温动物和变温动物来说,基础代谢率(BMR)与体重之间的关系,其中包括了以代谢率达到最大值动物的观察数据。

将基础代谢率参考值设定为体重功率的 3/4,这并不符合物理学中的热传递,因为代谢产生的大部分能量会自动物表层丢失。对于具有相同几何结构但大小不同的任何一组物体,假设单位体积的质量恒定,表面积与质量的 2/3 次方成比例。因此,如果基础代谢率与表面积成比例,则它们将与质量的 2/3 次方成比例,至少在比较几何结构相似的动物时如此。在仔细重新检查实验数据后,仅滞留在有利于基础率的条件下进行的代谢测量,Prothero (1984)发现比起 3/4,n 更接近 2/3。最近,Roberts 等(2010)进一步审核了 3/4 幂定律的经验基础,并对涉及体形大小的基础代谢率开发了一种物理上现实的分析，其中包括动物从中心到表面的热流动和表面的热损失。假设从小鼠到人的哺乳动物的大小可以用椭圆形来描述，他们在分析中使用了实验数据来表明式(14.2)适应其数据，在以瓦特表示 M_b 并且以千克表示 W 的情况下，常数 $n=2/3$、$B=4.9$。图 14.2 显示了他们所使用的等式和观察到的基础代谢率数据。该图还显示了 Kleiber(1965)所提出的 $n=3/4$ 和 $B=3.4$ 之间的关系。

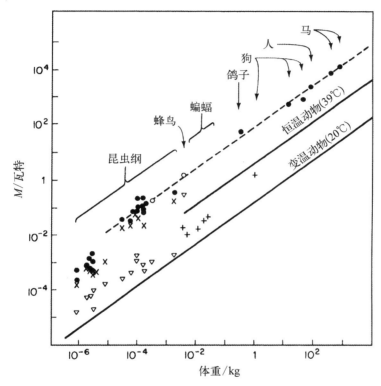

图 14.1　恒温动物体重与基础代谢率之间的关系(上方实线)，恒温动物持续工作的代谢最大值(上方虚线)，变温动物在 20℃ 下的基础代谢率(下方实线)(Hem-mingsen，1960)

图 14.2 显示，从小鼠(0.02 kg)到人类(70 kg)的大小哺乳动物，基础代谢率(BMR)与代谢率之间的比例保持不变。哺乳动物单位体表面积的平均基础代谢率约为 50 W·m^{-2}。这远远小于深色皮毛动物在明亮阳光下(例如 300 W·m^{-2})所吸收的短波辐射的通量，但与阴影下吸收的能量可能相当。在无云的夜晚，基础代谢率与从靠近空气温度的表面的长波辐射的热量净损失相当。

对于步行或爬坡，人和家畜所使用的额外代谢能量效率约为 30%。例如，为了以 20 W·m^{-2} 的速率克服地心引力，新陈代谢必须增加约 60 W·m^{-2}。对于人类来说，步行中消耗的功率随着速度的提高而增加，在 2 m·s^{-1} 时(约

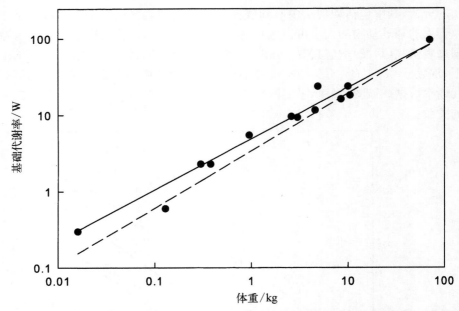

图 14.2 哺乳动物基础代谢率与体重之间的关系。数据点表示从小鼠到人类范围
        内动物的 BMR。实线是由 Roberts 等(2010)提出的与 $M \propto W^{2/3}$ 的关系；
        虚线是 Kleiber(1965)提出的与 $M \propto W^{3/4}$ 的关系

$7 \text{ km} \cdot \text{h}^{-1}$ 或 4.3 mph)可达到 700 W。

    对于快速运动来说，例如跑步或飞行，克服风阻所做的功与风力乘以行驶
距离的值成正比。当运动体的阻力系数与速度无关时，阻力应与 V^2 成比例，
并且运动距离与 V 成比例，能量消耗的速率随 V^3 而增加。然而，Tucker
(1969)对鸟类的研究显示了一系列的速度(例如，海鸥为 $7 \sim 12 \text{ m} \cdot \text{s}^{-1}$)，其中
能量产生的速率几乎与 V 无关，这意味着随着速度的增加，阻力系数明显降
低。为了减少克服阻力所需的能量，运动员(如短跑运动员和游泳运动员)穿
着特殊面料的紧身衣，但所起的作用可能心理上要大于生理上。然而，顺风对
于短跑运动员绝对是有帮助的，对于冠军短跑选手来说，最大允许顺风风速
$2 \text{ m} \cdot \text{s}^{-1}$ 可以通过减少克服形状阻力所消耗的能量，将其 100 m 跑步时间最
少减少 0.1 s(Barrow，2012)。

14.1.3   潜热(λE)

    在没有出汗或气喘的情况下，动物的潜热损失通常是所产生代谢热的一
小部分，在呼吸时由肺部产生(呼吸蒸发)，并且由于水蒸气的扩散从皮肤上产
生，有时被称为"无知觉的汗水"。对于吸入完全干燥空气的人，吸入和呼出的
空气之间的蒸气压差约为 5.2 kPa，用于呼吸蒸发的热量 λE_r，是每 mL 吸收氧
气需要约 0.8 mg 水蒸气的潜热当量(Burton、Edholm，1955)。水蒸发潜热所

需的热量整数为 2.4 J·mg^{-1}，氧气的氧化热(呼吸)为 21 J·mL^{-1}，$\lambda E_r/M$ 约为 10%。当蒸气压为 1.2 kPa 的空气被呼吸时(例如，相对湿度约为 50% 的空气，20℃)，蒸气压力差降至 4 kPa，$\lambda E_r/M$ 约为 7%。

在没有出汗的情况下，人类皮肤的潜热损失(λE_s)大约是呼吸蒸发损失的两倍，这意味着根据蒸气压力，总蒸发损失约为 M 的 25%~30%。然而，当出汗时，如果环境允许汗液在其产生的时间内尽快蒸发，人类可以每小时产生约 1.5 kg 液体，相当于 600 W·m^{-2}。在更通常的情况下，蒸发速率被限制为由阻力和蒸气压差确定的值。过多的汗水顺着身体流下，或渗入头发和衣服。

绵羊和猪缺少与人类一样可大量出汗的腺体类型，但是牛和马一类的物种会通过出汗而损失大量的水。狗和猫只在其脚垫上有汗腺，这种模式下只会损失很少的热量。绵羊、狗和猫在炎热的环境中可以通过喘气来弥补它们无法流汗。对于暴露于热应力中的牛来说，呼吸系统可占总蒸发热损失的30%，其余的 70% 来自皮肤表面和湿毛的汗液蒸发。来自反刍动物的最大蒸发热损失仅仅比代谢热产生多出一点，而流汗的人类如果暴露在强烈的阳光下，可以通过蒸发而损失更多的热量。

$\lambda E/M$ 和蒸发原理中的种类差异在适应干旱环境中可能会起到重要作用。已经报道了许多沙漠啮齿动物的 $\lambda E/M$ 值相对较小，在温度约为 25℃ 的环境下，它们似乎通过鼻腔通道中的冷凝作用来保持从肺部蒸发的水分(Schmidt-Nielsen，1965)。呼吸系统以热交换逆流的形式运行。相比之下，从许多爬行动物总蒸发量的测量值的数值上来看，1 mL 氧气产生 4~9 mg 的水。这些数字意味着代谢产生的热量中有 50%~100% 通过水的蒸发而消散，且损失主要是通过角质层发生的。

对于不同的动物物种，可用于蒸发的体内水分取决于其体积，而皮肤蒸发的最大速率则取决于其表面积。从极端上来看，昆虫表面积与体积的比例非常大，但却无法做到蒸发冷却。人类和大型动物可以在有限的时间内使用水来在压力过程中散发热量，一般来说，动物越大，在没有外部供水情况下可生存的时间越长。例如，骆驼在长期无法饮水时，可以在体重减轻高达 30% 的情况下而不会受到伤害，因为它的几项生理机能可以在脱水情况下存活。但是，在水分损失仅达到体重的约 12%(通常约 8 L 水)的情况下，人类就会变得严重脱水。

14.1.4　对流(C)

动物的对流热量损失可能是能量平衡的重要组成部分。利用前几章所讨论的原理，我们可以研究皮肤温度、风速、吸收净辐射和动物大小之间的关系。图 14.3 生动地对该分析进行了说明。图 14.3 的左侧显示了生物体与其环境之间的对流热传递阻力如何随着身体尺寸的减小而减小，这是动物生态学中的重要关系(参见图 13.1)。图中右侧的理论依据将在后面进行讨论，显示了

(T_f-T) 特定值下 $\mathbf{R}_{ni}$ 和 r_{HR}^{-1} 之间的线性关系,即当对流和等温净辐射相等时,生物体与环境之间的温差[见式(13.2)]。在给出的例子中,指定大小为 2 cm 的生物体 $r_H^{-1}=6.7$ cm·s⁻¹。将其转移到图的右侧,可以看到,当 $\mathbf{R}_{ni}=300$ W·m⁻²,(T_f-T) 时,由于辐射负载,有效空气温度超过实际空气温度的量为 4℃。

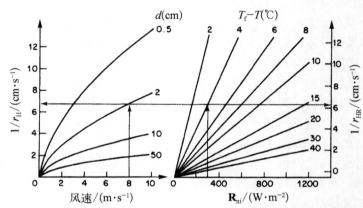

图 14.3　当风速、身体大小和将辐射为已知时,热辐射增量的图解估算。例如,$d=2$ cm 的动物在风速为 8 m·s⁻¹ 时,$r_H^{-1}=6.7$ cm·s⁻¹ 并且 $r_{HR}=6.2$ cm·s⁻¹。当 $\mathbf{R}_{ni}=300$ W·m⁻² 时,T_f-T 为 4℃

　　Schmidt - Nielsen(1965)认为对流和辐射传递都与表面积成比例,并得出结论,在沙漠中,"相对面积较大的小动物在维持相当低体温方面处于不利地位"。事实上,小动物无法通过蒸发身体水分而保持较低体温,但是当对流是热损失的主要机制时,它们的热损失可以迅速超过暴露于同样风速的大型动物(单位表面积)。在这种环境下,小动物的主要不利条件是微气候:因为风速随着地面高度的增加而增加,与大型哺乳动物相比,靠近地面移动的小动物暴露于较低的风速中。由于 r_H 与 $(d/V)^{0.5}$ 大致成比例,0.1 m·s⁻¹ 的风速中 $d=5$ cm 的动物与空气温度耦合的方式将与 1 m·s⁻¹ 风速下 $d=50$ cm 的较大动物相同。飞行的昆虫和鸟类以及爬树动物则不在此限制范围内。

14.1.5　传导(G)

　　很少有人尝试测量当动物躺卧时从动物到其表面的热量传导。Mount(1968)测量了幼猪对不同类型地面材料的热量损失,发现传导速率受到姿势、身体核心和基质之间的温差影响很大。当地面(和空气)的温度较低时,动物会采取紧张的姿势,并支撑其中躯干离开地面,但随着温度升高,它们会放松并拉伸以增加与地面的接触。图 14.4 显示了对于放松姿势的新生猪,使用 Mount 的数据重新计算的单位面积热损失。由于热流大致与温差成比例,因此可以根据曲线的斜率来计算各种类型地面的热阻。对于混凝土、木材和聚

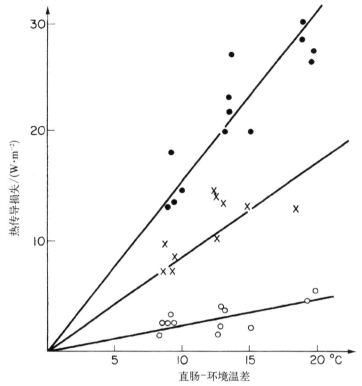

图 14.4　从猪到不同类型地板覆盖物热传导损失的测量,以瓦特/全身面积总平方米数表示(Mount,1967 之后)

●——混凝土;✗——木材;○——聚苯乙烯

苯乙烯,阻力分别约为 $8 s \cdot cm^{-1}$、$17 s \cdot cm^{-1}$ 和 $58 s \cdot cm^{-1}$。由于对流和辐射传递的相应阻力通常约为 $1 \sim 2 s \cdot cm^{-1}$(图 13.1),因此,只有在动物所处房屋地面由较好导热体(如混凝土)制造的情况下,热传导的损失才会变得明显。当地面是用一层厚厚的稻草覆盖的木材或混凝土时,传导将是微不足道的。

　　Gatenby(1977)测量了羊毛长约 2 cm,躺在开放草地上绵羊的热量传导。当深层土壤温度为 10℃ 时,测得羊躺下时接触面积的向下通量约为 $160 W/m^2$,相当于身体表面约 $40 W/m^2$,因此与对流损失相当。因此,自由放养动物的能量需求在一定程度上取决于躺下时间、土壤温度和地面的热性质。

14.1.6　蓄热(S)

　　正如下面所进行的详细讨论,大多数的恒温动物具有在温度范围较大环境下维持其体内温度几乎恒定的机制。另一方面,变温动物的体温会随外部热量输入而变化。所有动物会改变其行为来避免极端条件,例如寻求阴影、避风、或采取夜间生活方式。在沙漠环境中,日间空气温度可能远远大于体温,将蒸发损失最小化是非常重要的，一些恒温动物允许它们的体温在白天增加，因此，通过储存热量不仅能够减少蒸发冷却的需求，还能降低显热吸收（即降低空气与皮肤之间的温度梯度）并增加长波辐射损失。所储存的热量在夜间通过显热和辐射热损失进行释放。Schmidt - Nielsen 等(1956)研究了生活在沙漠充分日照下单峰骆驼的体温。骆驼在每天清晨可以喝水，昼夜体温变化约为 2.1℃，但当骆驼不允许喝水时，白天的体温要比晚上高出 6.5℃。对于许多哺乳动物来说，这一范围将会危及生命。对于体重 260 kg 的骆驼来说，假设其身体比热为 3.6 kJ·kg^{-1}·K，补水情况下日间蓄热率 **S** 平均为 15 W·m^{-2}，脱水时的平均蓄热速率为 42 W·m^{-2}。Schmidt - Neilsen 还测量了皮肤的蒸发速率 **E**（忽略了较小的呼吸蒸发速率），并估算了代谢热产生量 **M**。使用热平衡式(14.1)，他将剩余的（**E＋S－M**）解释从净辐射和显热中所获得的热量。图 14.5 说明了补水和脱水骆驼在白天最热 10 小时的热平衡。当可以用水时，动物主要通过蒸发汗水平衡其所获得的能量；当脱水时，出汗率大大降低，蓄热量与蒸发损失的热量相似。辐射和显热的大量减少可能是由于骆驼采取的姿势变化，以减少在缺水时的辐射拦截。

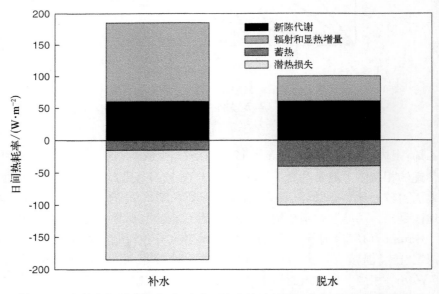

图 14.5　在补水与脱水情况下，沙漠环境中骆驼的热平衡组成，以外部热负荷最大的日间 10 小时内平均热耗率(W·m^{-2})来表示（根据 Schmidt - Neilsen 等的数据基础，1956)

　　尽管蓄热不能作为大多数恒温动物热平衡的长期组成部分，但它在短时间的活动中是十分重要的。例如，Taylor 和 Lyman(1972)发现，羚羊奔跑时产生的热量约为其静息代谢率的 40 倍，并且能够在 5～15 min 内将体温升高 6℃（取决于奔跑速度），约为热量的 80％～90％。对于人类来说，运动期间的

体温 T_b 也与代谢速率 M 成正比增加，直到达到温度调节的极限。人类的简便近似值（Kerslake，1972）是

$$T_b = 36.5 + 4.3 \times 10^{-3} M$$

其中，当 M 以 $W \cdot m^{-2}$ 表示时，T_b 的单位是℃。

14.2 热中性图

恒温动物产生的代谢热与其环境温度之间的根本关系通常由热中性图（图 14.6）来表示，可以通过两种方式获得新陈代谢的测量值。在"直接"量热法中，将受测目标置于热量计中，通常所包围的壁温等于空气温度，以简化辐射转化的估算，并可使用传感器测量通过墙壁的热量。在"间接"量热法中，通过将盖子盖在上部而获得耗氧量的值被广泛用于确定受测目标的热损失。在这种情况下，需要对环境的有效温度进行定义；还需要考虑进行的方法。

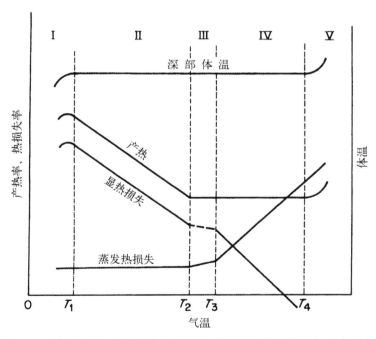

图 14.6 热中性图：恒温动物产生热量、蒸发与非蒸发热损失、内部体温之间关系的图示（Mount，1979）

为了在不隐藏主要内容的情况下简化热中性图的解释，传导到地面的热量将被忽略，动物（或人类）将被假定由均匀的毛发（或衣服）覆盖。为了方便起见使用等温净辐射 R_{ni}，因为该通量与表面温度无关，并引入对流和长波辐射传递的并联阻力 r_{HR}。

平均温度为 T_0 的外表面的热平衡等式变为

$$\mathbf{M} + \mathbf{R}_{ni} - \lambda \mathbf{E}_r - \lambda \mathbf{E}_s = \rho c_p (T_0 - T)/r_{HR} \tag{14.3}$$

式中,T 为空气温度,下标 r 和 s 分别代表通过呼吸和蒸发出汗所引起的潜热损失。如果外表面的阻力为 r_c,所有波长的辐射为不可渗透的,并且汗水蒸发仅局限于平均温度为 T_s 的皮肤表面,则通过外表面的显热通量为

$$\mathbf{M} - (\lambda \mathbf{E}_r - \lambda \mathbf{E}_s) = \rho c_p (T_s - T_0)/r_c \tag{14.4}$$

式中,r_c 为外表面的阻力。通过皮肤表面的热通量为

$$\mathbf{M} - \lambda \mathbf{E}_r = \rho c_p (T_b - T_s)/r_d \tag{14.5}$$

式中,r_d 为身体组织的阻力;T_b 为体温。

从式(14.3)~(14.5)中消除 T_0 和 T_s,给出热平衡成分之间的关系为

$$\mathbf{M} + (r_{HR}/r_t)\mathbf{R}_{ni} = \rho c_p (T_b - T)/r_t + \lambda \mathbf{E}_r + \lambda \mathbf{E}_s (r_{HR} + r_c)/r_t \tag{14.6}$$

其中 $r_t = r_{HR} + r_c + r_d$。 如果写作以下形式,此式可用于研究图 14.6 中所显示的对生理学很重要的空气温度。

$$T = T_b - [r_t \mathbf{M} + r_{HR} \mathbf{R}_{ni} - r_t \lambda \mathbf{E}_r - (r_{HR} + r_c)\lambda \mathbf{E}_s]/\rho c_p \tag{14.7}$$

现在将使用式(14.6)和式(14.7)来检查并入到热中性图中的五种离散形式。

1. $T < T_1$

空气温度为 T_1,有时称为"寒冷极限",身体以最大速率 $\mathbf{M}_{max}$ 产生热量。假设式(14.7)中的两个潜热项的总和为 $0.2\mathbf{M}_{max}$,T_1 的值由下式表示

$$T_1 \approx T_b - [0.8 r_t \mathbf{M}_{max} + r_{HR} \mathbf{R}_{ni}]/\rho c_p \tag{14.8}$$

表 14.1 中包含 Mount(1979)对三个物种新生和成熟个体的 T_1 测量值总结。强调了毛发对 r_t 的大小以及结果 $r_t \mathbf{M}_{max}$ 中的重要性。假设所有物种均为 $T_b = 37℃$,实验条件下 $\mathbf{R}_{ni}$ 为零,$\rho c_p = 1\,200\ \mathrm{J \cdot m^{-3} \cdot K^{-1}}$,所得出的估算值在该表中给出。

表 14.1　三种物种的寒冷极限和较低的临界温度(Mount, 1979)与相应的 $r_t \mathbf{M}$ 值(见正文)

	寒冷极限 $T_1/℃$	临界温度 $T_2/℃$	$r_t \mathbf{M}_{max}/(\mathrm{kJ \cdot m^{-3}})$	$r_t \mathbf{M}_{min}/(\mathrm{kJ \cdot m^{-3}})$
新生婴儿	27	33	15	6
成年人类	14	28	35	14
新生猪	0	34	56	5
成年猪	−50	10	131	41
新生绵羊	−100	30	206	11
成年绵羊	−200	20	355	86

当空气温度低于寒冷极限时,热量释放的速度要比新陈代谢和辐射提供能量的速度更快,从而使等式(14.7)中的稳定热平衡无法实现,体温必须随时间而降低。这降低了代谢率,使得温度进一步下降,如果过程没有逆转,会由于过低体温而导致死亡。

2. $T_1 < T < T_2$

在这种情况下,如果热平衡的潜热部分保持恒定,则显热损失随着空气温度的升高而发生线性增加,且引起代谢率的相似降低。等式(14.6)微分可以得出

$$\frac{\partial \mathbf{M}}{\partial T} = \frac{-\rho c_p}{r_t} \tag{14.9}$$

例如,如果 $r_t = 600 \text{ s} \cdot \text{m}^{-1}$,$\partial \mathbf{M}/\partial T$ 为 $-2 \text{ W} \cdot \text{m}^{-2} \cdot \text{K}^{-1}$。

式(14.9)只有在寒冷极限 T_1 和代谢率达到最小值 $\mathbf{M}_{min}$ 的温度 T_2 之间有效,因为体力消耗和/或消化食物,通常略高于基础代谢率。重复假设直到找到 T_1 的近似值

$$T_2 = T_b - (0.8 r_t \mathbf{M}_{min} + r_{HR} \mathbf{R}_{ni}) / \rho c_p \tag{14.10}$$

T_2 的观测值和 $r_t \mathbf{M}_{min}$ 的估算值见表 14.1。

与处于热中性区域中的动物相比,暴露于低于 T_2 温度下的家畜需要更多的饲料,才能够获得相同的体重增加,或产奶、蛋等。因此,温度 T_2 又被称为(较低)临界温度。极地探险家们在体验远低于临界值的温度时穿着隔热服装以减少热量损失,但仍会燃烧相当多的代谢能量。当人力拖拉雪橇时日常使用的能源量估计为 27 MJ,相当于以大约 600 瓦的速率工作 12 小时。如果探险者要生存,这种能量必须被食物所取代。Scott 团队在 1911—1912 年向南极运送雪橇时,其日常饮食仅占其能量消耗的 75%,这对于团队健康和实力的下降是有影响的。

3. $T_2 < T < T_3$

这是所有动物的"最低温度适应"区域,也被确定为人类的舒适区。当温度升高到 T_2 以上时,代谢率保持恒定,因此只有(1)显热损失的总阻力 r_t 下降和/或(2)潜热损失 λE 增加,才能满足热平衡等式。在包括人类在内的许多动物中,r_t 的下降是皮肤表面附近血管扩张的结果,使得血液循环更快,能够有效地降低组织阻力 r_d。这一过程有时会伴随流汗速率的小幅增加。

4. $T_3 < T < T_4$

在这种状态下,$\mathbf{M}$ 和 r_t 是恒定的,随着温度的升高,要维持热平衡,则显热损失的减少应该通过相同的潜热损失增加来达到平衡。可以通过更快速地产生和蒸发汗水、更快的呼吸和其他增加呼吸蒸发的机制来实现这种增加。通常将热量产生为最小值且与空气温度无关的温度 $T_2 \sim T_4$(包括区域 Ⅲ 和

Ⅳ),称为热中性区。

5. $T > T_4$

随着温度进一步升高,潜热损失无法无限量增加。汗水的蒸发速率会受到身体空气动力学阻力,因此会受到风速的限制,呼吸系统的蒸发速率同样受到呼吸速率和吸入和呼出的空气体积的限制。蒸发速率取决于大气的蒸气压。当 λE 达到最大值(或者如图 14.6 所示的较低温度)时,体温开始升高,这是中暑的主要症状。当 λE 为常数时,T 的微分等式为

$$1 = \frac{\partial T_b}{\partial T} - \frac{\partial M}{\partial T_b} \frac{\partial T_b}{\partial T} \frac{r_t}{\rho c_p}$$

或

$$\frac{\partial T_b}{\partial T} = [1 - r_t (\partial M / \partial T_b) / \rho c_p]^{-1} \tag{14.11}$$

需要 $\partial T_b / \partial T$ 为正意味着

$$\frac{\partial M}{\partial T_b} < \rho c_p / r_t \tag{14.12}$$

在人体中,随着温度而升高的代谢率约为 $7\% / K$,如果 $M = 150 \ W \cdot m^{-2}$,则 r_t 不应超过 $170 \ s \cdot m^{-1}$($\rho c_p = 1\,200 \ J \cdot m^{-3} \cdot K^{-1}$),这意味着通风良好和最少的服装是避免热带气候所带来不适的基本要求。当无法满足式(14.12)时,体温和代谢率往往会不可控地上升,这可能会带来致命的后果。

262 | 14.3　环境规范——有效温度

热中性图主要用于对暴露于相对简单热量环境中家畜或人类代谢率的观察结果进行总结。在现实世界中,除了空气温度、明显辐射、风速和蒸气压力之外,代谢率还取决于另外几个微气候因素。因此,已经尝试将以前讨论中所使用的实际空气温度简单测量值替换为包含微气候主要元素的有效温度。此小节给出了两个例子,首先是处理热平衡方程的辐射分量。

当用等温净辐射来表示辐射通量时,热平衡等式可以写为

$$R_{ni} = (M - \lambda E) = \rho c_p (T_0 - T) / r_{HR} \tag{14.13}$$

其中 λE 在这里被认为是一个相对较小的项,与 T 无关。假设辐射对生物体的热效应可以被代替了空气温度的有效温度 T_f 来处理

$$(M - \lambda E) = \rho c_p (T_0 - T_f) / r_{HR} \tag{14.14}$$

然后从式(14.13)和式(14.14)中消除 $\mathbf{M}-\lambda\mathbf{E}$，得出

$$T_f = T + (\mathbf{R}_{ni}r_{HR}/\rho c_p) \tag{14.15}$$

其中括号中的项与 Burton 和 Edholm(1955)、Mahoney 和 King(1977)以及其他人所使用的辐射增量相似。

图 14.3 提供了当风速和净辐射已知时，估算温度增量(T_f-T)的图解法。生物体的特征已给定，大小为 d，周围空气速度为 v，可以从左侧纵坐标读取相应的 r_H 值，从等式(13.2)中得到的 r_{HR} 可以从右侧坐标读取。从图形的右侧部分，r_{HR} 和 $\mathbf{R}_{ni}$ 的坐标定义了 T_f-T 的唯一值。例子中显示 $v=8$ m·s^{-1}，$d=2$ cm，在左侧轴得出 $1/r_H=6.8$ cm·s^{-1}，从右侧轴可得出 $1/r_{HR}=6.3$ cm·s^{-1}。在 $\mathbf{R}_{ni}=300$ W·m^{-2} 时，$T_f-T=4$ K。

在阻力固定的系统中，温度梯度和热通量之间的关系可以通过绘制通量和量温度关系图来显示，如图 14.7 所示。根据定义，阻力与温度差除以通量的值是成比例的，因此由图中的线的斜率表示。从左下角开始，T_f 由斜率为 $r_{HR}/\rho c_p$ 的线(1)来确定，以便在 $y=T_f$ 处截取线 $x=\mathbf{R}_{ni}$。重新排列式(14.15)，这条线的表达式为

$$T_f - T = r_{HR}\mathbf{R}_{ni}/\rho c_p \tag{14.16}$$

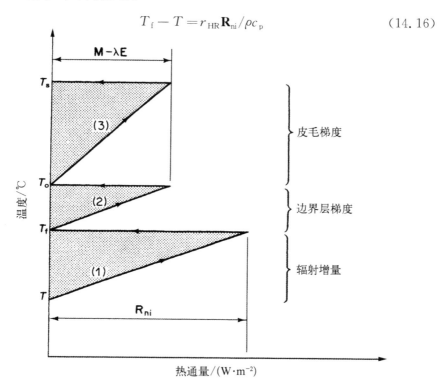

图 14.7 干燥系统中温度/热通量图的主要特点。T_s 为皮肤温度，T_o 为外表面温度，T_f 为有效的环境温度，T 为空气温度

263　现在通过绘制与线(1)斜率相同的第二条线(2)，在 $y = T_0$ 处截取 $x =$ **M** $-$ λ**E** 来确定表面温度 T_0。这条线的方程[见式(14.14)]，即

$$T_0 - T_f = r_{HR}(\mathbf{M} - \lambda\mathbf{E})/\rho c_p \tag{14.17}$$

最后，对于覆盖有一层毛发的动物，如果平均外表面 r_c 是已知的，则可以确定平均皮肤温度 T_s。假设蒸发仅限于皮肤表面和呼吸系统，通过外表面的温度增加由线(3) 表示，其表达式为

$$T_s - T_0 = r_c(\mathbf{M} - \lambda\mathbf{E})/\rho c_p \tag{14.18}$$

这种形式的分析可以用来解决两种类型的问题。当动物环境在风速、温度和净辐射方面有所规定时，可以使用热中性图来研究动物可存活的生理状态。相反，当指定生理条件时，可以建立相应的环境条件范围，形成生态"生态位"或"气候空间"(Gates，1980)。下文给出的蝗虫、绵羊和人的例子是基于文献报道的案例研究。

264　## 14.4　案例研究

14.4.1　蝗虫

在描述红翅蝗(红蝗属 septem - fasciata)行为的专题论文中，Rainey 等 (1957)推导出了在地面晒太阳或飞行的平均大小昆虫的辐射收支和热平衡。两种状态如图 14.8 所示。在图的底部，蝗虫暴露于空气温度为 20℃的阳光照射下，所以环境的有效温度约为 25℃ ($\mathbf{R}_{ni} = 150\ \mathrm{W} \cdot \mathrm{m}^{-2}$，$r_{HR} = 0.38\ \mathrm{s} \cdot \mathrm{cm}^{-1}$)。因为 ($\mathbf{M} - \lambda\mathbf{E}$) 值非常小，所以表面温度只超出 T_f 一小部分。飞行蝗虫暴露于更大的辐射通量密度下($230\ \mathrm{W} \cdot \mathrm{m}^{-2}$)，但相对风速为 $5\ \mathrm{m} \cdot \mathrm{s}^{-1}$，$r_{HR}$ 值为 $0.33\ \mathrm{s} \cdot \mathrm{cm}^{-1}$，略低于阳光照射下蝗虫。因此，增量 $T_f - T$ 仅略大于

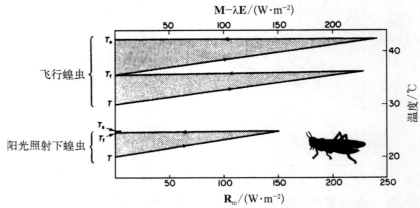

图 14.8　阳光照射下蝗虫(图下半部分)和飞行蝗虫(图上半部分)的体温/热通量图

阳光照射下的蝗虫。飞行蝗虫身体表面和有效温度之间的差异较大，因为其代谢速率远高于基础速率；从实验室所测得的氧气消耗量来看，**M** 估计为 270 W·m^{-2}。该图预测飞行蝗虫的温度应比周围空气温度高出 12℃，与对野外捕获蝗虫进行皮下注射热电偶针头所测得的最高超出温度相一致。

14.4.2　绵羊

图 14.9 显示了羊毛长度为 1 cm、4 cm 和 8 cm 绵羊的热平衡。

（1）空气温度为 -10℃，净辐射损失为 **R**$_{ni}$ $= -50$ W·m^{-2}。

（2）空气温度为 40℃，辐射增量为 160 W·m^{-2}。

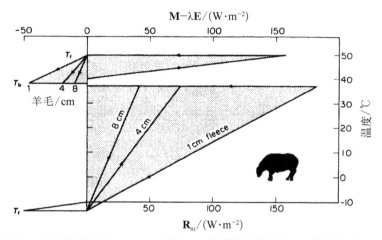

图 14.9　羊毛长度为 1 cm、4 cm 和 8 cm 的绵羊，暴露于 -10℃的空气中，净辐射为 -50 W·m^{-2}（图下半部分）；以及在 40℃的空气中，净辐射为 160 W·m^{-2}（图上半部分）的温度/热通量图

在这两种情况下，假定该动物的反应类似于暴露于 2 m·s^{-1} 风速下直径为 50 cm 的圆柱体，这是 Priestley（1957）分析条件下的特殊情况。

对于冷态，通过在 **R**$_{ni}$ $= -50$ W·m^{-2} 处绘制斜率为 $r_{HR}/\rho c_p$ 的线得出 $T - T_f = 3$℃，找到 T_f。由于 $T_f = -13$℃，对于表 10.2 所示的三个羊毛长度值来说，采用每厘米长度 r_c 为 1.5 s·cm^{-1}，对应绒毛长度总阻力（$r_{HR} + r_c$），绘制三条线。热平衡等式的表达式应为

$$T_b - T_f = (M - \lambda E)(r_{HR} + r_c)/\rho c_p \qquad (14.19)$$

如果 $T_b = 37$℃，则在 $T = 37$℃处截取（**M** $-\lambda$**E**）的三个值为 42 W·m^{-2}、74 W·m^{-2} 和 182 W·m^{-2}。由于健康、饲养良好的绵羊平均每日新陈代谢预计约为 60 W·m^{-2} 或 70 W·m^{-2}，所以该图表示需要至少 4 cm 长的羊毛来承受 $-10 \sim -15$℃的有效温度。

对于热状态，图的顶部显示了所选条件为 T_f 等于 50℃。当 T_f 超过 T_b

时,除非(**M**－λ**E**)为负,否则无法达到热平衡,即蒸发损失的热量大于新陈代谢产生的热量。在这种情况下假设 T_b＝38℃,如果羊毛长度为 1 cm,(**M**－λ**E**) 应为－46 W·m^{-2},羊毛长度为 8 cm,**M**－λ**E** 则会降至－10 W·m^{-2},也就是说从环境向绵羊流动的显热会随着绝热性的增加会减少。受控环境下对绵羊的研究表明,在极端热应力条件下,λ**E** 可以达到 90 W·m^{-2};但即使在最基本活动期间,**M** 也不太可能小于 60 W·m^{-2}。因此,可以将－30 W·m^{-2} 的数字作为(**M**－λ**E**)的下限。此图表示了至少需要约 2 cm 的羊毛长度来承受所选择代表的热应力条件。

266

14.4.3　人

Chrenko 和 Pugh(1961)研究了在南极工作的人类的辐射和热平衡,图 14.10 是基于他们对穿着黑色毛衣人类面对阳光站立的分析。空气温度仅为－7.5℃,但由于太阳与地平线角度为 22°,所以面对太阳垂直面上的辐射负荷特别大。由于风比较轻微,r_{HR} 相对较大,约为 1 s·cm^{-1}。图 14.10 的左上方是根据阳光照射下胸部测量温度和通过用一组热流传感器测量的衣物的热流构成的。

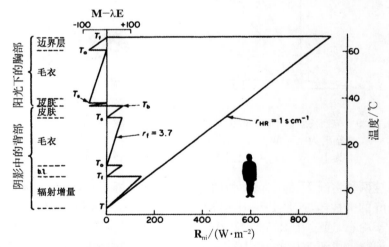

图 14.10　暴露于北极阳光且空气温度为－7℃条件下穿着黑色毛衣的人类的温度/热通量图。图的下半部分显示了他背部(阴凉处)的等效温度和毛衣表面温度,上半部分显示了胸部的相同温度(在阳光下)

辐射增量为 74℃,毛衣表面为 61℃,皮肤为 38℃。体内的热量传导为－75 W·m^{-2},假设胸部皮肤的阻力为 0.2 s·cm^{-1},内部体温应为 37℃。从左下方开始表示背部温度梯度的部分同样可以到达相同的内部体温。由于背面的净辐射仅为 145 W·m^{-2},T_f 仅为 6.5℃(参考胸部为 74℃);毛衣的外表面为 12℃,皮肤为 32℃。通过皮肤向外的热量流动为 60 W·m^{-2},假设 T_b＝37℃,皮肤的阻力约为 1 s·cm^{-1},与表 10.2 中血管收缩组织值一致。

这些测量表明太阳能可以通过躯干从胸部向后传播，有必要将这种热量流动整合到整个身体上以确定 $(\mathbf{M}-\lambda\mathbf{E})$。但这样的做法显然是不切实际的。当直接测量 $(\mathbf{M}-\lambda\mathbf{E})$ 或从相关的实验室研究结果进行估算时，可以确定动物在自然环境中的热平衡，但是当热平衡中的其他项已知时，确定 $(\mathbf{M}-\lambda\mathbf{E})$ 的逆向操作仅限于人类或动物处在量热仪或受控的环境室内。

14.4.4　显性等效温度

当生物体的潜热损失主要来自皮肤的汗液蒸发时，需要第二类环境指数。当显热和潜热损失发生在同一表面上时，温度和蒸气压可以与单个变量进行组合，这又被称为显性等效温度。为了得出其数量，热平衡等式写为

$$\mathbf{R}_{\mathrm{ni}}+\mathbf{M}=\frac{\rho c_{\mathrm{p}}(T_{0}-T)}{r_{\mathrm{HR}}}+\frac{\rho c_{\mathrm{p}}(e_{0}-e)}{\gamma r_{\mathrm{v}}} \tag{14.20}$$

式中，T_0 和 e_0 都是皮肤表面的平均值，T 和 e 表示空气的平均值。如果用 $\gamma^{*}=\gamma(r_{\mathrm{v}}/r_{\mathrm{HR}})$ 替换 γ，式(14.20)可以写为

$$\mathbf{R}_{\mathrm{ni}}+\mathbf{M}=\rho c_{\mathrm{p}}(T_{\mathrm{eo}}^{*}-T_{\mathrm{e}}^{*})/r_{\mathrm{HR}} \tag{14.21}$$

其中，T_{e}^{*} 是由 $T+e/\gamma^{*}$ 所决定的环境空气的显性等效温度，因此当 $r_{\mathrm{v}}=r_{\mathrm{HR}}$ 时，T_{e} 等于前文推导的等效温度。同样对辐射增量进行推导，e/γ^{*} 可以被认为是湿度增量。表面上显性等效温度的平均值为 T_{eo}^{*}。

原则上，当在蒸气压力和温度变化的环境中测量动物代谢速率时，显性等效温度在热中性图中应当用于代替常规温度。将这一过程进一步扩展，可以对环境显性等效温度进行修改来考虑辐射增量，即

$$T_{\mathrm{eR}}^{*}=T_{\mathrm{e}}^{*}+\mathbf{R}_{\mathrm{ni}}r_{\mathrm{HR}}/\rho c_{\mathrm{p}} \tag{14.22}$$

变量 T_{eR}^{*} 是允许热平衡等式降低到如下形式的热环境指标

$$(1-x)\mathbf{M}=\rho c_{\mathrm{p}}(T_{\mathrm{eo}}^{*}-T_{\mathrm{e}}^{*})/r_{\mathrm{HR}} \tag{14.23}$$

其中，x 为通过呼吸释放的代谢热分数。热中性图使用 T_{eR} 作为热指数而不是 T 或 T_{e}，这将适用于辐射热负荷以及蒸气压力和温度的变化。

这种类型的构想提供了一种相对简单的方式来研究裸体动物皮肤干燥或完全被汗水润湿条件下的热平衡。部分润湿的中间情况更加难以处理，因为 T_{e} 的值取决于事先未知的湿度分数。动物相关等式的完整解决方案会产生极为复杂的运算，在这其中可以识别出原始 Penman 公式的结构(McArthur，1987)。

14.4.5　汗湿的人类

为了说明如何使用显性等效温度，将以图形方式分析汗湿的人类的热平

267
268

衡。待消耗的净热量 **H** 将被视为代谢热负荷 **M** 和等效净辐射 R_{ni} 的总和,可以通过将身体的横截面辐射假设成圆柱体(第 7 章)来进行计算。蒸气转移的阻力 r_V 是 $d/(DSh)$,其中特征尺寸 d 通常采用 34 cm 作为人类标准尺寸,热传导阻力为 $r_H[=d/(\kappa Nu)]$ 和 r_R 的并联阻力。在强制对流条件下,风速约为 2 m·s^{-1}、$r_H=1$ s·cm^{-1}、$r_R=2.1$ s·cm^{-1}、$r_{HR}=0.68$ s·cm^{-1}。相应的 r_V 值为 0.9 s·cm^{-1},因此 $\gamma^*=\gamma r_V/r_{HR}=87$ Pa·K^{-1}。这些值在下面的讨论中将作为标准。

在给定环境中,由于不知道人类汗水产生的速率有多快,故此汗水蒸发速率无法确定。正常人持续数小时的最大出汗速率约为 1 kg·h^{-1},如果他的表面积为 1.8 m^2,蒸发热损失的等效速率为 375 W·m^{-2}。出汗速率一部分取决于皮肤温度,另一部分由代谢率决定。当受测者认为衣服和环境的特定组合是"舒适的",并且没有明显的出汗现象,平均皮肤温度通常在 32～33℃。

实验室实验表明,当皮肤温度升高至约 35℃(95℉)时,许多受试者认为环境非常不舒服,当皮肤温度达到约 37℃(98℉)时,环境会令人无法忍受。当 γ^* 为 87 Pa·K^{-1} 时,湿润表面的相应等效温度为 100℃ 和 109℃。图 14.11 表示了已经用于呈现"干燥"热量平衡类型图表的这些限制,但等效温度 T_e 现在将替换 T 作为纵坐标。图的左侧显示了 T_e^* 与环境空气的温度和蒸气压力之间的关系。所绘制的三条恒定湿球温度 T'(10℃、20℃、30℃)表示当 $\gamma \approx \gamma^*$ 时,T' 与 T_e^* 紧密相关。

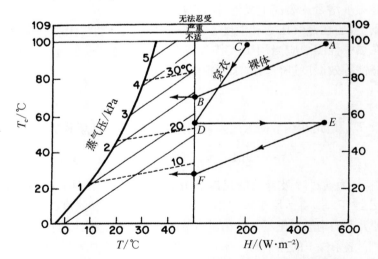

图 14.11　穿衣和裸体人类的显性等效温度和热通量图(右侧部分),以及显性等效温度、蒸气压力和空气温度之间的关系(左侧部分)。如果环境的显性等效温度低于 B 点(70℃),总热负荷为 500 W·m^{-2} 的裸体人类可以避免不适,但热负荷仅为 200 W·m^{-2} 的穿衣人员则必须停留在显性等效温度低于 28℃(F 点)的环境中,虚线是湿球温度的等温线

图的右侧显示了受测对象裸体和穿衣的等效温度梯度,当 M 为 200 W·m^{-2}(轻度劳作)并且 $\mathbf{R}_{ni}$ 为 300 W·m^{-2}(日照充足)时,均假设为大量出汗。人类裸体皮肤的平均值 T_{eo}^* 假定为 98℃。则空气 T_e^* 的等效温度必须满足式(14.21),其中 $\rho c_p/r_{HR}=1.2\times10^3/(0.68\times10^2)=17.7$ W·m^{-2}·K^{-1}。因此,当 $\mathbf{H}=\mathbf{R}_{ni}+M=500$ W·m^{-2},式(14.21)要求 $T_{eo}^*-T_e^*$ 为 28.5 K,所以 T_e^* 为 69.5℃。在图 14.11 中,式(14.21)由线 AB 表示。图中左侧的图显示了 T_e 为 69.5℃时,空气温度和湿度的范围,例如 35℃、3 kPa。通过将线 BA 向上延伸,可以从图中得出使相同环境呈现"严重"或"无法容忍"的 $\mathbf{R}_{ni}+M$ 值增加。相反,如果 $\mathbf{R}_{ni}+M$ 是恒定的,通过提高 T 或 e 来增加 T_e 的效果是通过将 AB 向上置换而不改变其斜率所发现的。

衣服的效果可以在同一图上证明,如果假设 γ^* 在衣服的皮肤和表面之间与在自由大气中具有相同的值,并且假定所有来自环境的辐射均被拦截在衣服的表面。然后由潮湿皮肤(等效温度 T_{ec}^*)到衣服表面(T_{eo}^*)的热量通量可以得出为

$$\mathbf{M}=\rho c_p(T_{eo}^*-T_{ec}^*)/r_c \qquad (14.24)$$

在此实例中,衣服的扩散阻力 r_c 为 2.5 s·cm^{-1}(相当于约 1 clo,表 10.1),因此($\rho c_p/r_c$)为 4.8 W·m^{-2}·K^{-1}。用该斜率绘制的线 CD 开始于点($\mathbf{M}=200$ W·m^{-2}, $T_{eo}^*=98$℃),与 T_e 轴在 $T_{ec}^*=56$℃处(图中 D 点)相交。为了将衣服表面(其中 $\mathbf{H}=500$ W·m^{-2})的梯度 T_e^* 以环境空气来表示,平行于 AB 绘制线 EF。服装的存在将 T_e 的平衡值从 70℃降低到 27℃(F 点),由于 CD 比 AB 斜度更大,增加相对较小的代谢率将会产生严重或无法忍受的热应力。

对于裸体受测者来说,热平衡的大气条件可以表达为充分接近 25℃的湿球温度(在湿球温度等温线在 20℃和 30℃之间的插入的 B 点),对于穿衣受测者来说约为 10℃。湿球温度经常被用作人类研究中环境温度的指标。图 14.11 证实了这对于潮湿皮肤所提供的 $r_{HR}\approx r_V$ 是一个良好的指标,但当皮肤温度低于快速出汗的极限时,它并不适用。

14.4.6 长跑运动员的热平衡

热中性图(图 14.6)表明,当运动员在炎热的环境中长时间运动时,如果身体温度保持在安全限度内,几乎所有由代谢过程所释放的热量必须通过汗水的蒸发来平衡。Nielsen(1996)利用这些原则来探索环境对耐力比赛的限制,如马拉松比赛和自行车赛。她假定世界级的马拉松运动员体重为 67 kg,皮肤表面积为 1.85 m^2,平均奔跑速度为 5.4 m·s^{-1}(即在 2 小时 10 分钟内完成马拉松比赛)。与奔跑相关的代谢热产生约为 4 kJ(体重 kg)$^{-1}$km^{-1},所以跑步

者将产生约 780 W·m^{-2} 的热量。能够让此运动员达到平衡的空气温度和湿度范围可以用上述实例中的显性等效温度和热通量图进行研究。为了简便起见,我们分析了 Neilsen 所考虑的极端情况,运动员在空气温度和皮肤温度为 35℃的环境中奔跑。在这种情况下,如果体温保持稳定,则整体热负荷(代谢热加净辐射)必须通过汗水蒸发消散。因此,式(14.21)变为

$$\mathbf{M} + \mathbf{R}_{ni} = \lambda \mathbf{E} = \rho c_p (T_{eo}^* - T_e^*)/r_{HR} \tag{14.25}$$

将运动员看作直径为 34 cm 的圆柱体,假设相对风速为 5.4 m·s^{-1},边界层对热传递的阻力 r_H 为 49 s·m^{-1}[式(10.4)],蒸发传递阻力为 46 s·m^{-1}。辐射传递阻力为 170 s·m^{-1},给出 $r_{HR} = 38$ s·m^{-1}。改进的干湿计常数 $\gamma^* = \gamma(r_V/r_{HR}) = 81$ Pa·K^{-1}。假设皮肤附近的空气在 35℃达到饱和,则 T_{eo}^* 为 104℃。当 $\mathbf{R}_{ni} = 0$ W·m^{-2} 时,式(14.25)可以给出 $T_e = 79$℃,而当 $\mathbf{R}_{ni} = 300$ W·m^{-2} 时,$T_e = 70$℃。当空气温度为 35℃时,如果相对湿度超过临界值,则无法达到这些显性等效温度。

图 14.12 显示,当 $\mathbf{R}_{ni} = 0$ 时,相对湿度的这些临界值约为 70%,而当 $\mathbf{R}_{ni} = 300$ W·m^{-2} 时,这些临界值则为 60%。式(14.25)可用于表明 E 的对应值约为 2.1 kg·h^{-1} 和 3.0 kg·h^{-1}。在更大的湿度下,这种工作速率将导致危及生命的中暑,因为过量的热量储存在体内,体内温度会升高。训练有素的运动员的最大出汗速率在有限的时间内可达到约 3 kg·h^{-1},但最终会受到肠道吸收水分不能超过约 1 kg·h^{-1} 的限制。这些计算结果表明,即使是训练有素的运动员,也不可能在炎热潮湿的气候中达到世界级的马拉松纪录,并且提醒人们在炎热的天气中锻炼身体时可能面临的极端风险。

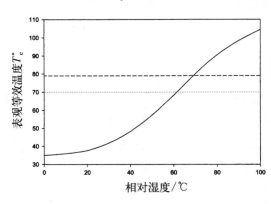

图 14.12　当空气温度为 35℃时,马拉松赛跑者的显性等效温度 T_e 与相对湿度的变化(见正文)。虚线为热平衡方程的解,当 $M + \mathbf{R}_{ni} = 780$(----)时以及等于 1 080 W·m^{-2}(⋯⋯)时,分别得出 T_e^* 为 79℃和 70℃

14.5　习题

1. 在空气温度为 22.0℃时,在强烈阳光下的牛的代谢热产生量 M 为 140 W·m^{-2}。动物的平均太阳辐照度为 300 W·m^{-2},并且周边环境的有效辐射温度等于空气温度。皮肤和外表面的平均温度分别为 34.0℃和 31.6℃,

呼吸系统和皮肤表面的蒸发损失率分别为 4.5×10^{-3} g・m^{-2}・s^{-1} 和 440×10^{-3} g・m^{-2}・s^{-1}。计算：(1) 牛周围边界层的热阻力(r_{HR})；(2) 外表面的热阻力(r_c)。如果阴影将动物的平均太阳辐照度降低三分之二，而其他环境变量保持不变，在 M 保持恒定情况下，计算为保持稳定的热平衡所降低的皮肤蒸发速率。(假设呼吸蒸发的变化可以忽略，太阳辐射的吸收发生在外表面附近，其反射系数为 0.40)

2. 当空气温度为 25℃，相对湿度为 30% 时，猪的躯干直径为 0.50 m，皮肤被 30℃ 的湿泥所覆盖并处于静止空气中。计算从皮肤到大气的水蒸气传递阻力 r_V，(1) 忽略湿度梯度；(2) 考虑湿度。计算单位皮肤面积水分的蒸发通量。如果忽略湿度梯度对 r_V 的影响，存在什么样的百分比误差？实际上还有哪些其他因素可以决定蒸发速率？

3. 猪浸没在湿泥中，通过蒸发来增加身体的冷却。计算猪可以保持热平衡状态的最大空气温度(1) 如果皮肤完全干燥；(2) 如果皮肤被完全覆盖在湿泥中。各假设条件如下：

272

最低代谢热产生率	60 W・m^{-2}
呼吸潜热损失率	10 W・m^{-2}
环境辐射热负荷	240 W・m^{-2}
皮肤温度	33℃
空气蒸气压	1.0 kPa
辐射与对流热传递的合阻力	80 s・m^{-1}
通过泥浆层传导的平均阻力	8 s・m^{-1}

第 15 章
瞬态热平衡

在前两章中,可以将温度视为不随时间变化的常数,因为需要考虑系统中的每个时间点,且假设热能的输入正好与输出平衡。除了洞穴深处和深水之外,这种平衡状态在自然环境中是罕见的。在大多数植物和动物的栖息地中,空气温度具有明显的昼夜变化,或多或少与辐射相同,叠加的短期波动与云量变化和湍流相关。在本章中,我们将考虑能够描述系统如何对外部温度变化做出热反应的公式,首先进行简单的假设,即系统本身是等温的并且不包含热源。Gates(1980)对更复杂的案例进行了详细的讨论。

图 15.1 中对于示例的三种类型温度变化进行了描述:即时或"阶跃"变化,稳定速率下的"渐变"变化以及谐波振荡变化。

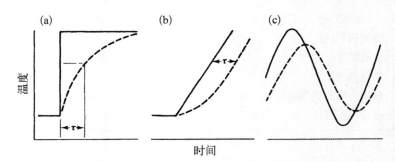

图 15.1　表面温度(虚线)随环境温度(实线)变化的曲线。(a)阶跃变化[式(15.10)],τ 是一段变化$(1-e^{-1})$或 0.63 的时间;(b)斜向变化[式(15.16)],τ 是 $\exp(-t/\tau)$项可忽略时的延迟时间常数;(c)谐波振荡($\phi=\pi/4$)[式(15.20)][引自 Monteith(1981b)]

15.1　时间常数

如果我们首先从可忽略潜热交换的最简单系统开始,那么稳态热收支即为

$$\mathbf{R}_{ni}=\mathbf{C}=\rho c_p(T_0-T)/r_{HR} \tag{15.1}$$

式中,$\mathbf{R}_{ni}$ 和 $\mathbf{C}$ 为单位面积通量;T_0 为平均表面温度;T 为空气温度;r_{HR} 为显热和长波辐射损失的相应阻力。引入由式(14.15)定义的有效温度 T_f,即

$$T_f = T + (\mathbf{R}_{ni} r_{HR} / \rho c_p) \tag{15.2}$$

热收支等式可以简化为

$$T_0 = T_f \tag{15.3}$$

对于蒸发速率由阻力 r_V 确定的系统,可以写出类似的等式,热收支可以表示为

$$\mathbf{R}_{ni} = \mathbf{C} + \lambda\mathbf{E} = \rho c_p (T_{eo}^* - T_e^*) / r_{HR} \tag{15.4}$$

式中,T_e^* 为显性等效温度。式(15.3)现在可写为

$$T_{eo}^* - T_{eR}^* \tag{15.5}$$

其中

$$T_{eR}^* = T_f + e/\gamma^* \tag{15.6}$$

然而,为了简便起见,我们将返回到式(15.3),并假设随着 $\mathbf{R}_{ni}$ 或 T 的增加,T_f 将增加到一个新的值 T_f'。如果系统中有限定的热容量,则 T_0 不会立即增加到 T_f',其接近的速率将取决于系统的物理属性。如果系统中单位面积的热容为 $\mathcal{C}(\mathrm{J \cdot m^{-2} \cdot K^{-1}})$,则热量将以 $\mathcal{C}\partial T_0/\partial t$ 的速率进行存储,热量收支方程将化为

$$\mathbf{R}_{ni} = \mathbf{C} + \mathcal{C}\,\partial T_0 / \partial t \tag{15.7}$$

将式(15.1)中的 $\mathbf{C}$ 和式(15.2)中的 $\mathbf{R}_{ni}$ 代入到式(15.7)中,可得出

$$\partial T_0 / \partial t = (T_f' - T_f) / \tau \tag{15.8}$$

其中 τ 由于具有时间维度,又被称为系统的"时间常数",由此得出

$$\tau = \mathcal{C}\, r_{HR} / (\rho c_p) \tag{15.9}$$

在植物中,单位体积的热容范围从赤松心材的约 $1\,\mathrm{MJ \cdot m^{-3} \cdot K^{-1}}$,到主要成分是水的叶片或果实等植物器官的 $2 \sim 3\,\mathrm{MJ \cdot m^{-3} \cdot K^{-1}}$(水的热容为 $4.2\,\mathrm{MJ \cdot m^{-3} \cdot K^{-1}}$)。单位表面积的热容可以从表面积与体积的比例估算出来。相应的时间常数对于小型叶片为几秒钟,大型叶片为几分钟,树干为几小时(Monteith, 1981)。文献中的动物值为:蟑螂约 9 分钟(Buatois、Croze, 1978),地鼠 0.5 小时,大型北美红雀 2 小时,绵羊 330 小时(Gates, 1980)。

15.2　一般情况

15.2.1　阶跃变化

当有效温度瞬时从 T_f 变化为 T_f',式(15.8)的解的边界条件是

$$T_0 = T_f, \ t = 0$$
$$T_0 = T'_f, \ t = \infty$$

解为

$$T_0 = T'_f - (T'_f - T_f)\exp(-t/\tau) \tag{15.10}$$

图 15.1 中给出了式(15.10),显示了温度如何逐渐向着渐近线 T_f 呈指数增长。在调整时间 $t = \tau$ 之后,$T'_f - T_0 = (T'_f - T_f)\exp(-1) = 0.37(T'_f - T_f)$。 因此,在对温度进行部分调整后,时间常数为 $1 - 0.37 = 0.63$。

1. 叶片

Linacre(1972)测量了用凡士林覆盖藤叶以阻止蒸腾的叶片平均温度,在阴影突然出现或无阴影的情况下,$\mathbf{R}_{ni}$ 和 $\mathbf{C}$ 产生了阶跃变化。在一组 Linacre 的测量结果中,τ 的平均值为 20 s,$\mathcal{C}/\rho c_p$ 的值为 720$(\mathrm{J \cdot m^{-2} \cdot K^{-1}})/1\,200$ $(\mathrm{J \cdot m^{-3} \cdot K^{-1}}) = 0.6$ m。相应的阻力为 $r_{HR} = \tau\rho c_p/\mathcal{C} = 33$ s$\cdot$m^{-1}。

图 15.2 证明了辣椒叶类似的实验(Gates,1980)。

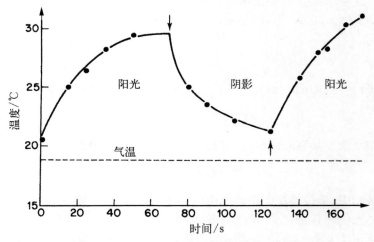

图 15.2 辣椒叶在阳光和阴影下的加热和冷却[由 Gates(1980)根据 Ansari 和 Loomis 的一个例子进行重绘]

Linacre 还测量了用水喷洒叶片的时间常数。这种情况的分析可以通过将 T 替换为等效温度 $T + e/\gamma$ 来进行,假设当叶表面潮湿时,通过叶边界层的热和蒸气传递的阻力相同。对于 $r_V > r_H (r_V \approx r_H + r_s)$ 的干燥和蒸腾的叶片,可以通过试验确定获得与非蒸腾叶片相同的时间常数所需的 γ^* 值,并且气孔阻力可以下式计算

$$r_V - r_H = r_H(\gamma^*/\gamma - 1) \tag{15.11}$$

2. 动物

Grigg 等(1979)将东部浅水蜥蜴的样本暴露于温度的阶跃变化下,随着体重从 140 g 增加到 590 g,测量时间常数(进行加热)从约 4 min 增加至 8 min。这与基本理论相冲突,冷却时间常数超出了 30% 左右,这与他们使用绝热层包围等温体核心更逼真模型的解释有所不同。

此理论描述了生物体对温度阶跃变化的反应,特别是在凉爽和炎热的微气候之间"往返运动"以便获得食物的动物相关热状态。Bakken 和 Gates (1975)以及 Porter 等(1973)研究了蜥蜴在沙漠中往返运动的热量影响。Willmer 等(2005)对动物在极端环境下如何适应行为和生理学进行了全面的研究。

3. 溪流

当去除乔木和灌木对溪流的遮盖时,辐射负荷会增加,同时溪流中的水温也会升高。当一条溪流从密集的森林进入无遮蔽区域时,净辐射会发生阶跃式变化。这种变化可能会影响鱼类的栖息,因为鱼类的生存、生长和繁殖都会受到水温的影响(Fagerlund 等,1995)。Sinokrot 和 Stefan(1993)估算,河流的时间常数与水深的关系约为 $40\,h \cdot m^{-1}$,这表明水温无法对输入能量的阶跃变化做出快速调整。Brown(1969)比较了由花旗松林所遮蔽小溪,以及流经无遮蔽区域的热平衡组成。穿过无遮蔽区域溪流的最大温度升高速率约为 $9\,℃ \cdot h^{-1}$,而阴影中溪流温度的增加则小于 $1\,℃ \cdot h^{-1}$。如果将溪流简单地看作均匀的混合流,横截面和速度 v 为恒定值,并且忽略下游 x 方向上的湍流扩散,则热传递方程为

$$\frac{\partial T}{\partial t} = -v\,\frac{\partial T}{\partial x} + \frac{\mathbf{S}_a + \mathbf{S}_b}{\rho_w c_p d} \tag{15.12}$$

式中,T 为水温;d 为水深;$\mathbf{S}_a$ 和 $\mathbf{S}_b$ 为上界面和下界面(分别为大气和河床)与溪水进行热交换的速率;$\rho_w c_p$ 为水的体积热容。溪流-大气界面的热量收支是

$$\mathbf{R}_{na} = \mathbf{C}_a + \lambda\mathbf{E} + \mathbf{S}_a \tag{15.13}$$

溪流-河床界面处

$$\mathbf{R}_{nb} = \mathbf{S}_b + \mathbf{G} \tag{15.14}$$

式中,$\mathbf{R}_n$ 和 $\mathbf{C}$ 分别为上层(a)和下层(b)界面的净辐射和显热通量;$\lambda\mathbf{E}$ 为到大气的潜热通量;$\mathbf{G}$ 为进入河床的热通量。在浅而清澈的溪流中,表面反射和水中短波辐射的吸收量很小(透明水中总太阳辐射的吸收量约为每米深度 4%),所以溪流直接吸收的净辐射不可能与净长波辐射有很大差异,通常在无云天空下约为 $-100\,W \cdot m^{-2}$,在树冠下约为零。Brown(1969)的报告中认为,$\mathbf{C}_a$ 和 $\lambda\mathbf{E}$ 在森林环境中是小的,但是它们也可能会很大,在无遮蔽的溪流穿过热干燥地区时,它们可能是相反的。根据溪流的清晰度和河床材质的短波反射

系数,河床处的太阳辐射吸收率可能很大。Brown(1969)、Sinokrot 和 Stefan (1993)发现,在浅而清澈的溪流中,热能的传导速率 **G** 是一个重要项。因此,辐射的阶跃变化是影响溪流进入或脱离阴影遮蔽温度反响应的促进项,但是式(15.14)中的项 **G** 和 **S_b** 的相对重要性可能对溪流温度的上升速度产生剧烈的影响,这必须取决于河床以及基岩和水的界面的热导率和边界层阻力。水流的热量收支是环境物理学家应考虑研究的主题。

15.2.2 斜坡变化

当空气温度(或有效温度)的变化率为 α 时,在时间 t 的温度为

$$T(t) = T(0) + \alpha t \tag{15.15}$$

式(15.8)的解是

$$T_0(t) = T(0) + \alpha t - \alpha\tau[1 - \exp(-t/\tau)] \tag{15.16}$$

经过微分,升温速率为

$$\partial T_0/\partial t = \alpha[1 - \exp(-t/\tau)] \tag{15.17}$$

式(15.17)表明,当 t/τ 较大时,系统的升温速率最初为零,随后增加到 α [见图 15.1(b)]。当 t/τ 超过 3 时,指数项小于 0.05,因此可以忽略。式(15.16)随之变为

$$T_0(t) = T(0) + \alpha(t - \tau) \tag{15.18}$$

式(15.18)表明系统以与环境相同的速率升温,但是滞后时间为 τ,因此滞后温度为 αT。

式(15.16)用于研究巴西巴伊亚地区可可豆荚中在日出后由于热惯性而出现的冷凝现象(Monteith、Butler,1979)。豆荚为椭圆体,重达 1 kg,长轴约 15 cm,直接生长在可可树的枝干上。在潮湿的天气中,黎明之后的豆荚温度的上升在开始时要比空气温度($1.5 \sim 2.5$ K·h^{-1})慢得多,因此豆荚表面温度可能会低于已增至 $1 \sim 2$ K·h^{-1} 的空气露点。然后开始冷凝,直到豆荚的表面温度最终超过露点,此后露水膜蒸发(图 15.3)。根据豆荚大小和风速,可以确定的 τ 值通常为 $0.5 \sim 1.5$ h。

根据豆荚的热平衡来计算其冷凝速率,可以显示出湿润层的平均厚度通常在 $10 \sim 20$ μm,并且可持续数小时。此类层的存在可能对黑荚真菌孢子的萌发起到重要作用,在一些地区,黑荚真菌会对可可豆荚的产量造成重大损失。

在树干上也经常发生相同类型的冷凝,但由于表面粗糙,很少见到。Unsworth 等(2004)观察到,在夏季日出后不久的早晨,古老花旗松林冠层上的空气达到饱和,并推测在太平洋西北部的干燥的夏天中,树干上的冷凝可能

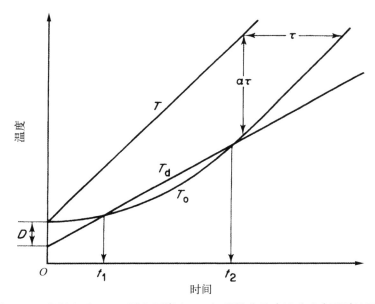

图 15.3　当阳光下($t=0$)露点下降为 D 时,理想化的表达为空气温度(T)、露点温度(T_d)和豆荚温度(T_0)。冷凝从 t_1 开始,在 t_2 停止。其他符号可参见正文(Monteith、Butler,1979)

是树皮栖息生物(地衣、苔藓和昆虫)形成的重要因素。

15.2.3　谐波变化

空气温度的谐波变化形式为

$$T = \overline{T} + A\sin 2\pi t/P \tag{15.19}$$

其中 $\overline{T}$ 是温度的平均值,T 在周期 P 内,在($\overline{T}+A$)和($\overline{T}-A$)间振荡变化(见图 15.1)且与时间的单位一致,对于表面温度由式(15.8)决定的等温系统,这个等式的解为

$$T_0 = \overline{T} + A'\sin\left[(2\pi t/P) - \phi\right] \tag{15.20}$$

其中表面温度的幅度为

$$A' = A\cos\phi \tag{15.21}$$

被称为"滞后相位"的 ϕ 的值为

$$\phi = \tan^{-1}(2\pi\tau/P) \tag{15.22}$$

在自然环境中,温度的日变化(尽管不是真正的正弦波)可以被视为正弦曲线来演示原理。对于 $P=24\,\mathrm{h}$ 来说,ϕ 通常较小,并且 $A' \approx A$。但是,对于树干或大型果实,τ 的值可能为几个小时,这会导致滞后相位较大[式

(15.22)]。在这种情况下,假设系统为等温是不切实际的,尽管简单的理论对表面条件可以给出近似的解,但在其他地方是不合适的。Herrington (1969)解出了树干中热流动的更复杂的方程,并将预测值与松树的测量值进行了比较。对于树干表面温度,A'/A 的值大约为 0.75,而式(15.21)所得的值为 0.63,但在树干的中心,A'/A 的值远远大于预测值。

15.3 土壤热流

土壤中垂直方向的热流为如何在系统中建立瞬态热平衡提供了一个重要例子,这样的系统中温度是所处位置的函数并且会随着时间发生谐波变化。作为对这一主题的介绍,在推导热性质假定与土壤深度变化无关时的微分等式之前,需要考虑土壤热性质与含水量和矿物成分的关系。在实践中,土壤热性质很少不随深度变化而变化;在参考书目中列出的土壤物理学文本中可能会发现更复杂的分析。

15.3.1 土壤热性质

使用符号 ρ 表示密度、c 表示比热,土壤的固体、液体和气体成分分别以下标 s、l 和 g 来标注。各成分在单位土块中的体积分数可表示为

$$x_s + x_l + x_g = 1 \tag{15.23}$$

对于完全干燥的土壤($x_l = 0$)来说,x_g 是气孔占据的空间。在许多干沙和黏土中,x_g 为 $0.3 \sim 0.4$,并且会随着有机质含量的增加而增加,在泥炭土中可达到 0.8。

将各成分的质量相加,则土壤密度 ρ' 为

$$\rho' = \rho_s x_s + \rho_l x_l + \rho_g x_g = \sum (\rho x) \tag{15.24}$$

由于 ρ_g 要比 ρ_s 及 ρ_l 小得多,所以 $\rho_g x_g$ 项可以忽略不计。当 ρ_s 和 x_s 恒定时,土块的体积密度随液体分数 x_l 呈线性增加,但是在潮湿的土壤中会发生膨胀(通常含有超出 10% 的黏土),这种关系并不是严格的线性关系。

体积比热又被称为体积热容($J \cdot m^{-3} \cdot K^{-1}$),是密度 ρ($kg \cdot m^{-3}$)和比热 c($J \cdot kg^{-1} \cdot K^{-1}$)的乘积。可以通过土壤成分热容量的和来表示,即

$$\rho' c' = \rho_s c_s x_s + \rho_l c_l x_l + \rho_g c_g x_g = \sum (\rho c x) \tag{15.25}$$

并且此数量会随着非膨胀土壤中的含水量而线性增加。因此,土壤中多种成分的比热容

$$c' = \sum (\rho c x) / \sum (\rho x) \tag{15.26}$$

各土壤成分和三种代表性土壤的热性质列于表 15.1。作为沙土和黏土土壤主要固体成分的石英和黏土矿物具有相似的密度和体积比热。有机物质的密度大约是石英的一半，但比热约为石英的两倍。因此，大多数土壤的体积比热为 $2.0 \sim 2.5\ \text{MJ} \cdot \text{m}^{-3} \cdot \text{K}^{-1}$。由于水的比热为 $4.18\ \text{MJ} \cdot \text{m}^{-3} \cdot \text{K}^{-1}$，当干燥土壤饱和时，干燥土壤的热容会有明显的增加。

表 15.1 土壤热性质及其成分（Wijk 和 de Vries 之后，1963）

		密度 $\rho \times 10^{-6}/$ $(\text{g} \cdot \text{m}^{-3})$	比热 $c/$ $(\text{J} \cdot \text{g}^{-1} \cdot \text{K}^{-1})$	导热系数 $k'/$ $(\text{W} \cdot \text{m}^{-1} \cdot \text{K}^{-1})$	热扩散率 $\kappa'/$ $(10^{-6} \cdot \text{m}^2 \cdot \text{s}^{-1})$
(a) 土壤成分					
石英		2.66	0.80	8.80	4.18
黏土矿物		2.65	0.90	2.92	1.22
有机物		1.30	1.92	0.25	0.10
水		1.00	4.18	0.57	0.14
空气(20℃)		1.20×10^{-3}	1.01	0.025	20.50
(b) 土壤	含水量 x_1				
沙土（40% 孔隙空间）	0.0	1.60	0.80	0.30	0.24
	0.2	1.80	1.18	1.80	0.85
	0.4	2.00	1.48	2.20	0.74
黏土（40% 孔隙空间）	0.0	1.60	0.89	0.25	0.18
	0.2	1.80	1.25	1.18	0.53
	0.4	2.00	1.55	1.58	0.51
泥炭土（80% 孔隙空间）	0.0	0.26	1.92	0.06	0.10
	0.4	0.66	3.30	0.29	0.13
	0.8	1.06	3.65	0.50	0.12

导热系数 k'（$\text{W} \cdot \text{m}^{-1} \cdot \text{K}^{-1}$）与含水量的关系更为复杂。当添加少量水时，极为干燥土壤的导热系数可能会增加一个数量级，因为相对大量的热可以通过气孔中水的蒸发和冷凝而流经土壤。例如黏土，当 x_1 从 0 增加到 0.2 时，k' 可以从 $0.3\ \text{W} \cdot \text{m}^{-1} \cdot \text{K}^{-1}$ 增加到 $1.8\ \text{W} \cdot \text{m}^{-1} \cdot \text{K}^{-1}$。随着 x_1 进一步从 0.2 增加到 0.4，越来越多的气孔被水充满，蒸气的扩散越来越受到限制，因此 k' 的相应增加要小得多。因此，极为湿润土壤的导热系数几乎与含水量无关。

当将水添加到极其干燥土壤中时，k' 最初增加的速度要比 $\rho'c'$ 更快，使得热扩散率 $\kappa' = k'/\rho'c'$ 也随着含水量而增加。然而，在非常潮湿的土壤中，k' 随着含水量的增加要慢于 $\rho'c'$ 的增加速度，因此 κ' 随着含水量的增加而降低。在这两种情况下，当含水量增加导致 κ' 和 $\rho'c'$ 的均等微量增加时，κ' 达到最大值。

表 15.1 显示,与其他土壤类型相比,沙质土壤具有较大的热扩散性,因为石英的导热系数远远大于黏土矿物。泥炭土的扩散性最小,因为有机物的导热系数相对较小。

15.3.2　热流形式分析

在土壤表面下方深度 z 处,向下热通量可以写为

$$\mathbf{G}(z) = -k'(z)(\partial T/\partial z) \tag{15.27}$$

该等式右侧的负号是一项惯例,确保当温度随深度的增加而下降时,$\mathbf{G}$ 为正值。

在厚度为 Δz 的任一薄层中,在 z 处进入该层与从 $z+\Delta z$ 离开该层的通量之间的差为 $\mathbf{G}(z) - \mathbf{G}(z+\Delta z)$,或是以微积分符号表示为 $\Delta z[\partial \mathbf{G}(z)/\partial z]$。该数量符号决定了土壤局部温度增加是否在层中产生净通量增加或"收敛",或是温度的下降是否产生净通量损失或"分散"。通常,层的热含量变化率可写为 $\partial(\rho'c'T\Delta z)/\partial t$,该量必须等于随深度变化的通量,即

$$\frac{\partial \mathbf{G}(z)}{\partial z}\Delta z = \frac{\partial}{\partial z}\left(-k'\frac{\partial T}{\partial z}\right)\Delta z = -\frac{\partial(\rho'c'T)}{\partial t}\Delta z \tag{15.28}$$

对于土壤物理性质在不同深度中保持恒定的特殊情况,热传导等式(15.28)可简化为

$$\frac{\partial T}{\partial t} = \kappa'\frac{\partial^2 T}{\partial z^2} \tag{15.29}$$

图 15.4 是在恒定扩散率土壤中指定温度范围等式的图形演示。第一个导数表明温度梯度在表面附近是负的,所以进入土壤的热通量 $\mathbf{G}$ 为正[式(15.27)];在中间深度,梯度为正,土壤热通量向上;在较深深度处,通量为零,因为温度不随温度变化。第二个导数表示土壤变暖区域($\partial^2 T/\partial z^2$ 为正)发生冷却,在时间上温度不变化。

图 15.5 显示了裸露土壤表面和作物下方所观察到的温度变化。观察不同深度的温度变化可以与温度梯度预测的变化进行比较。

在大多数土壤中,成分、含水量和压实度(密度)会随着深度而变化,而在耕种土壤中,在土壤表面附近经常发生实质性的变化。因此,尽管最新的仪器[例如热探针(Decagon 仪器)]能够对热导率进行简单的测量[Bristow 等(1994)],但很难在原位获得土壤的体积密度和热导率的精确测量值。土壤中的热传导理论已被用于确定观测温度范围的平均热性质,以及预测土壤温度的日变化和季节变化。在大多数分析中都假定 κ' 与深度无关,但 McCulloch 和 Penman(1956)在 κ' 是深度的线性函数时得出了式(15.29)。

如果在深度为 z 和时间为 t 情况下,温度为 $T(z, t)$,则描述表面温度平

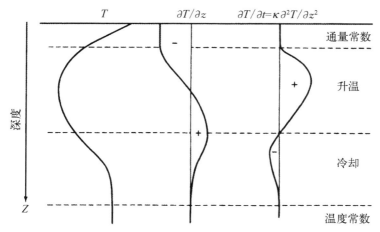

图 15.4 土壤中的虚拟温度梯度（左侧曲线），以及相对于深度的温度第一和第二差异，即 $\partial^2 T/\partial z^2$。第二个差异与温度变化 $\partial T/\partial t$ 成比例

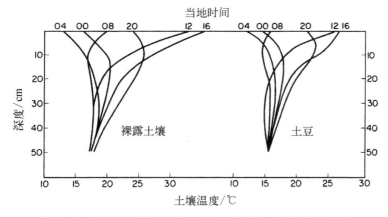

图 15.5 在裸露土壤表面和土豆下方测得的土壤温度日变化（van Eimern，1964）

均值为 T 谐波振荡的边界条件可写为

$$T(0, t) = \overline{T} + A(0)\sin\omega t \tag{15.30}$$

式中，$A(0)$ 为表面温度振幅；$\omega = 2\pi/P$（P 为周期）为振荡的角频率，即日周期 $\omega = (2\pi/24) \cdot h^{-1}$，年周期 $\omega = (2\pi/365) \cdot d^{-1}$。

式（15.29）的解满足这个边界条件

$$T(z, t) = \overline{T} + A(z)\sin(\omega t - z/D) \tag{15.31}$$

其中深度 z 处的振幅为

$$A(z) = A(0)\exp(-z/D) \tag{15.32}$$

D 是下式所定义的深度

$$D = (2\kappa'/\omega)^{0.5} \tag{15.33}$$

土壤传导的几个重要特征可能与 D 的值有关：

（1）在深度 $z = D$（通常称为"阻尼深度"）的情况下，式（15.32）表明，温度波振幅为 $\exp(-1)$，或是表面振幅的 0.37 倍。如果在土壤中可以检测到每日或每年温度波深度的可用数值，可以对阻尼深度的两倍和三倍进行类似的计算；

（2）温度波上任一位置的固定点由式（15.31）中相位角（$\omega t - z/D$）的固定值确定。例如当相位角为 $\pi/2$ 时出现最高温度，当相位角为 $-\pi/2$ 时为最低温度。对方程 $\omega t - z/D =$ 常数进行微分，得出 $\partial z/\partial t = \omega D$，这是温度最大值和最小值向下移动到土壤中的速度。

（3）在深度 $z = \pi D$ 时，相位角（$\omega t - z/D$）比表面的相位角小 π，即温度波正好与表面波形成反相［式（15.31）］。当表面温度达到最大值时，深度 πD 处的温度达到最小值，反之亦然；

（4）将式（15.31）对 z 进行微分，并使 $z = 0$，可以表明表面热通量［式（15.27）］在时间 t 时为

$$\mathbf{G}(0, t) = \frac{\sqrt{2}A(0)k'\sin(\omega t + \pi/4)}{D} \tag{15.34}$$

285

如果一个表面保持最大温度，而其他表面为最小温度［即 $A(0)$ 的温度差］，则最大热通量 $\sqrt{2}A(0)k'/D$ 是通过厚度为 $\sqrt{2}D$ 土壤板块后所保持的热流量。因此，数量 $\sqrt{2}D$ 可以被认为是热流的有效深度（注意，热流在八分之一周期时达到最大值 $\pi/4$，要早于温度，即日波为 3 小时，年波为 1.5 个月）。

（5）通过 $\mathbf{G}(0, t)$ 在 $\omega t = -\pi/4$ 和 $3\pi/4$ 范围内的积分得到 $\sqrt{2}\mathbf{D}\rho'c'A(0)$，可计算出在一个半周期内流入土壤的热量。这是有效深度为 $\sqrt{2\mathbf{D}}$ 的土壤层提高 $A(0)K$ 所需要的热量。

图 15.6 中绘制了三种类型土壤 D 值的日周期和年周期，并作为体积含水量的函数。在沙土和黏土中，当 x_1 从 0.0 增加到 0.1 时，D 迅速增加，达到日循环的 12～18 cm。在泥炭土中，D 介于整体含水量为 3～5 cm，与有机土壤对于辐射或空气温度变化的缓慢加热或冷却反应［见上文第（5）条］一致。可以从适当的坐标轴读取不同相位深度 πD、有效深度 $2D$，以及温度波 ωD 的穿透速率的对应值。

图 15.7 显示了从中可以估算阻尼深度和热通量的记录类型。从 2.5 cm 和 30 cm 的温度波范围可以看出［式（15.32）］表面振幅 $A(0)$ 约为 20 K。D 的值为 10 cm，从式（15.33）中可得出 $\kappa' = 0.36 \times 10^{-6}$ m$^2 \cdot$ s^{-1}，由于土壤为沙壤

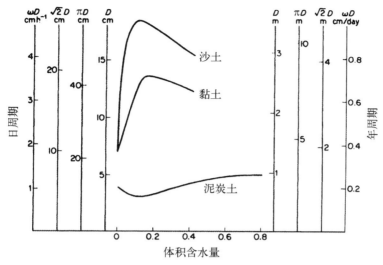

图 15.6　三种土壤在各种含水量下的阻尼深度和相关量的变化。左侧轴是日周期,右侧轴是年周期(数据来自 van Wijk 和 de Vries,1963)

土,这些值意味着土壤非常干燥(见图 15.6 和表 15.1)。干沙质土的体积热容约为 $1.6\,\mathrm{MJ \cdot m^{-3} \cdot K^{-1}}$,热导率 $k' = \kappa \rho' c'$ 约为 $0.6\,\mathrm{W \cdot m^{-1} \cdot K^{-1}}$。如果设定有效深度为 14 cm($\sqrt{2}\,D$),土壤中的最大热通量为 $\sqrt{2} \times 20 \times 0.6/0.1 = 170\,\mathrm{W \cdot m^{-2}}$[见上文第(4)条],并且在半周期[见上文第(5)条]中储存在土壤中的热量为 $\sqrt{2}\,D\rho'c'A(0) = 4.6\,\mathrm{MJ \cdot m^{-2}}$。

286

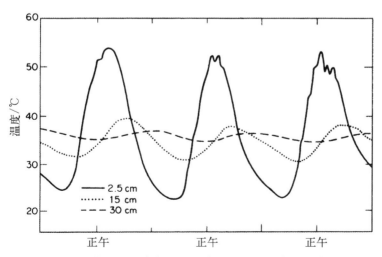

图 15.7　裸露未开垦土壤表面下沙壤土中三个深度的温度日变化过程;新南威尔斯州,Griffith,1939 年 1 月 17～19 日(Deacon,1969)

　　在此分析中,表面的振幅 $A(0)$ 已经被视为系统中的独立变量。实际上,$A(0)$ 取决于土壤表面的热平衡,以及土壤和大气的相对热性质。为了将暴露于相同天气的不同土壤反应进行比较,有必要从热通量振幅的计算开始。随后,可以将表面的振幅和土壤温度分布作为 D 的函数导出。Campbell (1985) 发表了用于模拟土壤中热量和质量转移的过程。实际上,由于密度、含水量和热性能随着土壤深度的变化而变化,所以直接测量温度和土壤热通量的方法通常比基于均匀土壤理想化模型的计算要容易得多。

15.3.3　土壤热状况的改变

　　许多生物过程都依赖于土壤温度:微生物和许多无脊椎动物的代谢和活动、种子发芽和根系的扩展、幼苗发芽伸长等。由于难以观察到自然土壤中不受干扰的根系或动植物群的状态,因此,关于土栖动物对于土壤温度变化或土壤温度梯度行为意义的反应,我们知之甚少。农学家、园艺学家和林业人员已经开发了许多经验方法来改变土壤的热状态,以帮助作物和树木成活和生长。他们的方法包括以泥炭或稻草的形式覆盖有机物层,以减少冬季的热量损失;用一层沙子覆盖泥炭土以抑制蒸发,降低土壤-空气界面的霜冻风险;在春季对干土进行浇灌,增加其导热性并降低霜冻风险;使用聚乙烯薄片覆盖土壤以增加春季的土壤表面温度;并使用黑色或白色粉末改变其反射率来提高或降低表面的温度。

　　除了人类的直接干预外,任何土壤的温度状况都会被植被的生长而剧烈改变,因为随着树冠的发展,表面阴影部分越来越多。阴影的存在降低了土壤热通量,降低了任何土壤深度的最大温度并提高了最低温度,平均土壤温度通常会降低。尽管这种效应被很好地记录下来,但对根和根系活动的许多影响仍有待探讨。

15.4　习题

　　1. 下列物品为 20℃ 时,计算时间常数:(1) 表面积为 50 cm²,厚度为 1 mm 的叶子;(2) 苹果,看作是直径为 10 cm 的球体。假设两个物品的单位体积热容量为 $3.0\,\mathrm{MJ \cdot m^{-3} \cdot K^{-1}}$。

　　2. 以 $0.3\,\mathrm{m \cdot s^{-1}}$ 速度运行的 1 m 深溪流,从森林中流出,再通过无遮蔽区域流动 1 km。在日照充足情况下流经无遮蔽区域,溪流温度上升了 0.5℃。估算在溪流中储存热量的速率($\mathrm{W \cdot m^{-2}}$ 单位表面积)。这种能量的来源可能是什么?

　　3. 土壤由固体材料(60% 黏土、40% 砂)组成,孔隙率为 35%。假设干土的导热系数为 $0.30\,\mathrm{W \cdot m^{-1} \cdot K^{-1}}$,湿土的热导率为 $1.60\,\mathrm{W \cdot m^{-1} \cdot K^{-1}}$,计算出:

（1）（a）完全干燥土壤和（b）饱和土壤的密度和比热容。

（2）（a）和（b）条件下土壤的热扩散系数和阻尼深度。

4. 干土的密度为 $1.60\ Mg \cdot m^{-3}$，比热容为 $0.90\ J \cdot g^{-1} \cdot K^{-1}$，导热率为 $0.30\ W \cdot m^{-1} \cdot K^{-1}$，热扩散率为 $0.22 \times 10^{-6}\ m^2 \cdot s^{-1}$。在表面和 D 处绘制昼夜温度波的图，假设波的表面振幅为 $10℃$。

5. 烘干土黏土的体积比热为 $1.28\ MJ \cdot m^{-3} \cdot K^{-1}$。当土壤饱和时，体积比热为 $2.96\ MJ \cdot m^{-3} \cdot K^{-1}$。估算：（1）干土中的孔隙空间分数；（2）固体物质的体积比热。

6. 在风速非常低的晴朗夜晚，在导热系数为 $1.50\ W \cdot m^{-1} \cdot K^{-1}$ 的土壤中按以下要求测量温度：

深度/mm	10	20	50
温度/℃	−2.2	−1.4	1.0

假设辐射能的净损耗等于土壤热通量，计算进入土壤的长波辐照度，并说明你所做的任何假设。

第 16 章
微气象学：湍流的传递、廓线和通量

涉及大气中辐射能量、动量和质量传递的物理原理统一被称为"微气象学"，此科目可以被定义为：对于包括树木在内的植物，以及包括人在内的动物这一范围进行的气象研究。自 20 世纪 60 年代初以来，随着新兴仪器的出现，再加上强大的处理和记录现场环境测量系统，物理学科的这一分支发展迅速。

微气象学中包括三个主要领域，尽管它们各自目的不同，但彼此之间存在互相作用。

（1）水文学：在特定的环境中，植被失水的速度有多快；速率和空气、土壤和植物等因素之间的关系是怎么样的，如何在作物管理中将其最小化。

（2）生理学：在特定的环境中，植被以二氧化碳的形式获得或失去碳的速度有多快；速率和空气、土壤和植物等因素之间的关系是怎么样的；农业和林业管理的净收益如何达到最大化；气候变暖与空气中二氧化碳浓度增加的速度将如何发展。

（3）生态学：什么因素决定了所有生物对温度、湿度、风和二氧化碳的反应状态，它们在增长和发展的决定阶段中所起的作用是什么；叶片和土壤的微气候是如何决定各种各样范围广泛的植物和动物的繁殖和活动率，以及它们的生物反应。

水文学已经受到了很多关注，并且其研究已经达到了农作物和森林的蒸发可以通过适当的环境因素来进行估算的阶段（见第 13 章）。在 20 世纪 60 年代，对于农作物来说，首先需要解决的问题是生理学。短期农业方面有许多研究，但对于其增长和二氧化碳交换的季节性研究较少（例如 Biscoe 等，1975），而年度性研究则更少（如 Suyker、Verma，2012）。自 20 世纪 90 年代中期以来，在森林中进行了可比较的测量，尤其是对吸收人类活动释放的大部分二氧化碳的潜力进行了评估。在森林地点进行多年通量可用性测量，使得人们能够对从小时至十年范围内二氧化碳交换的大气、生物和土壤系统控制进行研究调查（Urbanski 等，2007）。当了解到冠层内的传递仅限于实体在垂直梯度上远远不够时，生态学中的一些微观气象方面的研究止步不前。现在有了一些新的可用测量方法，理论上的理解得到了提高（例如 McNaughton、van den Hurk，1995；Raupach，1989；Katul、Albertson，1999）。叶栖昆虫的环境物理学和植物病原体扩散的研究最近也受到关注（例如 Fitt 等，2006），但是在这个重要课题上还有更多的工作要做。

本章主要讨论了针对水文学和生理学所需的理论和方法；第 17 章涉及冠层上方和内侧湍流交换测量的解释。

16.1　湍流传递

16.1.1　边界层发展

在层流中，物质的运动是可预测的，由此而产生了边界层的发展，边界层具有明确的速度、浓度和温度分布。相比之下，湍流在空间和时间上都是不可预测的。然而，正如平板上方的层状边界层的深度随着与前缘的距离增大而增大一样，湍流边界层的深度与穿过均匀粗糙表面的横截面 x 的"范围"或距离有关，可通过表面剪切产生湍流。图 16.1 说明了水平场地作物的横截面（如短草或裸露土壤水平场地附近的小麦）。因为作物的粗糙表面比草地的阻力更大，所以随着从较平滑的表面移动到较粗糙的表面，空气发生减速。在较光滑的表面上形成的边界层被粗糙度的变化所扰乱，从而形成修正流动层。其中流动的特征处于对比表面的中间状态。随着流动在粗糙表面上进行，会形成深度为 δ 的新的平衡分布，其中通量是粗糙表面的特征。从经验上来说，深度 δ 与距离 x 相关。

291

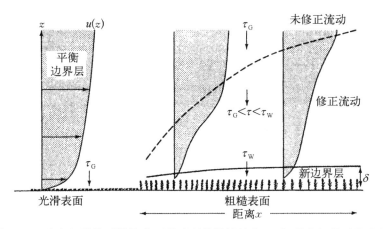

图 16.1　当空气从较平滑的表面移动到较粗糙的表面时，形成新的平衡边界层。垂直与水平尺度比例约为 20∶1。虚线是垂直动量通量为 τ_G 的未修正流动和通量处于 $\tau_G \sim \tau_W$ 时的修正流动之间的边界，该通量是低于高度为 δ 时的 τ_W

Munro 和 Oke(1975)研究了粗糙度变化后新的平衡风速廓线深度 δ 的发展，他们得出结论：范围 100∶1 到 200∶1 内通常引用的距离比($x∶\delta$)过大。Gash(1986)测量了从欧石楠灌木(约 0.25 m 高)到森林(约 10 m 高)极端转变的动量通量。对于欧石楠/森林的转变来说,在森林上方 3.5 m 测得的通量在距森林边缘 120 m 处达到了平衡。零平面位移(z_0)的高度约为 7.5 m,这种情况可得出 $x/\delta \approx 20$;对于森林/欧石楠转换,当达到平衡时 x/δ 的值约为 70,大于相反的情况,因为欧石楠较为平滑,所产生的湍流较少。

　　在新的边界层内,只要流动为完全湍流和水平均匀的,流量不随着高度的变化而变化。然而,对于非常接近农作物粗糙度的单元来说,紊乱结构和均匀性会受到单元产生的尾迹的干扰,从而形成了粗糙度子层(Raupach、Legg,1984)。在该子层内,边界层结构取决于影响因素,如叶片单元的分布和结构,以及植物间距等(图 16.2)。粗糙度子层之上是惯性子层,其流量不随高度变化,边界层的结构仅与摩擦速度和高度的范围有关。通常,恒通量层仅构成受表面性质影响的整个层面的最低 15%。

292

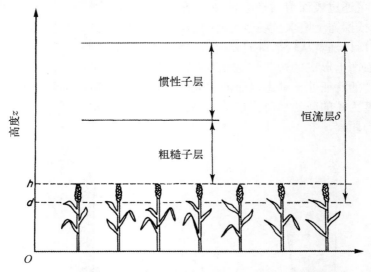

图 16.2　恒通量层及其子层。深度 δ 约为表面边界层的 15%

　　在惯性子层内,微气象测量最容易被解释为从湍流测量或廓线所推导出的通量。惯性子层的下限高出地面 z_1,通常为冠层高度的 1.3～1.5 倍[但会随空气动力学粗糙度和冠层结构而变化(Garratt,1980)]。例如,对于约 15 m 高的施业林种植园,z_1 通常为 20～25 m,而对于高 2.3 m 的玉米顶层,通常为 3～3.5 m。在下文中讨论了更接近冠层进行测量,即在粗糙度子层中。

16.1.2　湍流性质

　　湍流三维运动能够通过逐渐减小的一系列旋转涡流将机械能转换为内部能量(热),维持这种湍流需要能源的供应。在湍流中,时间和长度的范围延伸了许多量级。例如,在接近裸露土地或植被上的惯性子层中,涡流的时间为 $10^{-3}～10^4$ s,长度为 $10^{-3}～10^4$ m(Kaimal、Finnigan,1994)。如下文所述,冠层内通过叶和茎的尾迹来增强湍流。

可以通过两种方式分析湍流运动的不可预测性质。一种是采用统计分析。在另一种方法中，湍流运动的简化描述用于推导通量与平均垂直梯度之间的经验关系。以下处理将从被称为"涡度协方差"的更基本的统计方法开始。

16.1.3　涡度协方差

1. 雷诺平均

Reynolds 引入了将时间序列的湍流波动"分解"为平均参数值（通常大约为 30 min）与随机波动之和这一理念。这种类型的"雷诺平均"仅可用于平均值不随时间变化的情况下，因此平均时间内波动分量的平均值为零。在这种情况下，大气条件称为静止状态。因此，在任何时刻(t)，对于分别沿着平均风向(x)、侧风(y)和垂直风(z)的笛卡儿坐标右侧测量的风速分别为 u、v 和 w。

$$u(t) = \bar{u} + u'(t)$$
$$v(t) = \bar{v} + v'(t) \quad\quad (16.1)$$
$$w(t) = \bar{w} + w'(t)$$

其中 $\bar{u}$、$\bar{v}$ 和 $\bar{w}$ 是在足够长的时间内速度分量的平均值，以确保平均值 $\overline{u'} = \overline{v'} = \overline{w'} = 0$。同样，标量实体的波动 s（如温度、气体浓度、湿度）可以表示为平均值和湍流波动的总和，即

$$s(t) = \bar{s} + s'(t) \quad\quad (16.2)$$

图 16.3 显示了在森林中测量的垂直风速、温度、比湿度以及 CO_2 浓度的典型波动情况。

2. 涡流传递

第 3 章中，讨论了旋涡作为"载体"的转移原理。本节重点介绍了适用于均匀、广阔和水平植被扩展的涡度协方差（或涡动相关）原理。Sakai 等（2001）、Finnigan 等（2003）和 Finnigan（2004）将此分析扩展到了复杂的地形和异质植被中。

涡度协方差法依赖于表面边界层惯性子层（恒定通量区域）内的风波动分量，以及温度、湿度或气体浓度相关波动的测量。对于广阔的水平表面来说，这意味着恒定通量层内的任何高度的风向是水平的，但是在观察点处，瞬时值可以在任何方向上，并且通常具有可以朝向或远离表面的垂直分量。如果观测点以下的平均质量要保持恒定，则干空气的平均净垂直通量（密度 ρ_a）必须为零，因此

$$\overline{\rho_a w} = \overline{\rho_a}\,\bar{w} + \overline{\rho_a' w'} = 0 \quad\quad (16.3)$$

将式(16.3)重新排列，显示平均垂直速度 $\bar{w}$ 不为零，且由下式得出

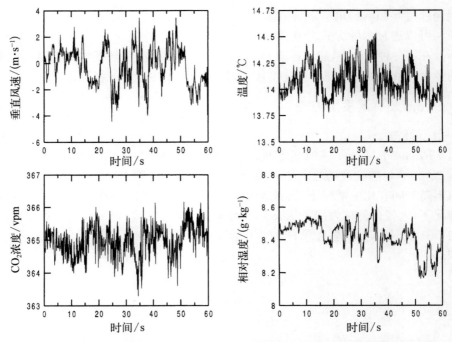

图 16.3　在俄勒冈州松树林测得的垂直风速、温度、湿度和二氧化碳浓度波动情况
　　　　　（数据由 Dean Vickers 和 Larry Mahrt 提供）

$$\bar{w} = -\overline{\rho'_a w'}/\bar{\rho}_a \qquad (16.4)$$

现在考虑物质 S 的垂直传递,假设该物质为大气的次要成分,其存在不会明显改变空气密度 ρ,考虑到水蒸气可能对潮湿空气的密度有明显的促进作用,可以写为

$$\rho \approx \rho_a + \rho_v \qquad (16.5)$$

其中下标分别表示干燥空气和水蒸气。

为了通过垂直旋涡进行 S 的净传递,S 波动必须在一定程度上与垂直速度 w 的波动相关。平均来说,远离表面移动的涡流包含的空气中,S 的浓度要高于时间平均值,向表面的移动中,S 浓度则要低于平均值。

在任何时刻,在表面上方的观察点处的通量 $\mathbf{F}(t)$ 是

$$\mathbf{F}(t) = \rho_s(t) w(t) \qquad (16.6)$$

式中,ρ_s 为空气中 S 的密度。平均垂直通量密度是 $\mathbf{F}(t)$ 的时间平均值,即 $\mathbf{F} = \overline{\rho_s w}$。图 16.4 显示了森林中的典型测量布置。假设森林是均匀并且水平的,在测量体积中没有 S 的净水平通量。在惯性层中进行测量,如果体积中没有 S 的储存,则在体积顶部的垂直通量 $\overline{\rho_s w}$ 与森林和土壤表面产生的总通量 S 相同。

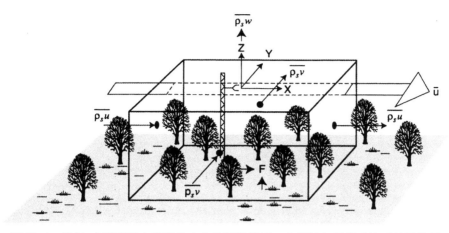

图 16.4　均匀、水平森林中和森林上方的通量关系。坐标轴与平行于地面的平均风矢量对齐。在样品体积中没有水平对流和存储的情况下，远远高出森林仪器所测量的垂直通量与土壤和植被的通量相同（Finnigan 等，2003）

使用雷诺平均，

$$\mathbf{F} = \overline{(\overline{\rho}_{s} + \rho'_{s})(\overline{w} + w')}$$
$$= \overline{\rho}_{s}\overline{w} + \overline{\rho'_{s}w'} + \overline{\rho'_{s}\overline{w}} + \overline{\overline{\rho}_{s}w'} \tag{16.7}$$

式（16.7）中的最后两项为零，因为它们包括波动 ρ'_{s} 和 w' 的时间平均值。第一项有时被视为零，有人认为 $\overline{w}$ 为零，在这种情况下，等式简化到 $\mathbf{F} = \overline{\rho'_{s}w'}$，即通量由涡度协方差项的时间平均值得出。但是，式（16.4）表明假定 $\overline{w} = 0$ 通常是不正确的，因此

$$\mathbf{F} = \overline{\rho}_{s}\overline{w} + \overline{\rho'_{s}w'} \tag{16.8}$$

下列方框中的分析对这一结论的一些含义进行了探讨。

将式（16.6）的时间平均值写作 $\overline{\rho w q_{s}}$，其中 $q_{s} = \rho_{s}/\rho$（特定浓度，类似于含湿量），并将数量的平均值表示为 $\overline{\rho w}$ 和 $\overline{q}_{s}$，其波动为 $(\rho w)'$ 和 q'_{s}，因此

$$\mathbf{F} = \overline{[\overline{\rho w} + (\rho w)'](\overline{q}_{s} + q'_{s})}$$
$$= \overline{\rho w}\,\overline{q}_{s} + \overline{\overline{\rho w}q'_{s}} + \overline{(\rho w)'\overline{q}_{s}} + \overline{(\rho w)'q'_{s}} \tag{16.9}$$

式（16.9）右侧的最后一项是涡度协方差或涡流。因为与平均值相关联的波动可以使平均间隔内没有净传输，第二和第三项为零。第一项不为零是因为干空气的垂直通量是 $\overline{\rho_{a}w}$ 而不是为零的 $\overline{\rho w}$ [见式（16.3）]。然而，使用式（16.3）和式（16.5）得出 $\overline{\rho w} = \overline{\rho_{v}w} = \mathbf{E}$，其中 $\mathbf{E}$ 是蒸发速率，表

明从式(16.9)中计算出的 **F** 不仅依赖于 S 的波动,同时还依赖于水蒸气通量。可以使用类似的观点来证明,虽然显热通量与密度波动有关,但仍需要进行校正。

作为式(16.8)的替换项,通过引入混合比 $r_s = \rho_s/\rho_a$(即以单位质量干物质的物质质量),在式(16.3)的限制下,可以使用纯旋涡状态形式(没有平均流量的剩余项)表示通量 **F**。因此,$\mathbf{F} = \overline{\rho_a w r_s} = \overline{\rho_a w}\, \overline{r_s} + \overline{(\rho_a w)' r_s'}$,并且由于 $\overline{\rho_a w} = 0$

296

$$\mathbf{F} = \overline{(\rho_a w)' r_s'} \tag{16.10}$$

虽然很简单,但式(16.10)是不实际的,因为 $(\rho_a w)'$ 并不容易测量,但可以如下表明,w' 与 r_s' 的纯协方差近似为 **F**。

从 r_s 的定义可以看出,对于 r_s 的小波动来说,$\delta r_s = (\partial r_s/\partial \rho_s)\delta\rho_s + (\partial r_s/\partial \rho_a)\delta\rho_a$。因此,通过 $r_s = \rho_s/\rho_a$ 的微分,可看出小波动可以被认为与 δ 项相同

$$r_s' = (1/\bar{\rho}_a)\rho_s' - (\bar{\rho}_s/\bar{\rho}_a^2)/\rho_a'$$

因此,

$$\overline{w'r_s'} = (1/\bar{\rho}_a)\overline{\rho_s'w'} - (\bar{\rho}_s/\bar{\rho}_a^2)/\overline{\rho_a'w'} \tag{16.11}$$

重新排列式(16.11),并从式(16.4)代入

$$\bar{\rho}_a \overline{w'r_s'} = \overline{\rho_s'w'} + \bar{\rho}_s \bar{w} \tag{16.12}$$

等式右侧为通量 **F**[式(16.8)],因此式(16.12)表示为

$$\mathbf{F} = \bar{\rho}_a \overline{w'r_s'} \tag{16.13}$$

因此,原则上可以通过两种方法来确定气体的通量:根据气体密度和垂直速度的协方差[式(16.8)],但在这种情况下,需要对影响空气的其他通量同时进行密度校正;或直接根据气体混合比和垂直速度的协方差来确定[式(16.13)]。

使用上方文本框中所描述的原则,Webb 等(1980)首先指出,由密度波动测量来确定微量气体通量,需要同时对热量和水蒸气通量进行校正。这项工作通常被称为 WPL(Webb、Pearman 和 Leuning)理论,并且在将涡度协方差方法成功地应用于微量气体流量测量具有重大的影响(Lee、Massman,2011)。从量上来说,WPL 密度校正理论可以从如下方式进行理解。空气块的潮湿度要高于平均值,但密度也会低于平均值(因为水蒸气的密度小于干燥

空气的密度）。如果水蒸气通量是向上的，则上升的空气块平均密度低于下降的空气块，平均湿度高于下降空气块。由于空气的平均垂直质量流量必须为零，因此必须存在小的平均向上速度分量[参见式(16.4)]。因此，当使用 S 的密度和垂直风速 w 的波动（它们平均值分别为 $\bar{S}$ 和 $\bar{w}$）来测量物质 S 的通量时，$\bar{w}$ 对 S 通量的作用会被忽略，并且由于水蒸气通量必须加到测量通量中，因此它们具有相同的校正项符号。类似的说法也适用于热通量，但其中校正的幅度通常要大得多。稍后将会显示，通过涡度协方差法测量微量气体（如二氧化碳和大气污染物）通量时，这些校正项的大小可能非常重要。

式(16.13)表明，如果有能够对风速和混合比充分快速响应的检测仪器，则可以通过计算 w 和 r_s' 的平均值来直接测量 F。式(16.8)的应用需要对垂直风速和气体密度进行快速测量，并同时测量显热和潜热通量以进行校正。在这两种情况下，共变信号必须被充分快速采样，并平均分配到时间中，以检测湍流中的涡流的全范围。声学风速计为 w' 提供了适当的快速反应，但大多数快速反应气体分析仪（例如 CO_2 或水蒸气的开放式红外气体分析仪）测量的是密度而不是混合比，因此等式类似于式(16.8)，通常用于涡度协方差计算，WPL 校正则用于由热量和水蒸气通量引起的密度变化。一些研究人员使用管道将空气吸入密闭式红外线气体分析仪，从而避免了密度校正，然后在恒定的压力和温度下进行密度测量（如 Goulden 等，1996）或在进行气体浓度测量对空气进行干燥处理[例如 Miller 等(2010)测量海洋 CO_2 传递]，但在这些情况下，对于采样管中的信号丢失和失真来说，校正还是必要的。Leuning 和 Judd(1996)讨论了开放式和密闭式气体分析仪在涡度协方差研究中的相对优点，Lee 和 Massman(2011)综述了近期的实验和理论进展。

用于进行涡度协方差测量的传感器，其必要响应时间取决于携带通量的涡流尺寸范围。涡流尺寸随表面高度增加而增加（见图 16.9），并且随着表面粗糙度和风速的增加而增加。因此，能够检测 $0.1\sim10\ Hz$ 的波动的传感器通常足以在粗糙的森林冠层上方几米处使用，而对于靠近光滑表面的涡流测量，则可能需要 $0.001\ Hz$ 的响应频率。通过涡度协方差法测量通量的实例在下一章中进行介绍。Leuning 等(1982)、Goulden 等(1996)、Finnigan 等(2003)、Baldocchi(2003)、Gash 和 Dolman(2003)对该方法的进一步实践和理论方面进行了描述。

对于现有的快速传感器来说，涡度协方差法可用于测量任何标量的通量。当快速传感器不可用时，可以使用被称为"弛豫涡旋积累法"的技术（Guenther 等，1996；Bowling 等，1999）。在这种技术中，空气以与垂直速度成比例的速率从向上和向下移动的涡流中被采样到单独的储存器中。使用相对较慢的响应分析仪分析储存器之间的浓度差就可以确定通量。

16.2　通量梯度法

通过微气象方法测量通量的另一种方法是利用惯性子层中测得通量与平均梯度之间的经验关系。经验关系是对湍流复杂性的简化描述。梯度平均分配至足够长的周期,包括负责运输通量的涡流时间范围,通常在大气处于中性稳定性时为 15～30 min。在快速响应传感器广泛用于涡度协方差之前,通常使用通量梯度法来测量冠层上方的气体和水蒸气交换。现在它仍然是一种有效的低成本并且可靠的替代方法。

在第 3 章中,通过可能是分子或涡流等"载体",来导出气体中实体的垂直转移的一般等式。对于湍流传递,通过与式(3.2)进行类比,表示实体 S 通量 $\mathbf{F}$ 由下式得出

$$\mathbf{F} = -\overline{\rho w l_{\mathrm{s}}}(\mathrm{d}\overline{r_{\mathrm{s}}}/\mathrm{d}z)$$

式中,ρ 是气体的密度,r_{s} 是 S 的混合比,l_{s} 是 S 的"混合长度"。$\overline{wl_{\mathrm{s}}}$ 被称为"湍流传递系数"(或涡流扩散系数)K_{S},因此

$$\mathbf{F} = -\rho K_{\mathrm{S}}\frac{\mathrm{d}\overline{r_{\mathrm{s}}}}{\mathrm{d}z} \tag{16.14}$$

式(16.14)将被用于推导动量、热量、水蒸气和质量流量相关梯度的经验方程。

16.2.1　廓线

平均约 15 min 或更长的时间内,高于作物冠层或处于冠层内实体势的变化,被称为该实体的廓线。使用足够精确的仪器,可以测量风速、温度,以及气体浓度的廓线。图 16.5 显示了一些理想化的廓线,这些廓线是生长高度为 $h=1$ m,并且大部分绿色叶子在 $h/2$ 和 h 之间的谷类作物。冠层上方的廓线形状部分是由湍流涡流决定的,这些涡流是由于作物单元对风的形状阻力而产生的,另一部分是由传递到作物的通量决定。在第 3 章中,显示了在层流边界层中,动量、质量和热量的传递由潜在(廓线)梯度和与分子扰动相关的扩散系数决定。相同的原理可用于作物上方的湍流边界层中,但其扩散性与上述所定义的湍流涡流相关。随着表面接近,湍流涡流的尺寸减小,直到涡流与分子扰动结合在一起。因此,与层流边界层中恒定的分子扩散系数形成对比的是,涡流扩散率会随着表面边界层的高度而变化。涡流尺寸与高度的变化,以及湍流混合与风速的关系,都会导致廓线的形状受到风速和产生的湍流表面性质的影响。

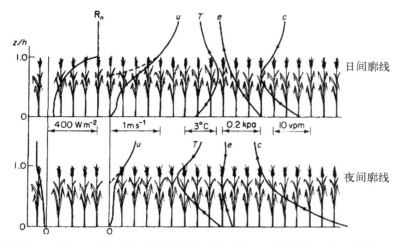

图 16.5　以 z/h 为坐标生长高度为 h 的农作物的理想廊线：净辐射（$\mathbf{R}_n$）、水平风速（u）、空气温度（T）、水蒸气压力（e）和 CO_2 浓度（c）。风速廊线的虚线部分是冠层之上 u 和（$z-d$）以对数关系的延伸

16.2.2　动量传递

式（16.13）表明，通过湍流传递实体 S 的垂直通量取决于乘积 $\rho w'r'_s$ 的平均值。当实体为水平动量时，r_s' 变为水平速度 u' 的波动，水平动量的垂直通量由 $\overline{\rho u'w'}$ 给出。如果垂直通量不随高度变化，则该数量可以被确定为单位地面面积的水平力，又称为剪切应力（τ），即

$$\tau = \overline{\rho u'w'} \tag{16.15}$$

将 ρ 写作空气密度的平均值，$(\tau/\rho)^{1/2}$ 具有量纲［速度］，又称为摩擦速度 u^*。因此，$u_*^2 = \overline{u'w'}$，表明摩擦速度是平均涡流速度的量度。

式（16.14），剪切应力也可写为

$$\tau = \rho K_M \frac{\partial u}{\partial z} \tag{16.16}$$

式中，K_M 是量纲为 L^2T^{-1} 的动量湍流传递系数。从经验来看，风速和湍流混合都随着高度的增加而增加，现在将使用简单的相似论证来获得函数关系。

K 与高度的关系的最简单假设为

$$K_M = az \tag{16.17}$$

式中，a 是具有速度量纲的量。类似地，风速梯度的最简单的假设为

$$du/dz = b/z \tag{16.18}$$

式中，b 为第二个具有速度量纲的常数。将式（16.17）和式（16.18）代入式

(16.16)中,得出

$$\tau = \rho ab \qquad (16.19)$$

意味着 $ab = u_*^2$。 此外,因为 a 和 b 都是速度,因此,式(16.19)意味着

$$a = k u_*^2 ,\ b = u_* / k$$

式中,k 为常数。将其代入到式(16.17)～(16.19)中,得出

$$K_M = k u_* z \qquad (16.20)$$

以及

$$\mathrm{d}u / \mathrm{d}z = u_* / (kz) \qquad (16.21)$$

$$\tau = \rho u_*^2 \qquad (16.22)$$

在极限 z_0 和 z 之间得到式(16.22)的积分,即

$$u = (u_* / k) \ln(z / z_0) \qquad (16.23)$$

式中,z_0 为粗糙度长度的常数,因此当 $z = z_0$ 时 $u = 0$。 但这并不意味着真实的风速在高度为 z_0 时为零,因为使用此假设在式(16.23)中进行推导,可能在接近边界时失效,因此极限 $u = 0$ 应被视为数学计算时的简化。

式(16.23)是对数风速廓线方程,如果满足以下条件,则其被认为在许多类型的均匀表面上是有效的:

(1) 表面为均匀、宽阔和水平的;

(2) 湍流仅由表面的剪切应力产生(即不是由对流或逆风障碍所产生);

(3) 在与表面相关联的平衡边界层(即惯性子层中的剪切应力随高度恒定的部分)进行测量;

(4) 在足够长的时间间隔内将风速进行平均,以此将对涡流通量有作用的所有程度的涡流都囊括进来。

测量证实,k 是一项常数——冯卡曼常数,以一个著名的空气动力学家来命名,通常赋值为 0.41,由实验情况而定。

对于高大农作物和森林一类的粗糙表面,地表不是在平衡边界层中表示高度的适当参考平面。参考平面应向上移动的量为 d,被称为零平面位移量。按惯例假设剪切应力在冠层单元上的分布在空气动力学上应等同于在高度 d 处所施加的完整应力。根据冠层结构,d 预计位于实际地面和冠层顶部 h 之间。当从地面测量高度为 z 时,式(16.21)和式(16.23)可以写成更一般的形式,即

$$\partial u / \partial z = u_* / [k(z-d)] \qquad (16.24)$$

或

$$u = (u_* / k) \ln[(z-d) / z_0] \qquad (16.25)$$

且式（16.20）变成

$$K_M = ku_*(z - d) \qquad (16.26)$$

当剪切应力与高度无关的假设能够得到满足，这些等式在表面单元上方的空气中有效。由于低于单元顶点的动量的吸收，因此式（16.25）在冠层内无效，此等式也不适用于过高的且空气动力学粗糙的植被正上方的粗糙子层（图 16.2），其中由式（16.16）定义的通量与梯度之间的关系不再成立。在冠层内，风速可能大于根据冠层上方的测量值使用对数方程进行延伸所预测的风速。在林木中，靠近地面的叶片要少于较高平面（如森林），风速可能会增加到土壤表面，因为该区域的空气运动主要受到枝干的阻碍，它们产生的障碍相对较小。

然而，使用式（16.25）可以获得在特定高度 $z = z_0 + d$ 处，u 趋于零的推导理论值。概括地说，d 是动量吸收的等效高度（"压力中心"），$(d + z_0)$ 是零风速的等效高度。一般来说，高于农作物和森林风廓线的形状意味着与植被吸收相比，地表表面的动量吸收是微不足道的。

Stanhill（1969）发现，对于一系列主要农业植被来说，d 的平均值接近于平均植被高度 h 的 0.63。表 16.1 从 Campbell 和 Norman（1998）的研究中进行了总结，为各种表面提供了 z_0 的特性参数。

表 16.1　一系列自然表面的粗糙度特征参数值 z_0
（Campbell、Norman，1998）

表 面 类 型	z_0/m	表 面 类 型	z_0/m
冰	0.001	高 0.1 m 的草地	0.023
开放水域	0.002～0.006	高 0.5 m 的草地	0.05～0.07
裸露土壤（未开垦）	0.005～0.020	高 1 m 的小麦	0.10～0.16
（耕种过）	0.002～0.006	针叶林	1.0
高 0.01 m 的草地	0.001		

为了表征表面风速和高度之间的关系，图 16.6 表示了当 4 m 处的风速为 3 m·s^{-1} 时，矮草的风廓线（$d = 7.0$ mm，$z_0 = 1.0$ mm）和中等高度作物的风廓线（$d = 0.95$ m，$z_0 = 0.20$ m）。图 16.7 显示了 u 作为 $\ln(z - d)$ 函数的等效对数图。由于高度设置在垂直轴上（按惯例），斜率为 k/u_*，在 $u^* = 0.15$ m·s^{-1} 和 0.46 m·s^{-1} 的情况下，草和作物的值分别为 $\tau = 0.027$ N·m^{-2} 和 0.25 N·m^{-2}，在高度为 4 m 时，传递系数 K_M 分别为 0.25 m^2·s^{-1} 和 0.58 m^2·s^{-1}。

当在高于 d 的高度（或 d 可忽略的其他情况下）测量风速时，这种类型的分析需要确定两个高度 z_1 和 z_2 处的最小值 u_1 和 u_2，所以 u_* 可以被消除并得出

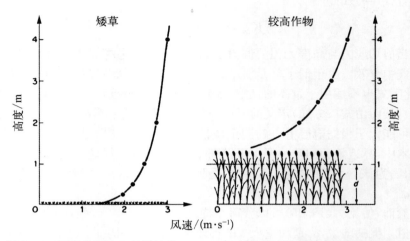

图 16.6　当距地面 4 m 处风速为 3 m · s^{-1} 时,矮草和中等高度作物的平均水平风廓线。实心圆圈表示假设来自一系列风速计的测量

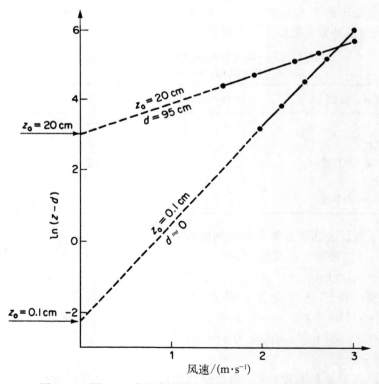

图 16.7　图 16.6 中风廓线的风速和 $\ln(z-d)$ 之间的关系

$$\ln z_0 = (u_2 \ln z_1 - u_1 \ln z_2)/(u_2 - u_1) \tag{16.27}$$

当 d 值不可忽略且十分重要时，至少需要三个高度，以便 u_* 和 z_0 可以被消除并得出

$$\frac{u_1 - u_2}{u_1 - u_3} = \frac{\ln(z_1 - d) - \ln(z_2 - d)}{\ln(z_1 - d) - \ln(z_3 - d)} \tag{16.28}$$

该等式使得可以通过迭代或绘出等式右侧 d 的函数的图形来得到 d 的值。

z_0 和 d 与粗糙单元的高度和结构的依赖性已经在实验和理论上得到了证实。Lettau(1969)分析了 Kutzbach 的经典实验研究，在此研究中，放置了大量的"蒲式耳篮"改变了冷冻湖面的粗糙度，得出的结论是：z_0 与障碍物高度、轮廓面积与占地面积的比例成比例增加。Shaw 和 Pereira(1982)发现，以传统的混合长度模型来解释冠层内动量传递的尝试，结果并不令人满意，他们还推导了湍流混合的二阶方程。在其数值模型中，叶面积指数被植物面积指数(P)所取代，在高度 z_m 处，假设自冠层顶部为零到最大高度为 z_m 中，单位高度的面积随高度线性增加，在此之下则从表面开始线性下降。假设冠层内均匀阻力系数为 c_d，通过计算风速廓线，他们能够预测 z_0/h 和 d/h 与参数 $c_d P$ 之间的关系。

随着 $c_d P$ 的增加，d/h 的比例同样也增加，对于 $c_d = 0.5$ 和 $z_m/h = 0.5$ 的典型值来说，d/h 在 $0.5 \sim 0.7$，与现场经验一致。z_0/h 与 $c_d P$ 的关系更为复杂，如图 16.8 所示。当单位地面面积(即 $c_d P$ 较小)的粗糙度相对较小时，单元数量的任何增加都会增加阻力，但对 d 的影响相对较小，因此 z_0/h 会有所增加。然而，随着 P 的进一步增加，距零平面的高度增加，冠层中进行动量传递的有效深度减小，在到达一个点时，面积内粗糙度单元增加所产生的阻力增加被抵消。除此之外，z_0/h 随着 $c_d P$ 的增加而下降(图 16.8)。

作为推论，当植被稀疏时，并且大多数植物体靠近冠层顶部(z_0/h 较大)时，阻力最大，但是当 z_0/h 较大时，密集的植被粗糙度最小，因为树冠对于通过的空气呈现相对平滑的表面。在粗糙度最大值的点下面，由模型预测的 z_0/h 值约为 $0.29(1 - d/h)$，与测量结果一致，但对于最大值点的上面，z_0/h 取决于 $c_d P$、z_m/h，以及 d/h。

将现场证据与模型的预测相结合，当叶子的最大密度约为冠层高度的一半时，z_0/h 预计在 $0.08 \sim 0.12$，d/h 在 $0.6 \sim 0.7$。然而，这两个比例在一定程度上都取决于风速，而对于柔韧的直立谷物，有许多文献称，由于以下三个因素在同样的方向上发生作用，比例会随着风速而降低：

(1) 在风呈一定角度时，单个叶片的阻力系数降低(图 9.5)；

(2) 当叶片移入流线型位置时，阻力系数降低；

(3) 随着茎弯曲，整个冠层的阻力系数降低。

Legg 等(1981)发现，对于豆科植物来说，d/h 和 z/h 随着风速产生的微

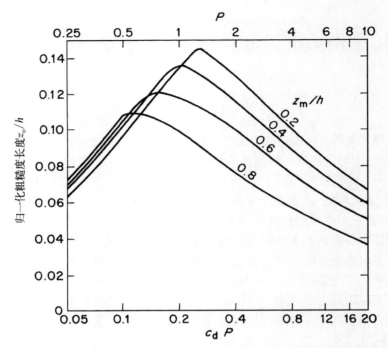

图 16.8　作为 $c_d P$ 函数的归一化粗糙长度（根据 P 假定 $c_d = 0.2$）。根据树叶密度达到最大值的高度对曲线上进行标记（Shaw、Pereira，1982）

小变化在统计学上没有什么意义，但对土豆来说，在季节开始时，d/h 随着风速的增加而降低。

在沙子和水之类的表面上，由风施加的力可以将沙粒或水滴分离，从而将动量向上移动到紧邻表面上方的薄层空气中，然后再次落下。在一个关于沙漠沙粒运动的经典研究中（*saltation*——来自拉丁语"跳跃"，见第 12 章），Bagnold（1941）提出，分离沙粒的初始垂直速度应该与摩擦速度 u 成正比，是涡流平均垂直速度的度量。以初始速度 u 向上移动的沙粒将在高度 u^2/g 处停留，其中 g 是重力加速度。因此，可以在空间基础上论证，吸收水平动量的粗糙层深度 z_0 应该与 u_*^2/g 成正比。Chamberlain（1983）指出了这一关系为

$$z_0 = 0.016 u_*^2/g \qquad (16.29)$$

这对沙、雪和海面是有效的。

16.2.3　空气动力学阻力

将风速为 u_1 和 u_2 的高度 z_1 和 z_2 之间动量传递的空气动力学阻力 r_{aM} 引入，根据欧姆定律的一般形式将以单位体积的水平动量梯度表示动量通量的式（16.16）进行重写，即

$$\tau = \rho(u_2 - u_1)/r_{aM} \qquad (16.30)$$

并且由于 $\tau = \rho u_*^2$，所以可将阻力写为

$$r_{aM} = (u_2 - u_1)/u_*^2 = \ln[(z_2 - d)/(z_1 - d)]/ku_* \qquad (16.31)$$

在风速为 $u(z)$ 的高度及 u 延伸值为零的平面 $(d + z_0)$ 之间的动量传递阻力可以写成几种等效形式，如

$$r_{aM} = \frac{[u(z) - 0]}{u_*^2} = \frac{\ln[(z - d)/z_0]}{ku_*} = \frac{\ln[(z - d)/z_0]^2}{k^2 u(z)} \qquad (16.32)$$

这些阻力方程与本章中的所有其他方法一样，即当高度的温度变化等于绝热流失速率时，适用于中性稳定的动量传递。关于更常见的非绝热情况，随后将在中性条件下讨论其他实体的通量。

16.2.4　热量、水蒸气和质量的通量

通过与式（16.16）同样的类推方法，中性稳定性的通量梯度方程可以写为热量、水蒸气和质量浓度，得出

$$\begin{aligned} \mathbf{C} &= -K_H/[\partial(\rho c_p T)/\partial z] \\ \mathbf{E} &= -K_V/(\partial \chi/\partial z) \\ \mathbf{F} &= -K_S/(\partial s/\partial z) \end{aligned} \qquad (16.33)$$

式（16.33）中的负号遵循惯例，热量和质量通量在向上方向上是正的，因此，如果温度随着高度的增加而降低时，显热通量 $\mathbf{C}$ 为正。在中性条件下，涡流传递对所有实体同样有效，因此 $K_H = K_V = K_S = K_M$。传递系数的这种相似性是 Monin - Obhukov 推导的相似性理论的基础。式（16.16）和式（16.33）提供了测量通量的空气动力学方法的基础。

图 16.9 表示了平均风速廓线形状、湍流和稳定性之间关系的简单解释。在中性稳定 [图 16.9(a)] 中，涡流结构可以设想为直径随着高度增加的一组圆形涡流，并且由混合长度 $l = kz$ 得出，以等于摩擦速度 u^* 的切向速度进行旋转，即

$$u' = w' = u_* = l\partial u/\partial z$$

式中，w' 和 u' 分别表示垂直和水平速度波动（Thom，1975）。

在表面剧烈加热时出现的不稳定（失效）条件下，垂直运动通过浮力而增强。随着风切变（取决于黏度）的降低，垂直运动的增强程度上升，如图 16.9(b) 所示，其中涡流在黏度影响不明显的高度逐渐垂直拉伸。因此，w' 超过 u'，其中 u' 仍由 $l\partial u/\partial z$ 得出，但 $l > kz$。

相反，在稳定的条件（反转）下，例如在有轻风的晴朗夜晚，垂直的涡流发生衰减，所以 [图 16.9(c)] $w' < u'$，其中 $u' = l\partial u/\partial z$，但 $l < kz$。在强稳定性条件下，湍流变得零散（Mahrt，2010），而这里产生的通量关系已不复存在。

稳定性对风速廓线形状的定性影响在图 16.9(a)～(c) 中显而易见，在图

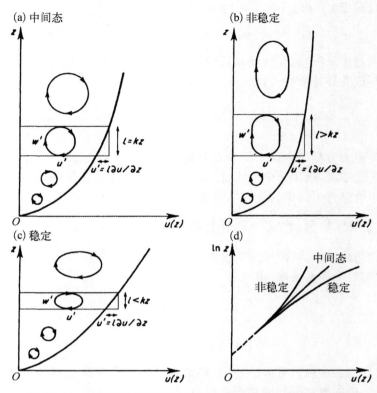

图 16.9　在接近地面空气流中三种基本稳定状态的风速廓线和
简化的涡流结构特征（Thom，1975）

16.9(d)中以半对数形式进行了总结。

在图 16.9 的各个示例中，假定传递到表面的动量通量相同，因此 u^* 是常数。因此，对式(16.25)进行微分

$$u_* = k\partial u/\partial[\ln(z-d)]$$

这要求最低级别各廓线的梯度相同。随着高度的增加，不稳定条件下的速度梯度变得更小，而且在稳定条件下，速度梯度比中性情况下更稳定［图 16.9(d)］。因此，微分风速廓线［式(16.24)］在广义形式下可以写作

$$\frac{\partial u}{\partial z} = \frac{u_*}{k(z-d)}\Phi_M \tag{16.34}$$

式中，Φ_M 是一个稳定函数，量纲为 1，中性稳定情况下为统一值，在稳定或不稳定条件下分别大于或小于统一值。

使用动量通量与梯度的关系

$$\tau = \rho u_*^2 = K_M \partial(\rho u)/\partial z$$

可以很容易表明

$$K_M = ku_*(z-d)\Phi_M^{-1} \qquad (16.35)$$

对于其他实体,稳定性函数可以定义为

$$K_H = ku_*(z-d)\Phi_H^{-1} \qquad (16.36)$$

并且对于 Φ_V 和 Φ_S 也是类似的。关于稳定性对通量梯度关系的进一步影响,将在下面的文本框中详细说明。

308

　　K_M、K_H、K_V 和 K_S(或等效函数 Φ_M、Φ_H 等)之间的关系已经成为微气象学中重要论据的来源。在中性稳定中,所有实体的传递均匀有效,所有廓线在恒定通量层中为对数形式,$\Phi_M = \Phi_H = \Phi_V = \Phi_S = 1$,并且 $K_M = K_H = K_V = K_S$。在不稳定的条件下,由于热量的传递优先向上,因此 K_H 超出 K_M。测量值[由 Dyer(1974)综述]支持在不稳定条件下 $K_H = K_V = K_S$ 这一观点。在轻微到中度稳定的条件下,Dyer 推断 $K_M = K_H = K_V$,但随着稳定性的增加,湍流逐渐衰减,相似理论的概念变得无效(Mahrt, 2010)。

　　函数 Φ 与稳定性的关系通常以一些参数的函数来表示,这些参数取决于浮力产生的功与机械端流产生能量耗散的比例。两个已确定的最好参数是梯度理查森数 Ri,由温度和风速的梯度得出,和 Monin - Obukhov 长度 L,其是热和动量通量的函数。符号形式为

$$Ri = (gT^{-1}\partial T/\partial z)/(\partial u/\partial z)^2 \qquad (16.37)$$

以及

$$L = \frac{-\rho c_p T u_*^3}{kg\mathbf{C}} \qquad (16.38)$$

式中,T 为温度,K;g 为重力加速度;$\mathbf{C}$ 为显热通量。理查森数的正值对应于稳定的条件,负值表示不稳定的条件。

　　注意:当在梯度较小的粗糙的表面,或高于任何植被表面几米的高度上进行测量时,当空气块上升时,重要的是允许温度随着高度因绝热膨胀的上升而下降,即其干燥绝热流失率约为 -0.01 K·m^{-1}(见第 2 章)。温度 T 在式(16.37)和式(16.38)中(以及本章其他热通量公式中)应由潜在的温度 $\theta = T - \Gamma z$ 代替,温度梯度 $\partial T/\partial z$ 应由 $\partial\theta/\partial z = (\partial T/\partial z) - \Gamma$ 代替。在中性大气中 θ 不随高度变化。

　　从 Ri 和 L 的定义可以看出,这两个参数是相关的

$$(z-d)/L = (\Phi_M^2/\Phi_H)/Ri \qquad (16.39)$$

309

1. 不稳定条件

在不稳定条件下,Dyer 和 Hicks(1970)得出结论

$$\Phi_M^2 = \Phi_H = \Phi_V = [1 - 16(z-d)/L]^{-0.5} \tag{16.40}$$

即

$$\Phi_M^2 = \Phi_H = \Phi_V = (1 - 16Ri)^{-0.5} \quad \text{当 } Ri < -0.1 \text{ 时} \tag{16.41}$$

对于略为不稳定的条件,当 $16(z-d)/L$ 仅略小于零时,式(16.40)可以写作

$$\Phi_M \approx [1 + 4(z-d)/L]$$

2. 稳定条件

从稳定和略为不稳定条件的测量值中,Webb(1970)推导出了经验关系

$$\Phi_M = \Phi_H = \Phi_V = [1 + 5(z-d)/L] \tag{16.42}$$

即

$$\Phi_M = \Phi_H = \Phi_V = (1 - 5Ri)^{-1} \tag{16.43}$$

(当 $-0.1 \leqslant Ri \leqslant 1$ 时)

由于 $\Phi_V/\Phi_H = K_H/K_V$ [来自式(16.36)],在两个稳定状态下,Φ_V 和 Φ_H 的相等意味着水和热量彼此之间的湍流传递总是相似,并且也可能相似于在大气中携带的任何其他实体。

为了校正通量测量,下文将会看到对结果 $(\Phi_V\Phi_M)^{-1} \equiv (\Phi_H\Phi_M)^{-1} = F$ 的定义是很有帮助的,其中 F 被称为广义稳定系数(Thom,1975)。来自式(16.41)和式(16.43)

$$F = (1 - 5Ri)^2 \qquad -0.1 \leqslant Ri \leqslant 1 \tag{16.44}$$

以及

$$F = (1 - 16Ri)^{0.75} \qquad Ri < -0.1 \tag{16.45}$$

图 16.10 显示了在对数范围上绘制 Ri 的关系。当 $-0.01 < Ri < +0.01$ 时,F 在统一值的 10% 以内,这个范围通常用于定义"完全强制"对流。当 $Ri \approx +0.2$ 时,F 趋于零,并且湍流交换被完全抑制。当 $Ri < -1$ 时,通常假设"自由"对流占优势,F 值超过 8。

310

图 16.10 所示的关系都来自广阔和相对平滑、平坦的表面的测量值,如矮草和 $(z-d)/z_0$ 通常为 $10^2 \sim 10^3$ 的高度,即测量区域远高于粗糙度子

层和惯性子层之间。关于空气动力学粗糙表面(森林和矮树)的几项研究表明,在不稳定和中性条件下,使用$(z-d)/z_0$在$10\sim50$内测得的 F 值高达图 16.10 中数值的两倍(Garratt, 1978; Thom 等,1975)。差异的原因似乎是由粗糙单元所产生的尾迹,并且单元之间的热量有所上升,例如森林中的树木之间的情况(Raupach, 1995)。在稳定条件下,差异看起来要小得多。当在粗糙度子层而不是惯性层中进行测量时,会出现这些问题,但是通常难以满足高而粗糙植被冠层的严格取值要求。与稳定性校正相关的不确定性是通量梯度测量方法的主要缺点。

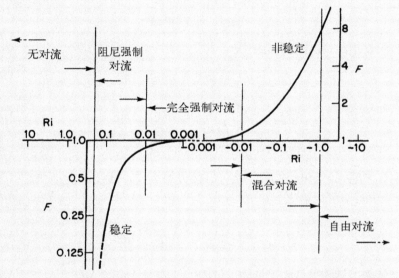

图 16.10　以理查森数 Ri 为横坐标绘制的"稳定系数"F 的对数曲线。使用对中性条件有效的曲线-梯度方程在非中性条件下计算通量,必须乘以 F。稳定和不稳定条件的曲线由式(16.44)和式(16.45)得出(Thom, 1975)

16.3　间接测量冠层上方通量的方法

之前的叙述已经表明涡度协方差提供了一种用于直接测量植被冠层和大气之间的实体湍流通量的方法。在广阔冠层之上的恒定通量层中进行测量时,有两种间接的方法来推算通量。间接方法依赖于大气中平均势和梯度的测量,通常被称为"空气动力学方法"和"鲍恩比法"(Ira Bowen,美国人,其主要研究领域是天体物理学,但其早期的热和水蒸气传递理论工作是微气象能量平衡分析的基础,鲍恩比例由气象学家 Harald Sverdrup 命名)。尽管随着商用涡度协方差传感器的出现,间接"梯度"方法不再像以前一样经常使用,但由于它们并不需要过于复杂的仪器,并且能够用于无法使用快速探测器的实体,因此它们还是有价值的。

16.3.1 空气动力学方法

该方法依赖于先前描述的形式通量和梯度之间存在的关系[式(16.16)和式(16.33)]

$$\tau = K_M \rho \partial u / \partial z$$
$$C = -K_H / [\partial (\rho c_p T) / \partial z]$$
$$E = -K_V / (\partial \chi / \partial z)$$
$$F = -K_S / (\partial s / \partial z)$$

相似的假设指出,在中性稳定中,

$$K_M = K_H = K_V = K_S$$

所以,

$$\frac{-\rho c_p \partial T / \partial z}{C} = \frac{\rho \partial u / \partial z}{\tau} \tag{16.46}$$

在 E 和 C 之间,或 F 和 τ 之间可以写出类似的等式。通过重新排列式(16.46),并令 $\tau = \rho u_*^2$,可以得出

$$\begin{aligned} C &= -c_p (\partial T / \partial u) \tau \\ &= -\rho c_p (\partial T / \partial u) u_*^2 \end{aligned} \tag{16.47}$$

由此得出结论

$$E = -(\partial \chi / \partial u) u_*^2 \tag{16.48}$$

以及

$$F = -(\partial S / \partial u) u_*^2 \tag{16.49}$$

在中性稳定方面,可以仅从风速廓线估算出 u_*,因此,空气动力学方法只需要两组廓线:在作物上方一系列高度所测得的水蒸气或气体的温度或浓度,以及在相同高度测量的风速。从风速廓线中可以得出摩擦速度,并且通过将 T 作为横坐标绘制出 u 的曲线(类似于 χ 或 S)来得到梯度 $\partial T / \partial u$。然后从式(16.47)[或式(16.48)和式(16.49)]中计算通量。

如果有快速响应风速计可用,可以使用混合涡度协方差/空气动力学方法,使用测量值 $\overline{u'w'}$ 代替式(16.47)~(16.49)中的 u_*^2,从而避免风速廓线分析的经验方法。

应用空气动力学方法的另一种方法通过微分风速廓线方程来消除 u_*。

$$\frac{\partial u}{\partial [\ln(z-d)]} = \frac{u_*}{k}$$

将 u_* 代入式(16.47)，得出

$$C = -\rho c_p k^2 \frac{\partial u}{\partial [\ln(z-d)]} \frac{\partial T}{\partial [\ln(z-d)]} \qquad (16.50)$$

可以确定梯度的最小高度有两个。如果高度由下标 1 和 2 区分，则式 (16.50)成为

$$C = \rho c_p k^2 \frac{(u_1 - u_2)(T_1 - T_2)}{\{\ln[(z_2-d)/(z_1-d)]\}^2} \qquad (16.51)$$

可以写出 **E** 和 **S** 的类似的等式。

最初 Thornthwaite 和 Holzman(1942)推导出这种形式的方程是为了计算水蒸气的传递，现在已被用于许多后续的湍流边界层传递研究。其主要缺点是仅依赖两个高度的风和温度(或湿度及质量)，因此通量的估算对单个仪器的误差或是场地的局部不规则性十分敏感。通过使用式(16.47)～(16.49)可以获得四个高度上所测得温度和风速更准确的通量估计，或是多于式(16.51)所得到的两个高度。

在非中性条件下，需要知道 u 和 T 的廓线，从风速廓线分析中对 u_* 进行估算(尽管仍然可以通过涡度协方差直接测量)，K_M、K_H、K_V 和 K_S 的等式不能假设。可以看出式(16.51)采用了一般形式

$$C = \rho c_p k^2 \frac{(u_1 - u_2)(T_1 - T_2)}{\{\ln[(z_2-d)/(z_1-d)]\}^2} (\Phi_H \Phi_M)^{-1} \qquad (16.52)$$

其中$(\Phi_H \Phi_M)^{-1}$是前面定义的稳定系数 F。可以写出 **E** 和 **F** 的类似的等式。然后可以使用式(16.44)或式(16.45)来评估式(16.52)。

在另一种变换方法中(Biscoe 等,1975b)，为了避免"两点"廓线中内在的错误，利用了 Webb(1970)关于近中性和稳定条件的关系[即 $-0.03 <$ $(z-d)/L < +1$]，正如等式(16.42)所得出的。

该等式允许采取三个步骤。首先，Φ_M 和 Φ_H 相等意味着风速和温度分布的形状相同，所以温度与风速的关系曲线绘制成斜率为$\partial T/\partial u$ 的直线。第二，Φ_M 是$(z-d)/L$ 的线性函数，因此式(16.34)可以进行整合以给出风速廓线方程。

$$u = (u_*/k)\{\ln[(z-d)/z_0] + 5(z-d-z_0)/L\} \qquad (16.53)$$

313

第三，由于 $\mathbf{C}=-\rho c_p(\partial T/\partial u)u_*^2$，可以将 Monin‐Obukhov 长度[式(16.38)]写作 $L=u_* T/[kg(\partial T/\partial u)]$，并且式(16.53)可以写为

$$u_c=(u_*/k)\ln[(z-d)/z_0] \qquad (16.54)$$

其中

$$u_c=u-[5(z-d-z_0)(\partial T/\partial u)]gT^{-1}$$

可以使用式(16.54)来得到 u_*/k，其为以 $\ln(z-d)$ 为横坐标绘制的 u_c 曲线的斜率。当 u_* 为已知时，

$$\mathbf{C}=-\rho c_p(\partial T/\partial u)u_*^2$$

类似的表达式可用于得到稳定和稍微不稳定条件下的水蒸气和其他实体的通量。Paulson(1970)提出了当大气更加不稳定时更为复杂的廓线方程。

[注：前文通量方程中的温度和温度梯度应严格取代潜在的温度和潜在的温度梯度。此外，湿度应表示为混合比 r（单位质量干燥空气中的每单位质量），因为 E 与 $\partial r/\partial z$ 严格成正比，当压力随高度变化时，r 是恒定的。特定湿度 q（单位质量潮湿空气的每单位质量）也是恒定的，并且经常用于气象学文献中，但如前文所述，Webb 等(1980)表明，r 是严格通量计算的正确比例，因为它定义了相对于表面固定的坐标系中的通量（即没有净垂直的干燥空气通量）。然而，为了与前面的章节保持一致，并且由于所涉及的误差通常较小，所以在此分析中将保留温度和蒸气压力。]

16.3.2　鲍恩比法

进行通量测量的鲍恩比法是从下表面的能量平衡得出的，在形式上可以写为

$$\lambda\mathbf{E}=\frac{\mathbf{R}_n-\mathbf{G}}{1+\beta} \qquad (16.55)$$

式中，β 为鲍恩比，$\beta=\mathbf{C}/\lambda\mathbf{E}$。需要净辐射（$\mathbf{R}_n$）和土壤热通量（$\mathbf{G}$）的测量值以得到（$\mathbf{R}_n-\mathbf{G}$），并且可以从恒定通量层内的一系列高度处的温度和蒸气压力的测量结果以如下方式得到 β。

假设热量和水蒸气以及其他标准实体的传递系数 K 是相等的（在所有的稳定性中都是有效的，因此为了简化省略了下标 H，V 和 S），可以得出

$$\beta=\mathbf{C}/\lambda\mathbf{E}=\gamma\partial T/\partial e \qquad (16.56)$$

可以通过绘制各高度处的温度与相同高度处的蒸气压力来确定 $\partial T/\partial e$。那么 λE 由式(16.55)得出，并且 $C=\beta\lambda E$。

鲍恩比法可以通过代入热平衡方程来进行推广

$$\mathbf{R}_n - \mathbf{G} = \mathbf{C} + \lambda \mathbf{E} = -K\rho c_p(\partial T/\partial z) - K\rho c_p \gamma^{-1} \partial e/\partial z$$
$$= -K\rho c_p(\partial T_e/\partial z) \tag{16.57}$$

式中，T_e 为当量温度，$T_e = T + (e/\gamma)$。通过代入 $T_e = T + (e/\gamma)$，可以从式(16.57)中得到式(16.56)鲍恩比。

将式(16.57)中的热通量写为 $\mathbf{C} = -K\rho c_p(\partial T/\partial z)$

$$\frac{\mathbf{C}}{\mathbf{R}_n - \mathbf{G}} = \frac{-K\rho c_p(\partial T/\partial z)}{-K\rho c_p(\partial T/\partial z)} = \frac{\partial T}{\partial T_e}$$

即

$$\mathbf{C} = (\mathbf{R}_n - \mathbf{G})(\partial T/\partial T_e)$$

相似地，将潜热通量 λE 与 $-K\rho c_p \gamma^{-1} \partial e/\partial z$ 形成等式，以及任一气体的通量 F 与 $-K\partial S/\partial z$ 形成等式，依次将各个等式组合，可以得到，

$$\lambda E = (\mathbf{R}_n - \mathbf{G})(\partial e/\partial T_e)\gamma^{-1}$$
$$F = (\mathbf{R}_n - \mathbf{G})(\partial S/\partial T_e)(\rho c_p)^{-1}$$

通量测定的空气动力学法和鲍恩比法通常用于已经平均半小时至一小时的势。潜在的波动，特别是在间歇多云的白天，经常要排除在较短时期内平均通量的估值。另一方面，当条件不再被视为静止时，日周变化使不可取周期的平均时长超出两个小时，特别是在日出和日落的情况下。

16.4 通量测量法的优劣

涡度协方差技术具有精确、良好理论基础的优势，但需要快速响应传感器和迅速的数据采集。它被广泛应用于农作物、森林和自然植被的研究，以了解植被与大气的关系。在过去的二十年里，该技术已经足够可靠来进行几个月到几年的连续测量（Goulden 等，1996；Moncieff 等，1996），开拓了研究控制植物大气传递因素的季节和年际变化的前景。在高、异质的冠层，倾斜的表面以及大气条件迅速变化的情况下，这种方法的应用仍然存在问题。Gu 等(2012)进一步发展了涡度协方差理论，将其应用到非稳态条件下。如果仪器的检测路径尺寸比显性涡的尺寸大，涡度协方差法也会被限制；这可能发生在接近空气动力学光滑的表面。Lee 等(2004)对应用涡度协方差法的许多理论和实际问题进行了全面的总结。

当只需要风速廓线以及所求实体的廓线时，空气动力学法在中性稳定性

中具有简单、直观的特点。如果使用机械风速计，它可能在低风速状态下不太可靠，因为机械风速计可能会使部分风速周期停止，但一维或三维声波风速计，可有效地避免这种限制。对于稳定性的经验公式有必要测量温度的分布，而且在极度稳定状态下不容易定义（如低风速的寂静夜晚）：公认的修正量似乎对矮小植被有效，但空气动力学方法似乎低估了通量对于高大粗糙植被的严重影响，除非它有可能仍然在惯性层内部的粗糙下表层进行测量。

鲍恩比值法，假设 $K_H = K_V = K_S$，不需要稳定性修正，所以往往是两梯度技术的首选，但 $\mathbf{R}_n - \mathbf{G}$ 趋于零时它变得不确定，在净辐射小的情况下，一般很难应用在夜间或其他条件下。

Stannard(1997)从理论上分析了涡度协方差（Edely Covariance，EC）的提取要求和最小情况下的鲍恩比（Bowen Ratio，BR）测量，在这种情况下，只有两个高度来确定鲍恩比。假设 EC 仪器放置在 BR 梯度系统的顶层，BR 测量需要比 EC 取得少。提取要求的差异在光滑表面是最大的。通过减少低测量水平的高度和降低上部传感器，可以显著减少 BR 测量的提取量，而湍流度问题常常限制了 EC 的低水平测量。当在粗糙表面进行测量时，需要注意潜在的误差源（Stewart 和 Thom，1973）。

16.5　冠层中的湍流传递

植物冠层中的湍流在几个重要方面不同于冠层上方边界层的湍流。在20 世纪 70 年代中期之前，人们普遍认为观测到的高强度冠层湍流是由树叶、树枝以及其他结构产生的涡流所致。由于这种湍流的尺寸与冠层高度相比要微小得多，所以人们认为在冠层中的湍流传递可以应用类似于式(16.33)的通量-梯度方程来描述，并且这些方法的分析在本书的前两个版本中都进行了叙述。但在 20 世纪 70 年代和 80 年代的实验证据表明，质量和动量往往以实体的平均梯度的相反方向在冠层中传递（Denmead、Bradley，1985；Finnigan，1985）。特别是，垂直动量通量必须以向下的方向穿过冠层，因为在冠层中没有平均动量的来源。因此，如果应用一维传递 $\tau = K_M \partial (\rho u)/\partial z$，$\partial u/\partial z$ 在冠层中应该以单一的方向减小。然而，如图 16.11 所示，森林风速廓线通常在树干空间内有次级最大风速。如果通量与平均梯度成比例，就需要有一个与此次级最大值相关的动量源，但实际上这个动量源并不存在。这些证据表明，一维通量-梯度分析并不能解释冠层中的湍流传递。

Finnigan 和 Brunet(1995)总结了风洞试验和现场试验得出的关于冠层流的认识。在粗糙表面上的惯性子层中，由表面剪切而产生的湍动能（Turbulent Kinetic Energy，TKE）在从大到小的连续涡流能谱内"倾泻"，并最终转换成热能。在冠层中，植物的复苏或者摇动、飞舞的落叶也可能产生TKE，从而对能谱产生贡献。此外，Baldocchi 等（1988）确定了一个"能谱捷

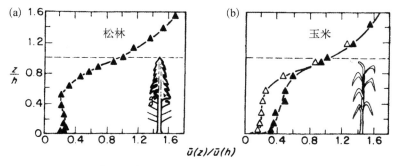

图 16.11　（a）在松林冠层水平平均风速剖面($h=16$ m)；数据平均 1 小时运行 18（非常接近中性）。（b）在玉米冠层平均风速剖面($h=2.1$ m)在微风 $[\bar{u}(h)=0.88$ m·s^{-1}，▲$]$和大风$[\bar{u}(h)=2.66$ m·s^{-1}，△$]$之间（劳帕赫和汤姆，1981）

径"的过程，即当剪切产生的涡流被树叶拦截时，被"切割"成更细小的涡流并迅速地转化成热能。在浓密的冠层中，这种产生湍流的机制可能是占主导的。然而对于更加开阔的冠层，树叶尾迹直接产生的涡流在冠层中传输动量和标量时，没有大规模、间断性的湍流涡流重要。这些涡流如何发展以及如何与冠层结构相关的具体细节尚不清楚，但 Finnigan 和 Brunet（1995）推测，该机制与两种不同流速的流体在风洞中混合时产生的湍流层的机制相似。所得的平均风速廓线与冠层内部及以上的风速廓线形状非常相似（如图 16.11）。他们推测，风速在植被冠层顶部附近的拐点可能会引发不稳定，产生大规模的湍流涡流，具有($h-d$)的涡流规模，其中 h 是树冠的高度，d 是零平面位移，并且涡流产生的速度与在拐点处地剪切幅度成正比。

按照这一理论，Baldocchi 和 Myers（1991）发现，在中等开阔的落叶森林冠层中湍流通量的主导时间尺度为 $200\sim300$ s。大约在这个频率内，大规模涡流从空气上方席卷进入树干空间，导致空气喷射到冠层上方。这些简短的活动之后的相对静止的时期，湿度和呼吸二氧化碳再次在冠层内部形成。由于这种准周期过程，森林底部和林下的蒸发量比起冠层内部环境来说，更能与冠层上方的饱和亏缺紧密结合。

尽管并不合适使用通量-梯度方法测量植物冠层内的通量，但是如果采样持续时间足够长来测量大多数产生通量的湍流活动，涡度协方差法则可以成功使用（贝尔多克和迈尔斯，1999）。关于冠层传递的实际和理论方面将在第 17.3 节中进一步讨论。

16.6　通量测量的密度修正

早些时候，人们注意到当大气成分的涡度协方差通量测量所使用的传感器测量的是密度而不是混合比而产生的一系列问题。在这种情况下,通常需要考虑其他实体,特别是同一时间温度和水蒸气的通量。这些问题也存在于用梯度法测量的通量。热量或水蒸气的来源导致空气膨胀,会影响空气成分的密度(但不是它的混合比 r)。例如,如果通过气体分析仪从不同高度的顺序吸引空气并且不改变空气样品的温度或湿度,来测定农作物上方的 CO_2 的梯度,很明显 CO_2 梯度将是错误的,因为在每个高度 CO_2 在空气中的浓度会受到同一高度的水蒸气含量和温度的影响。如果从成分的混合比(单位干空气质量中的成分的质量)测量,或者样品在分析之前达到恒定的温度和压力,就不需要校正通量。Webb 等(1980)推导的有关修正 $\delta\mathbf{F}$ 的表达要求当一组分气体质量通量由密度测量推导而来时,要考虑到同一时间显热和潜热通量的影响。他们的分析表明,对于典型的情况,$T_a = 20℃$,$e = 1.0\ \text{kPa}$,当 $\mathbf{C}$ 和 $\lambda\mathbf{E}$ 的单位为 $\text{W}\cdot\text{m}^{-2}$,$\delta\mathbf{F}$ 的单位为 $\text{kg}\cdot\text{m}^{-2}\cdot\text{s}^{-1}$ 时,$\delta\mathbf{F}$ 可以写作:

$$\delta\mathbf{F} = (\bar{\rho_s}/\bar{\rho_a})(0.65\times10^{-6}\lambda\mathbf{E} + 3.36\times10^{-6}\mathbf{C}) \qquad (16.58)$$

ρ_s 是成分的平均密度,ρ_a 是干燥空气的密度。式(16.58)表明,显热通量的修正通常是潜热的等效通量的五倍。对于 CO_2 来说,在干燥空气中有 390 vpm[①] 的空气含量,$\rho_s/\rho_a = 0.593\times10^{-3}$,所以当 $\lambda\mathbf{E} = \mathbf{C} = 250\ \text{W}\cdot\text{m}^{-2}$,$\delta\mathbf{F} = 0.6\ \text{mg}\cdot\text{m}^{-2}\cdot\text{s}^{-1}$,该值可以与 $1\sim2\ \text{mg}\cdot\text{m}^{-2}\cdot\text{s}^{-1}$ 农作物之上的典型 CO_2 相对比。因此,如果不采取适当的 CO_2 浓度梯度的方法,修正量是十分重要的。在半干旱地区,显热通量可能比潜热通量大得多,这种情况更为严重。式(16.58)也适用于其他痕量气体的分析。例如,对于 0.010 vpm SO_2,$\bar{\rho_s}/\bar{\rho_a} = 0.22\times10^{-6}$,可得 $\delta\mathbf{F} = 0.2\ \mu\text{g}\cdot\text{m}^{-2}\cdot\text{s}^{-1}$,可与文献报道的通量作比较(Fowler、Unsworth,1979)。

16.7　习题

1. 平均风速 $u(z)$,平均每 30 分钟,在对数风速廓线情况下,对大范围的杨树植被冠层上方不同高度 z 同时进行测量,高度 $h = 5.0\ \text{m}$,结果为:

地面高度 z/m	6	7	9	12	18	30
风速 $u/(\text{m}\cdot\text{s}^{-1})$	0.832	0.994	1.198	1.386	1.610	1.858

(1)估计冠层粗糙度长度 z_0 和摩擦速度 u_*。(假设零平面位移 $d = 4.0\ \text{m}$,冯卡门常数 $k = 0.41$)。

(2)给出可能的原因,比起在本章方程中预估得到数值,为什么与此冠层

---

① 1 vpm $= 10^{-6}$。

d 和 z_0 得到的值不同。

（3）估算距离地面参考高度 12.0 m 处的动量传递空气动力学阻力 r_{a_M}。

2. 在地面高度 40 m，拥有 25 m 冠层高度的针叶林上空，对数风速廓线情况下，平均风速 $u=5.0$ m·s^{-1}。

（1）假设零平面位移值 $d=0.60$ h，粗糙度长度 $z_0=0.10$ h。计算摩擦速度 u_*（冯卡门常数 $k=0.41$）。

（2）计算距地面高度 30 m 的风速，估计在高度 30 m 和高度（$d+z_0$）之间动量传递的空气动力学边界层阻力 r_{a_M}。

3. 当冠层上方净辐射 $=450$ W·m^{-2}，向下土壤热量通量 $=20$ W·m^{-2}，0.8 m 高大麦作物上方同时测量温度和水蒸气压力如下

高度 z/m	2.00	0.90
温度/℃	20.00	21.00
水蒸气压力/kPa	1.500	1.633

（1）计算鲍恩比和作物的显热通量和潜热通量。

（2）假设温度和水蒸气压力随着高度呈对数变化，零平面位移为 0.60 m，而粗糙度长度为 0.10 m，从图表上或用其他方式估计温度 T_0 和蒸气压力 e_0 在动量明显下沉的高度下的值。

（3）如果作物释放出的热通量可以被视为类似于位于动量明显下沉的高度的"大叶片"释放出的热通量，计算出在这片"叶"中的蒸气压力，以此计算在"大叶片"和高度 $z=2.00$ m 之间的显热和潜热传递的阻力。

4. 在 0.8 m 高度小麦作物上方中性稳定性情况下，测量风速 u 和二氧化碳浓度 c，结果是：

z/m	1.10	1.30	1.60	2.10	2.46
u/(m·s^{-1})	1.68	1.93	2.19	2.49	2.65
c/vpm	324.5	326.2	327.9	330.0	331.1

（1）从图表上或以其他方式计算出零平面位移值，粗糙长度和摩擦速度。

（2）计算作物受到的动量通量密度。

（3）计算在 2.1 米高度和作物之间动量传递的空气动力学阻力。

（4）以 g CO$_2$ m^{-2}·h^{-1} 为单位计算作物受到的 CO$_2$ 通量密度（假设 330 vpm CO$_2$ 是 605 mg CO$_2$ m^{-3}）。

5. 在 0.3 m 高豆类作物的广阔地域，中性稳定性情况下，测量风速 u 和臭氧浓度 C，结果是：

319

z/m	0.35	0.50	0.90	1.75	3.20
$u/(\mathrm{m \cdot s^{-1}})$	0.95	1.23	1.61	1.99	2.31
$C/(\mu\mathrm{g \cdot m^{-3}})$	83.0	87.0	90.6	96.0	99.5

　　参考高度 $z = 1.75$ m 下,通过绘制适当的图形,或以其他方式,确定(1)零平面位移;(2)粗糙长度;(3)摩擦速度;(4)动量通量密度;(5)臭氧通量密度和(6)臭氧的沉积速度。

　　6. 在温度为 T_S 的开阔水面上一参考高度,存在温度为 T 和蒸气压力为 e 的大气,借助图表解释 Penman 如何推导出 $e'_{(T_S)} = e'_{(T)} + \Delta(T_S - T)$,它清楚地显示出了 Δ 的意义。[$e'_{(T)}$ 是在 T_S 情况下的饱和蒸气压]。因此通过以下方程得出鲍恩比 β:

$$\beta = \gamma \frac{(T_S - T)}{[(e'_{(T)} - e) + \Delta(T_S - T)]}$$

式中,γ 为干湿计常数。在空气温度 $T = 25℃$,蒸气压 $e = 2.00$ kPa 的情况下,被洪水淹没的稻田上方的鲍恩比为 0.1。通过考虑鲍恩比与 T_S 之间的关系,可以以图形或其他方式得到水面的温度。

第 17 章
微气象学：通量测定的解释

17.1　阻力模拟

　　通过微气象学法进行通量的测定对生态学家、农业或林业科学家的价值相对较小，除非这些通量可以与一个或一些描述冠层或地形如何控制或如何对通量产生反应的因素联系起来。一个可以将本研究从单个叶片转向复杂冠层的有用的方式是将冠层看作一个电路类似物，如图 17.1 所示。第 13 章中介绍了这一主题，其是由 Monteith(1963)首次提出。在这里，我们更充分地讨论了冠层阻力概念的基本原理并综述了这种方法的一些问题和不足之处。

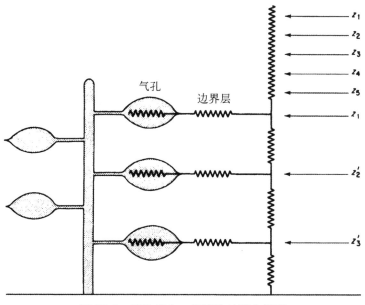

图 17.1　植物带中一棵植物的阻力模型

　　当(a) 物质的势(如蒸气压力或 CO_2 浓度)在叶片之上并处于周围空气中，并且(b) 相关的阻力(例如气孔和叶片边界层)可以被测量或估计时，就可以测量出一片叶子与其环境之间物质的交换速率(通量密度)。按照同样的方法，冠层和上方的空气之间的任何物质的大量交换可以通过测量冠层之上两个或多个高度(z_1、z_2 等)的势来进行估算，如果这些势的阻力也是已知的话。在冠层内，一片叶子的气孔和叶片边界层对应的阻力具有清晰的物理意义，但通过模拟欧姆定律来描述冠层内空气中物质传递的可靠性（如图 17.1 所示）将在本节后面进行讨论。

17.1.1 冠层阻力

对于描述冠层水蒸气交换的等式中一个的参数，可以由在描述单片叶子的类似等式中起相同作用部分的气孔阻力推导出来，这个参数的符号为：r_c，其中下标表示冠层、作物或覆盖物。

在第 16 章中所示的一个表面的显热损失速率可以写成下列形式：

$$\mathbf{C} = -\rho c_p (\partial T / \partial u) u_*^2$$

其中 T 是 u 的线性函数，在特殊情况下，梯度 $\partial T / \partial u$ 可以被写为 $[T(z) - T(0)]/u(z) - 0$，其中 $T(0)$ 可以通过图 17.2 中所示的延伸方法获得，表示在一定高度上的空气温度，这个高度上对数风速廓线可以预测 $u = 0$，其中 $z = d + z_0$。 上述等式可以写为

$$
\begin{aligned}
\mathbf{C} &= -\rho c_p u_*^2 [T(z) - T(0)]/[u(z)] \\
&= -\rho c_p [T(z) - T(0)] r_{aH}
\end{aligned}
\tag{17.1}
$$

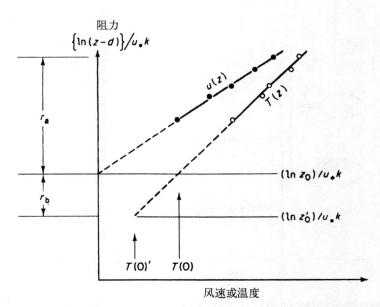

图 17.2 以 $[\ln(z-d)/u_* k]$ 为纵坐标如何通过画出温度曲线来确定 $T(0)$ 和 $T(0')$，其中 $T(0)$ 是 $z-d = z_0$ 时推测的温度值，$T(0')$ 是 $z-d = z_0'$ 时推测的温度值，r_a 和 r_b 的意义展示在坐标轴的左侧并在下文中进行了讨论

其中 $r_{aH} = u(z)/u_*^2 = [\ln(z-d) - \ln(z_0)]/u_* k$，可以视为高度为 $d + z_0$ 的虚构表面与高度 z 之间显热交换的空气动力学阻力值。同样的，

$$\lambda \mathbf{E} = \frac{-\rho c_p}{\gamma} \frac{[e(z) - e(0)]}{r_{aV}} \tag{17.2}$$

其中 $e(0)$ 是推断 $u = 0$ 时的水蒸气压力值，假定相对于水蒸气交换的空气动力学阻力 r_{aV} 与相对于显热交换的空气动力学阻力相同，即：$r_{aV} = r_{aH} = u(z)/u_*^2$，冠层中叶片细胞间隙和高度 z 上的气体之间的水蒸气扩散可以被正式表达为下列等式：

$$\lambda \mathbf{E} = \frac{-\rho c_p}{\gamma} \frac{\{e(z) - e_s[T(0)]\}}{r_{aV} + r_c} \tag{17.3}$$

其中 $e_s[T(0)]$ 是在一片能代表整个冠层的"大叶片"内蒸发面的饱和水蒸气压力，假定此时的温度为 $T(0)$。

这一关系式定义了冠层阻力 r_c 并且与一个两面气孔叶（叶片两面都有气孔）对应的等式相同，利用 r_c 来代替气孔阻力 r_s，r_{aV} 代替叶片边界层阻力 r_V。引入能量平衡方程，并使 $r_{aH} = r_{aV} = r_a$，并消去 $T(0)$，可以得到：

$$\lambda \mathbf{E} = \frac{\Delta(\mathbf{R}_n - \mathbf{G}) + \rho c_p \{e_s[T(z)] - e(z)\}/r_a}{\Delta + \gamma^*} \tag{17.4}$$

其中 $\gamma^* = \gamma(r_a + r_c)/r_a = \gamma[1 + (r_c/r_a)]$。因此，当有关气候参数已知，并且 $\lambda \mathbf{E}$ 已被独立地测量或估计时，一个给定植被的 r_c 值可以直接利用式 (17.1)、式 (17.2) 和式 (17.3) 根据温度、湿度和风速的廓线推导出来，或间接根据 Penman-Monteith 公式 (17.4) 推导。表 13.1 已经列出了各种植被类型的最小的冠层阻力的估计值。

采用这种简单直接的方式来分离一个作物冠层的空气动力学阻力和生理学上的阻力会引起两个异议。第一，通过测量推导而出的值并非是唯一的，除非显热或潜热源（或汇集处）有相同的空间分布。在一个封闭的冠层中，热量和水蒸气的通量可以由枝叶对辐射的吸收得到，假设叶片气孔阻力不会随着冠层吸收大部分辐射的部位的厚度改变产生较大的变化，显热或潜热源的分布一般都很相似，但很少会是完全相同的。相反，如果从树叶下的裸土中蒸发的水蒸气会对其总流量产生重要的影响时，在一个带有小片枝叶的冠层中很可能会得到 r_c 的异常值；Shuttleworth 和 Wallace(1985) 为此提出了一个能量平衡模型。

第二，这种分析不会产生严格独立于 r_a 的 r_c 值，除非从相关廓线确定的热量和水蒸气的外显来源与动量的外显来源处于同一高度 $d + z_0$。这是一个更严格的限制。形状阻力，而非表面（或分子）摩擦，是植被吸收动量的主要机制，这样相对于叶子和周围环境之间的动量交换的阻力要小于相对于只依靠分子扩散产生的热量和水蒸气交换对应的阻力。因此，一般情况下，相比于动量的外显汇集处，显热和水蒸气的外显来源会在冠层的更低层中，即在 $z = d + z_0'$ 处，而非在 $z = d + z_0$ 处，其中 z_0' 要小于 z_0。因此，热量和物质传递的空气

阻力可以用 r_{aM} 来描述,对应于热量和水蒸气的动量转移的空气动力学阻力以及额外阻力 r_b,我们假定是相同的。如第 16 章所示,从 r_{aM} 的定义和处于中性稳定性的风速廓线方程可以得到:

$$
\begin{aligned}
r_{aM} &= \rho u(z)/\tau = u(z)/u_*^2 \\
&= \{\ln[(z-d)/z_0]\}/ku_* \\
&= \{\ln[(z-d)/z_0]\}^2/k^2 u(z)
\end{aligned} \tag{17.5}
$$

从该表达式的推导可以得到动量汇集的有效高度是 $z=d+z_0$,在这个高度推断的风速为 0。如果 z_0 与风速无关,式(17.5)显示 $1/r_{aM}$ 会与 $u(z)$ 成比例,图 17.3 通过显示粗糙度长度 z_0 对短草,谷类作物和森林是合适的来说明这一点。在实际中,许多作物的粗糙度长度会随着风速的增加而降低,并且 $1/r_{aM}$ 在一系列较低的风速范围内近似恒定。

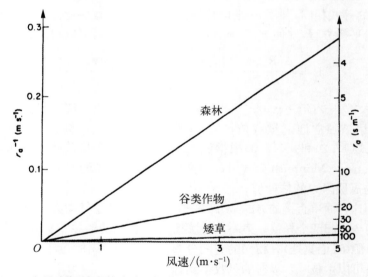

图 17.3　在具有粗糙度特点为:矮草($z_0=1$ mm、$d=7$ mm),谷类作物($z_0=0.2$ mm、$d=0.95$ mm),树林($z_0=0.9$ mm、$d=11.8$ mm)的表面上,与该表面上的风速有关的阻力 r_a 的计算值(式 17.5)。其中每个表面的风速以标准高度 $z-d=5$ m 为参考

17.1.2　热量和质量传递的附加空气动力学阻力

按照式(17.5)类似的方式,在高度 $d+z_0'$ 上的热量和水蒸气的外显源(汇集处)以及距离地面高度 z 处位置之间的空气动力学阻力可以表示为

$$
\begin{aligned}
r_a &= \frac{\ln[(z-d)/z_0']}{ku_*} = \frac{\ln[(z-d)/z_0]}{ku_*} + \frac{\ln[z/z_0']}{ku_*} \\
&= r_{aM} + r_b
\end{aligned} \tag{17.6}
$$

式中，r_b 为附加空气动力学阻力。式(17.6)的含义见图 17.2，图中展示了方程中各项的内在关系。

稳定性对空气动力学阻力的影响

对非中性稳定性的上述拓展分析可以看到，在近中性和稳定条件下，根据式(16.53)和式(17.5)推导出的阻力 r_{a_M} 为：

$$[ku_*]^{-1}\left[\ln\left(\frac{z-d}{z_0}\right)+\frac{5(z-d)}{L}\right] \tag{17.7}$$

假设 $(z-d)$ 至少比 z_0 大一个数量级。在将 $[\ln(z-d)/z_0]/ku_*$ 视为中性稳定条件下动量传递的空气动力学阻力时，附加项 $+[5(z-d)/L]/ku_*$ 可以视为稳定十分阻力。类似地，式(16.40)可用于表示在更加不稳定条件下（L 为负值）的稳定十分阻力值近似为 $[4(z-d)/L]/ku_*$，在风速降低时，$1/r_{a_M}$ 独立于风速的倾向在不稳定的环境下要比中性的或稳定的环境下更加显著，因为与降低的摩擦力相关的湍流能的减小会通过浮力提供的能的补充而得到补偿。

在式(17.6)中，阻力 $r_b=[\ln(z_0/z_0')]/ku_*$，ku_*r_b 与参数 $kB^{-1}[=\ln(z_0/z_0')]$ 相同，这一参数被许多工作人员用于分析在粗糙表面的交换过程（k 是冯卡门常数）。Massman(1999)和 Su 等(2001)总结了涵盖一系列范围的植物表面的 kB^{-1} 值。一个密集森林的 kB^{-1} 值接近于 0，这表明热量和动量的粗糙度长度非常相似，并且 r_b 非常小。在裸露土壤上，kB^{-1} 接近于 7。Su 等(2001)使用了基于冠层结构的模型和多种热量源来估计棉花（$kB^{-1}=4$）、草原（$kB^{-1}\approx5$）和草地（$kB^{-1}\approx5$）的 kB^{-1} 值。Campbell 和 Vorman(1998)发现 $z_0/z_0'=5$（即 $kB^{-1}=1.6$）是一个合理的实际情况下的假设，但比值应严格根据风速而定。

Chamberlain(1966) 和 Thom(1972) 研究了实际植被和模型植被中 kB^{-1} 以及 r_b 与粗糙度和风速的关系，他们工作的成果可以总结如下：

(1) 对于给定的 u_* 值，kB^{-1} 和 r_b 会在一系列不同的表面粗糙度上维持不变。例如，对一块人造草坪的蒸发进行一系列的测量可得出：$z_0=1$ cm，$u_*=0.25$ m·s^{-1}，$kB^{-1}=1.8$。在 $z_0=0.045$ cm 的毛巾表面，因更高的风速而具有相同的 u_* 值时，$kB^{-1}=1.9$。对应的阻力 r_b 分别为 18 s·m^{-1} 和 19 s·m^{-1}。

(2) 对于给定的 z_0 值，kB^{-1} 会随着风速和 u_* 的变大而增加。当 u_* 从 0.25 m·s^{-1} 增加到 1.00 m·s^{-1} 时，草地的 kB^{-1} 增加到了 1.3，而毛巾的 kB^{-1} 增加到了 1.7。对于豆类作物，Thom 发现 $kB^{-1}(=ku_*r_b)=Au_*^{0.33}$，其中当 u_* 以 m·s^{-1} 为单位时，常数 A 的值为 2.54。这表明 $r_b\propto u_*^{-0.67}$。

（3）z_0'和r_b的值与被传递物质的分子扩散系数有关。在$r_b \propto$（扩散系数）^{n}的假设下，实验中确定的n为$-0.8 \sim -0.3$。对于豆类植物，n值约为-0.66，这表明热量的r_b会比水蒸气的r_b大10%。这种差异经常被忽略，导致r_b在给定的情况下出现不确定性。

在农作物微气象学中r_b的值很少会直接得出，通常会根据类似于上述的结果来确定，Thom 得出的经验公式：

$$r_b = 6.2 u_*^{-0.67} \tag{17.8}$$

是一个用于估计传递给农作物的热量和水蒸气的r_b值比较精确的公式（当u_*的单位是 m·s^{-1} 时，r_b的单位为 s·m^{-1}），至少在u_*的一般范围（$0.1 \sim 0.5$ m·s^{-1}）内是如此。扩散系数不同于水蒸气的气体r_b值可以通过式（17.8）来计算，等式中使用近似值：$r_b \propto D^{-0.67}$，$D_g = D_v (M_v/M_g)^{0.5}$，其中$M$是分子质量，$D$是扩散系数，下标分别是气体和水蒸气。

当植被表面非常粗糙或是呈纤维状时（如松针），式（17.8）不一定是一个准确的估算r_b的近似值。Thom（1972）讨论了更详细的处理方法，Wesely 和 Hicks（1977）提出了下列表达式：

$$r_b = 2(ku_*)^{-1}(\kappa/D)^{0.67} \tag{17.9}$$

其中κ/D是路易斯数，Massman（1999）和 Su 等（2001）探索了关于植被表面的r_b更复杂的模型。

对于转移到刚性粗糙表面的水蒸气，图 17.4 表示了下列表达式：

$$B^{-1} = u_* r_b = 7.3 Re_*^{0.25} Sc^{0.5} - 5.0 \tag{17.10}$$

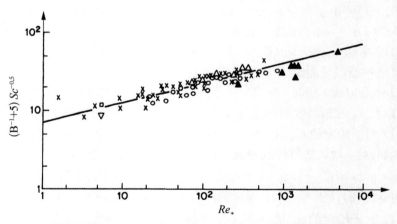

图 17.4 向粗糙表面的扩散传递（Chamberlain 等，1984）。符号表示不同的蒸气、粒子和表面结构：▽，△，✕—^{212}Pb 蒸气；▲—^{123}I 蒸气；○—水蒸气；□—爱根核（$r=0.08\ \mu m$）。直线的斜率为 0.25，截距为 7.3。Re_* 是粗糙度雷诺数 $u_* z_0/\nu$，Sc 是施密特数 ν/D

上式由 Chamberlain 等(1984)在 Brutsaert(1982)的分析基础上提出,这一等式适合实际观察并且对于评估耕田或城市地区的 r_b 也很有用,Re_* 是粗糙度雷诺数 $u_* z_0/\nu$,Sc 是施密特数 ν/D。这一表达式也可适用于撞击和沉淀可以忽略的大小范围内(即半径 $r_b \leqslant 0.5\ \mu m$)粒子的扩散转移(见第 12 章)。

图 17.5 比较了式(17.8)~(17.10)中 $z_0 = 0.02$ m,扩散系数在 20℃的条件下,u_* 和 r_b 的关系。除了在 u_* 值较小的情况下,植被表面的这两种关系式吻合度很高。

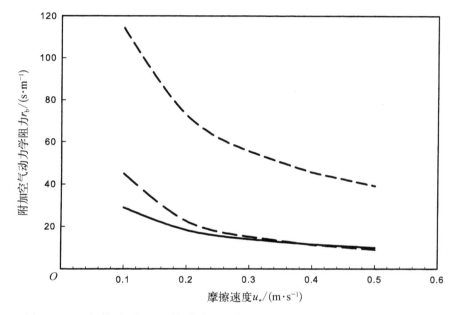

图 17.5　摩擦速度 u_* 的附加阻力 r_b 的关系,(1) 根据 Thom［式(17.8)————］,以及 Wesley 和 Hicks［式(17.9)－－－－］的植被冠层；(2) 根据 Chamkerlain［式(17.10)- - -］的刚性粗糙表面

17.1.3　"表观"和"实际"冠层阻力

根据对空气动力学阻力严谨的理解,通过通量和势测量得到的冠层的阻力可能是真实值,即,这种情况下大气湍流对 r_c 的影响是最小的,而"表观"表示空气动力学阻力和冠层阻力的分离是不完整的。例如,植被冠层的阻力有时可以通过下列关系式来确定:

$$\lambda \mathbf{E} = \rho c_p \frac{\{e_s[T(0)] - e(z)\}}{\gamma(r_{aM} + r_c)} \tag{17.11}$$

其中 $r_{aM} = u(z)/u_*^2$,在这种情况下,r_c 是"表观"冠层阻力,$T(0)$ 是高度为 $z_0 + d$ 时"表观"表面温度,更严谨的分析得出(图 17.2):

$$\lambda E = \rho c_p \frac{\{e_s[T(0)'] - e(z)\}}{\gamma(r_a + r_c')} \tag{17.12}$$

其中 $r_a = r_{aM} + r_b$，r_c' 是允许附加边界层阻力 r_b 存在时"实际"阻力。$T(0)'$ 是"实际"表面温度，通过变换这些等式并使用关系式：$C = \rho c_p[T(0)' - T(0)]/r_b$ 可以发现不考虑 r_b 的情况下计算 r_c 得到的误差为：

$$\delta_{r_c} = r_c' - r_c = r_b\left(\frac{\Delta}{\gamma}\frac{C}{\lambda E} - 1\right) \tag{17.13}$$

当鲍恩比 $\beta(=C/\lambda E)$ 等于 γ/Δ 时，误差为 0，对于一个温度气候下水量充足的农作物，日间 β 的平均值一般为 0.1，当 $(\Delta/\gamma) = 2.0$（温度大约为 18℃）时，$\delta_{r_c} = -0.8r_b$。这种误差的绝对值相比于在日间鲍恩比变化时，误差的大小和符号都会变化这一事实的重要性要小很多。例如，在湿度较低的晴朗天气中，β 会从清晨的 +0.3 下降到傍晚的 -0.3（例如：显热通量 C 会在傍晚时朝向植被表面）。如果 r_b 等于 20 s·m^{-1} 并且 $(\Delta/\gamma) = 2.0$，这种情况下，那么一天中"表观"冠层阻力的值会从 $(r_c' + 8)$ 变化到 $(r_c' + 32)$ s·m^{-1}。因此，在这个例子中，一天中冠层阻力会比真实阻力变化的更频繁。

由于蒸腾通量的气孔控制，"实际"树冠层阻力 r_c' 和鲍恩比 β 之间存在较好的相关性，在式（17.13）中，r_c 误差的相对重要性主要取决于 r_b 的大小，r_b 与 u_* 成反比。在一个给定的风速下，u_* 在高的植物中要比矮的植物要大。因此，相对于高大粗糙的植物而非矮小的植物，r_c 基本是真实冠层阻力较为准确的估值。

17.1.4 污染物气体传递的冠层阻力

吸收污染物气体的表面阻力可以根据类似于式（17.12）的等式来确定，即

$$F = \frac{S(z) - 0}{r_{aM} + r_b + r_c'} \tag{17.14}$$

假设农作物冠层中有汇集处，气体在那里可以被吸收并且此处的气体浓度 S 可以假定为零。这种分析的例子将在后面给出。式（17.14）也被用于分析沉降到冠层的粒子通量（如 Gallagher 等，2002），在这种情况下 $r_c'^{-1}$ 项称为表面的沉积速度，正如在第 12 章中所讨论的一样。

17.2 案例研究

17.2.1 水蒸气和蒸腾作用

微气象学最早的实际应用就是测量农作物的耗水。鲍恩比法或空气动力

学法只需要相对简单的仪器,世界许多地区有效灌溉规划的重要性确保了这仍然是一个活跃的研究领域。对森林的耗水也进行了研究,一般的手段是评估改变土地用途导致的水资源的后果,森林冠层与大气之间的较小的空气动力学阻力对拦截的降雨(即：在下雨期间和下雨之后冠层上剩余的水)的蒸发速率的影响将在后面进行讨论。在森林中使用涡度协方差法要比使用梯度法更有优势,因为会引起小的,较难测量的梯度的较大空气动力学粗糙度在一天中会产生大型湍流,这种大型湍流可以通过涡度协方差仪器测量。

在森林微气象学的早期应用中,Stewont 和他的同事们(Stewont、Thom,1973；Thom 等,1975)使用空气动力学法和鲍恩比法研究英格兰东南部地区的苏格兰和科西嘉松树林的水量蒸发。在使用鲍恩比法确定可用能量时,有必要允许热量存储在树干、枝叶以及冠层内的空气中,J($W \cdot m^{-2}$)项的值大约等于 $18\delta T$,其中 δT 是冠层中空气的温度变化率($K \cdot h^{-1}$),J 的最大值是：$\pm 55 \ W \cdot m^{-2}$。

通过空气动力学法和鲍恩比法对塞特福德地区的通量测量的比较确定了差异性,对此,我们已经在前文进行了讨论,需要对空气动力学估算值进行较大的差异性校正。在晴朗的日子,鲍恩比接近于 1～4,或更大。

Stewont 和 Thom(1973)使用阻力模拟物分析了塞特福德地区的通量测量值,空气动力学阻力 r_{aM} 的值约为 5～10 $s \cdot m^{-1}$,可以从风速廓线中推导而来。附加阻力 r_b[式(17.6)]的估值约为 3～4 $s \cdot m^{-1}$。他们随后使用了Penman - Monteith 公式的冠层形式(17.4)来推导冠层阻力,包括在 r_a 项中,对过大边界层阻力进行微小的校正[式(17.13)]。图 17.6 显示了在晴天中冠层阻力的变化,并将它与具有封闭冠层的其他树林中发现的某些值进行了比较。在接近黎明时,树叶被露珠打湿,因此 r_c 很小。一旦树叶干燥,r_c 值在一天中午的时候就会达到 100～150 $s \cdot m^{-1}$,这表明冠层中针叶的平均气孔阻力(其中的叶面积指数约为 10)大约为 1 000～1 500 $s \cdot m^{-1}$。随后,一天中 r_c 增加,可能是由于气孔关闭以应对水分胁迫的结果。图 17.6 展示了其他成熟树林最小的冠层阻力大约也为 100 $s \cdot m^{-1}$,这与表 13.1 表示的更加严格选择的最小冠层阻力值不一致。

1. 湿润冠层的蒸发率

当森林冠层被雨水淋湿时,r_c 趋近于零。可以用式(17.4)来表示这一点,当森林冠层暴露在相同的天气中时,树叶拦截降雨的蒸发率的比值比冠层干燥时的蒸腾率大得多,对于湿润的冠层,$\gamma_* = \gamma(1 + r_c/r_a) \approx \gamma$,那么：

$$\lambda E_{wet} = \frac{\Delta(R_n - G) + \rho c_p \{e_s[T(z)] - e(z)\}/r_a}{\Delta + \gamma} \quad (17.15)$$

对于干燥的冠层,式(17.4)同样适用,这里 E_{wet}/E_{dry} 的比值为

$$\frac{\mathbf{E}_{\text{wet}}}{\mathbf{E}_{\text{dry}}} = \frac{\Delta + \gamma(1 + r_c/r_a)}{\Delta + \gamma} = 1 + \left(\frac{\gamma r_c/r_a}{\Delta + \gamma}\right)$$

　　当树叶干燥时,树林的 r_c/r_a 比值大约为 $10\sim50$,那么 $\mathbf{E}_{\text{wet}}/\mathbf{E}_{\text{dry}}$ 的值就很大,这与草地和其他农作物最小的 r_c 值也是 $50\sim100\ \text{s}\cdot\text{m}^{-1}$ 的情况一致(见表 13.1),但 r_c/r_a 经常接近于 1。所以 $\mathbf{E}_{\text{wet}}$ 与 $\mathbf{E}_{\text{dry}}$ 并没有太大的不同。结果是,在降雨频繁地区的森林比附近生长的矮小植物倾向于吸收更多树叶蒸发或蒸腾作用产生的水。(Calder,1977;Shutlleworth,1989)结果是,当荒地或长满草的小山得到绿化后,随着冠层的成熟,每年进入河流和水库的径流会减少(Calder,1986)

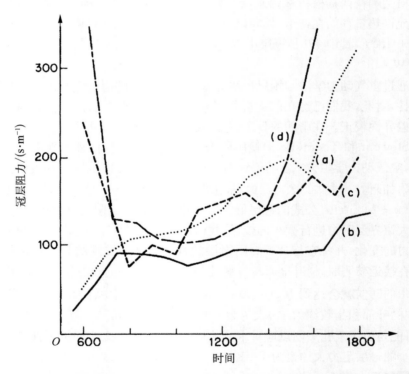

图 17.6　森林冠层阻力每日的变化情况(Jarvis 等,1976):(a) 樟子松,塞特福德地区,英国(Stewont、Thom, 1973);(b) 西加云杉,福特斯索,英国地区(Jarvis 等,1976);(c) 道格拉斯冷杉,英属哥伦比亚地区(McNanghton、Black, 1973);(d) 亚马逊丛林,巴西(Shutllemorth 等,1984)

2. 蒸发和蒸腾水量的年变化值

　　Black 及其同事(Black 等,1996)使用涡度协方差仪器在 39.5 m 和 4 m 的高度上测量高于或低于白杨树林上层木的水蒸气和二氧化碳的通量,此上层木有 21 m 高,位于加拿大萨斯喀彻温的寒带树林地区。他们还使用小型蒸渗仪(在固定时间间隔对土壤托盘进行称重)来估计土壤蒸发的水蒸气通量。白杨树林上层长出叶子的时间要比榛果树下层早一个月,在 7 月中旬冠层的叶面积指标分别为 1.8 和 3.3。图 17.7(a)显示在几乎完全生长季节中每日的蒸发和潜热通量,图 17.7(b)显示了累积的蒸发量,包括土壤水分蒸发量估值与沉积水分的测量值。当我们在四月初开始测量时,在地面上还有积雪并且树木没有长出树叶;树木上层与下层 24 小时蒸发量的比例值 R 为 0.43。在雪刚刚融化后(4 月的后半月),树叶开始出现,R 会增至 0.84。在雪融化后比值会变得更大,这是因为迅速变暖的树林表面的水蒸气压力远远大于雪表面的水蒸气压力,其中温度最大限度为 0℃。从长满叶子(6 月 15 日)到 9 月初叶子衰老的这一段时间的 R 值平均为 0.22。在 2 周的盛夏时间段中,当蒸渗仪开始运作时,各种来源的蒸发量的比例是:白杨木 78%;榛子树 17%;土壤5%。在一个长有更开阔冠层的短叶松的附近场地中,Baldocchi 和 Vogel(1997)发现,当土壤下了雨变得湿润以后,在覆盖有灌木和地衣的土地的水分蒸发量占到了森林蒸发量的 42%。出现这种很大的比例主要是由于湍流阵风能有效地穿透冠层空间并通过森林上层将水蒸气传递到自由的大气中。在同一个跨国项目的另一个微气象学研究中(BOREAS),Betts 等(1999)发表了对北方黑云杉树林中能控制蒸发的因素的分析。林下覆盖了厚厚的苔藓。在干燥的夏季环境中,当大气中的水蒸气压力逆差(vpd)增加时,表面阻力(描述对从苔藓层蒸发水量的控制以及从冠层上蒸腾的水量的控制)会受到气孔关闭的剧烈影响,会到达 vpd 增加时生态系统蒸发率没有增加的程度。但是当苔藓层变湿时,最低昼夜表面阻力的因数是 4,这低于苔藓层干燥的情况,此时生态系统的蒸发量会随着 vpd 的增加而增加。夏季北方地区的冠层对蒸发率的剧烈控制对对流边界层的发展具有重要的影响(Betts 等,1999)。

332

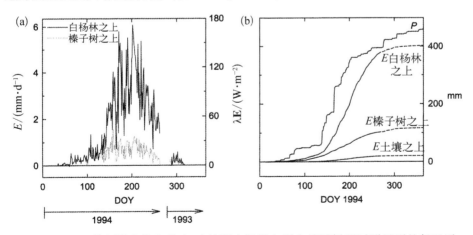

图 17.7　(a)使用涡度协方差法,比较了白杨林上层和榛子树下层测量到的每日平均蒸发率和潜热通量;(b)累积蒸发量(E)一年以上的白杨林上层,榛子树下层,以及土壤表面。虚线的部分为估值。同时也计算了累积水沉积量 P(Black 等,1996)

3. 森林下层的蒸发

正如前文提到的,Baldocchi 和 Myers(1991)将落叶林的下层蒸发视为一种非稳态现象,并发现阵风从上层"冲洗"冠层的频率是确定下层蒸发量的一个关键特征。大型涡流,拥有足够能量能穿透林冠,通常每 $50 \sim 100$ s 发生一次。当空气迅速进入树干空间时,会排出残余的空气。接着会出现一段静止时间,在这期间水分会从土壤/落叶层表面蒸发。为了展示土壤含水量如何影响蒸发,他们开发了一个用于土壤表面上的简单的大气箱模型,其中表面的饱和亏缺 D 在静止期间会随着时间的变化而降低,这是由于表面水分蒸发的结果。D 随时间的变化率取决于土壤表面上的能分布,可以表示为

$$\frac{dD(t)}{dt} = \frac{\Delta(\mathbf{R}_n - \mathbf{G}) - (\Delta + \gamma)\lambda\mathbf{E}(t)}{\rho c_p h} \tag{17.16}$$

式中,h 为箱子的高度,其他符号都为其通常的含义。求解 $\lambda\mathbf{E}$ 的微分方程可以得到:

$$\lambda\mathbf{E}(t) = \lambda\mathbf{E}(0)\exp\left(\frac{-t}{\tau}\right) + \frac{\Delta}{\Delta + \gamma}(\mathbf{R}_n - \mathbf{G})\left[1 - \exp\left(\frac{-t}{\tau}\right)\right] \tag{17.17}$$

其中 $\lambda\mathbf{E}(0)$ 是静止期(当饱和亏缺等于冠层上方的空气含量)开始时的潜热通量,$\Delta(\mathbf{R}_n - \mathbf{G})/\Delta + \gamma$ 项是平衡潜热通量 $\lambda\mathbf{E}_q$(13.40),所以式(17.17)可以写为

$$\mathbf{E}(t) = \mathbf{E}(0)\exp\left(\frac{-t}{\tau}\right) + \mathbf{E}_q\left[1 - \exp\left(\frac{-t}{\tau}\right)\right] \tag{17.18}$$

时间常数 τ 为

$$\tau = r_a h\left[\Delta + \gamma\left(1 + \frac{r_g}{r_{aV}}\right)\right]/(\Delta + \gamma) \tag{17.19}$$

式中,r_g 为土壤表面的阻力;r_{aV} 为从土壤表面传递到箱子中的水分的边界层阻力。式(17.18)表明土壤中的水分蒸发率最初与冠层上方的空气饱和亏缺有关,但在 $t \gg \tau$ 时倾向于等于 $\mathbf{E}_q$,Baldocchi 和 Myers 发现 r_{aV} 为 $50 \sim 100$ s·m^{-1},对于干燥的土壤,r_g 为 $500 \sim 3\,000$ s·m^{-1},对于湿润的土壤,r_g 接近于 0,将这些值带入式(17.19),对于一个 2 m 深的箱子而言,这表明当土壤表面是干燥的时候,时间常数一般为 $1\,500 \sim 5\,000$ s,所以,在达到平衡蒸发率之前,空气会被间歇的湍流更新(时间尺度 τ 为 $200 \sim 300$ s)。与此相反的是,湿润土壤中的水分蒸发会充分地快速(τ 为 $100 \sim 200$ s)允许大型湍流到来的时间间隔内达到平衡状态。因此,当土壤干燥,森林的地面经常会与冠层上层环境的饱和亏缺紧密联系起来。

森林中的不同树层对其耗水总量的贡献程度取决于几个物理和生物因素：某一树层的相对叶片面积及其气孔阻力；土壤表面特性，如反照率、水的相态及含水量；冠层结构对渗透到树林地面的大型湍流频率的影响等。

17.2.2　二氧化碳和生长

从空气进入到土壤-植物生态系统的 CO_2 的测量通量描述了生态系统与大气之间的 CO_2 净交换速率（$\mathbf{P}_a$）。图 17.8 说明了构成一个生态系统碳循环的各个组成部分，以一片树林来描绘。由树木和下层物种的总光合作用（CO_2 吸收）负责生态系统的总初级生产力（**GPP**）。一些获得的碳在白天被树叶、树干和树根所吸收，形成自养呼吸（$\mathbf{R}_a$）。净初级生产力（**NPP**）为

$$\mathbf{NPP} = \mathbf{GPP} - \mathbf{R}_a$$

被吸收的 CO_2 的附加通量，为真菌、微生物和生态系统其他的动植物组分对含碳材料（例如枯死的树根、落叶、土壤碳）的衰变和消耗所产生的异养呼吸（$\mathbf{R}_h$），所以净生态系统生产力（**NEP**）为

$$\mathbf{NEP} = \mathbf{NPP} - \mathbf{R}_h = \mathbf{GPP} - \mathbf{R}_a - \mathbf{R}_h$$

从传统上来看，生物学家将 **NEP** 视为一个正值，因为它是生态系统从大气中吸收碳的净增益，而大气科学家经常将通量视为负，称其为净生态系统交换（**NEE**），即：$\mathbf{NEE} = -\mathbf{NEP}$，因为它是大气中二氧化碳的净损失量。

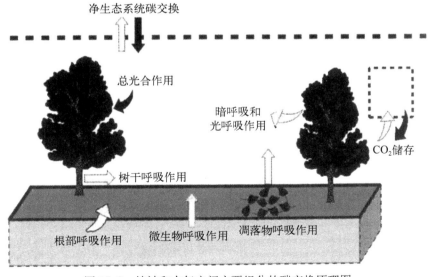

图 17.8　植被和大气之间主要组分的碳交换原理图

图 17.9 显示了 24 小时的时间段内,植被表面 CO_2 交换的组分是如何变化的(Monteith,1962)。轴 OO' 表示零通量。zasbz′线表示大气和土壤植被系统之间的净生态系统交换(**NEP** 或 — **NEE**)。 当系统中的 CO_2 存在净呼吸损失时,晚间的 CO_2 通量会增加,当 CO_2 光合摄取速率超过白天的吸收率时,白天的 CO_2 通量会降低,所以作物存在一个净碳增益。存在几个吸收源有助于 CO_2 的吸收通量:植物叶、茎和生殖器官及植物根系(自养呼吸);分解死掉植物的土壤微生物(异养呼吸)。午夜至日出之间的总吸收量由 za 表示。在日出时(a 点),光合系统开始吸收一些呼吸产生的 CO_2,当太阳辐照度达到植被的光补偿点时,并且净向上通量达到零,这一时间点通常发生在日出后约 $1\sim2\,h$。当辐照度超过光补偿点后,CO_2 净向下通量代表大气对光合作用的贡献。在日落之前很短的时间段内,会再次达到补偿点,日落之后的呼吸速率由 bz′显示。

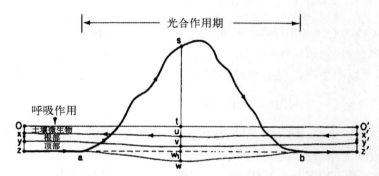

图 17.9　植被上方 CO_2 通量的日变化,由粗线 zasbz′表示。表示零通量的坐标轴是 OO'。关于其他组分的说明,请参阅正文

在一天中某一瞬间 CO_2 平衡的组成由 sw 线这一部分得出:

st=大气中的 CO_2 净吸收率;

tw=从植物(自养)和土壤(异养)来源的 CO_2 的呼吸速率;

sw=发生光合作用的 CO_2 的总比例;

uw=植物(自养)呼吸速率;

su=净光合速率。

这些量中只有 st 可以随时通过微气象学方法测定。在白天的呼吸尚不清楚,但我们可以根据夜间应对白天高温调整过的平均通量进行估算(Goulden 等,1996),或采用与 Monteith(1962)一样的简单方法,通过绘制一条穿过 za 和 bz′的直线与 sw 在 w_1 处相交。ww_1 段表示由于日间较高的土壤和空气温度导致的总的呼吸增加量。土壤生物(异养呼吸)的总呼吸比例很难通过实验测定,因为在根际中存在的植物根系会刺激微生物的活性。如果 β 是自养呼吸占总呼吸系统的比例则瞬时净光合率为$(sw_1)-\beta(tw_1)$。在农作物生命周期

中，β 值将从萌芽时期的 0 最大能增加到作物成熟时的 0.5～0.9。

24 小时期间综合光合作用率如下。

总光合作用率：asbwa≈asbw$_1$a 区域；

植物呼吸率：xux$'$z$'$wzx 区域；

净光合作用率：zsz$'$x$'$uxz 区域。

实际上，24 h 期间净光合速率可以在 zasbz$'$O$'$Oz 区域找到，也可以在土壤生物的夜间呼吸中发现，其净光合速率是总的夜间呼吸净光合速率的 $(1-\beta)$ 倍。

从大气传递到作物上的 CO_2 净通量 $\mathbf{P}_a$ 的测量从 20 世纪 60 年代就开始了，一般使用微气象学梯度法和红外气体分析仪（如 Biscoe 等，1975）。20 世纪 80 年代研究人员开发了可靠快速响应的 CO_2 分析仪以对作物进行涡度协方差测量（Ohtaki，1984；Anderson、Verma，1986；Verma 等，2005），这种更直接的技术现在常用于短期和长期的气象研究中［见 Baldocchi 的综述（2003）］。

1. 农作物的碳收支

在第一次对植被与大气之间的二氧化碳交换的长期跨学科研究中，Biscoe 等（1975）使用空气动力学法和鲍恩比法来衡量整个完整的生长季节大麦作物的 $\mathbf{P}_a$，并通过测量土壤与根系的呼吸作用从而能在每小时的基础上计算净光合速率，以此完善了他们的研究。图 17.10 显示了从最大绿叶面积开始的阶段到接近收获阶段的连续 5 周的时间段内，光合速率与辐照度之间的关系。在这一阶段开始时，光合速率随辐照度的增加而增加，即使在强阳光下也是如

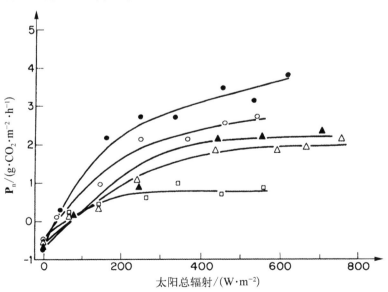

图 17.10　大麦作物固定的净 CO_2 和开花期 5 周后的辐照度之间的关系。日期，总绿叶面积指数和符号如下所示：6 月 28 日，5.95(●)；6 月 5 日，5.69(○)；6 月 12 日，5.59(▲)；6 月 26 日，2.68(▫)(Biscoe 等，1975)

此。后来,当树叶衰老时,光合作用的最大速率会下降,并在稳步的低辐照度下达到最大值。下降的一部分原因是绿叶面积的减少,但单个生物的光合活性的变化也会影响作物的光合作用。

图 17.11 显示了冠层完全成熟但尚未衰老的 8 天时间内,二氧化碳每小时通量累积的结果。在循环周期中的碳累积进程对应于白天和夜间的连续,对应时间中作物会吸收或释放二氧化碳。在此示例中,光照是限制生产力的主要因素,每一天光合作用的巨大差异与直方图所示的日照值具有很好的一致性。对作物在足够长的时间中 CO_2 交换的研究表明,如图 17.11,光合活性的短期变化对确定作物一周内的生长时期具有重要作用,这使得微气象测量法可与作物直接取样法(破坏性的)进行比较。

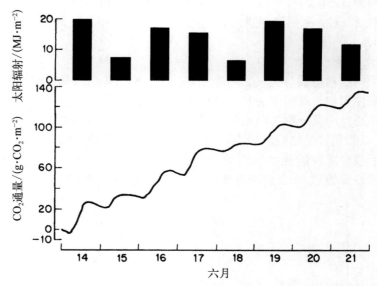

图 17.11　1972 年 6 月 14—21 日期间大麦作物每小时的净 CO_2 固定速率。直方图为每一天的太阳辐射总量(Biscoe 等,1975)

Suyker 和 Verma(2012)分析了玉米大豆作物系统的碳收支,其中通过涡度协方差法经过几年时间测定了 P_a 值。叶面积指数 LAI 是确定玉米 GPP 年际变化的主导因素;对于大豆而言,LAI 和光合作用有效辐射 PAR 的季节性输入均对 GPP 的年际变化有影响。约 70% 的玉米 GPP 生态系统呼吸作用下被消耗掉。相比之下,在大豆中,几乎所有年际 GPP 都在生态系统呼吸作用下被消耗掉,这导致只有一个较小的年际 NEP。这些作物物种之间的差异可能与它们光合作用的生化途径的差异性有关(玉米 C_4 对比大豆 C_3)。

2. 森林的碳收支

如上所述,气象方法允许在时间尺度上进行研究,这个时间尺度允许对这个领域内要研究的天气产生生理反应。Anthoni 等(1999)使用涡度协方差法来研究俄勒冈州中部开阔冠层的老龄黄松林系统的 CO_2 和能量交换，这个地区的夏天非常干燥。图 17.12 表明净生态系统碳交换量（**NEE**），潜热通量（**LE**）和生态系统呼吸作用（$\mathbf{R}_e$）的变化，研究利用了 1997 年 7—8 月约 40 天的一些天气因素。辐射记录（$\mathbf{S}_r$）表明，这些时间段中天气通常都是晴朗无云的，除了有三个阶段寒冷，潮湿的空气团从太平洋侵入该地区。在云团入侵后，高压重新建立，由于该区域能量达到平衡，空气温度（T_a）和水蒸气压差（VPD）也稳步增加。呼吸作用，受到空气和土壤温度的剧烈影响，与空气温度产生同步变化。但二氧化碳的净吸收量（**NEP**）却通常接近于零，只有当 VPD 低于约两千帕时，**NEP** 才会急剧地增加。对辐射和温度产生响应的二氧化碳通量更详细的分析显示，在具有较大的 VPD 的炎热天气中 **NPP** 的下降主要是因为总光合作用值只有更潮湿的天气中的一半，而不是因为呼吸量显著增加的结果。光合作用的下降可能是因为气孔关闭，以避免过量水分在这种强

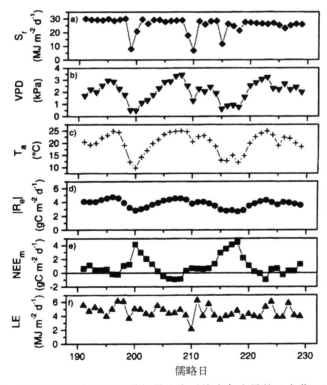

图 17.12　俄勒冈州中部开阔的黄松林生态系统中各个量的日变化(a) 每日总太阳暴晒值 S_r；(b) 平均日间水蒸气压差 VPD；(c) 平均每日空气温度 T_a；(d) 每日总生态系统呼吸量 R_e（绝对值）；(e) 当 CO_2 被生态系统吸收时，CO_2 **NEE**m 每日净生态系统交换量[使用涡度协方差方法来测量并绘制为正数（NB：与图 17.12 相反规定）]；(f) 每日的潜热通量 **LE**（用涡度协方差法测量）（Anthoni 等，1999）

耦合生态系统中流失。

在图 17.12 中，**LE** 相对稳定，但温度和 VPD 的差异非常大，图 17.12 还展示了当土壤干燥，蒸发量很大时气孔是如何调节的。这种调节可以将枝叶的蒸发率调节到与水分可以通过根系和茎传递从土壤传递出去的速率相同。如果未出现此动态平衡，根系和枝叶之间的水势梯度会变得很大，导致植物木质中的水层将被打破（气蚀），这会对植物产生潜在的破坏性后果（Sperry，1995）。

在一项开创性研究中，Wofsy 和他的同事在 1992 年开始对哈佛森林（42.5°N，72.2°W）CO_2 交换进行长期的微气象学测量。经过认真的校验并利用数据分析技术，他们获得了超过 20 年的树林净碳积累量的连续记录，并支持与生物识别测量来验证数据（Bonford 等，2001；Urbanski 等，2007）。图 17.13 说明了 1992—2004 年，生态系统碳交换的组分的年际变化。呼吸率 **R** 可以通过在夜间观察到的涡流通量来解释，此时摩擦速度在 $0.2 \ \mathrm{m \cdot s^{-1}}$ 的最小阈值之上，并可以在土壤空气温度变化的基础上推断每日总的 **R** 值。总生态系统交换通过 **NEE－R** 计算。气象学系统及相关的物理及生物测量的详细信息允许他们确定年际变化量。例如，1998 年较低的总碳吸收量（**GEE**）是由

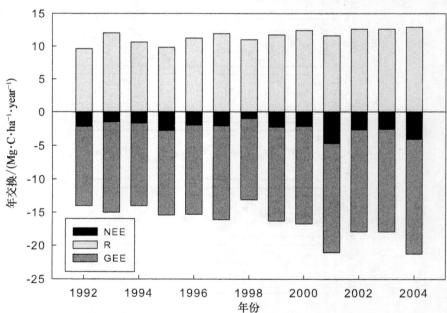

图 17.13　1992—2004 年，大气与北部温带阔叶林的 CO_2 年度交换组分（美国，哈佛森林）。净生态系统交换量 **NEE**（负号表示从大气中损失的 CO_2）使用涡度协方差方法测量。呼吸量 **R** 可以通过被用于估计日间呼吸量的夜间 **NEE** 测量值推断出来。总生态系统交换量 **GEE** 通过 **NEE－R** 计算。数据集包含前一年的 10 月 28 日到本年度的 10 月 27 日。数据栏并不是累积的，即 1992 的 **NEE** 是 －2.2，**GEE** 是 －11.8 $\mathrm{Mg \cdot C \cdot ha^{-1} \cdot}$ 年$^{-1}$（根据 Urbanski 等数据进行绘制，2007）

初夏的低温和过多的云量造成的,这种天气状况会抑制光合作用;与此相反的是,在 2001 年平均水平之上的光合作用导致了大量的碳吸收;1995 年的(**NEE**)很大是因为夏天干燥的土壤抑制了呼吸作用。对全世界生态系统使用的这种测量提供了净碳积累量的信息(CO_2 封存),可以用来探讨植被-大气的相互作用和测试全球的和区域性的碳循环模型(Baldocchi,2008)。

340

17.2.3　农作物吸收二氧化硫和其他污染物的通量

大气中的二氧化碳传递到农作物上并在光合作用发生的位置被吸收,作物冠层内的污染物气体也会通过同样的方式被传递和吸收。这一过程有时被称为干沉降,将其与雨雪中污染物的湿沉降区分开来。

一般情况下,污染物气体可以在冠层的不同位置被吸收(或吸附),这要依据树叶内或树叶表面和土壤-空气界面的气体溶解度和对物质的亲疏性。阻力模拟物可以用于量化不同的通路施加的控制,将分析应用于微气象的通量测量中,这些通量一般使用梯度或涡度协方差法来确定。

341

图 17.14 显示了小麦冠层中二氧化硫干沉降的阻力模拟物(Fowler 和 Unsworth,1979)。冠层内湍流传递的阻力要比与植被和土壤集聚处相关的阻力小得多,并且可以忽略不计。冠层中有四个可能汇集处:(1) SO_2 可能通过气孔扩散,并溶解在气孔下腔的细胞腔内,最终变成植物代谢中的硫酸盐。气孔通路的冠层阻力组分 r_{c1} 类似于水蒸气损耗的冠层阻力,但 SO_2 较小的扩散系数需要进行校正。(2) SO_2 可能被叶片的表面吸收或吸附;控制阻力 r_{c2} 可能取决于表面结构,也取决于沉积颗粒、灰尘、其他污染物的物理和化学特性等。(3) 如果叶片表明存在水滴,那这些叶片就会吸收 SO_2;阻力 r_w 受到其他可溶性物质的影响,并且阻力会随着液体中酸度的增加而增加,最终停止进一步吸收 SO_2。(4) 通过冠层传递的 SO_2 可以被土壤吸收;白垩质土壤的阻力 r_{c3} 小于黏土。

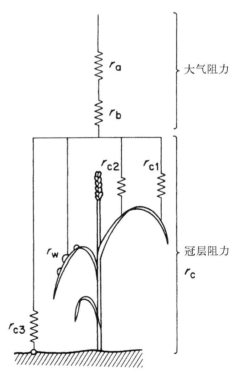

图 17.14　干沉降到小麦冠层上的 SO_2 的阻力模拟,空气动力学阻力 r_a,附加边界层阻力 r_b,以及冠层阻力中的气孔吸收阻力 r_{c1},表面沉积阻力 r_{c2},土壤吸收阻力 r_{c3},被表面水分吸收的阻力 r_w (Fowler、Unsworth,1979)

农作物吸收的 SO_2 通量 $\mathbf{F}_s$ 可以由式(17.14)描述：

$$\mathbf{F}_s = \frac{S}{r_{aM} + r_b + r_c} \tag{17.14}$$

式中，S 为农作物之上某个参考高度的 SO_2 浓度，而冠层阻力 r_c 为图 17.14 中各阻力并联时的合力。

Fowler 和 Unsworth(1979)利用空气动力学方法和一种在五个高度测量 SO_2 浓度的化学方法，测量了英国中部小麦作物整个生长季节中的 $\mathbf{F}_s$，r_{aM} 值为 $10\sim200 \ s \cdot m^{-1}$，$r_b$ 值为 $20\sim100 \ s \cdot m^{-1}$(夜间刮微风时这两个值都会更大)。使用式(17.14)，可以推导出 r_c 的值，通过解释日变化可以估计组分的阻力。在白天，假设农作物干燥且没有衰老，r_c 的值受到气孔通道的控制；因此，这一天内 r_c 的最小值为 $50\sim100 \ s \cdot m^{-1}$，从而可以近似估算 r_{c1} 的值(图 17.14)。到了夜晚，当气孔关闭，r_c 增至约 $250\sim300 \ s \cdot m^{-1}$，这是 r_{c2} 的一个估值。此值要比用于水蒸气损耗的作物表皮阻力低一个数量级(假设叶面积指数约等于 4.5)，该值表示在一个叶表面上存在一个有效 SO_2 吸收点。图 17.15 显示了露水在早上 $3\sim6$ 点的形成情况，r_c 会迅速降低到大约 $100 \ s \cdot m^{-1}$，这表明该 r_w 在这种情况下是控制阻力。当作物衰老时对通量测量值的分析表明冠层下土壤对 SO_2 的吸收并不显著。从对 r_c 的组成和季节性平均 SO_2 浓度($50 \ \mu g \cdot m^{-3}$)的了解可以知道，小麦作物在五月至七月估计会吸收 11 kg 硫 $\cdot ha^{-1}$(即 1.1 g 硫 $\cdot m^{-2}$)；5 kg 硫 $\cdot ha^{-1}$ 通过气孔进入了作物细胞内，6 kg 硫 $\cdot ha^{-1}$ 沉积在叶片表面上。Fowler 等(1989)应用相似的原理估计每年树林中通过干沉积和其他进程沉降的硫含量。

这些测量和分析 SO_2 通量的方法适用于其他气态污染物。例如，Wesley 和 Hicks(1977)用涡度协方差法技术研究沉积在玉米上的臭氧，表明气孔控制了 r_c 的主要组成，但是，与 SO_2 的情况相反冠层下土壤对臭氧的吸收也是一个重要的途径。Fowler 等(1989)用阻力模型将草原和森林上干沉积气态污染物的年度数量与湿沉积的气态污染物的年度数量进行了比较。

正如二氧化碳的净通量可能出现在叶子和大气之间的任何一个方向上，与植物代谢相关来源的其他微量气体的通量也是如此。其中一个例子是氨(NH_3)。注意：植物的代谢过程中会产生铵，并且在植物组织中会与 NH_3 气达到平衡状态，Farquhar 等(1980)假设在气孔中有一个 NH_3 的"补偿浓度"(χ_s)，当大气浓度超过 χ_s 时，NH_3 通量会进入叶片中，但会在大气浓度低于 χ_s 时，NH_3 通量会从叶片中流出。他预计 χ_s 将取决于植物组织的氮(N)的状态。Sutton 等(1993)使用空气动力学梯度法并结合过滤器来测量未受精的(低 N)半自然植被和受精的(高 N)作物中的氨交换量。正如 Farquhar 预计的，他发现，通量方向取决于大气中 NH_3 浓度，明显的冠层补偿点在植被的氮元素状况改变时也会发生改变。图 17.16(Sutton 等,1995)说明了这些发现。

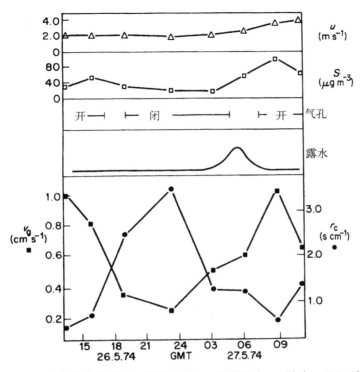

图 17.15　小麦作物上的 SO_2 沉积速度 v_g，冠层阻力 r_c，风速 u，SO_2 浓度 S 的日变化。露水沉积的持续时间和估计气孔开放的持续时间也表示在图中。所有与高度相关的参数都处于零平面 1 m 以上（Fowler、Unsworth，1979）

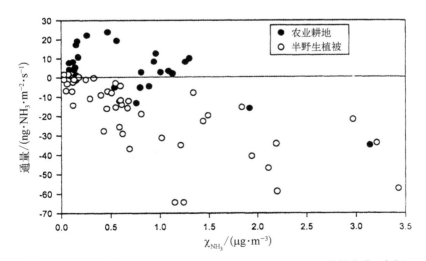

图 17.16　大气与两种类型的植被冠层之间的氨（NH_3）通量的变化（当氨通量来源于植物传递到大气时，通量值为正）（Sutton 等，1995）

通过修改图 17.14 的阻力模型,以涵盖树叶内的 NH_3 补偿浓度和 NH_3 的来源,Sutton 等开发了一个能解释观察值的模型并可能用于估算各种生态系统中每年干沉降的 NH_3 含量,也可以应用在区域尺度上(Asman 等,1998;Nemitz 等,2001)。

[344] 17.3　冠层内物质传递的测量和建模

17.3.1　冠层内的物质传递过程

本章前面的大部分内容一直关注植物冠层上的热量、物质和动量的垂直廓线和湍流涡旋传递的测量和解释,以推断准确的通量并确定控制阻力。有一种想法是通过分析冠层内的测量值推测出冠层内的通量,进而探讨冠层中不同的层是如何影响并控制总通量的。这一问题困扰了环境物理学家 50 多年。初步研究试图使用湍流扩散系数理论(K-理论),将冠层内观察到的局部均值浓度梯度(廓线)与局部湍流通量联系起来。然而,正如前文讨论的那样,大量的理论分析(如 Raupach,1989)和实验测量(如 Denmead、Bradley,1985)已经证明冠层内的标量和动量通量不服从 K-理论。Finnigan(1985)和其他研究人员指出了扩散系数可以被定义为一个简单传递机制函数(即通量-梯度关系),但只有当传递机制的规模比梯度的规模小得多的时候才适用。在冠层内,我们认为湍流(传递机制)产生的时间主要发生在树叶后的涡流区和其他群体冠层内结构中,这远小于风速和冠层内其他物质的平均梯度值,所以我们定义的局部涡流扩散系数和通量梯度关系的概念似乎是适当的。但是测 [345] 量值表明,接近粗糙表面的大的相干涡旋是动量和热量传递的主要机制,并且它们的产生与冠层表面的总粗糙度的相关性更大,而非与这些元素的精细结构相关,这些大湍流涡流渗透到植被冠层中,负责冠层与大气之间大量的物质交换,并且其违反 K-理论的假设。

实验证据表明了冠层内通量-梯度关系和强阵风在穿透冠层中所起作用的失效,如图 17.17 和图 17.18(Finnigan,1985)(请参见图 16.11)。在图 17.17 中,垂直温度廓线,平均测量时间超过一个小时,在冠层中间层具有最大值,在最大吸收太阳辐射的可能区域内中保持恒定。通量-梯度理论可以预测从这个层面向上(朝向自由大气)和向下(朝向地面)的显热通量,但在冠层下方观察到的通量(H_6)是“反梯度的”。图 17.18 显示了在通量测量的 2 min 的时间内,冠层温度廓线是如何演变的,表明冠层内物质的传递受到强阵风的影响,这种影响会持续 1 min 或更长,并且来自上方的冷空气会代替冠层内的大气。

如果 K-理论不能用于推导冠层内观察到的平均浓度通量和源强度,那其他方法可以吗?有两种方法取得了一些进展,拉格朗日分析和欧拉对流-扩

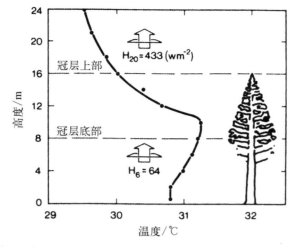

图 17.17　利用涡度协方差法得到的一片宽广的黄松树林冠层之上和之下的空气温度的垂直廓线（平均超过 1 小时）和同步测量值（Finnigan，1985）

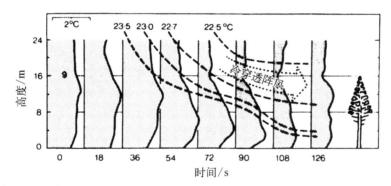

图 17.18　在图 17.17 所示一小段时间内测得的平均时间超过 10 s 的温度廓线。每一时间段开始时间都要早于每条廓线 18 s。虚线是恒定温度的轮廓，温度廓线的基准为 18.5℃（Finnigan，1985）。

散模型。（在拉格朗日分析中，扩散是根据一个空气"块"进行计算的，因为它会被平均风速进行平流输送，欧拉模型得到的解与一个固定的网格有关。不同方法之间需要预先指定数据，但两种方法都有必要指定或计算冠层内的流场。）关于这两种方法的详细信息都超出了本书的范围，但是参考下面的示例将会得到很好的指导。

　　Raupach（1989）开发了一个适用于植物冠层的拉格朗日"本地化近场"（LNF）理论，这一理论已由一些研究团队成功地应用。例如，洛伊宁等（2000）应用 LNF 方法来估计从观察浓度场和湍流数据得到的水稻冠层中热量、二氧化碳、水蒸气、甲烷的来源/汇集处（所谓的反逆法）。

　　Katul 等（2001）测试了由 Katul 和 Albertson（1999）利用上述 Leuning 等（2000）对水稻冠层研究的数据开发出的欧拉模型。使用冠层内的模型耦合的标量和动量传输同时来推断平均浓度分布的来源或汇集处。模型计算值与冠层顶部的通量测量值相符合。然而,模型分析结果显示了一个与 Leuning 等 (2000)使用 LNF 模型推断的结果完全不同的冠层中的 CO_2 来源/汇集分布。Katul 等(2001)得出结论:在一般情况下,根据冠层内平均浓度标量估计的来源分布要比许多处理过程复杂得多,欧拉和拉格朗日方法都不能解决这些过程中存在的问题。对于密集的冠层,Harman 和 Finnigan(2008)为冠层内通量提出了一个简单的一维模型,与冠层上粗糙度子层传递相耦合,能成功地再现动量和水蒸气的来源/汇集处分布的廓线。Siqueria 和 Katul(2010)扩展了这一方法在 CO_2 通量上的应用,并发现他们的模型能生成合理的 CO_2 廓线。然而,由于上述原因,即使这些更新的一维模型也不太可能适用于稀疏的冠层。

拓展的反逆法,利用数值模型来估计观察到的浓度和流场的来源和汇集处,很可能要继续成为一个活跃的研究领域,但也存在重大的挑战,因为大气逆建模问题在数学上存在适定性问题和内在的不稳定性问题(Styles, 2002),观察上的小错误会转化为预测来源分布过程中很大的不确定性。

17.3.2　冠层中的合成廓线

尽管作物冠层的传递性质尚未完全清楚,但有可能从已知的来源/汇集处的分布来模拟现实中冠层内的微气候。有两个原因会出现不一致性:(1)如前所述,从观察到的廓线推导出的来源和汇集处的强度对测量的廓线的形状是极其敏感的。虽然这限制了从测量到的廓线上推导通量分布的范围,但逆向关系意味着通过综合这些来源近似的分布地点可以产生合理的廓线;(2)叶片与大气之间的水蒸气、CO_2 和一些污染物气体传递的主要限制与气孔有关,所以各层的冠层中气孔阻力的实际分布现实要结合各层冠层间大气传递的一个相对不确定的模型来产生冠层廓线。一些研究显热和潜热模型的文献的工作流程都遵循同样的程序:

(1)在冠层内辐射能量的分布表示为一个累积叶面积指数的函数;

(2)每一片叶子吸收的净辐射在显热和潜热之间被分开,对气孔分布和叶边界层阻力做出假设;

(3)使用扩散模型(K-理论,拉格朗日或欧拉模型)估计冠内的物质转移。

这种类型的模型由 Waggoner 和 Reifsnyder(1968)、Goudriaan(1977)、McNaughton 和 van den Hurk(1995)及 Baldocchi 和 Myers(1998)提出。作为一个归纳,该模型展示了冠层与上方之间的空气热量和水蒸气的交换更多地取决于气孔的行为,而非冠层内微气候的结构。

虽然这些模型可以提供一些概念来了解冠层内来源和汇集处的分布,但它们在模拟大气和冠层下方的土壤之间的交换方面往往会有不足,这是由于对与边界层和土壤表面相关的通量的控制(阻力)很难以一种简便的形式进行定义。这对于密集冠层具有重大的意义,但对于稀疏的冠层和作物成长的早期阶段仍然需要研究。Choudhury 和 Monteith(1988)提出了一种试图求解分为四离散层的冠层和土壤的热平衡方程的方法,但类似的方法已被用于估计稀疏冠层的蒸发量(Shuttleworth、Wallace,1985)。

17.3.3　对通量的"足迹"建模

对通量"足迹"的测量描述了可以在一个测量点利用仪器测量到通量的逆风源区。扩散模型通过量化通量足迹,并解释在逆风源和汇集处的何种空间异变有助于同量的测量,在解释冠层之上和之间的通量方面相当有用。更具体地说,通量足迹是在一个特定逆风点中产生的通量将会在测量点上检测到的概率。Schmid(2002)全面综述了这一方面的文献。用于在冠层之上进行测量的通量足迹可以使用欧拉格朗日的扩散模型可靠地估计,同时相比于旧的经验估计法,扩散模型也可以更加深入地了解源区和测量高度之间的关系。在冠层内,计算更成问题,因为涡流的速度、时间和长度尺度是异构性的,并且在各个冠层上也非常不同。图 17.19 说明了 Baldocchi(1997)使用一个可以应用在冠层之上和之下的拉格朗日随机模型对一片高 16 m 的树林的通量足迹进行的计算。

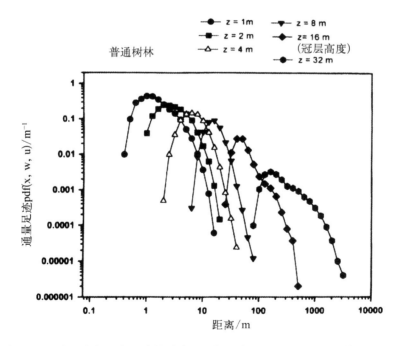

图 17.19　在一个假设为近中性稳定的"普通"树林之上和之中的若干个高度观察点的源概率密度函数(pdf)。pdf 是将会在限定高度上观察到的流体元素在大量逆风位置上释放的概率。树林的高度(h)假定为 16 m,零平面位移 d 是 0.60 h,粗糙度长度 z_0 是 0.10h。假设了冠层内的一天指数式的风速廓线(Baldocchi,1997)

图 17.19 展示了在 32 m、2 倍于冠层高度上进行的测量,其中包括处于中性稳定性的 3 km 上风的重大的通量作用。相比之下,在冠层内 2 m 高度上观察到的通量的概率函数在接收端 3 m 逆风区内达到峰值,但在超过 20 m 的高度上只能接收到很少的通量信息。这表明了当林下叶层是非均质的时候,利用微气象学法测量的代表性的冠层下方的通量的困难以及匹配上层和下层冠层流量测量值来解释景观尺度与大气相互作用的问题。

17.4　习题

1. 一片短草坪的粗糙度长度 $z_0=1$ mm,零平面位移 $d=7$ mm。利用范围为 $0.5 \sim 3.0$ m·s^{-1} 的风速确定动量传递的空气动力学阻力(r_{aM})的变化和附加的空气动力学阻力值(r_b),假定测量高度为 5.0 m。

2. 农作物冠层上的摩擦速度 u_* 为 0.25 m·s^{-1},Δ/γ 的比值为 2.0,假定参数 B^{-1} 的值为 4.0,冠层阻力 r_c(s·m^{-1})和鲍恩比之间的关系由定义给出(Monteith,1965),在范围为:$0<\beta<10$,计算以下变量:(1)r_c;(2)过量阻力 $r_c'-r_c$;(3)"真实的"冠层阻力 r_c';(4)使用 r_c 而非 r_c' 产生的相对误差[即:$(r_c'-r_c)/r_c'$]。

3. 在晴朗的夏日,密集的道格拉斯杉木林中中午时间测量的潜热通量 λE 为 200 W·m^{-2},净辐射 R_n 为 600 W·m^{-2},土壤热通量为 50 W·m^{-2},在冠层参考水平以上的空气温度和水蒸气亏缺分别为 28.0℃和 2.0 kPa。如果冠层和参考高度之间的气动阻力 r_{aM} 是 10.0 s·m^{-1},估计冠层阻力 r_c,说明任何你要做出的假设。如果这种阻力保持不变,λE 随饱和亏缺如何变化?在实际中,你希望看到这种变化吗?

4. 对于问题 3 中的数据,假定在树林参考高度上观测的二氧化硫(SO$_2$)浓度为 100 μg·m^{-3}。如果气孔吸收 SO$_2$ 的冠层阻力与问题 3 中计算的水蒸气损失的阻力相同,但对于叶表面上沉积的气体,存在一个 300 s·m^{-1} 并联阻力,估计大气中的 SO$_2$ 沉积速度和进入植物中的 SO$_2$ 的比例。所做出的假设可能是有效的吗?

参考文献

Achenbach, E., 1977. The effect of surface roughness on the heat transfer from a circular cylinder. International Journal of Heat and Mass Transfer 20, 359–369.

Allen, R.G., Pereira, L.S., Raes, D., Smith, M., 1998. Crop evapotranspiration (guidelines for computing crop water requirements). In: Organization, U.F.A.A., FAO Irrigation and Drainage Paper, No. 56. FAO, Rome.

Allen, R.G., Smith, M., Pereira, L.S., Perrier, A., 1994a. An update for the calculation of reference evapotranspiration. International Commission on Irrigation and Drainage (ICID) Bulletin 43, 1–34.

Allen, R.G., Smith, M., Pereira, L.S., Perrier, A., 1994b. An update for the calculation of reference evapotranspiration. International Commission on Irrigation and Drainage (ICID) Bulletin 43, 35–92.

Anderson, D.E., Verma, S.B., 1986. Carbon dioxide, water vapor and sensible heat exchanges of a grain sorghum canopy. Boundary-Layer Meteorology 34, 317–331.

Anderson, M.C. 1966. Stand structure and light penetration. II A theoretical analysis. Journal of Applied Ecology 3.

Angstrom, A., 1929. On the atmospheric transmission of sun radiation and on dust in the air. Geografiska Annaler 11, 156–166.

Anthoni, P.M., Law, B.E., Unsworth, M.H., 1999. Carbon and water vapor exchange of an open-canopied ponderosa pine ecosystem. Agricultural and Forest Meteorology 95, 151–168.

Ar, A., Pagenelli, C.V., Reeves, R.B., Greene, D.G., Rahn, H., 1974. The avian egg; water vapour conductance, shell thickness and functional pore area. Condor 76, 153–158.

Asman, W., Sutton, M., Schjorring, J., 1998. Ammonia: emission, atmospheric transport and deposition. New Phytologist 139, 27–48.

Asrar, G., Fuchs, M., Kanemasu, E.T., Hatfield, J.L., 1984. Estimating absorbed photosynthetic radiation and leaf area index from spectral reflectance in wheat. Agronomy Journal 76, 300–306.

Aylor, D.E., 1975. Force required to detach conidia of Helminthosporium maydis. Plant Physiology 55, 99–101.

Aylor, D.E., 1990. The role of intermittent wind in the dispersal of fungal pathogens. Annual Review of Phytopathology 28, 73–92.

Aylor, D.E., Ferrandino, F.J., 1985. Rebound of pollen and spores during deposition on cylinders by inertial impact. Atmospheric Environment 19, 803–806.

Bagnold, R.A., 1941. The Physics of Blown Sand and Desert Dunes. Chapman and Hall, London.

Bailey, B.J., Meneses, J.F., 1995. Modelling leaf convective heat transfer. Acta Horticulturae 399, 191–198.

Baker, C.J., 1995. The development of a theoretical model for the windthrow of plants. Journal of Theoretical Biology 175, 355–372.

Principles of Environmental Physics, Fourth Edition. http://dx.doi.org/10.1016/B978-0-12-386910-4.00026-3

Bakken, G.S., Gates, D.M., 1975. Heat transfer analysis of animals. In: Gates, D.M., Schmerl, R.G. (Eds.), Perspectives of Biophysical Ecology. Springer-Verlag, New York.

Bakwin, P.S., Tans, P.P., Hurst, D.F., Zhao, C., 1998. Measurements of carbon dioxide on very tall towers: results of the NOAA/CMDL program. Tellus 50B, 401–415.

Baldocchi, D., 1997. Flux footprints within and over forest canopies. Boundary Layer Meteorology 85, 273–292.

Baldocchi, D., 2008. Turner Review No. 15."Breathing" of the terrestrial biosphere: lessons learned from a global network of carbon dioxide flux measurement systems. Australian Journal of Botany 56, 1–26.

Baldocchi, D., Hicks, B., Meyers, T., 1988. Measuring biosphere-atmosphere exchanges of biologically related gases with micrometeorological methods. Ecology 69, 1331–1340.

Baldocchi, D., Meyers, T., 1998. On using eco-physiological, micrometeorological and biogeochemical theory to evaluate carbon dioxide and water vapor and gaseous deposition fluxes over vegetation: a perspective. Agricultural and Forest Meteorology 90, 1–25.

Baldocchi, D., Vogel, C., 1997. Seasonal variation of energy and water vapor exchange rates above and below a boreal jack pine forest canopy. Journal of Geophysical Research, 102, 28939–28951.

Baldocchi, D.D., 2003. Assessing the eddy covariance technique for evaluating carbon dioxide exchange rates of ecosystems: past, present and future. Global Change Biology 9, 479–492.

Baldocchi, D.D., Meyers, T.P., 1991. Trace gas exchange above the floor of a deciduous forest: 1. Evaporation and CO_2 efflux. Journal of Geophysical Research 96, 7271–7285.

Barford, C.C., Wofsy, S.C., Goulden, M.L., Munger, J.W., Pyle, E.H., Urbanski, S.P., Hutyra, L., Saleska, S.R., Fitzjarrald, D., Moore, K., 2001. Factors controlling long- and short-term sequestration of atmospheric CO_2 in a mid-latitude forest. Science 294, 1688–1691.

Barrow, J.D., 2012. How Usain Bolt can run faster- effortlessly. Significance 9, 9–12.

Baumgartner, A., 1953. Das Eindringen des Lichtes in den Boden. Forstwissenschaftlisches Zentralblatt 72, 172–184.

Beament, J.W.L., 1958. The effect of temperature on the water-proofing mechanism of an insect. Journal of Experimental Biology 35, 494–519.

Becker, F., 1981. Angular reflectivity and emissivity of natural media in the thermal infrared bands. In: Proceedings of Conference on Signatures Spectrales D'objets en Teledetection, 8–11 September 1981, Avignon. 57–72.

Becker, F., Ngai, W., Stoll, M.P., 1981. An active method for measuring thermal infrared effective emissities: implications and perspectives for remote sensing. Advanced Space Research 1, 193–210.

Bentley, P.J., Blumer, F.C., 1962. Uptake of water by the lizard *Moloch horridus*. Nature 194, 699–700.

Berman, A., 2004. Tissue and external insulation estimates and their effects on prediction of energy requirements and of heat stress. Journal of Dairy Science 87, 1400–1412.

Betts, A., Goulden, M., Wofsy, S., 1998. Controls on evaporation in a boreal spruce forest. Journal of Climate 12, 1601–1618.

Bird, R.B., Riordan, C., 1986. Simple solar spectral model for direct and diffuse irradiance on horizontal and tilted planes at the Earth's surface for cloudless atmospheres. Journal of Climate and Applied Meteorology 25, 87–97.

Bird, R.B., Stewart, W.D., Lightfoot, E.N., 1960. Transport Phenomena. John Wiley, New York.

Bird, R.E., Hulstrom, R.L., 1981. Simplified Clear Sky Model for Direct and Diffuse Insolation on Horizontal Surfaces. Solar Energy Research Institute, Golden, CO.

Biscoe, P.V., 1969. Stomata and the Plant Environment, Ph. D. Thesis, University of Nottingham, Nottingham, UK.

Biscoe, P.V., Clark, J.A., Gregson, K., McGowan, M., Monteith, J.L., Scott, R.K., 1975a. Barley and its environment: I. Theory and practice. Journal of Applied Ecology 12, 227–257.

Biscoe, P.V., Scott, R.K., Monteith, J.L., 1975b. Barley and its environment. III. Carbon budget of the stand. Journal of Applied Ecology 12, 269–293.

Black, T.A., den Hartog, G., Neumann, H.H., Blanken, P.D., Yang, P.C., Russel, C., Nesic, Z., Lee, X., Chen, S.G., Staebler, R., Novak, M.D., 1996. Annual cycles of water vapor and carbon dioxide fluxes in and above a boreal aspen forest. Global Change Biology 2, 219–229.

Blanken, P.D., Black, T.A., Yang, P.C., Neumann, H.H., et al., 1997. Energy balance and canopy conductance of a boreal aspen forest: partitioning overstory and understory components. Journal of Geophysical Research 102, 28915–28927.

Blaxter, K.L., 1967. The Energy Metabolism of Ruminants. Hutchinson, London.

Bonhomme, R., Chartier, P., 1972. The interpretation and automatic measurement of hemispherical photographs to obtain sunlit foliage area and gap frequency. Israel Journal of Agricultural Research 22, 53–61.

Bowers, S.A., Hanks, R.D., 1965. Reflection of radiant energy from soils. Soil Scientist 100, 130–138.

Bowling, D.R., Delany, A.C., Turnipseed, A.A., Baldocchi, D.D., 1999. Modification of the relaxed eddy accumulation technique to maximize measured scalar mixing ratio differences in updrafts and downdrafts. Journal of Geophysical Research 104, 9121–9133.

Bristow, K.L., Campbell, G.S., 1986. Simulation of heat and moisture transfer through a surface residue-soil system. Agricultural and Forest Meteorology 36, 193–214.

Bristow, K.L., White, R.D., Kluitenberg, G.J., 1994. Comparison of single and dual probes for measuring soil thermal properties with transient heating. Australian Journal of Soil Research 32, 447–464.

Brown, G.W., 1969. Predicting temperatures of small streams. Water Resources Research 5, 69–75.

Bruce, J.M., Clark, J.J., 1979. Models of heat production and critical temperature for growing pigs. Animal Production 28, 353–369.

Brutsaert, W.H. 1982. Evaporation into the Atmosphere. D. Reidel Publishing Company, Dordrecht, Holland.

Buatois, A., Crose, J.P., 1978. Thermal responses of an insect subjected to temperature variations. Journal of Thermal Biology 3, 51–56.

Burgess, S.S.O., Dawson, T.E., 2004. The contribution of fog to the water relations of *Sequoia sempervirens* (D. Don): foliar uptake and prevention of dehydration. Plant, Cell & Environment 27, 1023–1034.

Burrows, J.P., Platt, U., Borrell, P., 2011. The Remote Sensing of Tropospheric Composition From Space. Springer-Verlag, Berlin, Heidelberg.

Burton, A.C., Edholm, D.G., 1955. Man in a Cold Environment. Edward Arnold, London.

Buss, I.O., Estes, J.A., 1971. The functional significance of movements and positions of the pinnae of the African elephant, *Loxodonta africana*. Journal of Mammalogy 52, 21–27.

Calder, I.R., 1977. A model of transpiration and interception loss from a spruce forest in Plynlimon, central Wales. Journal of Hydrology 33, 247–265.

Calder, I.R., 1986. The influence of land use on water yield in upland areas of the UK. Journal of Hydrology 88, 201–211.

Calder, I.R., Neal, C., 1984. Evaporation from saline lakes: a combination equation approach. Journal of Hydrological Sciences 29, 89–97.

Campbell, G.S., 1985. Soil physics with BASIC: transport models for soil-plant systems. Elsevier, New York.

Campbell, G.S., 1986. Extinction coefficients for radiation in plant canopies calculated using an ellipsoidal inclination angle distribution. Agricultural and Forest Meteorology 36, 317–321.

Campbell, G.S., McArthur, A.J., Monteith, J.L., 1980. Windspeed dependence of heat and mass transfer through coats and clothing. Boundary-Layer Meteorology 18, 485–493.

Campbell, G.S., Norman, J.M., 1989. The description and measurement of plant canopy structure. In: Russell, G., Marshall, B., Jarvis, P.G. (Eds.), Plant Canopies: their Growth, Form and Function. Cambridge University Press, Cambridge.

Campbell, G.S., Norman, J.M., 1998. Environmental Biophysics. Springer-Verlag, New York.

Campbell, G.S., Van Evert, F.K., 1994. Light interception by plant canopies: efficiency and architecture. In: Monteith, J.L., Scott, R.K., Unsworth, M.H. (Eds.), Resource Capture by Crops. Nottingham University Press, Nottingham.

Cena, K., Clark, J.A., 1978. Thermal insulation of animal coats and human clothing. Physics in Medicine and Biology 23, 565–591.

Cena, K., Monteith, J.L., 1975a. Transfer processes in Animal coats. I. Radiative transfer. Proceedings of the Royal Society of London B. 188, 377–393.

Cena, K., Monteith, J.L., 1975b. Transfer processes in animal coats. II. Conduction and convection. Proceedings of the Royal Society of London B. 188, 395–411.

Cena, K., Monteith, J.L., 1975c. Transfer processes in animal coats. III. Water vapour diffusion. Proceedings of the Royal Society of London B. 188, 413–423.

Chamberlain, A.C., 1966. Transport of gases to and from grass and grass-like surfaces. Proceedings of the Royal Society of London A. 290, 236–265.

Chamberlain, A.C., 1974. Mass transfer to bean leaves. Boundary-Layer Meteorology 6, 477–486.

Chamberlain, A.C., 1975. The movement of particles in plant communities. In: Monteith, J.L. (Ed.), Vegetation and the Atmosphere, vol. 1. Academic Press, London.

Chamberlain, A.C., 1983. Roughness length of sea, sand, and snow. Boundary-Layer Meteorology 25, 405–409.

Chamberlain, A.C., Garland, J.A., Wells, A.C., 1984. Transport of gases and particles to surfaces with widely spaced roughness elements. Boundary-Layer Meteorology 29, 343–360.

Chamberlain, A.C., Little, P. 1981. Transport and capture of particles by vegetation. In: Grace, J., Ford, E.D., Jarvis, P.G. (Eds.), Plants and their Atmospheric Environments. Blackwell Scientific, Oxford.

Chandrasekhar, S. 1960. Radiative Transfer. Dover, New York.

Chen, J., Black, T.A., 1992. Foliage area and architecture of plant canopies from sunfleck size distributions. Agricultural and Forest Meteorology 60, 249–266.

Chen, J., Blanken, P., Black, T.A., Guilbeault, M., Chen, S., 1997. Radiation regime and canopy architecture in a boreal aspen forest. Agricultural and Forest Meteorology 86, 107–125.

Choudhury, B.J., Monteith, J.L., 1988. A four-layer model for the heat budget of homogeneous land surfaces. Quarterly Journal of the Royal Meteorological Society 114, 373–398.

Chrenko, F.A., Pugh, L.G.C.E., 1961. The contribution of solar radiation to the thermal environment of man in Antarctica. Proceedings of the Royal Society of London B. 155, 243–265.

Church, N.S., 1960. Heat loss and the body temperature of flying insects. Journal of Experimental Biology 37, 171–185.

Clapperton, J.L., Joyce, J.P., Blaxter, K.L., 1965. Estimates of the contribution of solar radiation to the thermal exchanges of sheep. Journal of Agricultural Science 64, 37–49.

Clark, J.A. 1976. Energy transfer and surface temperature over plants and animals. In: Evans, G.C., Bainbridge, R., Rackham, O. (Eds.), Light as an Ecological Factor. Blackwell Scientific Publications, Oxford.

Clark, R.P., Toy, N., 1975. Natural convection around the human head. Journal of Physiology 244, 283–293.

Coakley, J.A., Bernstein, R.L., Durkee, P.A., 1987. Effect of ship-stack effluents on cloud reflectivity. Science 237, 1020–1022.

Colls, J., 1997. Air Pollution: an Introduction. Chapman and Hall, London.

Coutts, M.P., 1986. Components of tree stability in Sitka spruce on peaty gley soil. Forestry 59, 173–197.

Cowan, I.R., 1977. Stomatal behaviour and environment. Advances in Botanical Research 4, 117–228.

Dawson, T.E., 1993. Hydraulic lift and plant water use: implications for water balance, performance and plant-plant interactions. Oecologia 95, 565–574.

de Bruin, H.A.R., 1983. A model for the Priestley-Taylor parameter. Journal of Climate and Applied Meteorology 22, 572–578.

Deacon, E.L., 1969. Physical processes near the surface of the earth. In: Landsberg, H.E. (Ed.), World Survey of Climatology: General climatology. Elsevier, Amsterdam.

Denmead, O.T., Bradley, E.F., 1985. Flux-gradient relationships in a forest canopy. In: Hutchinson, B.A., Hicks, B.B. (Eds.), The forest-atmosphere Interaction. D. Reidel, New York.

Digby, P.S.B., 1955. Factors affecting the temperature excess of insects in sunshine. Journal of Experimental Biology 32, 279–298.

Di-Giovanni, F., Beckett, P.M., 1990. On the mathematical modelling of pollen dispersal and deposition. Journal of Applied Meteorology 29, 1352–1357.

Dixon, M., Grace, J., 1983. Natural convection from leaves at realistic Grashof numbers. Plant, Cell and Environment 6, 665–670.

Dollard, G.J., Unsworth, M.H., 1983. Field measurements of turbulent fluxes of wind-driven fog drops to a grass surface. Atmospheric Environment 17, 775–780.

Doorenbos, J., Pruitt, W.O., 1977. Guidelines for predicting crop water requirements. FAO Irrigation and Drainage Paper No.24, second ed. UN Food and Agriculture Organization, Rome.

Duffie, J.A., Beckman, W.A., 2013. Solar Engineering of Thermal Processes. John Wiley and Sons Inc, Hoboken, New Jersey.

Dyer, A.J., 1974. A review of flux-profile relationships. Boundary-Layer Meteorology 7, 363–372.

Dyer, A.J., Hicks, B.B., 1970. Flux-gradient relationships in the constant flux layer. Quarterly Journal of the Royal Meteorological Society 96, 715–721.

Ede, A.J., 1967. An Introduction to Heat Transfer Principles and Calculations. Pergamon Press, Oxford.

Ehleringer, J.R., Bjorkman, O., 1978. Pubescence and leaf spectral characteristics in a desert shrub, *Encelia farinosa*. Oecologia 36, 151–162.

Ellington, C.P., Pedley, T.J. (Eds.), 1995. Biological Fluid Dynamics. Cambridge University Press, Cambridge.

Ennos, A.R., 1991. The mechanics of anchorage in wheat (*Triticum aestivum* L.). Journal of Experimental Botany 42, 1607–1613.

Evans, G.C., Bainbridge, R., Rackham, O. (Eds.), 1976. Light as an Ecological Factor: II. Blackwell Scientific, Oxford, UK.

Fagerlund, U.H.M., Mcbride, J.R., Williams, I.V., 1995. Stress and tolerance. In: C. Groot, L.M., Clarke, W.C. (Eds.), Physiological Ecology of Pacific Salmon. University of British Columbia Press, Vancouver, BC.

Farman, J.C., Gardiner, B.G., Shanklin, J.D., 1985. Large losses of total ozone in Antarctica reveal seasonal ClO_x/NO_x interaction. Nature 315, 207–210.

Farquhar, G.D., Firth, P.M., Wetselaar, R., Weir, B., 1980. On the gaseous exchange of ammonia between leaves and the environment: determination of the ammonia compensation point. Plant Physiology 66, 710–714.

Farquhar, G.D., Roderick, M.L., 2003. Pinatubo, diffuse light, and the carbon cycle. Science 299, 1997–1998.

Finch, V.A., Bennett, I.L., Holmes, C.R., 1984. Coat colour in cattle. Journal of Agricultural Science 102, 141–147.

Finnigan, J.J. 1985. Turbulent transport in flexible plant canopies. In: Hutchison, B.A., Hicks, B.B. (Eds.), The Forest-Atmosphere Interaction. D. Reidel, Dordrecht, Holland.

Finnigan, J.J., 2004. A re-evaluation of long-term flux measurement techniques part II: coordinate systems. Boundary-Layer Meteorology 113, 1–41.

Finnigan, J.J., Brunet, Y., 1995. Turbulent airflow in forests on flat and hilly terrain. In: Coutts, M.P., Grace, J. (Eds.), Wind and Trees. Cambridge University Press, Cambridge.

Finnigan, J.J., Clement, R., Malhi, Y., Leuning, R., Cleugh, H.A., 2003. A re-evaluation of long-term flux measurement techniques part I: averaging and coordinate rotation. Boundary Layer Meteorology 107, 1–48.

Fishenden, M., Saunders, O.A. 1950. An Introduction to Heat Transfer. Clarendon Press, Oxford.

Fitt, B.D.L., Mccartney, H.A., West, J. 2006. Dispersal of foliar plant pathogens: mechanisms, gradients and spatial patterns. In: Cooke, B.M., Jones, D.G., Kaye, B. (Eds.), The Epidemiology of Plant Diseases. Springer, Dordrecht.

Fleischer, R.V., 1955. Der Jahresgang der Strahlungsbilanz sowie ihrer lang-und kurzwelligen Komponenten. Bericht des deutschen Wetterdienstes, Frankfurt.

Fowler, D., Cape, J.N., Unsworth, M.H., 1989. Deposition of atmospheric pollutants on forests. Philosophical Transactions of the Royal Society of London B 324, 247–265.

Fowler, D., Skiba, U., Nemitz, E., Choubedar, F., Branford, D., Donovan, R., Rowland, P., 2004. Measuring aerosol and heavy metal deposition on urban woodland and grass using inventories of ^{210}Pb and metal concentrations in soil. Water, Air and Soil Pollution 4, 483–499.

Fowler, D., Unsworth, M.H., 1979. Turbulent transfer of sulphur dioxide to a wheat crop. Quarterly Journal of the Royal Meteorological Society 105, 767–783.

Frankenfield, D., Roth-Yousey, L., Compher, C., 2005. Comparison of predictive equations for resting metabolic rate in healthy non-obese and obese adults: a systematic review. Journal of the American Dietetic Association 105, 775–789.

Frankland, B., 1981. Germination in shade. In: Smith, H. (Ed.), Plants and the Daylight Spectrum. Academic Press, London.

Fraser, A.I., 1962. Wind tunnel studies of the forces acting on the crowns of small trees. Report of Forest Research, Her Majesty's Stationery Office (HMSO).

Frohlich, C., Lean, J., 1998. The sun's total irradiance: cycles, trends and related climate change uncertainties since 1976. Geophysical Research Letters 25, 4377–4380.

Fuchs, M., Stanhill, G., 1980. Row structure and foliage geometry as determinants of the interception of light rays in a sorghum row canopy. Plant, Cell and Environment 3, 175–182.

Fuchs, N.A., 1964. The Mechanics of Aerosols. Pergamon Press, Oxford.

Funk, J.P., 1964. Direct measurement of radiative heat exchange of the human body. Nature 201, 904–905.

Gale, J., 1972. Elevation and transpiration: some theoretical considerations with special reference to Mediterranean-type climate. Journal of Applied Ecology 9, 691–701.

Gallagher, M.W., Nemitz, E., Dorsey, J.R., Fowler, D., Sutton, M.A., Flynn, M., Duyzer, J., 2002. Measurements and parameterizations of small aerosol deposition velocities to grassland, arable crops, and forest: influence of roughness length on deposition. Journal of Geophysical Research 107.

Gardiner, B.A., 1995. The interactions of wind and tree movement in forest canopies. In: Coutts, M.P., Grace, J. (Eds.), Wind and Trees. Cambridge University Press, Cambridge.

Garnier, B.J., Ohmura, A., 1968. A method of calculating the direct shortwave radiation income of slopes. Journal of Applied Meteorology 7, 796–800.

Garratt, J.R., 1978. Flux profile relations above tall vegetation. Quarterly Journal of the Royal Meteorological Society 104, 199–211.

Garratt, J.R., 1980. Surface influence upon vertical profiles in the atmospheric near-surface layer. Quarterly Journal of the Royal Meteorological Society 106, 803–819.

Gash, J., Dolman, A., 2003. Sonic anemometer (co)sine response and flux measurement: I. The potential for (co)sine error to affect sonic anemometer-based flux measurements. Agricultural and Forest Meteorology 119, 195–207.

Gash, J.H.C., 1986. Observations of turbulence downwind of a forest-heath interface. Boundary-Layer Meteorology 36, 227–237.

Gatenby, R.M., 1977. Conduction of heat from sheep to ground. Agricultural Meteorology 18, 387–400.

Gatenby, R.M., Monteith, J.L., Clark, J.A., 1983. Temperature and humidity gradients in the steady state. Agricultural Meteorology 29, 1–10.

Gates, D.M., 1980. Biophysical Ecology. Springer-Verlag, New York.

Gilby, A.R. 1980. Transpiration, temperature and lipids in insect cuticle. In: Berridge, M.J., Treherne, J.E., Wigglesworth, V.B. (Eds.), Advances in Insect Physiology. Academic Press, New York.

Gloyne, R.W., 1972. The diurnal variation of global radiation on a horizontal surface-with special reference to Aberdeen. Meteorological Magazine 101, 44–51.

Goudriaan, J., 1977. Crop Micrometeorology: A Simulation Study. Center for Agricultural Publishing and Documentation, Wageningen.

Goulden, M.L., Munger, J.W., Fan, S.-M., Daube, B.C., Wofsy, S.C., 1996. Measurements of carbon sequestration by long-term eddy covariance: methods and critical evaluation of accuracy. Global Change Biology 2, 169–182.

Grace, J., 1978. The turbulent boundary layer over a flapping Populus leaf. Plant, Cell and Environment 1, 35–38.

Grace, J., Collins, M.A., 1976. Spore liberation from leaves by wind. In: Dickinson, C.H., Preece, T.F. (Eds.), Microbiology of Aerial Plant Surfaces. Academic Press, London.

Grace, J., Wilson, J., 1976. The boundary layer over a Populus leaf. Journal of Experimental Botany 27, 231–241.

Graser, E.A., Bavel, C.H.M.V., 1982. The effect of soil moisture upon soil albedo. Agricultural Meteorology 27, 17–26.

Green, C., 1987. Nitrogen nutrition and wheat growth in relation to absorbed solar radiation. Agricultural and Forest Meteorology, 41, 207–248.

Grigg, G.C., Drane, C.R., Courtice, G.P., 1979. Time constants of heating and cooling in the Eastern Water Dragon, *Physignathus lesueurii* and some generalizations about heating and cooling in reptiles. Journal of Thermal Biology 4, 95–103.

Gu, L., Baldocchi, D.D., Wofsy, S.C., Munger, J.W., Urban, B., Michalsky, J.J., Boden, T.A., 2003. Response of a deciduous forest to the Mt. Pinatubo eruption: enhanced photosynthesis. Science 299, 2035–2038.

Gu, L., Massman, W., Leuning, R., Pallardy, S., Meyers, T., Hanson, P., Riggs, J., Hosman, K., Yang, B., 2012. The fundamental equation of eddy covariance and its application in flux measurements. Agricultural and Forest Meteorology 152, 135–148.

Guenther, A., Baugh, W., Davis, K., Hampton, G., Harley, P., Klinger, L., Vierling, L., Zimmerman, P., 1996. Isoprene fluxes measured by enclosure, relaxed eddy accumulation, surface layer gradient, mixed layer gradient, and mixed layer mass balance techniques. Journal of Geophysical Research 101, 18555–18567.

Hammel, H.T., 1955. Thermal properties of fur. American Journal of Physiology 182, 369–376.

Hansen, J., Bond, T., Cairns, B., Gaeggler, H., Liepert, B., Novakov, T., Schichtel, B., 2004. Carbonaceous aerosols in the industrial era. EOS, Transactions American Geophysical Union 85, 241–244.

Hansen, J., Sato, M., Kharecha, P., von Schuckman, K., 2011. Earth's energy imbalance and implications. Atmospheric Chemistry and Physics 11, 13421–13449.

Hargreaves, B.R., 2003. Water column optics and penetration of UVR. In: Helbling, E.W., Zagarese, H.E. (Eds.), UV Effects in Aquatic Organisms and Ecosystems. Royal Society of Chemistry, London.

Harman, I., Finnigan, J., 2008. Scalar concentration profiles in the canopy and roughness sublayer. Boundary-Layer Meteorology 129, 323–351.

Haseba, T., 1973. Water vapour transfer from leaf-like surfaces within canopy models. The Journal of Agricultural Meteorology 29, 25–33.

Heagle, A.S., Body, D.E., Heck, W.W., 1973. An open-top field chamber to access the impact of air pollution on plants. Journal of Environmental Quality 2, 365–368.

Hemmingsen, A.M., 1960. Energy metabolism as related to body size and respiratory surfaces, and its evolution. Reports of the Steno Memorial Hospital and the Nordisk Insulinlaboratorium. Niels Steensens Hospital, Copenhagen.

Henderson, S.T., 1977. Daylight and its spectrum. Adam Hilger, Bristol.

Herrington, L.P., 1969. On Temperature and Heat Flow in Tree Stems. Bulletin No. 73, School of Forestry, Yale University, New Haven.

Hinds, W.C., 1999. Aerosol technology, John Wiley & Sons, New York.

Howell, T.A., Meek, D.W., Hatfield, J.L., 1983. Relationship of photosynthetically active radiation to shortwave radiation in the San Joaquin Valley. Agricultural Meteorology 28, 157–175.

Huntingford, C., Monteith, J.L., 1998. The behavior of a mixed layer model of the convective boundary layer coupled to a big leaf model of surface energy partitioning. boundary Layer Meteorology 88, 87–101.

Hutchinson, J.C.D., Allen, T.E., Spence, F.B., 1975. Measurements of the reflectances for solar radiation of the coats of live animals. Comparative Biochemistry and Physiology A 52, 343–349.

Idso, S.B., Jackson, R.D., Reginato, R.J., Kimball, B.A., Nakayama, F.S., 1975. The dependence of bare soil albedo on soil water content. Journal of Applied Meteorology 14, 109–113.

Impens, I., 1965. Experimentele Studie van de Physische en Biologische Aspektera van de Transpiratie. Ryklandbouwhogeschool, Ghent.

IPCC (Ed.), 2007. Climate Change 2007: The Physical Science Basis. Cambridge University Press, Cambridge.

Jarosz, N., Loubet, B., Durand, B., McCartney, H.A., Foueillassar, X., Huber, L., 2003. Field measurements of airborne concentration and deposition rate of maize pollen. Agricultural and Forest Meteorology 119, 37–51.

Jarvis, P.G., James, G.B., Landsberg, J.J., 1976. Coniferous forest. In: Monteith, J.L. (Ed.), Vegetation and the Atmosphere, Vol. 2. Academic Press, London.

Jarvis, P.G., McNaughton, K.G., 1986. Stomatal control of transpiration: scaling up from leaf to region. Advances in Ecological Research 15, 1–49.

Johnson, G.T., Watson, I.D., 1985. Modelling longwave radiation exchange between complex shapes. Boundary-Layer Meteorology 33, 363–378.

Jones, H.G., 1992. Plants and Microclimate: A Quantitative Approach to Environmental Plant Physiology. Cambridge University Press, Great Britain.

Kaimal, J.C., Finnigan, J.J., 1994. Atmospheric Boundary Layer Flows: Their Structure and Measurements. Oxford University Press, Inc, New York.

Kaminsky, K.Z., Dubayah, R., 1997. Estimation of surface net radiation in the boreal forest and northern prairie from shortwave flux measurements. Journal of Geophysical Research 102, 29707–29716.

Katul, G.G., Albertson, J.D., 1999. Modeling CO_2 sources, sinks, and fluxes within a forest canopy. Journal of Geophysical Research 104, 6081–6091.

Katul, G.G., Leuning, R., Kim, J., Denmead, O.T., Miyata, A., Harazono, Y., 2001. Estimating CO_2 source/sink distributions within a rice canopy using higher-order closure models. Boundary-Layer Meteorology 98, 103–125.

Kaufman, Y.J., Tanre, D., Boucher, O., 2002. A satellite view of aerosols in the climate system. Nature 419, 215–223.

Kelliher, F.M., Leuning, R., Raupach, M.R., Schulze, E.D., 1995. Maximum conductances for evaporation from global vegetation types. Agricultural and Forest Meteorology 73, 1–16.

Kerslake, D.M., 1972. The Stress of Hot Environments. Cambridge University Press, Cambridge.

Kleiber, M., 1965. Metabolic body size. In: Blaxter, K.L. (Ed.), Energy Metabolism. Academic Press, London.

Kondratyev, K.J., Manolova, M.P., 1960. The radiation balance of slopes. Solar Energy 4, 14–19.

Kopp, G., Lean, J.L., 2011. A new, lower value of total solar irradiance: evidence and climate significance. Geophysical Research Letters 38, L01706, http://dx.doi.org/10.1029/2010GL045777.

Landsberg, J.J., Waring, R.H., 1997. A generalised model of forest productivity using simplified concepts of radiation-use efficiency, carbon balance and partitioning. Forest Ecology and Management 95, 209–228.

Law, B.E., van Tuyl, S., Cescatti, A., Baldocchi, D.D., 2001. Estimation of leaf area index in open-canopy ponderosa pine forests at different successional stages and management regimes in Oregon. Agricultural and Forest Meteorology 108, 1–14.

Lee, X., Massman, W., Law, B.E. (Eds.), 2004. Handbook of Micrometeorology. Springer Verlag, New York.

Lee, X., Massman, W.R., 2011. A perspective on thirty years of the Webb, Pearman and Leuning density corrections. Boundary Layer Meteorology 139, 37–59.

Legg, B.J., Long, I.F., Zemroch, P.J., 1981. Aerodynamic properties of field bean and potato crops. Agricultural Meteorology 23, 21–43.

Lettau, H., 1969. Note on the aerodynamic roughness parameter estimation on the basis of roughness-element description. Journal of Applied Meteorology 8, 828–832.

Leuning, R., 1983. Transport of gases into leaves. Plant, Cell and Environment 6, 181–194.

Leuning, R., 2000. Estimation of scalar source/sink distributions in plant canopies using Lagrangian dispersion analysis: corrections for atmospheric stability and comparison with a multilayer canopy model. Boundary-Layer Meteorology 96, 293–314.

Leuning, R., Denmead, O.T., Lang, A.R.G., 1982. Effects of heat and water vapor transport on eddy covariance measurement of CO_2 fluxes. Boundary-Layer Meteorology 23, 209–222.

Leuning, R., Denmead, O.T., Miyata, A., Kim, J., 2000. Source/sink distributions of heat, water vapour, carbon dioxide and methane in a rice canopy estimated using Lagrangian dispersion analysis. Agricultural and Forest Meteorology 104, 233–249.

Leuning, R., Judd, M.J., 1996. The relative merits of open- and closed-path analysers for the measurement of eddy fluxes. Global Change Biology 2, 241–253.

Lewis, H.E., Forster, A.R., Mullan, B.J., Cox, R.N., Clark, R.P., 1969. Aerodynamics of the human microenvironment. Lancet 293, 1273–1277.

Leyton, L., 1975. Fluid behaviour in biological systems. Clarendon Press, Oxford.

Linacre, E.T., 1972. Leaf temperature, diffusion resistances, and transpiration. Agricultural Meteorology 10, 365–382.

List, R.J.E., 1966. Smithsonian Meteorological Tables. Smithsonian Institution, Washington DC.

Liu, B.Y., Jordan, R.C., 1960. The interrelationship and characteristic distribution of direct, diffuse and total solar radiation. Solar Energy 4, 1–19.

Lumb, F.E., 1964. The influence of cloud on hourly amounts of total solar radiation at the sea surface. Quarterly Journal of the Royal Meteorological Society 90, 43–56.

Mahoney, S.A., King, J.R., 1977. The use of the equivalent black-body temperature in the thermal energetics of small birds. Journal of Thermal Biology 2, 115–120.

Mahrt, L., 2010. Variability and the maintenance of turbulence in the very stable boundary layer. Boundary Layer Meteorology 135, 1–18.

Massman, W.J., 1999. A model study of kB_H^{-1} for vegetated surfaces using "localized near-field" Lagrangian theory. Journal of Hydrology 223, 27–43.

Mayhead, G.J., 1973. Some drag coefficients for British forest trees derived from wind tunnel studies. Agricultural Meteorology 12, 123–130.

McAdams, W.H., 1954. Heat transmission. McGraw Hill, New York.

McArthur, A.J., 1987. Thermal interaction between animal and microclimate -a comprehensive model. Journal of Theoretical Biology 126, 203–238.

McArthur, A.J., 1990. An accurate solution to the Penman equation. Agricultural and Forest Meteorology 51, 87–92.

McArthur, A.J., Monteith, J.L., 1980a. Air movement and heat loss from sheep. I. Boundary layer insulation of a model sheep with and without fleece. Proceedings of the Royal Society of London B 209, 187–208.

McArthur, A.J., Monteith, J.L., 1980b. Air Movement and heat loss from sheep. II. Thermal insulation of fleece in wind. Proceedings of the Royal Society of London B 209, 209–217.

McCartney, H.A., 1978. Spectral distribution of solar radiation. II. Global and diffuse. Quarterly Journal of the Royal Meteorological Society 104, 911–926.

McCartney, H.A., Unsworth, M.H., 1978. Spectral distribution of solar radiation. II. Direct radiation. Quarterly Journal of the Royal Meteorological Society 104, 699–718.

McCree, K.J., 1972. The action spectrum, absorptance and quantum yield of photosynthesis in crop plants. Agricultural Meteorology 9, 191–216.

McCulloch, J.S.G., Penman, H.L., 1956. Heat flow in the soil. Report of the 6th International Soil Science Congress B, 275–280.

McFarland, W.N., Munz, F.W., 1975. The visible spectrum during twilight and its implications to vision. In: Evans, G.C., Bainbridge, R., Rackham, O. (Eds.), Light as an Ecological Factor. Cambridge University Press, Cambridge.

McNaughton, K.G., 1989. Regional interactions between canopies and the atmosphere. In: Russell, G., Marshall, B., Jarvis, P.G. (Eds.), Plant Canopies: Their Growth, Form and Function. Cambridge University Press, Cambridge.

McNaughton, K.G., Black, T.A., 1973. A study of evapotranspiration from a Douglas fir forest using the energy balance approach. Water Resources Research 9, 1579–1590.

McNaughton, K.G., Jarvis, P.G., 1991. Effects of spatial scale on stomatal control of transpiration. Agricultural and Forest Meteorology 54, 279–302.

McNaughton, K.G., Spriggs, T.W., 1986. A mixed-layer model for regional evaporation. Boundary-Layer Meteorology 34, 243–262.

McNaughton, K.G., van den Hurk, B.J., 1995. A "Lagrangian" revision of the resistors in the two-layer model for calculating the energy budget of a plant canopy. Boundary-Layer Meteorology 74, 261–288.

Meidner, H., 1976. Water vapour loss from a physical model of a substomatal cavity. Journal of Experimental Botany 27, 691–694.

Meidner, H., Mansfield, T.A., 1968. Physiology of Stomata. McGraw Hill, London.

Meinzer, F., Goldstein, G., 1985. Some consequences of leaf pubescence in the Andean Giant Rosette plant *Espeletia Timotensis*. Ecology 66, 512–520.

Mellor, R.S., Salisbury, F.B., Raschke, K., 1964. Leaf temperatures in controlled environments. Planta 61, 56–72.

Miller, S.D., Marandino, C., Saltzman, E.S., 2010. Ship-based measurement of air-sea CO_2 exchange by eddy covariance. Journal of Geophysical Research 115, D02304, http://dx.doi.org/10.1029/2009JD012193.

Milne, R., 1991. Dynamics of swaying of *Picea sitchensis*. Tree Physiology 9, 383–399.

Milthorpe, F.L., Penman, H.L., 1967. The diffusive conductivity of the stomata of wheat leaves. Journal of Experimental Botany 18, 422–457.

Mitchell, J.W., 1976. Heat transfer from spheres and other animal forms. Biophysical Journal 16, 561–569.

Moncrieff, J.B., Malhi, Y., Leuning, R., 1996. The propagation of errors in long-term measurements of land-atmosphere fluxes of carbon and water. Global Change Biology 2, 231–240.

Monteith, J.L., 1957. Dew. Quarterly Journal of the Royal Meteorological Society 83, 322–341.

Monteith, J.L., 1962. Measurement and interpretation of carbon dioxide fluxes in the field. Netherlands Journal of Agricultural Science 10, 334–346.

Monteith, J.L., 1963a. Calculating evaporation from diffusive resistances. Investigation of Energy and Mass Transfers Near the Ground Including Influences of the Soil-Plant-Atmosphere System. Chapter 10 in Report number DA-36-039-SC-80334. Water Resources Center, University of California, Davis, California.

Monteith, J.L., 1963b. Gas exchange in plant communities. In: Evans, L.T. (Ed.), Environmental Control of Plant Growth. Academic Press, New York and London.

Monteith, J.L., 1965. Evaporation and environment. Symposia of the Society for Experimental Biology 19, 205–234.

Monteith, J.L., 1969. Light interception and radiative exchange in crop stands. In: Eastin, J.D. (Ed.), Physiological Aspects of Crop Yield. American Society of Agronomy, Madison, Wisconsin.

Monteith, J.L., 1972. Latent heat of vaporization in thermal physiology. Nature 236, 96.

Monteith, J.L., 1974. Specification of the environment for thermal physiology. In: Monteith, J.L., Mount, L.E. (Eds.), Heat Loss From Animals and Man. Butterworths, London.

Monteith, J.L., 1981a. Evaporation and surface temperature. Quarterly Journal of the Royal Meteorological Society 107, 1–27.

Monteith, J.L., 1981b. Coupling of plants to the atmosphere. In: Grace, J., Ford, E.D., Jarvis, P.G. (Eds.), Plants and Their Atmospheric Environment. Blackwell Scientific Publications, Oxford.

Monteith, J.L., 1994. Fifty years of potential evaporation. In: Keane, T., Daly, E. (Eds.), The balance of water- present and future. Proceedings of a Conference of the AGMET Group (Ireland) and the Agricultural Group of the Royal Meteorological Society (UK), 7–9 September 1994. Trinity College Dublin, Dublin.

Monteith, J.L., 1995a. A reinterpretation of stomatal responses to humidity. Plant, Cell and Environment 18, 357–364.

Monteith, J.L., 1995b. Accommodation between transpiring vegetation and the convective boundary layer. Journal of Hydrology 166, 251–263.

Monteith, J.L., Butler, D., 1979. Dew and thermal lag: a model for cocoa pods. Quarterly Journal of the Royal Meteorological Society 105, 207–215.

Monteith, J.L., Campbell, G.S., 1980. Diffusion of water vapour through integuments-potential confusion. Journal of Thermal Biology 5, 7–9.

Monteith, J.L., Elston, J., 1983. Performance and productivity of foliage in the field. In: Dale, J.E., Milthorpe, F.L. (Eds.), The Growth and Functioning of Leaves. Cambridge University Press.

Moore, J.R., Maguire, D.A., 2005. Natural sway frequencies and damping ratios of trees: influence of crown structure. Trees 19, 363–373.

Moore, J.R., Maguire, D.A., 2008. Simulating the dynamic behavior of Douglas-fir trees under applied loads by the finite element method. Tree Physiology 28, 75–83.

Mount, L.E., 1967. Heat loss from new-born pigs to the floor. Research in Veterinary Science 8, 175–186.

Mount, L.E., 1968. The Climatic Physiology of the Pig. Edward Arnold, London.

Mount, L.E., 1979. Adaptation of Thermal Environment of Man and his Productive Animals. Edward Arnold, London.

Mulholland, B.J., Craigon, J., Black, C.R., Colls, J.J., Atherton, J., Landon, G., 1998. Growth, light interception and yield responses of spring wheat (*Triticum aestivum* L.) grown under elevated CO_2 and O_3 in open-top chambers. Global Change Biology 4, 121–130.

Munro, D.S., Oke, T.R., 1975. Aerodynamic boundary-layer adjustment over a crop in neutral stability. Boundary-Layer Meteorology 9, 53–61.

Murray, F.W., 1967. On the computation of saturation vapour pressure. Journal of Applied Meteorology 6, 203–204.

Nemitz, E., Milford, C., Sutton, M.A., 2001. A two-layer canopy compensation point model for describing bi-directional biosphere-atmosphere exchange of ammonia. Quarterly Journal of the Royal Meteorological Society 127, 815–833.

Nielsen, B., 1996. Olympics in Atlanta: a fight against physics. Medicine & Science in Sports & Exercise 28, 665–668.

Niemela, S.P., Raisanen, P., Savijarvi, H., 2001. Comparison of surface radiative flux parameterizations. Part 1: Longwave radiation. Atmospheric Research 58, 1–18.

Nobel, P.S., 1974. Boundary layers of air adjacent to cylinders. Plant Physiology 54, 177–181.

Nobel, P.S., 1975. Effective thickness and resistance of the air boundary layer adjacent to spherical plant parts. Journal of Experimental Botany 26, 120–130.

Norman, J.M., 1992. Scaling processes between leaf and canopy levels. In: Ehleringer, J.R., Field, C.B. (Eds.), Scaling Physiological Processes: Leaf to Globe. Academic Press, San Diego.

Offerle, B., Grimmond, C.S.B., Oke, T.R., 2003. Parameterization of net all-wave radiation for urban areas. Journal of Applied Meteorology 42, 1157–1173.

Ohtaki, E., 1984. Application of an infrared carbon dioxide and humidity instrument to studies of turbulent transport. Boundary-Layer Meteorology 29, 85–107.

Parkhurst, D.F., 1976. Effects of *Verbascum thapsus* leaf hairs on heat and mass transfer: a reassessment. New Phytologist 76, 453–457.

Parkhurst, D.F., Duncan, P.R., Gates, D.M., Kreith, F., 1968. Wind-tunnel modelling of convection of heat between air and broad leaves of plants. Agricultural Meteorology 5, 33–47.

Parlange, J.Y., Waggoner, P.E., Heichel, G.H., 1971. Boundary layer resistance and temperature distribution on still and flapping leaves. Plant Physiology 48, 437–442.

Paulson, C.A., 1970. The mathematical representation of wind speed and temperature profiles in the unstable atmospheric surface layer. Journal of Applied Meteorology 9, 857–861.

Peat, J., Darvill, B., Ellis, J., Goulson, D., 2005. Effects of climate on intra-and interspecific size variation in bumble-bees. Functional Ecology 19, 145–151.

Penman, H.L., 1948. Natural evaporation from open water, bare soil and grass. Proceedings of the Royal Society of London A 194, 120–145.

Penman, H.L., 1950. The dependence of transpiration on weather and soil conditions. Journal of Soil Science 1, 74–89.

Penman, H.L., Schofield, R.K., 1951. Some physical aspects of assimilation and transpiration. Symposium of the Society of Experimental Biology 5, 115–129.

Phillips, P.K., Heath, J.E., 1992. Heat exchange by the pinna of the African elephant (*Loxodonta africana*). Comparative Biochemistry and Physiology 101, 693–699.

Phillips, P.K., Heath, J.E., 2001. Heat loss in Dumbo: a theoretical approach. Journal of Thermal Biology 26, 117–120.

Pohlhausen, E., 1921. Der Warmestausch zwischen festen Korpen und Flussigkeiten mit Reibung und kleiner Warmeleitung. Zeitschrift fur angewandte Mathematik und Mechanik 1, 115–121.

Porter, W.P., Mitchell, J.W., Beckman, W.A., Dewitt, C.B., 1973. Behavioural implications of mechanistic ecology. Thermal and behavioural modelling of desert ectotherms and their microenvironment. Oecologia 13, 1–54.

Powell, R.W., 1940. Further experiments on the evaporation of water from saturated surfaces. Transactions of the Institutions of Chemical Engineers 18, 36–55.

Prata, A.J., 1996. A new longwave formula for estimating downward clear-sky radiation at the surface. Quarterly Journal of the Royal Meteorological Society 122, 1127–1151.

Priestley, C.H.B., 1957. The heat balance of sheep standing in the sun. Australian Journal of Agricultural Research 8, 271–280.

Priestley, C.H.B., Taylor, R.J., 1972. On the assessment of surface heat flux and evaporation using large scale parameters. Monthly Weather Review 100, 81–92.

Prothero, J., 1984. Scaling of standard energy metabolism in mammals: I. Neglect of circadian rhythms. Journal of Theoretical Biology 106, 1–8.

Pypker, T.G., Unsworth, M.H., Bond, B.J., 2006. The role of epiphytes in the interception of rainfall in old-growth Douglas-fir/ western hemlock forests of the Pacific Northwest: part II—Field measurements at the branch and canopy scale. Canadian Journal of Forest Research 36, 819–832.

Rainey, R.C., Waloff, Z., Burnett, G.F., 1957. The Behaviour of the Red Locust. Anti-locust Research Centre, London.

Rapp, G.M., 1970. Convective mass transfer and the coefficient of evaporative heat loss from human skin. In: Hardy, J.D., Gagge, A.P., Stolwiyk, J.A.J. (Eds.), Physiological and Behavioural Temperature Regulation. C.C. Thomas, Illinois.

Raupach, M., 1989a. Applying Lagrangian fluid mechanics to infer scalar source distributions from concentration profiles in plant canopies. Agricultural and Forest Meteorology 47, 85–108.

Raupach, M., 1989b. A practical Lagrangian method for relating scalar concentrations to source distributions in vegetation canopies. Quarterly Journal of the Royal Meteorological Society 115, 609–632.

Raupach, M., 1995. Vegetation-atmosphere interaction and surface conductance at leaf, canopy and regional scales. Agricultural and Forest Meteorology 73, 151–179.

Raupach, M.R., Legg, B.J., 1984. The uses and limitations of flux-gradient relationships in micrometeorology. Agricultural Water Management 8, 119–131.

Raupach, M.R., Thom, A.S., 1981. Turbulence in and above plant canopies. Annual Review of Fluid Mechanics 13, 97–129.

Raynor, G.S., Ogden, E.C., Haynes, J.V., 1972. Dispersion and deposition of corn pollen from experimental sources. Agronomy Journal 64, 420–427.

Reeve, J.E., 1960. Appendix to "Inclined Point Quadrats" by J. Warren Wilson. New Phytologist 59, 1–8.

Reynolds, A.M., 2000. Prediction of particle deposition onto rough surfaces. Agricultural and Forest Meteorology 104, 107–118.

Rich, P.M., Clark, D.A., Clark, D.B., Oberbauer, S.F., 1993. Long-term study of solar radiation regimes in a tropical wet forest using quantum sensors and hemispherical photographs. Agricultural and Forest Meteorology 65, 107–127.

Roderick, M.L., Farquhar, G.D., 2002. The cause of decreased pan evaporation over the past 50 years. Science 298, 1410–1411.

Roderick, M.L., Farquhar, G.D., Berry, S.L., Noble, I.R., 2001. On the direct effect of clouds and atmospheric particles on the productivity and structure of vegetation. Oecologia 129, 121–130.

Ross, J. 1981. The Radiation Regime and Architecture of Plant Stands. Dr. W. Junk, The Hague.

Roth-Nebelsick, A., 2001. Computer-based analysis of steady-state and transient heat transfer of small-sized leaves by free and mixed convection. Plant Cell and Environment 24, 631–640.

Roth-Nebelsick, A., 2007. Computer-based studies of diffusion through stomata of different architecture. Annals of Botany 100, 23–32.

Roy, J.C., Boulard, T., Kittas, C., Wang, S., 2002. Convective and ventilation transfers in greenhouses. 1: The greenhouse considered as a perfectly stirred tank. Biosystems Engineering 83, 1–20.

Rudnicki, M., Mitchell, S.J., Novak, M.D., 2004. Wind tunnel measurements of crown streamlining and drag relationships for three conifer species. Canadian Journal of Forest Research 34, 666–676.

Russell, G., Jarvis, P.G., Monteith, J.L., 1989. Absorption of radiation by canopies and stand growth. In: Russell, G., Marshall, B., Jarvis, P.G. (Eds.), Plant Canopies: Their Growth, Form and Function. Cambridge University Press, Cambridge.

Sakai, R.K., Fitzjarrald, D., Moore, K., 2001. Importance of low-frequency contributions to eddy fluxes observed over rough surfaces. Journal of Applied Meteorology 40, 2178–2192.

Schmid, H.P., 2002. Footprint modeling for vegetation atmosphere exchange studies: a review and perspective. Agricultural and Forest Meteorology 113, 159–183.

Schmidt-Nielsen, K., 1965. Desert Animals. Oxford University Press, Oxford.

Schmidt-Nielsen, K., Schmidt-Nielsen, B., Jarnum, S.A., Houpt, T.R., 1956. Body temperature of the camel and its relation to water economy. American Journal of Physiology 188, 103–112.

Schmugge, T., 1998. Applications of passive microwave observations of surface soil moisture. Journal of Hydrology 212–213, 188–197.

Scholander, P.F., Walters, V., Hock, R., Irving, L., 1950. Body insulation of some arctic and tropical mammals and birds. Biological Bulletin 99, 225–234.

Schuepp, P.H., 1993. Leaf boundary layers. New Phytologist 125, 477–507.

Shaw, R.H., Pereira, A.R., 1982. Aerodynamic roughness of a plant canopy: a numerical experiment. Agricultural Meteorology 26, 51–65.

Shuttleworth, W.J., 1988. Evaporation from Amazonian rainforest. Proceedings of the Royal Society of London B 233, 321–340.

Shuttleworth, W.J., 1989. Micrometeorology of temperate and tropical forest. Philosophical Transactions of the Royal Society of London B 324, 299–334.

Shuttleworth, W.J., Gash, J., Lloyd, C., Moore, C., Roberts, J., Filho, A., Fisch, G., De Paula Silva Filho, V., Ribeiro, M., Molion, L., De Abreu sá, L., Nobre, J., Cabral, O., Patel, S., Carvalho De Moraes, J., 1984. Eddy correlation measurements of energy partition for Amazonian forest. Quarterly Journal of the Royal Meteorological Society 110, 1143–1162.

Shuttleworth, W.J., Wallace, J., 1985. Evaporation from sparse crops-an energy combination theory. Quarterly Journal of the Royal Meteorological Society 111, 839–855.

Sinokrot, B.A., Stefan, H.G., 1993. Stream temperature dynamics: measurement and modeling. Water Resources Research 29, 2299–2312.

Siqueira, M.B., Katul, G., 2010. An analytical model for the distribution of CO_2 sources and sinks, fluxes, and mean concentration within the roughness sub-layer. Boundary-Layer Meteorology 135, 31–50.

Slatyer, R.O., McIlroy, I.C., 1961. Practical Microclimatology. CSIRO Australia and UNESCO.

Slinn, W.G.N., 1982. Predictions for particle deposition to vegetative canopies. Atmospheric Environment 16, 1785–1794.

Smith, H., Morgan, D.C., 1981. The spectral characteristics of the visible radiation incident upon the surface of the earth. In: Smith, H. (Ed.), Plants and the Daylight Spectrum. Academic Press, London.

Smith, H., Whitelam, G.C., 1997. The shade avoidance syndrome: multiple responses mediated by multiple phytochromes. Plant, Cell & Environment 20, 840–844.

Spence, D.H.N., 1976. Light and plant response in fresh water. In: Evans, G.C., Bainbridge, R., Rackham, O. (Eds.), Light as an Ecological Factor. Blackwell Scientific Publications, Oxford.

Sperry, J.S., 1995. Limitations on stem water transport and their consequences. In: Gartner, B. L. (Ed.), Plant stems: Physiology and Functional Morphology. Academic Press, San Diego.

Stacey, G.R., Belcher, R.E., Wood, C.J., Gardiner, B.A., 1994. Wind flows and forces in a model spruce forest. Boundary-Layer Meteorology 69, 311–334.

Stanhill, G., 1969. A simple instrument for the field measurement of turbulent diffusion flux. Journal of Applied Meteorology 8, 509–513.

Stanhill, G., 1970. Some results of helicopter measurements of albedo. Solar Energy 13, 59–66.

Stannard, D.I., 1997. Theoretically based determinations of Bowen Ratio fetch requirements. Boundary-Layer Meteorology 83, 375–406.

Steven, M.D., 1977. Standard distributions of clear sky radiance. Quarterly Journal of the Royal Meteorological Society 103, 457–465.

Steven, M.D., Biscoe, P.V., Jaggard, K.W., 1983. Estimation of sugar beet productivity from reflection in the red and infrared spectral bands. International Journal of Remote Sensing 4, 325–334.

Steven, M.D., Moncrieff, J.B., Mather, P.M., 1984. Atmospheric attenuation and scattering determined form multiheight multispectral scanner imagery. International Journal of Remote Sensing 5, 733–747.

Steven, M.D., Unsworth, M.H., 1979. The diffuse solar irradiance of slopes under cloudless skies. Quarterly Journal of the Royal Meteorological Society 105, 593–602.

Stewart, J.B., Thom, A.S., 1973. Energy budgets in pine forest. Quarterly Journal of the Royal Meteorological Society 99, 154–170.

Stigter, C.J., Musabilha, V.M.M., 1982. The conservative ratio of photosynthetically active to total radiation in the tropics. Journal of Applied Ecology 19, 853–858.

Styles, J.M., Raupach, M.R., Farquhar, G.D., Kolle, O., Lawton, K.A., Brand, W., Werner, R., Jordan, A., Schulze, E.-D., Shibistova, O., Lloyd, J., 2002. Soil and canopy CO_2, $^{13}CO_2$, H_2O and sensible heat flux partitions in a forest canopy inferred from concentration measurements. Tellus B 54, 655–676.

Su, Z., Schmugge, T.J., Kustas, W.P., 2001. An evaluation of two models for estimation of the roughness height for heat transfer between the land surface and the atmosphere. Journal of Applied Meteorology 40, 1933–1951.

Sunderland, R.A., 1968. Experiments on Momentum and Heat Transfer with Artificial Leaves. University of Nottingham, School of Agriculture, B. Sc. dissertation.

Sutton, M., Fowler, D., Moncrieff, J.B., 1993a. The exchange of atmospheric ammonia with vegetated surfaces. 1: unfertilized vegetation. Quarterly Journal of the Royal Meteorological Society 119, 1023–1045.

Sutton, M., Fowler, D., Moncrieff, J.B., 1993b. The exchange of atmospheric ammonia with vegetated surfaces. 2: fertilized vegetation. Quarterly Journal of the Royal Meteorological Society, 119, 1047–1070.

Sutton, M.A., Schjoerring, J.K., Wyers, G.P., 1995. Plant-atmosphere exchange of ammonia. Philosophical Transactions of the Royal Society of London A 351, 261–278.

Suyker, A.E., Verma, S.B., 2012. Gross primary production and ecosystem respiration of irrigated and rainfed maize-soybean cropping systems over 8 years. Agricultural and Forest Meteorology 165, 12–24.

Swinbank, W.C., 1963. Long-wave radiation from clear skies. Quarterly Journal of the Royal Meteorological Society 89, 339–348.

Szeicz, G., 1974. Solar radiation for plant growth. Journal of Applied Ecology 11, 617–636.

Tageeva, S.V., Brandt, A.B., 1961. Optical properties of leaves. In: Cristenson, B.C. (Ed.), Progress in Photobiology. Elsevier, Amsterdam.

Tani, N., 1963. The wind over the cultivated field. Bulletin of the National Institute of Agricultural Science, Tokyo A 10, 99.

Taylor, C.R., Lyman, C.P., 1972. Heat storage in running antelopes: independence of brain and body temperatures. American Journal of Physiology 222, 114–117.

Tetens, O., 1930. Uber einige meteorologische Begriffe. Zeitschrift Geophysic 6, 297–309.

Thom, A.S., 1968. The exchange of momentum, mass and heat between an artificial leaf and the airflow in a wind-tunnel. Quarterly Journal of the Royal Meteorological Society 94, 44–55.

Thom, A.S., 1971. Momentum absorption by vegetation. Quarterly Journal of the Royal Meteorological Society 97, 414–428.

Thom, A.S., 1972. Momentum, mass and heat exchange of vegetation. Quarterly Journal of the Royal Meteorological Society 98, 124–134.

Thom, A.S., 1975. Momentum, mass and heat exchange of plant communities. In: Monteith, J.L. (Ed.), Vegetation and the Atmosphere, (Ed.), Vegetation and the Atmosphere, vol. 1. Academic Press, London.

Thom, A.S., Oliver, H.R., 1977. On Penman's equation for estimating regional evaporation. Quarterly Journal of the Royal Meteorological Society 103, 345–357.

Thom, A.S., Stewart, J.B., Oliver, H.R., Gash, J.H.C., 1975. Comparison of aerodynamic and energy budget estimates of fluxes over a pine forest. Quarterly Journal of the Royal Meteorological Society 101, 93–105.

Thomas, S.C., Winner, W.E., 2000. Leaf area index of an old-growth Douglas-fir forest estimated from direct structural measurements in the canopy. Canadian Journal of Forest Research 30, 1922–1930.

Thornthwaite, C.W., 1948. An approach toward a rational classification of climate. Geographical Review 38, 55–94.

Thornthwaite, C.W., Holzman, B., 1942. Measurement of Evaporation from Land and Water Surfaces. US Department of Agriculture Technical Bulletin, vol. 817, US Department of Agriculture, Washington, DC, pp. 75.

Thorpe, M.R., 1978. Net radiation and transpiration of apple trees in rows. Agricultural Meteorology 19, 41–57.

Thorpe, M.R., Butler, D.R., 1977. Heat transfer coefficients for leaves on orchard apple trees. Boundary-Layer Meteorology 12, 61–73.

Tibbals, E.C., Carr, E.K., Gates, D.M., Kreith, F., 1964. Radiation and convection in conifers. American Journal of Botany 51, 529–538.

Tucker, C.J., Townshend, J.R.G., Goff, T.E., 1985. African land-cover classification using satellite data. Science 227, 369–375.

Tucker, V.A., 1969. The energetics of bird flight. Scientific American 220, 70–78.

Tullett, S.G., 1984. The porosity of avian eggshells. Comparative Biochemistry and Physiology A 78, 5–13.

Turnpenny, J.R., Wathes, C., Clark, J.A., Mcarthur, A.J., 2000. Thermal balance of livestock: 2. Applications of a parsimonious model. Agricultural and Forest Meteorology 101, 29–52.

Tuzet, A., Perrier, A., Leuning, R., 2003. Stomatal control of photosynthesis and transpiration: results from a soil-plant-atmosphere continuum model. Plant, Cell and Environment 26, 1097–1116.

Underwood, C.R., Ward, E.J., 1966. The solar radiation area of man. Ergonomics 9, 155–168.

Unsworth, M.H., 1975. Geometry of long-wave radiation at the ground: II. Interception by slopes and solids. Quarterly Journal of the Royal Meteorological Society 101, 25–34.

Unsworth, M.H., Heagle, A.S., Heck, W.W., 1984a. Gas exchange in open-top field chambers: I. Measurement and analysis of atmospheric resistances to gas exchange. Atmospheric Environment 18, 373–380.

Unsworth, M.H., Heagle, A.S., Heck, W.W., 1984b. Gas exchange in open-top field chambers: II. Resistance to ozone uptake by soybeans. Atmospheric Environment 18, 381–385.

Unsworth, M.H., Lesser, V.M., Heagle, A.S., 1984c. Radiation interception and the growth of soybeans exposed to ozone in open-top field chambers. Journal of Applied Ecology 21, 1059–1079.

Unsworth, M.H., Monteith, J.L., 1972. Aerosol and solar radiation in Britain. Quarterly Journal of the Royal Meteorological Society 99, 778–797.

Unsworth, M.H., Monteith, J.L., 1975. Geometry of long-wave radiation at the ground: I. Angular distribution of incoming radiation. Quarterly Journal of the Royal Meteorological Society 101, 13–24.

Unsworth, M.H., Phillips, N., Link, T.E., Bond, B.J., Falk, M., Harmon, M., Hinckley, T., Marks, D., Paw U, K.T., 2004. Components and controls of water flux in an old-growth Douglas-fir-Western hemlock ecosystem. Ecosystems 7, 468–481.

Urbanski, S., Barford, C., Wofsy, S., Kucharik, C., Pyle, E., Budney, J., Mckain, K., Fitzjarrald, D., Czikowsky, M., Munger, J.W., 2007. Factors controlling CO_2 exchange on timescales from hourly to decadal at Harvard forest. Journal of Geophysical Research 112, G02020, http://dx.doi.org/10.1029/2006JG000293.

Van Eimern, J., 1964. Untersuchungen uber das Klima in Pflanzengestandenals Grundlage einer agrarmeteorologischen Beratung, insbesonders für den Pflanzenschutz, Deutscher Wetterdienst.

Van Wijk, W.R., De Vries, D.A., 1963. Periodic temperature variations. In: Van Wijk, W.R. (Ed.), Physics of Plant Environment. North-Holland Publishing Company, Amsterdam.

Verma, S.B., Dobermann, A., Cassman, K.G., Walters, D.T., Knops, J.M., Arkenbauer, T.J., Suyker, A.E., Burba, G.G., Amos, B., Yang, H., Ginting, D., Hubbard, K.G., Gitelson,

A.A., Walter-Shea, E.A., 2005. Annual carbon dioxide exchange in irrigated and rainfed maize-based agroecosystems. Agricultural and Forest Meteorology 131, 77–96.

Vogel, S., 1970. Convective cooling at low airspeeds and the shapes of broad leaves. Journal of Experimental Botany 21, 91–101.

Vogel, S., 1993. When leaves save the tree. Natural History 102, 58–62.

Vogel, S., 1994. Life in Moving Fluids: the Physical Biology of Flow. Princeton University Press, Princeton.

Vong, R.J., Vickers, D., Covert, D.S., 2004. Eddy correlation measurements of aerosol deposition to grass. Tellus B 56, 105–117.

Waggoner, P.E., Reifsnyder, W.E., 1968. Simulation of the temperature, humidity and evaporation profiles in a leaf canopy. Journal of Applied Meteorology 7, 400–409.

Walklate, P., Hunt, J., Higson, H., Sweet, J., 2004. A model of pollen–mediated gene flow for oilseed rape. Proceedings of the Royal Society of London. Series B: Biological Sciences 271, 441–449.

Walsberg, G.E., Campbell, G.S., King, J.R., 1978. Animal coat colour and radiative heat gain. Journal of Comparative Physiology 126, 211–212.

Ward, J.M., Houston, D.C., Ruxton, G.D., McCafferty, D.J., Cook, P., 2001. Thermal resistance of chicken (Gallus domesticus) plumage: a comparison between broiler and free-range birds. British Poultry Science 42, 558–563.

Waring, R.H., Running, S.W., 1998. Forest Ecosystems: Analysis at Multiple Scales. Academic Press, New York.

Wathes, C., Clark, J.A., 1981a. Sensible heat transfer from the fowl: I. Boundary layer resistance of model fowl. British Poultry Science 22, 161–173.

Wathes, C., Clark, J.A., 1981b. Sensible heat transfer from the fowl: II. Thermal resistance of the pelt. British Poultry Science 22, 175–183.

Webb, E.K., 1970. Profile relationships: the log-linear range, and extension to strong stability. Quarterly Journal of the Royal Meteorological Society 96, 67–90.

Webb, E.K., Pearman, G.I., Leuning, R., 1980. Correction of flux measurements for density effects due to heat and water vapour transfer. Quarterly Journal of the Royal Meteorological Society 106, 85–100.

Webster, M.D., Campbell, G.S., King, J.R., 1985. Cutaneous resistance to water vapour diffusion in pigeons, and the role of plumage. Physiological Zoology 58, 58–70.

Welles, J.M., 1990. Some indirect methods of estimating canopy structure. Remote Sensing Reviews 5, 31–43.

Wesely, M.L., Eastman, J.A., Cook, D.R., Hicks, B.B., 1978. Daytime variations of ozone eddy fluxes to maize. Boundary-Layer Meteorology 15, 361–373.

Wesely, M.L., Hicks, B.B., 1977. Some factors that affect the deposition of sulfur dioxide and similar gases on vegetation. Journal of the Air Pollution Control Association 27, 1110–1116.

Wheldon, A.E., Rutter, N., 1982. The heat balance of small babies nursed in incubators and under radiant warmers. Early Human Development 6, 131–143.

Wiersma, F., Nelson, G.L., 1967. Nonevaporative convective heat transfer from the surface of a bovine. Transactions of the American Society of Agricultural Engineers 10, 733–737.

Wigley, G., Clark, J.A., 1974. Heat transfer coefficients for constant energy flux models of broad leaves. Boundary-Layer Meteorology 7, 139–150.

Williams, M., Bond, B.J., Ryan, M.G., 2001. Evaluating different soil and plant hydraulic constraints on tree function using a model and sap flow data from ponderosa pine. Plant, Cell and Environment 24, 679–690.

Willmer, P., Stone, G., Johnston, I., 2005. Environmental Physiology of Animals. Blackwell Science Ltd, Oxford.

Wood, C.J., 1995. Understanding wind forces on trees. In: Coutts, M.P., Grace, J. (Eds.), Wind and Trees. Cambridge University Press, Cambridge.

Wylie, R.G., 1979. Psychrometric wet-elements as a basis for precise physico-chemical measurements. Journal of Research of the National Bureau of Standards (US) 84, 161–177.

Yuge, T., 1960. Experiments on heat transfer from spheres including combined natural and forced convection. Transactions of the American Society of Mechanical Engineers, Series C. Journal of Heat Transfer 82, 214–220.

Zhou, L., Tucker, C.J., Kaufmann, R.K., Slayback, D., Shabanov, N.V., Myneni, R.B., 2001. Variations in northern vegetation activity inferred from satellite data of vegetation index during 1981 to 1999. Journal of Geophysical Research 106, 20069–20083.

参考书目

通用教科书

Geiger, R., Aron, R. H., Todhunter, P., 2009. The Climate Near the Ground, seventh ed. Rowman and Littlefield Publishers. An updated version of the classicmicroclimatology text originally published by Geiger in the 1920s.

Campbell, G. S., Norman, J. M., 1997. An Introduction to Environmental Biophysics, second ed. Springer-Verlag, New York. Physics of soil, plant and animal microclimates. Remote sensing. Numerical examples and problems. Uses molar units.

Bonan, G., 2008. Ecological Climatology, second ed. Cambridge University Press, Cambridge. Basic meteorological, hydrological and ecological concepts concerned with the coupling of vegetation and the atmosphere.

Jones, H. G., 1992. Plants andMicroclimate, second ed. Cambridge University Press, Cambridge. Microclimate and environmental physiology.

专业书籍

气候

Climate Change 2007: The Physical Science Basis, Intergovernmental Panel on Climate Change(IPCC), Geneva, 2007. Available as a text or online at < http: //dx. doi. org/www. ipcc. ch/ipccreports/ar4-wg1. htm>. Comprehensive review(updated about every 6 years) of the latest understanding of the physical controls of climate and the evidence for climate change.

微气象学

Arya, S. P., 2001. Introduction to Micrometeorology, second ed. Academic Press, San Diego. Comprehensive introduction to the physics of micrometeorology.

Foken, T., 2008. Micrometeorology. Springer-Verlag, Berlin, Heidelberg. Translation of German text with good discussion of principles, experimental methods and data analysis.

辐射

Petty, G. W., 2006. A First Course in Atmospheric Radiation, second ed. Sundog Publishing. Excellent readable introduction to the physics of solar and long wave radiation, with many examples and general discussion along with detailed mathematical treatment.

颗粒

372

Hinds, W. C., 1998. Aerosol Technology: Properties, Behavior and Measurement of Airborne Particles, second ed. Wiley-Inter science. Principles and measurement methods, with sections on inhalation, atmospheric aerosols and the influence of aerosols on climate.

植物环境

Chapin III, F. S., Matson, P. A., Vitousek, P. M., Chapin, M. C., 2012. Principles of Terrestrial Ecosystem Ecology, second ed. Springer, New York. Comprehensive coverage of ecosystem processes and physical environment. Extends from cellular level up to global scales.

Nobel, P. S., 2009. Physicochemical and Environmental Plant Physiology, fourth ed. W. H. Academic Press, Burlington, MA. Basic physiology and biochemistry, followed by a good review of interactions with the environment.

土壤物理

Hillel, D., 2003. Introduction to Environmental Soil Physics. Academic Press, New York. Sound review of theoretical principles of heat and mass transport in soils, and good coverage of the water cycle and soil-plant-water relations.

动物环境

Schmidt-Nielsen, K., 1997. Animal Physiology: Adaptation and Environment, fifth ed. Cambridge University Press. Classic introduction to the principles of animal physiology, and excellent explanation of interactions between animal function and environment.

Parsons, K., 2002. Human Thermal Environments: The Effects of Hot, Moderate and Cold Environments on Human Health, Comfort and Performance, second ed. CRC Press. Review of human responses to heat, humidity and windspeed, with discussion of effects of clothing and activity.

附录
表A.1,表A.2,表A.3,表A.4,表A.5,表A.6

表 A. 1　单位、国际单位制单位和常用量的转换系数

物理量	量　纲	国际单位制单位	c. g. s.
长度	L	1 m	10^2 cm
面积	L^2	1 m^2	10^4 cm^2
体积	L^3	1 m^3	10^6 cm^3
质量	M	1 kg	10^3 g
密度	$M L^{-3}$	1 $kg \cdot m^{-3}$	10^{-3} $g \cdot cm^{-3}$
时间	T	1 s(或 min,h,等等)	1 s
速度	$L T^{-1}$	1 $m \cdot s^{-1}$	10^2 $cm \cdot s^{-1}$
加速度	$L T^{-2}$	1 $m \cdot s^{-2}$	10^2 $cm \cdot s^{-2}$
力	$M L T^{-2}$	1 $kg \cdot m \cdot s^{-2} = 1$ N(牛顿)	10^5 $g \cdot cm \cdot s^{-2} = 10^5$ dynes
压力	$M L^{-1} T^{-2}$	1 $kg \cdot m^{-1} \cdot s^{-2} = 1$ $N \cdot m^{-2}$(帕斯卡)	10 $g \cdot cm^{-1} \cdot s^{-2} = 10^{-2}$ mbar
功,能	$M L^2 T^{-2}$	1 $kg \cdot m^{-2} \cdot s^{-2} = 1$ J(焦耳)	10^7 $g \cdot cm^{-2} \cdot s^{-2} = 10^{-7}$ ergs
功率	$M L^{-2} T^{-3}$	1 $kg \cdot m^2 \cdot s^{-3} = 1$ W(瓦特)	10^7 $g \cdot cm^{-2} \cdot s^{-3} = 10^7$ ergs $\cdot s^{-1}$
动力黏度	$M L^{-1} T^{-1}$	1 $N \cdot s \cdot m^{-2}$	10 dynes $\cdot s \cdot cm^{-2} = 10$ Poise
运动黏度	$L^{-2} T^{-1}$	1 $m^{-2} \cdot s^{-1}$	10^4 $cm^{-2} \cdot s^{-1} = 10^4$ Stokes
温度		1℃(或 1 K)	1℃(或 1 K)
热能	H(或 $M L^2 T^{-2}$)	1 J	0. 238 8 cal
热或辐射通量	$H T^{-1}$	1 W	0. 238 8 cal $\cdot s^{-1}$
热通量密度	$H L^{-2} T^{-1}$	1 $W \cdot m^{-2}$	0. 238 8$\times 10^{-5}$ cal $\cdot cm^{-2} \cdot s^{-1}$
潜热	$H M^{-1}$	1 $J \cdot kg^{-1}$	0. 238 8$\times 10^{-4}$ cal $\cdot g^{-1}$
比热	$H M^{-1} è^{-1}$	1 $J \cdot kg^{-1} \cdot K^{-1}$	0. 238 8$\times 10^{-4}$ cal $\cdot g^{-1} \cdot K^{-1}$
热导率	$H L^{-1} è^{-1} T^{-1}$	1 $W \cdot m^{-1} \cdot K^{-1}$	0. 238 8$\times 10^{-3}$ cal $\cdot cm^{-1} \cdot s^{-1} \cdot K^{-1}$
热扩散系数 (和其他扩散系数)	$L^2 T^{-1}$	1 $m^2 \cdot s^{-1}$	10^4 $cm^2 \cdot s^{-1}$

表 A.2　空气、水蒸气与二氧化碳的性质(在−5℃和 45℃视为常数)

375

		空　气	水蒸气	二氧化碳
比　热	$(J \cdot g^{-1} \cdot K^{-1})$	1.01	1.88	0.85
普朗特数	$Pr = (\nu/\kappa)$	0.71	—	—
	$Pr^{0.67}$	0.79	—	—
	$Pr^{0.33}$	0.89	—	—
	$Pr^{0.25}$	0.92	—	—
施密特数	$Sc = (\nu/D)$	—	0.63	1.04
	$Sc^{0.67}$	—	0.74	1.02
	$Sc^{0.33}$	—	0.86	1.01
	$Sc^{0.25}$	—	0.89	1.01
路易斯数	$Le = (\kappa/D)$	—	0.89	1.48
	$Le^{0.67}$	—	0.93	1.32
	$Le^{0.33}$	—	0.96	1.14
	$Le^{0.25}$	—	0.97	1.11

表 A.3　空气、水蒸气与二氧化碳的性质(变化小于 1%/K)

376

符号	T	ρ_a	$\rho_{as}(T)$	T_v	λ	γ	k	κ	ν	D_v	D_c
单位 ℃	K	kg·m⁻³		℃	J·g⁻¹	Pa·K⁻¹	mW·m⁻¹·K⁻¹	10⁻⁶·m²·s⁻¹			
−5	268.2	1.316	1.314	−4.57	2 513	64.3	24.0	18.3	12.9	20.5	12.4
0	273.2	1.292	1.286	0.64	2 501	64.6	24.3	18.9	13.3	21.2	12.9
5	278.2	1.269	1.265	5.92	2 489	64.9	24.6	19.5	13.7	22.0	13.3
10	283.2	1.246	1.240	11.32	2 477	65.2	25.0	20.2	14.2	22.7	13.8
15	288.2	1.225	1.217	16.87	2 465	65.5	25.3	20.8	14.6	23.4	14.2
20	293.2	1.204	1.194	22.62	2 452	65.8	25.7	21.5	15.1	24.2	14.7
25	298.2	1.183	1.169	28.62	2 442	66.2	26.0	22.2	15.5	24.9	15.1
30	303.2	1.164	1.145	34.97	2 430	66.5	26.4	22.8	16.0	25.7	15.6
35	308.2	1.146	1.121	41.73	2 418	66.8	26.7	23.5	16.4	26.4	16.0
40	313.2	1.128	1.096	49.03	2 406	67.1	27.0	24.2	16.9	27.2	16.5
45	318.2	1.110	1.068	57.02	2 394	67.5	27.4	24.9	17.4	28.0	17.0

ρ_a——干空气的密度

$\rho_{as}(T)$——温度 T℃时水蒸气饱和空气密度

T_v——饱和空气的虚拟温度

λ——水的汽化潜热

$\gamma c_p \rho/\lambda \varepsilon$——"干湿球常数"

k——干空气热导率

κ——干空气的热扩散率

ν——干空气运动黏度

D_v——水蒸气在空气中的扩散系数

D_c——二氧化碳在空气中的扩散系数

表 A. 4　变化大于 **1%/K** 的变量 $e_s(T)$ 为温度 **T**(℃) 时的饱和蒸气压;**Δ** 为温度变化 **1 K** 饱和蒸气压的变化值,即 $\partial e_s/\partial T$;σT^4 为温度 T(K) 时的全辐射;$4\sigma T^3$ 为温度变化 **1 K** 时全辐射的变化值;注意 **Δ** 和 $4\sigma T^3$ 可作为平均差值在 e_s 和 σT^4 表列值之间进行插值

T		$e_s(T)$	$\Delta(T)$	σT^4	$4\sigma T^3$
(℃)	(K)	kPa	$Pa \cdot K^{-1}$	$W \cdot m^{-2}$	$W \cdot m^{-2} \cdot K^{-1}$
−5	268.2	0.421	32	293.4	4.4
−4	269.2	0.455	34	297.8	4.4
−3	270.2	0.490	37	302.2	4.5
−2	271.2	0.528	39	306.7	4.5
−1	272.2	0.568	42	311.3	4.6
0	273.2	0.611	45	315.9	4.6
1	274.2	0.657	48	320.5	4.7
2	275.2	0.705	51	325.2	4.7
3	276.2	0.758	54	330.0	4.8
4	277.2	0.813	57	334.8	4.8
5	278.2	0.872	61	339.6	4.9
6	279.2	0.935	65	344.5	5.0
7	280.2	1.001	69	349.5	5.0
8	281.2	1.072	73	354.5	5.1
9	282.2	1.147	78	359.6	5.1
10	283.2	1.227	83	364.7	5.2
11	284.2	1.312	88	369.9	5.2
12	285.2	1.402	93	375.1	5.3
13	286.2	1.497	98	380.4	5.3
14	287.2	1.598	104	385.8	5.4
15	288.2	1.704	110	391.2	5.4
16	289.2	1.817	117	396.6	5.5
17	290.2	1.937	123	402.1	5.6
18	291.2	2.063	130	407.7	5.6
19	292.2	2.196	137	413.3	5.7
20	293.2	2.337	145	419.0	5.7
21	294.2	2.486	153	424.8	5.8
22	295.2	2.643	162	430.6	5.8
23	296.2	2.809	170	436.4	5.9
24	297.2	2.983	179	442.4	6.0
25	298.2	3.167	189	448.3	6.0

（续表）

	T		$e_s(T)$	$\Delta(T)$	σT^4	$4\sigma T^3$
（℃)		(K)	kPa	Pa·K^{-1}	W·m^{-2}	W·m^{-2}·K^{-1}
26		299.2	3.361	199	454.4	6.1
27		300.2	3.565	210	460.5	6.2
28		301.2	3.780	221	466.7	6.2
29		302.2	4.006	232	472.9	6.3
30		303.2	4.243	244	479.2	6.3
31		304.2	4.493	257	485.5	6.4
32		305.2	4.755	269	492.0	6.5
33		306.2	5.031	283	498.4	6.5
34		307.2	5.320	297	505.0	6.6
35		308.2	5.624	312	511.6	6.7
36		309.2	5.942	327	518.3	6.7
37		310.2	6.276	343	525.0	6.8
38		311.2	6.262	357	531.8	6.9
39		312.2	6.993	376	538.7	6.9
40		313.2	7.378	394	545.6	7.0
41		314.2	7.780	413	552.6	7.1
42		315.2	8.202	432	559.7	7.1
43		316.2	8.642	452	566.8	7.2
44		317.2	9.103	473	574.0	7.3
45		318.2	9.586	494	581.3	7.3

表 A.5 空气的努塞尔数（Nu）

（a）强制对流

形状	特定情形	Re 的范围	Nu
（1）平板			
	流线型流动	$<2\times10^4$	$0.60Re^{0.5}$
	湍流流动	$>2\times10^4$	$0.032Re^{0.8}$

（续表）

（2）圆柱

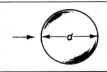	窄范围雷诺数	$1\sim4$	$0.89Re^{0.33}$
		$4\sim40$	$0.82Re^{0.39}$
		$40\sim4\times10^3$	$0.62Re^{0.47}$
		$4\times10^3\sim4\times10^4$	$0.17Re^{0.62}$
		$4\times10^4\sim4\times10^5$	$0.024Re^{0.81}$
	宽范围雷诺数	$10^{-1}\sim10^3$	$0.32+0.51Re^{0.52}$
		$10^3\sim5\times10^4$	$0.24Re^{0.60}$

（3）球形

	$0\sim300$	$2+0.54Re^{0.5}$
	$50\sim1.5\times10^5$	$0.34Re^{0.6}$

注释：
① 箭头表示空气流动的方向
② d 是特征尺寸；对于宽度和长度可比较的矩形，取如图所示或平均侧的一个长横风支柱的宽度
③ Nu 乘以 $Le^{0.33}$ 可得到相对应的舍伍德数（数值见表 A.1）
④ 数据来源：Ede（1967），Fishenden、Saunders（1950），Bird，Stewart、Lightfoot（1960）

380

（b）自由对流

形状及相关温度	范围		Nu
	层 流	湍 流	

（1）水平平板或圆柱

①	$Gr<10^5$		$0.50Gr^{0.25}$
		$Gr>10^5$	$0.13Gr^{0.33}$
②		不产生湍流	$0.23Gr^{0.25}$
③	$10^4<Gr<10^9$		$0.48Gr^{0.25}$
		$Gr>10^9$	$0.09Gr^{0.33}$

（续表）

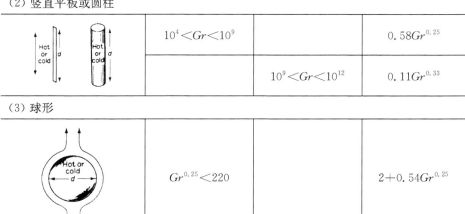

（2）竖直平板或圆柱

| | $10^4 < Gr < 10^9$ | $0.58Gr^{0.25}$ |
| | $10^9 < Gr < 10^{12}$ | $0.11Gr^{0.33}$ |

（3）球形

| | $Gr^{0.25} < 220$ | $2 + 0.54Gr^{0.25}$ |

注释：
① 箭头表示空气流动的方向
② d 是计算 Gr 的特征尺寸；取垂直板的高度和水平板的平均翼长
③ Nu 乘以 $Le^{0.25}$ 可得到层流或湍流的相对应的舍伍德数（数值见表 A.1）
④ 数据来源：Ede（1967），Fishenden and Saunders（1950），Bird，Stewart and Lightfoot（1960）

表 A.6　空气中颗粒传递的特征值[*]：D 为扩散系数（$m^2 \cdot s^{-1}$）；τ 为松弛时间（μs）；$\overline{\Delta x_B}$（μm）为 1 s 之内在特定方向 $2(Dt/\pi)^{0.5}$ 上的平均位移；$\overline{\Delta x_s}$ 为在重力场中 1 s 之内下落的距离（μm）

半径 $r/\mu m$	$D \times 10^9 / m^2 \cdot s^{-1}$	$\tau \times 10^6$	$\overline{\Delta x_B}/\mu m$	$\overline{\Delta x_s}/\mu m$
1.0×10^{-3}	1.28×10^{-3}	1.33×10^{-3}	1.28×10^3	1.31×10^{-2}
5.0×10^{-3}	5.24×10^1	6.67×10^{-3}	2.58×10^2	6.63×10^{-2}
1.0×10^{-2}	1.35×10^1	1.40×10^{-2}	1.31×10^2	1.37×10^{-1}
5.0×10^{-2}	6.82×10^{-1}	8.81×10^{-2}	2.95×10^1	8.64×10^{-1}
0.1	2.21×10^{-1}	0.23	1.68×10^1	2.24
0.5	2.7×10^{-2}	3.54	5.90	3.47×10^1
1.0	1.3×10^{-2}	1.31×10^1	4.02	1.28×10^2
5.0	2.4×10^{-3}	3.08×10^2	1.74	3.0×10^3
10.0	1.4×10^{-3}	1.23×10^3	1.23	1.2×10^4

[*] 数值来自 Fuchs（1964），在标准大气压且温度为 23℃ 的情况下计算，颗粒密度为 $1\,g \cdot cm^{-3}$

381

部分习题答案

第 2 章

6. 假设 g 为常数，则 $\Gamma = g/c_p$，$c_p = \dfrac{7}{2}\dfrac{R}{M} = \dfrac{7}{2} \times \dfrac{8.31}{10}$。因此 $\Gamma = \dfrac{9.81 \times 10 \times 2}{7 \times 8.31 \times 1\,000} = 0.003\,4\ \text{K} \cdot \text{m}^{-1}$。

第 3 章

1. $r = \displaystyle\int \dfrac{\text{d}z}{D} = \dfrac{1 \times 10^{-3}}{15.1 \times 10^{-6}} = 66\ \text{s} \cdot \text{m}^{-1}$。如果压强从 101.3 kPa 降到 70 kPa，那么 $r = 66 \times 70/101.3 = 46\ \text{s} \cdot \text{m}^{-1}$。

将阻力除空气的摩尔体积，可使其单位从 $\text{s} \cdot \text{m}^{-1}$ 转换成 $\text{m}^2 \cdot \text{s} \cdot \text{mol}^{-1}$。101.3 kPa、20℃ 条件下的空气摩尔体积为 $273/(293 \times 0.022\,4) = 41.6\ \text{mol} \cdot \text{m}^{-3}$，70.0 kPa、20℃ 条件下的为 $70.0 \times 273/(293 \times 101.3 \times 0.022\,4) = 28.7\ \text{mol} \cdot \text{m}^{-3}$。因此，摩尔单位体系下的阻力与压强无关，为 $66/41.6 = 46/28.7 = 1.59\ \text{m}^2 \cdot \text{s} \cdot \text{mol}^{-1}$。摩尔阻力的恒定性使其更便于进行某些运算。

第 4 章

1. 每个光子能量为 $6.63 \times 10^{-34} \times 3.0 \times 10^8/300 \times 10^{-6} = 6.63 \times 10^{-22}\ \text{J}$。因此光通量为每平方米每秒 $20/6.63 \times 10^{-22} = 3.0 \times 10^{22}$ 个光子或是 $3.0 \times 10^{22}/6.02 \times 10^{23} = 0.050\ \text{mol}$ 光子。

2. $\lambda_{\max} = 2\,897/3\,000 = 0.97\ \mu\text{m}$。

第 5 章

1. 当 $\psi = 96°$ 时，为民用曙暮光；当 $\psi = 90°$ 时，为日落。忽略下列计算中时间方程带来的微小修正。为解出民用曙暮光的时角 θ，求解方程 $\cos 96 = \sin 51.5 \sin 23.5 + \cos 51.5 \cos 23.5 \cos \theta$，解出 $\cos \theta = -0.730$，$\theta = 136.9°$。因此天文曙暮光是太阳正午后 $136.9/15 = 9.13\ \text{h}$。同理[运用式
（5.4）的简化方程]，日落时角为 123.1°，因此日落是太阳正午后 $123.1/15 = 8.21\ \text{h}$。其中时间差为 0.92 h，或者说是 55 min。

2. 太阳正午时，$\psi = \phi - \delta = 45.0 - 23.5 = 21.5°$。因此 $m = \sec 21.5 = 1.075$。

则 $S_p = 1\,366\exp(-0.30 \times 1.075)[\exp-(1.075 \times \tau_a)] = 990\exp(-1.075 \times \tau_a)$，并且 $\mathbf{S}_s = \mathbf{S}_p\cos\psi$。

散射辐射 $\mathbf{S}_d = 0.3 \times 1\,366 \times \cos 21.5\{1 - \exp[-(\tau_m + \tau_a) \times 1.075]\}$，且 $\mathbf{S}_t = \mathbf{S}_s + \mathbf{S}_d$。下表为三组 τ_a 对应下计算的值，单位为 $W \cdot m^{-2}$。

τ_a	S_p	S_s	S_d	S_t
0.05	941	875	118	993
0.20	802	746	160	906
0.40	644	599	202	801

3. 昼长 $n = 24\pi^{-1}\cos^{-1}(-\tan 45.0\tan 23.5) = 15.4\,h$。日射量为 $2n\pi^{-1}\mathbf{S}_{tm}$，其中 $\mathbf{S}_{tm}$ 为中午的辐照度。因此，$\tau_a = 0.05$、0.20、0.40 情况下的日射量分别为 $35.0\,MJ \cdot m^{-2}$、$32.0\,MJ \cdot m^{-2}$、$28.3\,MJ \cdot m^{-2}$。

4. $\mathbf{L}_d = 356\,W \cdot m^{-2}$；$\varepsilon_a = 0.79$。

当 $c = 0.5$，$\varepsilon_a(c) = 0.88$ 时，$\mathbf{L}_d(c) = 0.88 \times 448 = 393\,W \cdot m^{-2}$。

5. 修正辐照度 $A = 916$；$B = 120$；$C = 465$；$D = 25\,W \cdot m^{-2}$。则：
(2) $120/916 = 0.13$；(2) $(120 - 25)/120 = 0.79$；(3) $(916 - 465 - 120 + 25)/(916 - 120) = 356/796 = 0.45$。

6. 假设土壤和煤灰都是绝对黑体，$\mathbf{L}_n = 545\,W \cdot m^{-2}$，因此 $\mathbf{T}_{soot} = 40℃$。

第6章

1. $k_{red} = 0.23$；$k_{bluegreen} = 0.014$。100 m 处的传播分数为 $1.03 \times 10^{-10}/0.246 = 4.2 \times 10^{-10}$。

2. 假设光合有效辐射为总辐射的 50%。则 $\rho_t = 0.5\rho_{PAR} + 0.5\rho_{NIR}$；$\rho_{NIR} = 0.3/0.5 = 0.6$。近红外线辐射的反射系数较大，其优点是有效利用光合有效辐射，但因其辐射吸收能力很弱，因此可以减少过热的发生。

第7章

2. $x = 5$；$A_h/A = \dfrac{(2 \times 5 \times \cot 10°)/\pi + 1}{(2 \times 5) + 2} = \dfrac{19.1}{12} = 1.59$，

$\overline{\mathbf{S}_b} = 1.59\mathbf{S}_b = 1.59 \times \sin 10° \times \mathbf{S}_p = 1.59 \times 0.174 \times 800 = 221\,W \cdot m^{-2}$。

3. 短波：上表面

$$0.933 \times 150 + 0.067 \times 0.15 \times 150 = 142\,W \cdot m^{-2}$$

下表面

$$0.067 \times 150 + 0.933 \times 22.5 = 31\,W \cdot m^{-2}$$

长波：上表面

$$0.933 \times 290 + 0.067 \times 391 = 297 \ \text{W} \cdot \text{m}^{-2}$$

下表面

$$0.067 \times 290 + 0.933 \times 391 = 384 \ \text{W} \cdot \text{m}^{-2}$$

第8章

1. $\mathcal{K}_s = 2(\cot \beta)/\pi = 0.637$

   (1) $\mathbf{S}_b(L) = 500\exp(-0.637 \times 4) = 39.1 \ \text{W} \cdot \text{m}^{-2}$。

   (2) 光斑面积分数 $\mathbf{S}_b(L)/\mathbf{S}_b(0) = 39.1/500 = 0.078$。

   (3) 每单位叶片面积的平均辐射度为 $\mathcal{K}_s\mathbf{S}_b(L) = 0.637 \times 39.1 = 24.9 \ \text{W} \cdot \text{m}^{-2}$。

2. 当 $\beta = 60°$ 时，若叶位分布为球形，$\mathcal{K}_s$ 为 $0.5/\sin 60°(=0.577)$；若叶位分布为圆柱形，$\mathcal{K}_s$ 为 $2(\cot 60°)/\pi(=0.368)$。

   观测光斑面积分数 $\mathbf{S}(L)/\mathbf{S}(0) = 1 - 0.8 = 0.2 = \exp(-\mathcal{K}_s \times 3)$。而观测衰减系数 $\mathcal{K}_s = -\ln 0.2/3 = 0.54$，因此叶位分布更接近球形。

3. 当观测持续一整天时，将辐射视为漫辐射。由图 8.3 可得出 $\mathcal{K} = 0.67$。

   (1) $\tau = \exp(-0.67 \times 3.0) = 0.13$。

   (2) 拦截分数为 $1 - \tau = 0.87$。

   (3) $(1 - 0.95) = \exp(-0.67L)$；$L = 4.5$。

4. 已知光合有效辐射中 $\rho = \tau = 0.15$，

   (1) 吸收系数 $\alpha_p = 1 - \tau - \rho = 1 - 2(0.15) = 0.70$。

   (2) 树冠反射系数 $\rho_c^* = (1 - \alpha_p^{0.5})/(1 + \alpha_p^{0.5}) = 0.09$。

   (3) 重复式(a)(b)，当 $\rho = \tau = 0.40$，近红外光

$$\alpha_p = 1 - 0.40 - 0.40 = 0.20$$
$$\rho_c^* = (1 - \alpha_p^{0.5})/(1 + \alpha_p^{0.5}) = 0.38$$

   (4) 对整个太阳光光谱计算 ρ_c^*

$$\rho_{ctotal}^* = 0.5 \times (\rho_{cPAR}^*) + 0.5 \times (\rho_{cNIR}^*) = 0.24$$

5. (1) $\alpha_p = 1 - \tau_p - \rho_p = 1 - 0.10 - 0.10 = 0.80$。 $\mathcal{K} = \alpha_p^{0.5}\mathcal{K}_b = (0.80^{0.5}) \times 1 = 0.89$。

   (2) 忽略二阶项

$$\rho_c = \rho_c^* - (\rho_c^* - \rho_s)\exp(-2\mathcal{K}L)，且 \rho_c^* = (1 - \alpha_p^{0.5})/(1 + \alpha_p^{0.5}) = 0.056,$$

因此 $\rho_c = 0.056 - (0.056 - 0.15)\exp(-2 \times 0.89 \times 1) = 0.072$,

$$\tau_c = \exp(-\mathcal{K}L) = \exp(-0.89 \times 1) = 0.41。$$

(3) $\alpha_c = 1 - \rho_c - \tau_c(1 - \rho_s) = 1 - 0.072 - 0.41(1 - 0.15) = 0.58$。

(4) 定义拦截系数为 $(1 - \tau_c)$，因此 $\alpha_c/(1 - \tau_c) = 0.98$。因此 98% 的光合有效辐射被稀疏的管层拦截了。如果基于整个太阳辐射来研究这个问题，那么这个比例将接近 0.75。

第 9 章

1. 当 $Re_p (Re_p = 0.5 \times 10^{-3} \times 4.2 \times 10^{-6}/15 \times 10^{-6} = 0.14 \times 10^{-3})$ 较小时，根据关系式可得 $c_d = 24/Re_p = 171$。

第 10 章

1. 对于平板来说，$Re = 2.0 \times 50 \times 10^{-3}/15 \times 10^{-6} = 6.6 \times 10^{-3}$。
   $Nu = 0.60 Re^{0.5} = 49$。
   对于叶片来说，$Nu = 2 \times 49 = 98$。
   对流传热 $C = 98 \times 26 \times 10^{-3} \times 1.5/50 \times 10^{-3} = 76 \ \text{W} \cdot \text{m}^{-2}$。

2. $Re = 8 \times 10^{-3} \times 0.05/15 \times 10^{-6} = 2.7$
   $Gr = 158 \times 0.8^3 \times 5 = 404$
   $Gr/Re^2 = 55$，因此主要靠自由对流进行传热。假设 $Nu = 0.58 Gr^{0.25}$，那么
   $Nu = 4.5$，且 $C = 4.5 \times 26 \times 10^{-3} \times \dfrac{5}{8} \times 10^{-3} = 73 \ \text{W} \cdot \text{m}^{-2}$。

3. 在平衡状态下，净辐射必定与对流传热损失相等。净辐射 $\mathbf{R}_n = (1 - 0.4)300 + \sigma T_a^4 - \sigma T_t^4$。将空气温度与温度计读数差值 $(T_a - T_t)$ 视为 ΔT。因此，列出通量式子，$-\rho c_p \Delta T/80 = 180 + 4\sigma T_a^3 \Delta T$。解得 $\Delta T = -8.7℃$，即 $T_t = 28.7℃$。

   (1) 增大反射系数得 $\Delta T = -1.4℃$，即 $T_t = 21.4℃$。

   (2) 增加一个辐射防护屏从而使 r_H 增大到 113 s $\cdot$ m^{-1}，可得 $\Delta T = -5.5℃$，即 $T_t = 25.5℃$。

4. 温度为 T_b，花蕾的辐射平衡情况下，$\mathbf{R}_n = 0.5 \times 230 + 0.5 \times \sigma \times 273^4 - \sigma T_b^4$。若 T_b 维持在 273 K 不变，那么 $\mathbf{R}_n = 115 + 158 - 316 = -43 \ \text{W} \cdot \text{m}^{-2}$。如果花蕾保持热平衡，那么 43 W $\cdot$ m^{-2} 的热损失对应着相等的来自对流（使地面变暖的热气流）或者是潜热（喷洒在花蕾上的水）的热增益。

5. $Re = 0.30 \times 0.15/16 \times 10^{-6} = 2.8 \times 10^3$，
   $Gr = 158 \times 30^3 \times 40 = 1.7 \times 10^8$，
   $Gr/Re^2 = 22$，因此热传递主要靠自由对流，并假设为层流流动。
   运用关系式 $Nu = 0.48 Gr^{0.25}$ 可得 $Nu = 55$，且 $C = 55 \times 27 \times 10^{-3} \times 40/0.30 = 198 \ \text{W} \cdot \text{m}^{-2}$。

6. 运用方程(10.21)，$G = k'(T_1 - T_2)/[r_2\ln(r_2/r_1)]$。则 $G = 0.60 \times 7/[0.10\ln(0.10/0.08)] = 188 \text{ W} \cdot \text{m}^{-2}$。

第 11 章

1. 25℃时的饱和蒸气压为 3 167 Pa。相对湿度为 60%时的蒸汽压为 $0.60 \times 3\,167 = 1\,900$ Pa。

   (1) 叶片绝对湿度 $\chi_l = 2.17 \times 3\,167/298 = 23.1 \text{ g} \cdot \text{m}^{-3}$。空气绝对湿度 $\chi_a = 0.60 \times 23.1 = 13.9 \text{ g} \cdot \text{m}^{-3}$。

   (2) (a) $F_w = D_w(\chi_l - \chi_a)/l = 25.3 \times 10^{-6} \times (23.1 - 13.9)/10 \times 10^{-6} = 23.5 \text{ g} \cdot \text{m}^{-2} \cdot \text{s}^{-1}$。

   (3) 单个气孔阻力为 $l/D_w = 10 \times 10^{-6}/25.3 \times 10^{-6} = 0.40 \text{ s} \cdot \text{m}^{-1}$。

   (4) $r_l = 4[l + (\pi d/8)]/\pi n d^2 D_w = 4[10 \times 10^{-6} + (\pi \times 5 \times 10^{-6}/8)]/[\pi \times 200 \times 10^6 \times (5 \times 10^{-6})^2 \times 25.3 \times 10^{-6}]$。

   $r_l = 120 \text{ s} \cdot \text{m}^{-1}$。这是自由供水时，草本植物的气孔扩散阻力。

2. 对于长度为 100 μm、直径为 6 μm 的单个气孔，阻力 $r_p = (l + \pi d/8)/D_w = [100 \times 10^{-6} + (\pi \times 6 \times 10^{-6}/8)]/25 \times 10^{-6} = 4.0 \text{ s} \cdot \text{m}^{-1}$。

   每单位面积薄膜的蒸发速率 $E = (n\pi d^2/4)\Delta\chi/r_p$，其中 $\Delta\chi$ 为气孔绝对湿度的差值。由于 $\chi_{\text{inside}} = 2.17 \times 4\,243/303 = 30.4 \text{ g} \cdot \text{m}^{-3}$，$\chi_{\text{outside}} = 2.17 \times 0.30 \times 421/268 = 1.02 \text{ g} \cdot \text{m}^{-3}$，所以 $\Delta\chi = 29.4 \text{ g} \cdot \text{m}^{-3}$。故 $E = 10^9 \times \pi \times (6 \times 10^{-6})^2 \times 29.4/4.0 = 0.21 \text{ g} \cdot \text{m}^{-2} \cdot \text{s}^{-1}$。则 $\lambda E = 525 \text{ W} \cdot \text{m}^{-2}$。

3. 由于两平行叶片间阻力 r_H 为 40 s·m⁻¹，两边界层的阻力 r_H 为 80 s·m⁻¹。接着，联立两边界层阻力可得 $(r_t)^{-1} = (80 + 100)^{-1} + (80 + 200)^{-1}$。因此 $r_t = 110 \text{ s} \cdot \text{m}^{-1}$。

4. $E = (\chi_l - \chi_a)/r_t$。$\chi_l$ 的值为 $2.17 \times 2\,337/293 = 17.3 \text{ g} \cdot \text{m}^{-3}$，且 χ_a 为 $0.5 \times 17.3 = 8.65 \text{ g} \cdot \text{m}^{-3}$。重新整理通量方程可得 $r_t = 8.65/(10.0 \times 10^{-6} \times 10^4) = 87 \text{ s} \cdot \text{m}^{-1}$。环境空气对叶片的二氧化碳通量 $F_c = 100 \times 10^{-6} \times 1.87 \times 10^3/r_c$，其中 r_c 为气孔组合与边界层关于二氧化碳传递阻力。假设传递方式为强制对流，边界层关于二氧化碳和水蒸气传递阻力之比 r_c/r_v 为 $1.32/0.93 = 1.42$，与气孔阻力之比为 $1.14/0.96 = 1.19$(如 11.1.1 所示)。由于单纯的边界层或气孔阻力无从得知，我们使用 r_c/r_v 的平均值 1.30 来估计二氧化碳的传递阻力 r_t。则 $F_c = 100 \times 10^{-6} \times 1.87 \times 10^3/(87 \times 1.30) = 1.7 \text{ mgCO}_2 \text{ m}^{-2} \cdot \text{s}^{-1}$。

5. 为判断边界层流动为层流还是湍流，计算雷诺数 Re，$Re = 1.0 \times 50 \times 10^{-3}/15.8 \times 10^{-6} = 3\,165$。因此流动介于层流与湍流之间。如果为层流，那么 $Nu = 0.60Re^{0.5} = 34$，$r_H = l/(\kappa Nu) = 50 \times 10^{-3}/(22 \times 10^{-6} \times 34) = 67 \text{ s} \cdot \text{m}^{-1}$。考虑到湍流边界层，采用经验修正系数 1.5，$r_H = 67/1.5 =$

45 s・m^{-1}, r_V=0.93r_H=41 s・m^{-1}。

如果叶片表面是湿的,绝对湿度 χ_l=2.17×3 167/298=23.1 g・m^{-3}, χ_a=0.6×23.1=13.8 g・m^{-3}。因此 **E**=(23.1−13.8)/41=0.23 g・m^{-2}・s^{-1}, λ**E**=2 436×0.23=553 W・m^{-2}。

6. 每单位面积叶片蒸发速率 **E**=0.70/(100×10^{-4}×600)=0.117 g・m^{-2}・s^{-1}。在题5中,χ_l=2.17×3 167/298=23.1 g・m^{-3},此时 χ_a=0.75×23.1=17.3 g・m^{-3}。因此边界层阻力 r_b=(χ_l − χ_b)/**E**=(23.1−17.3)/0.117=49.3 s・m^{-1}。

第 12 章

1. (1) 如果花粉颗粒服从斯托克斯定律,则 V_s=2ρgr^2/9$\rho_a v$。因此 V_s=2×0.8×10^6×9.81×(5×10^{-6})^2/9×1.29×10^3×15×10^{-6}=2.4 mm・s^{-1}。判断是否适用斯托克斯定律,需要计算颗粒雷诺数 Re_p。

$$Re_p = 2.4 \times 10^{-3} \times 10 \times 10^{-6}/(15 \times 10^{-6}) = 1.6 \times 10^{-3}$$

因此斯托克斯这里是适用的。

(2) 在这个例子中,由斯托克斯定律可得 V_s=545 m・s^{-1},然而此时 Re_p=109×10^3,显然斯托克斯定律此时不适用于计算 V_s。运用文中的迭代法,并假定阻力系数初值为0.44,可得 V_s=13 m・s^{-1}。这里有一篇很有意思的、关于曳力系数的文章:http://exploration.grc.nasa.gov/education/rocket/termvr.html。

2. τ=m/6$\pi\nu\rho_a r$=2$r^2\rho_p$/9$\nu\rho_a$,

(1) τ=2×(10×10^{-6})^2×1×10^6/(9×15×10^{-6}×1.2×10^3)
= 1.23×10^{-3} s。

S=τV_0=1.23×10^{-3}×2.0=2.5 mm。因此 4 mm 直径的管道中湍流的沉降率是较高的。

(2) τ=3×10^{-6} s, S=6 μm。沉降率较低。

4. (这个问题和解答来自诺丁汉大学环境物理组的特聘教授,A. C. Chamberlain 博士)

(1) 雨滴不遵循斯托克斯定律,因此其终速度需要反复实验得出来,来满足曳力与重力平衡。

雨滴半径 r(μm)	100	1 000
投影面积 A(m^2)	3.14×10^{-8}	3.14×10^{-6}
重力 F_g=mg(N)	4.10×10^{-8}	4.10×10^{-5}

作用在以速度 V 下降,横截面积为 A 的雨滴上的曳力 F_d=

$0.5\rho_a A c_d V^2$。拖曳系数 c_d 与雨滴雷诺数的关系如图 9.6，或根据式 (9.13) 计算可得。两种不同直径的雨滴在一系列下坠速度下所受的曳力计算如下表所示：

雨滴半径 $r(\mu m)$	100			1 000		
速度 $V(m \cdot s^{-1})$	0.5	0.6	0.7	5.0	6.0	7.0
Re_p	6.7	8.0	9.3	670	800	930
c_d	5.5	5.2	5.0	0.53	0.50	0.48
曳力(N)	2.65×10^{-8}	3.6×10^{-8}	4.7×10^{-8}	2.6×10^{-5}	3.4×10^{-5}	4.5×10^{-5}

使用插值法，当 $V = 0.65 \ m \cdot s^{-1}$（100 μm）或 $V = 6.7 \ m \cdot s^{-1}$（1 000 μm），重力与曳力平衡。此处速度为雨滴的终速度。

(2) 知道终速度后，可根据附录 A.6 得出制动距离 S_0 和 10 μm 颗粒的斯托克斯数 Stk$(= S_0/r)$（对于 100 μm 雨滴来说，$S_0 = 200 \ \mu m$，Stk $= 2.0$）；对于 1 000 μm 雨滴来说，$S_0 = 1700 \ \mu m$，Stk $= 1.7$。

(3) 碰撞效率 c_p 可由图 12.3 读出，$c_p = 0.58$（100 μm）或 0.54（1 000 μm）。注意，c_p 随雨滴与颗粒之间相对速度的增大而增大，随雨滴半径的增大而减小，所以其随雨滴大小的变化是较小的。

(4) 接下来计算每秒钟单个雨滴的碰撞次数。雨滴体积为 $4\pi r^3/3$，投影面积为 πr^2。因此，每个雨滴都可以等效为扫过一个圆柱体 $4/3 \ m$。所以降雨率 1 mm $\cdot$ h^{-1}，即 0.28×10^{-6} m $\cdot$ s^{-1}，可等效为每秒 $0.28 \times 10^{-6}/(4r/3) = 2.1 \times 10^{-7} r^{-1}$ 雨滴穿过大气。因此降雨率为 1 mm $\cdot$ h^{-1} 时，每秒的雨滴数(n)为 2×10^{-3}（100 μm）或 2×10^{-4}（1 000 μm）。冲蚀率 $\Lambda(s^{-1}) = n c_p = 1.2 \times 10^{-3}(s^{-1})$（100 μm）或是 $1.1 \times 10^{-4}(s^{-1})$（1 000 μm）。因此，给定降雨率情况下，小雨滴比大雨滴更能冲刷掉颗粒。

(5) t 时间后，残余气溶胶分数为 $f_w = exp - \Lambda t$。因此，1 h（3 600 s）后，对于 100 μm 的雨滴，f_w 为 0.013（1.3%）；对于 1 000 μm 的雨滴，f_w 为 0.49（49%）。

第 13 章

1. 温度计测量显热传递时的阻力 $r_H = d/\kappa Nu$。努塞尔数 $Nu = 0.24 Re^{0.60} = 0.24 \times (3 \times 10^{-3})^{0.6} \times V^{0.60} = 5.65 V^{0.6}$。因此 $r_H = 3 \times 10^{-3}/(22.2 \times 10^{-6} \times 5.65 \times V^{0.6}) = 23.9 V^{-0.6}$ s $\cdot$ m^{-1}。传热的辐射阻力 $r_R = \rho c_p/4\sigma T^3 = 210$ s $\cdot$ m^{-1}。由式 (13.5)，$T_t = (r_H T_{sh} + r_R T_a)/(r_R + r_H)$。整理可得 $r_H = r_R(T_t - T_a)/(T_{sh} - T_t) = 0.1 \times 210/4.9 = 4.3$ s $\cdot$ m^{-1}。因此 $V^{-0.6} =$

4. 3/23. 9，即 $V=17.6$ m・s^{-1}。

4. 当空气温度 $T_a=22$℃，$\Delta=162$ Pa・K^{-1}，且 $\gamma=66.3$ Pa・K^{-1} 时，饱和差 δ 为 2 643－1 000＝1 643 Pa。将值代入彭曼－蒙特斯方程可得，$\lambda E=$ $[162\times300+(1.2\times10^3\times1\,643/40)]/[162+66.3(110/40)]=284$ W・ m^{-2}。则 $C=R_n-\lambda E=16$ W・m^{-2}。由于 $C=\rho c_p(T_l-T_a)/r_H$，$(T_l-T_a)=40\times16/(1.2\times10^3)=0.53$℃，所以 $T_l=22.5$℃。

6. 运动员速度为 19 km・h^{-1}，即 5. 3 m・s^{-1}。努塞尔数 $Nu=0.24Re^{0.6}=$ $0.24\times(0.33\times5.3/16\times10^{-6})^{0.6}=253$。显热传递阻力 $r_H=d/\kappa Nu=$ $0.33/(22.8\times10^{-6}\times253)=57$ s・m^{-1}。假设 $r_V/r_H=0.93$，饱和差 δ 为 $(0.75\times4\,243-2\,400)=782$ Pa。其他参数诸如 $\Delta=244$ Pa・K^{-1}，$\gamma=$ 66. 5 Pa・K^{-1}。运用彭曼-蒙特斯方程可得，$\lambda E=[0.75\times244\times(300+$ $600)+(1.2\times10^3\times782/57)]/[0.75\times244)+(66.5\times0.93)]=739$ W・ m^{-2}。如果盐分被冲洗掉，并保留其他所有成分，即皮肤表面的相对湿度为 100％，此时 $\lambda E=843$ W・m^{-2}。

第 14 章

1. 净等温辐射 $R_{ni}=(1-0.40)300+4\sigma T^3\Delta T=180+6.0\times9.6=240$ W・ m^{-2}。接着，运用式(14.3)，$M+R_{ni}-\lambda E_r-\lambda E_s=140+240-11-98=$ $\rho c_p(T_c-T_a)/r_{HR}$，解得 $r_{HR}=43$ s・m^{-1}。假设皮肤能完全隔绝辐射，其显 热通量为 $M-\lambda E_r-\lambda E_s=\rho c_p(T_c-T_a)/r_c$，整理可得表皮阻力 $r_c=1.2\times$ $10^3(34.0-31.6)/(140-11-98)=93$ s・m^{-1}。

减去二阶代数式，可得 $R_{ni}=\rho c_p[(T_c-T_a)/r_{HR}-(T_s-T_c)/r_c]$，因此如 若 R_{ni} 减小至 100 W・m^{-2}，解方程可得 $T_c=28.2$℃。定义皮肤的潜热损 失速率为 $\lambda E_s'$，热平衡可表示为 $140+100-11-\lambda E_s'=1.2\times10^3(28.2-$ $22)/43$，可得 $\lambda E_s'=56$ W・m^{-2}。

2. (1) 当皮肤干燥时，$M+R_{ni}-\lambda E_r=\rho c_p(T_s-T_a)/r_{HR}$。整理可得 $T_a=$ $[-r_{HR}(M+R_{ni}-\lambda E_r)/\rho c_p]+T_s=[-80(60+240-10)/1.2\times10^3]=$ 13. 7℃。

(2) 当皮肤覆盖有湿泥时，表面温度为 T_m。通过泥的热流可描述为 $\rho c_p(T_s-T_m)/r_m=M-\lambda E_r$。解得 $T_m=33-[8\times(60-10)/1.2\times$ $10^3]=32.7$℃。对于覆盖有湿泥的皮肤来说，$M+R_{ni}-\lambda E_r=$ $[\rho c_p(T_s-T_a)/r_{HR}]+[\rho c_p(e_{sm}-e_a)/\gamma r_v]$。假设 $r_V/r_{HR}=0.93$，解 方程得 $T_a=80$℃。

第 15 章

1. (1) $\tau=80$ s。(2) $\tau=31$ min。

2. $630\,\text{W}\cdot\text{m}^{-2}$。能量来源于净辐射吸收和显热传递。

3. (1) a. $\rho'=1.03\times10^{6}\,\text{g}\cdot\text{m}^{-3}$, $c'=0.90\,\text{J}\cdot\text{g}^{-1}\cdot\text{K}^{-1}$;

      b. $\rho'=1.38\times10^{6}\,\text{g}\cdot\text{m}^{-3}$, $c'=1.73\,\text{J}\cdot\text{g}^{-1}\cdot\text{K}^{-1}$。

  (2) a. $\kappa'=0.32\times10^{-6}\,\text{m}^{-2}\cdot\text{s}^{-1}$; $D=9.4\,\text{cm}$;

      b. $\kappa'=0.67\times10^{-6}\,\text{m}^{-2}\cdot\text{s}^{-1}$; $D=18.4\,\text{cm}$。

5. (1) $x=0.40$;(2) $\rho'c'=2.13\,\text{MJ}\cdot\text{m}^{-3}\cdot\text{K}^{-1}$。

6. 对表面运用插值法,$T_{\text{surface}}=-3.0\,\text{℃}$。 土壤热通量 $G=-k\dfrac{\text{d}T}{\text{d}z}=-120\,\text{W}\cdot\text{m}^{-2}$,且必等同于 $\mathbf{R}_{\text{n}}$。 假设表面为完全黑体,则 $\mathbf{L}_{\text{d}}=-120+302=182\,\text{W}\cdot\text{m}^{-2}$。

第 16 章

1. (1) $z_0=0.25\,\text{m}$; $u_*=0.164\,\text{m}\cdot\text{s}^{-1}$。 (2) $r_{\text{aM}}=52\,\text{s}\cdot\text{m}^{-1}$。

2. (1) $u_*=0.89\,\text{m}\cdot\text{s}^{-1}$。 (2) $u_{30}=3.89\,\text{m}\cdot\text{s}^{-1}$; $r_{\text{aM}}=4.9\,\text{s}\cdot\text{m}^{-1}$。

3. (1) $\beta=0.50$; $C=143\,\text{W}\cdot\text{m}^{-2}$; $\lambda E=287\,\text{W}\cdot\text{m}^{-2}$。

4. (1) 零平面位移可通过反复试验找到一个 d 值使 $\ln(z-d)$ 与 u 呈最优线性关系而得到。这个 d 值大约为 $0.56\,\text{m}$。则 $u_*=0.32\,\text{m}\cdot\text{s}^{-1}$, $z_0=6.3\,\text{cm}$。

  (2) $\tau=0.12\,\text{N}\cdot\text{m}^{-2}$。

  (3) $r_{\text{aM}}=24\,\text{s}\cdot\text{m}^{-1}$。

  (4) $F_c=-\dfrac{331.1-324.5}{2.65-1.68}\times0.32^{2}\times\dfrac{605}{330}=1.28\,\text{mg}\cdot\text{m}^{-2}\cdot\text{s}^{-1}=4.6\,\text{g}\cdot\text{m}^{-2}\cdot\text{h}^{-1}$。

5. 使用题 4 中的反复试验法,(1) $d=0.15\,\text{m}$;(2) $z_0=0.03\,\text{m}$;(3) $u_*=0.20\,\text{m}\cdot\text{s}^{-1}$;(4) $\tau=0.048\,\text{N}\cdot\text{m}^{-2}$;(5) $F_{O3}=0.49\,\mu\text{g}\cdot\text{m}^{-2}\cdot\text{s}^{-1}$;(6) $v_g=\dfrac{0.49}{96}=5\times10^{-3}\,\text{m}\cdot\text{s}^{-1}=5\,\text{mm}\cdot\text{s}^{-1}$。

第 17 章

3. $r_c=228\,\text{s}\cdot\text{m}^{-1}$。 如果阻力保持恒定,$\lambda\mathbf{E}$ 会随着饱和差线性增大,但事实上,许多树会随饱和差的增大而增大其气孔阻力,来调节土壤中水通过根茎叶的速率。

4. 合阻力 $\dfrac{1}{r_c}=\dfrac{1}{228}+\dfrac{1}{300}=130\,\text{s}\cdot\text{m}^{-1}$。 则 $\mathbf{F}_{SO_2}=\dfrac{100}{130}=0.77\,\mu\text{g}\cdot\text{m}^{-2}\cdot\text{s}^{-1}$。

进入植物中的 SO_2 通量为 $100/228=0.44\,\mu\text{g}\cdot\text{m}^{-2}\cdot\text{s}^{-1}$,因此进入植物中 SO_2 分数为 0.57。

索　引

内容提要

本书从热能、物质和动量的传递到辐射环境，从稳态、非稳态热平衡到微气象学，把环境物理学理论的主题整合在了一个连贯的体系中，从而使环境物理学原理的逻辑进一步条理化，为分析和阐明生物体与物理环境之间的相互作用提供理论基础。

全书共分十七章。第1章为环境物理学的范围，第2章为气体和液体的性质，第3章为热量、质量与动量的传递，第4章为辐射能的传递，第5章为辐射环境，第6章为辐射的微气象学：天然材料的辐射特性，第7章为微气象学的辐射：固体结构的辐射拦截，第8章为辐射的微气象学：植物冠层和动物皮毛的辐射拦截，第9章为动量传递，第10章为热量传递，第11章为质量传递：气体和水蒸气，第12章为质量传递：颗粒，第13章为稳定热平衡：水面、土壤和植被，第14章为稳态热平衡：动物，第15章为瞬态热平衡，第16章为微气象学：湍流的传递、廓线和通量，第17章为微气象学：通量测定的解释。

本书可作为物理学、生物学、环境科学专业的本科生和研究生教材，也可供从事环境科学与物理学交叉学科研究的研究者参考。